중등교원 임용고시를 위한 지침서

복소해석학

Complex Analysis

| 양영오 지음 |

교문사

청문각이 교문사로 새롭게 태어납니다.

▌머리말

수학은 자연과학, 공학, 경제학, 경영학 등 다양한 분야에 크게 응용되고 있다. 학부과정에서 수학의 중요한 분야인 복소해석학을 다년간 가르치면서 이론 전개가 쉽고, 기본 내용과 응용을 쉽게 이해하고 익힐 수 있는 교재 개발의 필요성을 절실히 느꼈다.

이 책은 전국 대학교 학부과정에서 가르치고 있는 복소해석학의 공통 내용을 바탕으로 내용이 알차게 구성된 입문서이다. 대학 1학년의 미적분학을 이수한 학생은 누구나 어려움 없이 기초 개념과 내용을 이해하기 쉽도록 체계적으로 저술되었다. 또한 새로운 개념에 대한 자세한 설명과 많은 보기의 풀이를 알기 쉽게 제시하였으며, 아울러 각 절마다 연습문제와 본문에서 다루지 못한 내용을 보충하는 문제들을 다양하게 제시하고자 노력하였다. 특히 학생들이 어려움을 느끼지 않도록 연습문제 풀이의 귀띔, 답이나 풀이 과정을 책 마지막에 제시하였다.

이런 점에서 수학과 학생뿐만 아니라 공학 등을 공부하는 학생들에게 큰 도움이 되는 복소해석학의 좋은 지침서가 되리라 본다. 특히 중등수학교원 임용고시를 준비하는 학생들을 위하여 중등수학교원 임용고시의 많은 출제문제(임용고시, 연도로 표기)와 풀이들을 이 책에 포함시키고 있다. 이 책이 조금이나마 도움이 된다면 저자로서는 매우 큰 기쁨과 보람이 되겠다.

"기하학(수학)에는 왕도가 없다(왕의 질문에 대한 유클리드의 대답)"라는 명언이 암시하는 바와 같이 이 책으로 공부하는 학생은 연습문제의 답이나 풀이 과정을 보지 말고 스스로 풀어 보는 것이 중요하다. 이는 곧 수학적 문제해결력을 창의적으로 신장하는 걸음이고 디딤돌이라 본다.

끝으로 이 책을 개정 보완 출판함에 있어서 저자의 역부족으로 이론이나 증명에 미비한 점은 있을 것으로 생각되며, 저자는 부족한 점을 계속 보완하여 발전시키고자 한다. 아울러 이 책을 출판하는데 수고를 해주신 교문사 관계자분들께 심심한 사의를 표한다.

2017년 6월
저자

차례

차례

복소수

제1.1절 복소수의 정의

실수 전체의 집합에서 제곱하여 음이 되는 실수는 존재하지 않으므로 그와 같은 수를 포함하도록 수의 개념을 확장하자. 기본량으로서 제곱하여 -1이 되는 값, 즉 -1의 제곱근 i를 **허수단위**라 한다.

임의의 두 실수의 짝 (x, y)와 허수단위 $i = \sqrt{-1}$에 대하여

$$z = x + iy = x + yi$$

를 **복소수(complex number)**라 부르고, x를 **실수 부분(real part)**, y를 **허수 부분(imaginary part)**이라 말하며,

$$x = \operatorname{Re} z, \quad y = \operatorname{Im} z$$

로 나타낸다.

만약 $y = 0$이면 $z = x + i \cdot 0$을 실수 x로 간주하고 간단히 $z = x$로 나타낸다. 이 사실로부터 실수는 복소수의 특별한 경우라 생각할 수 있다. 또한 실수 부분이 0, 즉 $x = 0$이면 $z = 0 + iy = iy$를 **순허수(pure imaginary number)**라 한다. 실수 전체의 집합을 $\mathbb{R}$로, 복소수 전체의 집합을 $\mathbb{C}$로 나타내면

$$\mathbb{C} = \{ z = x + iy : x, y \in \mathbb{R} \}$$

[상등] 두 복소수 $z_1 = x_1 + iy_1, z_2 = x_2 + iy_2$는 실수 부분과 허수 부분이 각각 같을 때, 같다고 한다. 즉,

$$z_1 = z_2 \Leftrightarrow x_1 = x_2, \; y_1 = y_2$$

[합과 곱] 두 복소수 $z_1 = x_1 + iy_1$과 $z_2 = x_2 + iy_2$의 합 $z_1 + z_2$와 곱 $z_1 z_2$를

$$z_1 + z_2 = (x_1 + x_2) + i(y_1 + y_2) \tag{1.1}$$
$$z_1 z_2 = (x_1 x_2 - y_1 y_2) + i(x_1 y_2 + x_2 y_1)$$

로 정의한다.

다음 법칙들은 복소수의 합, 곱의 정의와 실수에 대해서 이들 법칙이 성립한다는 사실로부터 쉽게 알 수 있다.

정리 1.1.1 임의의 복소수 z_1, z_2, z_3에 대하여 다음 법칙이 성립한다.

(1) $z_1 + z_2 = z_2 + z_1, \quad z_1 z_2 = z_2 z_1$ (교환법칙)

(2) $(z_1 + z_2) + z_3 = z_1 + (z_2 + z_3), \quad (z_1 z_2) z_3 = z_1 (z_2 z_3)$ (결합법칙)

(3) $z_1 (z_2 + z_3) = z_1 z_2 + z_1 z_3$ (분배법칙)

증명 (1) 만약 $z_1 = x_1 + iy_1$, $z_2 = x_2 + iy_2$이라면

$$z_1 + z_2 = (x_1 + iy_1) + (x_2 + iy_2) = (x_1 + x_2) + i(y_1 + y_2)$$
$$= (x_2 + x_1) + i(y_2 + y_1) = (x_2 + iy_2) + (x_1 + iy_1)$$
$$= z_2 + z_1$$

(2), (3) : 마찬가지로 쉽게 증명된다. ∎

실수의 덧셈에 관한 항등원 $0 = 0 + 0i$과 곱셈에 관한 항등원 $1 = 1 + 0i$은 복소수 전체에 관해서 항등원이 된다. 즉, 모든 복소수 z에 대하여

$$z + 0 = z, \quad z1 = z$$

이 된다. 각 복소수 $z = x + iy$에 대하여 덧셈에 관한 역원 $-z = (-x) + i(-y)$가 존재한다. 즉, z의 덧셈에 관한 역원 $-z$는 $z + (-z) = 0$을 만족하는 복소수이다.

덧셈에 관한 역원을 이용하여 뺄셈 $z_1 - z_2 = z_1 + (-z_2)$를 정의한다. 따라서 $z_1 = x_1 + iy_1$, $z_2 = x_2 + iy_2$이면

$$z_1 - z_2 = (x_1 - x_2) + i(y_1 - y_2)$$

이다. 마찬가지로 $z = x + iy \neq 0$이면 $zz^{-1} = 1$을 만족하는 한 복소수 $z^{-1} = \dfrac{1}{z}$가 존재한다. 이것을 곱셈에 관한 **역원**이라 한다.

$z^{-1} = u + iv$라 두고 $(x + iy)(u + iv) = 1 + 0i$이 되는 실수 u와 v를 구한다. u와 v는 연립 방정식

$$xu - yv = 1, \quad yu + xv = 0$$

의 해가 되어야 하므로, 유일한 해

$$u = \frac{x}{x^2 + y^2}, \quad v = -\frac{y}{x^2 + y^2}$$

를 얻는다. 따라서 $z = x + iy$의 곱셈에 관한 역원은

$$z^{-1} = \frac{x}{x^2 + y^2} + i\frac{-y}{x^2 + y^2} \quad (z \neq 0) \tag{1.2}$$

이다. 영(0)이 아닌 복소수에 관한 나눗셈은 다음과 같이 정의된다.

$$\frac{z_1}{z_2} = z_1 z_2^{-1} \quad (z_2 \neq 0) \tag{1.3}$$

식 (1.3)에서 $z_1 = 1$이면 $\dfrac{1}{z_2} = z_2^{-1}$이므로 식 (1.3)은

$$\frac{z_1}{z_2} = z_1 \left(\frac{1}{z_2}\right)$$

로 다시 쓸 수 있다. 곱과 몫(상)의 공식과 곱셈에 관한 복소수의 역원은 오직 하나임을 이용하여

$$\frac{1}{z_1 z_2} = \left(\frac{1}{z_1}\right)\left(\frac{1}{z_2}\right) \ \ (z_1 \neq 0, \, z_2 \neq 0)$$

을 증명할 수 있다.

만일 $z_1 = x_1 = iy_1$, $z_2 = x_2 = iy_2$라 하면 식 (1.2), (1.3)에 의하여

$$\frac{z_1}{z_2} = \frac{x_1 x_2 + y_1 y_2}{x_2^2 + y_2^2} + i\frac{y_1 x_2 - x_1 y_2}{x_2^2 + y_2^2} \ \ (z_2 \neq 0)$$

이 된다. $z_2 = 0$은 $x_2^2 + y_2^2 = 0$과 동치이므로 $z_2 = 0$인 경우에는 정의되지 않는다.

주의 1.1.2 실수체에서 사용되는 순서의 개념은 복소수체로 확장될 수 없음에 주의해야 한다. 가령 $i \geq 0$이라고 가정하면 $i \cdot i \geq 0$, 즉 $-1 \geq 0$이 되어 모순된다. 마찬가지로 $i \leq 0$이라고 가정하면 $-i \geq 0$이고, $(-i)(-i) \geq 0$이 되므로 $-1 \geq 0$이 되어 역시 모순이 된다.

복소수 $z = x + iy$에 대하여 $|z| = \sqrt{x^2 + y^2}$를 복소수 $z = x + iy$의 **절댓값(absolute value, modulus)**이라 한다. 두 점 $z_1 = x_1 + iy_1$, $z_2 = x_2 + iy_2$ 사이의 거리는

$$|z_1 - z_2| = \sqrt{(x_1 - x_2)^2 + (y_1 - y_2)^2}$$

임을 쉽게 알 수 있다.

중심이 $(2,1)$이고 반지름이 1인 원은 $|z - (2+i)| = 1$로 나타낼 수 있다.

복소수 $z = x + iy$에 대하여 $\bar{z} = x - iy$를 z의 **복소켤레(또는 복소공액(complex conjugate))**라 한다.

보기 1.1.3 a, b, c는 실수이고 $a \neq 0$, $b^2 < 4ac$일 때 방정식 $ax^2 + bx + c = 0$의 두 근은 서로 복소켤레임을 증명하여라.

증명 두 근은

$$z_1 = (-b + \sqrt{b^2 - 4ac})/2a, \ z_2 = (-b - \sqrt{b^2 - 4ac})/2a$$

이다. 따라서 $b^2 < 4ac$이므로 이들은 서로 복소켤레이다. ∎

정리 1.1.4 복소수 $z = x + iy,\ z_1 = x_1 + iy_1,\ z_2 = x_2 + iy_2$에 대하여 다음이 성립한다.

(1) $\operatorname{Re} z \le |x| = |\operatorname{Re} z| \le |z|,\ \operatorname{Im} z \le |y| = |\operatorname{Im} z| \le |z|,\ |\bar{z}| = |z|$

(2) $|z| \le |x| + |y| \le \sqrt{2}\,|z|$

(3) $\overline{z_1 \pm z_2} = \bar{z}_1 \pm \bar{z}_2,\ \overline{z_1 z_2} = \bar{z}_1\,\bar{z}_2,\ \overline{\left(\dfrac{z_1}{z_2}\right)} = \dfrac{\bar{z}_1}{\bar{z}_2}\ \ (z_2 \ne 0)$

(4) $\operatorname{Re} z = \dfrac{z + \bar{z}}{2},\ \operatorname{Im} z = \dfrac{z - \bar{z}}{2i},\ z\bar{z} = |z|^2$

정리 1.1.5 두 복소수 $z_1,\ z_2$에 대하여 다음이 성립한다.

(1) $|z_1 z_2| = |z_1||z_2|$

(2) $\left|\dfrac{z_1}{z_2}\right| = \dfrac{|z_1|}{|z_2|}\ \ (z_2 \ne 0)$

(3) $|z_1 + z_2| \le |z_1| + |z_2|$ (삼각부등식)

(4) $\big||z_1| - |z_2|\big| \le |z_1 - z_2|$

증명 (1) 복소수의 절댓값은 결코 음이 아니고
$$|z_1 z_2|^2 = (z_1 z_2)\overline{(z_1 z_2)} = (z_1 \bar{z}_1)(z_2 \bar{z}_2) = |z_1|^2 |z_2|^2 = (|z_1||z_2|)^2$$
이므로 (1)이 성립한다.

(2) 식 (1)의 증명과 비슷하다.

(3) 복소수의 절댓값은 결코 음이 아니고
$$\begin{aligned} |z_1 + z_2|^2 &= (z_1 + z_2)\overline{z_1 + z_2} = (z_1 + z_2)(\bar{z}_1 + \bar{z}_2) \\ &= z_1 \bar{z}_1 + (z_1 \bar{z}_2 + \overline{z_1 \bar{z}_2}) + z_2 \bar{z}_2 \\ &= |z|^2 + 2\operatorname{Re}(z_1 \bar{z}_2) + |z_2|^2 \\ &\le |z_1|^2 + 2|z_1||z_2| + |z_2|^2 = (|z_1| + |z_2|)^2 \end{aligned}$$
이므로 (3)이 성립한다.

(4) $|z_1| = |(z_1 - z_2) + z_2| \le |z_1 - z_2| + |z_2|$

이므로 $|z_1| - |z_2| \le |z_1 - z_2|$이다. 만약 $|z_1| \ge |z_2|$이면 (4)를 얻는다. 만약 $|z_1| < |z_2|$이면 위 삼각부등식에서 z_1과 z_2를 교환하면 $-(|z_1| - |z_2|) \le |z_1 - z_2|$이다. 따라서 (4)가 성립한다. ∎

복소수 $z = x + iy$는 $\operatorname{Re} z = x$를 x좌표로, $\operatorname{Im} z = y$를 y좌표로 갖는 직교좌표계의 평면 위의 점 $P(x, y)$와 **일대일 대응(one to one correspondence)**을 시킬 수 있다. 즉,
$$z = x + iy \ \Leftrightarrow\ (x, y)$$

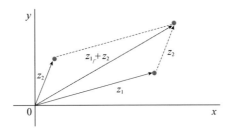

그림 1.1 복소수의 합

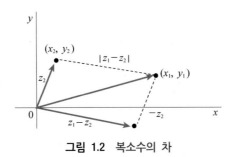

그림 1.2 복소수의 차

이때 이런 좌표평면을 **복소평면(complex plane)** 또는 **가우스 평면(Gauss plane)**이라 한다. 이 복소평면의 가로축(X축)은 **실수축**, 세로축(Y축)은 **허수축**이라 한다. 한 예로 $-3+i$ 는 점 $(-3,1)$에 대응된다.

복소수 $z = x + iy$를 원점으로부터 좌표 (x, y)의 점 $P(x, y)$까지의 **벡터(vector)** $\overrightarrow{OP}$에 대응시켜 생각하면 $z = x + iy$의 절댓값 $|z|$는 벡터의 길이 $\overrightarrow{OP}$에 해당한다. 또한 켤레 복소수 $\overline{z} = x - iy$는 실수축에 관하여 대칭인 점이 된다. 두 복소수 $z_1 = x_1 + iy_1$, $z_2 = x_2 + iy_2$의 합의 정의에 의하면 복소수 $z_1 + z_2$는 점 $(x_1 + x_2, y_1 + y_2)$에 대응된다. 따라서 $z_1 + z_2$는 그림 1.1과 같이 표시할 수 있다. 차 $z_1 - z_2$는 점 (x_2, y_2)로부터 점 (x_1, y_1)로 가는 유향선분으로 표시된다(그림 1.2).

보기 1.1.6 B와 C는 음이 아닌 실수이고, A는 복소수라 하자. 임의의 복소수 λ에 대하여 $0 \le B - 2\mathrm{Re}(\overline{\lambda}A) + |\lambda|^2 C$라 가정하면 $|A|^2 \le BC$임을 증명하여라.

증명 만약 $C = 0$일 때 $\lambda = B/\overline{A}(A \ne 0)$로 택한다. 그러면

$$B - 2\mathrm{Re}(\overline{\lambda}A) = B - 2\mathrm{Re}(\overline{B}) = B - 2B = -B < 0$$

이므로 이는 가정에 모순이다.

만약 $C \ne 0$일 때 $\lambda = A/C$로 택하면 원하는 부등식을 얻는다. ∎

보기 1.1.7 $a_1, a_2, \cdots, a_n$ 및 $b_1, b_2, \cdots, b_n$을 임의의 복소수라고 할 때 다음 **코시-슈바르츠의 부등식(Cauchy-Schwarz inequality)**을 증명하고, 등호가 성립하기 위한 조건을 구하라.

$$|\sum_{k=1}^{n} a_k b_k|^2 \leq (\sum_{k=1}^{n} |a_k|^2)(\sum_{k=1}^{n} |b_k|^2)$$

증명 임의의 복소수 λ에 대하여

$$0 \leq \sum_{j=1}^{n} |a_j - \lambda b_j|^2 = \sum_{j=1}^{n} |a_j|^2 - 2\mathrm{Re}(\overline{\lambda} \sum_{j=1}^{n} a_j \overline{b_j}) + |\lambda|^2 \sum_{j=1}^{n} |b_j|^2$$

$$= B - 2\mathrm{Re}(\overline{\lambda}A) + |\lambda|^2 C$$

여기서 $A = \sum_{j=1}^{n} a_j \overline{b_j}$, $B = \sum_{j=1}^{n} |a_j|^2$, $C = \sum_{j=1}^{n} |b_j|^2$이다. 위의 보기에 적용하면 $|A|^2 \leq BC$을 얻는다.

등호가 성립하기 위한 필요충분조건은 모든 j에 대하여 $|a_j - \lambda b_j|^2 = 0$이 되는 수 λ가 존재한다. 즉, $a_j = \lambda b_j$ $(j = 1, 2, \cdots, n)$이다. ■

01 다음을 간단히 하여라.

(1) $\dfrac{1+2i}{3-5i} + \dfrac{2-i}{i}$

(2) $\dfrac{1}{(1-i)(2-i)}$

(3) $(1-i)^{10}$

(4) $(\dfrac{1+i}{\sqrt{2}})^2$

02 실수 부분과 허수 부분을 구하여라.

(1) $\dfrac{2+3i}{3-i}$

(2) $\dfrac{z-2}{z+1}$ 단 $z = x + iy$

03 $z_1 z_2 = 0$이면 z_1 또는 z_2 중 하나는 0임을 증명하여라.

04 수학적 귀납법을 써서 다음 이항정리를 증명하여라.

$$(1+z)^n = z^n + \binom{n}{1}z^{n-1} + \binom{n}{2}z^{n-2} + \cdots + \binom{n}{n} \ (단 \ \binom{n}{r} = \dfrac{n!}{r!(n-r)!}, \ n은 \ 자연수).$$

05 $|z| = 1$이 되기 위한 필요충분조건은 $\dfrac{1}{z} = \bar{z}$임을 증명하여라.

06 다음 식이 성립함을 증명하여라.

(1) $|\dfrac{z_1}{z_2 + z_3}| \leq \dfrac{|z_1|}{||z_2| - |z_3||}$

(2) $|\mathrm{Re}\,z| + |\mathrm{Im}\,z| \leq \sqrt{2}\,|z|$

(3) $\mathrm{Re}(\dfrac{1}{z}) > 0 \Leftrightarrow \mathrm{Re}\,z > 0$

(4) $\mathrm{Re}(iz) = -\mathrm{Im}\,z, \quad \mathrm{Im}(iz) = \mathrm{Re}\,z$

07 $|z| = 1$이면 임의의 복소수 a와 b에 대하여 다음 식이 성립함을 증명하여라.

$$|\dfrac{az + b}{\bar{b}z + \bar{a}}| = 1$$

08 다음 조건을 만족하는 점들의 집합을 그림으로 나타내어라.

(1) $|z - 1 + 2i| = 1$

(2) $|z + 3i| < 2$

(3) $\mathrm{Re}(z - 1) \geq 0$

(4) $|z - i| + |z + 1| = 3$

(5) $|z - 1| = |z + 1|$ (6) $|z - 4| \geq 3$

09 다음 등식이 성립함을 증명하여라.

(1) $\overline{\overline{z} + 3i} = z - 3i$ (2) $\overline{iz} = -i\overline{z}$

10 z^2이 음의 실수, 즉 $z^2 = a$, $a < 0$일 때 $z = ib$임을 증명하여라.

11 꼭짓점 $0, z, w$를 갖는 삼각형이 정삼각형이 되기 위한 필요충분조건은 $|z|^2 = |w|^2 = 2\mathrm{Re}(z\overline{w})$임을 증명하여라.

12 임의의 정수 k와 n에 대하여 $i^n = i^{n+4k}$임을 증명하여라.

13 $|z_1| < 1$이고 $|z_2| < 1$일 때 $\left| \dfrac{z_1 - z_2}{1 - \overline{z_1} z_2} \right| < 1$임을 증명하여라.

14 주어진 영역 $|z| < 1$에서 다음이 성립함을 증명하여라.

(1) $\mathrm{Re}\dfrac{1}{1 - z} > \dfrac{1}{2}$ (2) $\mathrm{Re}\dfrac{z}{1 - z} > -\dfrac{1}{2}$

15 다음 방정식을 z와 $\overline{z}$를 이용하여 나타내어라.

(1) $2x + y = 5$ (2) $x^2 + y^2 = 9$

16 $2x - 3iy + 4ix - 2y - 5 - 10i = (x + y + 2) - (y - x + 3)i$를 만족하는 실수 x, y를 구하여라.

17 α가 $0 < |\alpha| < 1$인 복소수일 때 다음을 증명하여라.

(1) $\{z : |z - \alpha| < |1 - \overline{\alpha}z|\} = \{z : |z| < 1\}$
(2) $\{z : |z - \alpha| = |1 - \overline{\alpha}z|\} = \{z : |z| = 1\}$
(3) $\{z : |z - \alpha| > |1 - \overline{\alpha}z|\} = \{z : |z| > 1\}$

18 C는 원 $|z - c| = r$, $0 < r < c$이라 하자. 점 $\dfrac{1}{z}$, $z \in C$의 궤적(자취, locus)은 중심이 $\dfrac{c}{(c^2 - r^2)}$이고, 반지름 $\dfrac{r}{(c^2 - r^2)}$인 원임을 증명하여라.

19 복소수 계수를 갖는 이차방정식은 복소수 해를 가짐을 증명하여라.

20 평면에서 임의의 원 또는 직선의 방정식은
$$\alpha z \bar{z} + \beta z + \bar{\beta} \bar{z} + \gamma = 0 \ (\text{단} \ \alpha, \gamma \in \mathbb{R}, \ \beta \in \mathbb{C} \ \text{는 상수})$$
로 표현할 수 있음을 증명하여라.

21 두 점 a, b를 지름의 양 끝점으로 하는 원의 방정식은 $\mathrm{Re}\left(\dfrac{b-a}{z-a}\right) = 1$이고 이 원의 내부와 외부는 각각 다음과 같이 표시됨을 증명하여라.
$$\mathrm{Re}\left(\frac{b-a}{z-a}\right) < 1, \ \mathrm{Re}\left(\frac{b-a}{z-a}\right) > 1$$

22 0이 아닌 복소수 z_1, z_2에 대하여 $\dfrac{\mathrm{Re}(z_1 \overline{z_2})}{z_2 \overline{z_2}} = \mathrm{Re}\left(\dfrac{z_1}{z_2}\right)$임을 증명하여라.

23 중심이 a이고 반지름 r인 원의 방정식 $|z-a| = r$을 다음과 같이 표현할 수 있음을 증명하여라.
$$|z|^2 - 2\,\mathrm{Re}(\bar{a}z) + |a|^2 = r^2$$

24 다음 식이 성립함을 증명하여라.

(1) 만일 $|\alpha| < 1$이면 $|\mathrm{Im}(i - \bar{\alpha} + \alpha^2)| < 3$

(2) 만일 $|\alpha| = 2$이면 $\left|\dfrac{1}{\alpha^4 - 4\alpha^2 + 3}\right| \leq \dfrac{1}{3}$

(3) $|z| \leq 1$일 때 $|\mathrm{Re}(z + \bar{z} + z^3)| \leq 4$

(4) 만일 $|z_3| \neq |z_4|$이면 $\left|\dfrac{z_1 + z_2}{z_3 + z_4}\right| \leq \dfrac{|z_1| + |z_2|}{||z_3| - |z_4||}$

제1.2절 극좌표 표현

복소평면의 좌표 (x, y)는 직교좌표가 아닌 극좌표로 나타낼 수 있다. 0이 아닌 복소수 $z = x + iy$에 대하여 원점을 극, 실수축을 기선으로 하는 점 (x, y)의 극좌표를 (r, θ)라 하면, 직교좌표와 극좌표의 관계 $x = r\cos\theta$, $y = r\sin\theta$으로부터

$$z = x + iy = r\cos\theta + ir\sin\theta = r(\cos\theta + i\sin\theta) \tag{1.4}$$

와 같이 표현할 수 있다. 이것을 복소수 z의 **극형식(polar form)**이라 한다. 여기서 $r = |z| = \sqrt{x^2 + y^2}$은 원점 O에서 좌표 (x, y)까지의 거리를 나타낸다. 또한 θ는 z에 대한 벡터가 양의 실수축과 이루는 각의 크기를 라디안으로 나타낸 값이다. 이 각을 z의 **편각(argument)**이라 하고,

$$\theta = \arg z = \arctan\left(\frac{y}{x}\right)$$

와 같이 나타낼 수 있다. 편의상 $\cos\theta + i\sin\theta$를 $\mathrm{cis}\,\theta$로 나타낼 수 있으므로 z의 극형식 (1.4)는 $z = r\,\mathrm{cis}\,\theta$로 표현할 수 있다. 예를 들어,

$$1 - i = \sqrt{2}\left[\cos\left(\frac{7\pi}{4}\right) + i\sin\left(\frac{7\pi}{4}\right)\right] = \sqrt{2}\left[\cos\left(\frac{-\pi}{4}\right) + i\sin\left(\frac{-\pi}{4}\right)\right]$$

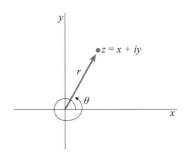

그림 1.3 극좌표와 극형식

$\arg z$는 2π의 정수배만큼 차이가 있는 무한히 많은 실수들 중 하나이다. 이 값들은 등식

$$\tan\theta = \frac{y}{x} \tag{1.5}$$

에 의하여 결정된다. 여기서 z에 대응하는 점이 어느 사분면에 있는가를 명시해야 한다.

0이 아닌 임의의 복소수 z에 대하여 $-\pi < \arg z \leq \pi$를 만족하는 z의 편각 $\arg z$를

$\arg z$의 **주치**(또는 **주요값**, **principal value**)라 하고, $\mathrm{Arg}\, z$로 표시한다. 결국 정수 n에 대하여

$$\arg z = \mathrm{Arg}\, z + 2n\pi \quad (-\pi < \mathrm{Arg}\, z \le \pi) \tag{1.6}$$

가 된다. 특히 $z=0$일 때에는 식 (1.5)를 적용할 수 없고, 편각 θ를 결정할 수 없다. 이러한 이유로 극형식을 사용할 때에는 특별히 언급하지 않는 한 $z \ne 0$임을 가정한다.

$z \ne z_0$일 때 $\rho = |z - z_0|$, $\phi = \arg(z - z_0)$로 두면

$$z - z_0 = \rho(\cos\phi + i\sin\phi) = \rho\,\mathrm{cis}\,\phi$$

는 그림 1.3에 나타낸 것처럼 기하학적으로 해석할 수 있다. 또한

$$\mathrm{Arg}(zw) = \mathrm{Arg}\, z + \mathrm{Arg}\, w \quad (\mathrm{mod}\, 2\pi)$$

여기서 $(\mathrm{mod}\, 2\pi)$은 이 공식의 양변은 2π의 정수배만큼 차이가 있음을 의미한다.

보기 1.2.1 $\mathrm{Arg}(zw) \ne \mathrm{Arg}\, z + \mathrm{Arg}\, w$인 예를 들어라.

> **풀이** 만약 $z = -1 + i$이고 $w = i$이면 $zw = -1 - i$이므로 $\mathrm{Arg}(zw) = -3\pi/4$이다. 또한 $\mathrm{Arg}\, z = 3\pi/4$이고, $\mathrm{Arg}\, w = \pi/2$이므로 $\mathrm{Arg}(zw) \ne \mathrm{Arg}\, z + \mathrm{Arg}\, w$ 이다. 하지만 $\mathrm{Arg}\, z + \mathrm{Arg}\, w = (5/4)\pi = -3\pi/4 + 2\pi$이다. ■

$\mathrm{Re}\, z > 0$이면 $|\mathrm{Arg}\, z| < \dfrac{\pi}{2}$임에 유의하고 $x = y = 0$이면 $\tan\theta = \dfrac{y}{x}$는 의미를 갖지 않는다.

정리 1.2.2 복소수 $z_1 = r_1(\cos\theta_1 + i\sin\theta_1), z_2 = r_2(\cos\theta_2 + i\sin\theta_2), z = r(\cos\theta + i\sin\theta)$에 대하여 다음이 성립한다.

(1) $z_1 z_2 = r_1 r_2 [\cos(\theta_1 + \theta_2) + i\sin(\theta_1 + \theta_2)]$

(2) $z^{-1} = \dfrac{1}{r}[\cos(-\theta) + i\sin(-\theta)] \quad (z \ne 0)$

(3) $\dfrac{z_1}{z_2} = \dfrac{r_1}{r_2}[\cos(\theta_1 - \theta_2) + i\sin(\theta_1 - \theta_2)] \quad (z_2 \ne 0)$

증명 (1) $z_1 z_2 = r_1 r_2 [(\cos\theta_1\cos\theta_2 - \sin\theta_1\sin\theta_2) + i(\sin\theta_1\cos\theta_2 + \cos\theta_1\sin\theta_2)]$
$\qquad\qquad = r_1 r_2 [\cos(\theta_1 + \theta_2) + i\sin(\theta_1 + \theta_2)]$

(2) 0이 아닌 복소수 $z = r(\cos\theta + i\sin\theta)$의 곱셈에 관한 역원은 z^{-1}이고, 이들 두 형식의 곱이 1이 된다는 사실과 (1)로부터 분명하다.

(3) $\dfrac{z_1}{z_2} = z_1 z_2^{-1}$ 이므로 (1)과 (2)에 의하여 분명하다. ∎

위의 정리로부터 $|z_1 z_2| = |z_1||z_2|$과

$$\arg\,(z_1 z_2) = \arg z_1 + \arg z_2 + 2k\pi \quad (k\text{는 정수})$$

또는

$$\arg(z_1 z_2) = \arg z_1 + \arg z_2 \pmod{2\pi} \tag{1.7}$$

임을 알 수 있다. 만일 위 정리의 (1)에서 $z_1 = z_2 = \cdots = z_n = z$라 놓으면

$$z^n = r^n (\cos\theta + i\sin\theta)^n = r^n (\cos n\theta + i\sin n\theta)$$

를 얻을 수 있으므로, 다음 공식이 성립한다.

$$(\cos\theta + i\sin\theta)^n = (\cos n\theta + i\sin n\theta)$$

이것을 잘 알려진 **드 무아브르의 공식(De Moivre's formula)**이라 한다.

$\cos\theta + i\sin\theta$를 $e^{i\theta}$로 나타내면 편리할 때가 많다.

$$e^{i\theta} = \cos\theta + i\sin\theta = cis\,\theta \tag{1.8}$$

이것을 **오일러의 공식**이라 한다.

__주의 1.2.3__ (아름다운 공식) 식 (1.8)에서 $\theta = \pi$로 놓으면 $e^{\pi i} + 1 = 0$을 얻을 수 있다. 이것은 수학의 모든 분야에 있어서 가장 아름다운 방정식이므로 가장 중요한 연산(덧셈, 곱셈과 지수법)과 수학에서 가장 중요한 다섯 개의 상수 $0, 1, e, \pi, i$가 들어있는 관계식이다.

__보기 1.2.4__ 다음 등식을 보여라.

(1) $\cos\theta = \dfrac{e^{i\theta} + e^{-i\theta}}{2}$, $\sin\theta = \dfrac{e^{i\theta} - e^{-i\theta}}{2i}$

(2) $\sin^3\theta = \dfrac{3}{4}\sin\theta - \dfrac{1}{4}\sin 3\theta$

__증명__ (1) 오일러의 공식에 의하여

$$e^{i\theta} = \cos\theta + i\sin\theta, \ e^{-i\theta} = \cos\theta - i\sin\theta$$

이다. 이들을 더하면 $e^{i\theta} + e^{-i\theta} = 2\cos\theta$를 얻고, 이들을 빼면 $e^{i\theta} - e^{-i\theta} = 2i\sin\theta$ 를 얻는다.

(2)

$$\sin^3\theta = (\frac{e^{i\theta} - e^{-i\theta}}{2i})^3 = \frac{(e^{i\theta} - e^{-i\theta})^3}{8i^3}$$

$$= -\frac{1}{8i}(e^{3i\theta} - 3e^{i\theta} + 3e^{-i\theta} - e^{-3i\theta})$$

$$= \frac{3}{4}(\frac{e^{i\theta} - e^{-i\theta}}{2i}) - \frac{1}{4}(\frac{e^{3i\theta} - e^{-3i\theta}}{2i}) = \frac{3}{4}\sin\theta - \frac{1}{4}\sin 3\theta \ \blacksquare$$

보기 1.2.5 만약 $p + qi$가 n차 실수계수의 다항방정식

$$a_0 z^n + a_1 z^{n-1} + \cdots + a_n = 0 \tag{1.9}$$

의 근이면 $p - qi$도 방정식의 근임을 보여라.

증명 $p + qi = re^{i\theta}$는 방정식 (1.9)의 근이므로

$$a_0 r^n e^{in\theta} + a_1 r^{n-1} e^{i(n-1)\theta} + \cdots + a_{n-1} r e^{i\theta} + a_n = 0$$

이다. $a_0, a_1, \cdots, a_n$는 실수이므로 양변의 켤레복소수를 취하면

$$a_0 r^n e^{-in\theta} + a_1 r^{n-1} e^{-i(n-1)\theta} + \cdots + a_{n-1} r e^{-i\theta} + a_n = 0$$

이다. 따라서 $p - qi$도 방정식 (1.9)의 근이다. $\blacksquare$

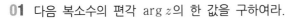

01 다음 복소수의 편각 $\arg z$의 한 값을 구하여라.

(1) $z = -\dfrac{2}{1 - \sqrt{3}\,i}$ 　　　　　　(2) $z = (\sqrt{3} + i)^6$

02 다음의 영역을 도시하여라.

(1) $\operatorname{Arg} z = \dfrac{\pi}{3},\ \ |z| > 1$ 　　　　　(2) $\dfrac{\pi}{4} < \operatorname{Arg} z < \dfrac{\pi}{2}$

03 $|z| < 1$일 때 다음을 보여라.

$$\left|\operatorname{Arg}\frac{1+z}{1-z}\right| < \frac{\pi}{2}$$

04 z가 1이 아닌 1의 n제곱근이면 $1 + z + z^2 + \cdots + z^{n-1} = 0$됨을 보여라. (귀띔 : $z^n = 1$).

05 $z \neq 0$일 때 $\arg \overline{z} = -\arg z$임을 보여라.

06 $z^n = 1$의 각 근의 편각들 $(0 \leq \theta < 2\pi)$의 합을 구하여라.

07 다음 식을 간단히 하여라.

(1) $[3(\cos 40° + i\sin 40°)][4(\cos 80° + i\sin 80°)]$

(2) $\left(\dfrac{1 + \sqrt{3}\,i}{1 - \sqrt{3}\,i}\right)^{10}$

08 $z^5 = 1$이고 $z \neq 1$일 때 $(z + \overline{z}) + (z + \overline{z})^2$의 값을 구하여라.

09 드 무아브르의 공식이 n이 음의 정수일 때도 성립함을 보여라.

10 드 무아브르의 공식을 이용하여 다음 삼각함수 항등식을 유도하여라.

(1) $\cos 3\theta = \cos^3\theta - 3\cos\theta\sin^2\theta = 4\cos^3\theta - 3\cos\theta$

(2) $\sin 3\theta = 3\cos^2\theta\sin\theta - \sin^3\theta = 3\sin\theta - 4\sin^3\theta$

(3) $\sin 4\theta = 4\sin\theta\cos\theta - 8\sin^3\theta\cos\theta$

11 다음 공식을 보여라.

(1) $\cos^4\theta = \dfrac{1}{8}\cos 4\theta + \dfrac{1}{2}\cos 2\theta + \dfrac{3}{8}$

(2) $\cos^5\theta = \dfrac{1}{16}\cos 5\theta + \dfrac{5}{16}\cos 3\theta + \dfrac{5}{8}\cos\theta$

(3) $\cot\dfrac{\pi}{2n}\cot\dfrac{2\pi}{2n}\cot\dfrac{3\pi}{2n}\cdots\cot\dfrac{(n-1)\pi}{2n} = 1 \quad (n = 2, 3, \cdots)$

(4) $\sin(\pi/n)\sin(2\pi/n)\cdots\sin((n-1)\pi/n) = n2^{1-n} \quad (n \in \mathbb{N},\ n \neq 1)$

　　(귀띔: $(1-z)^n = 1$의 영이 아닌 근들의 곱을 구하라.)

12 만약 z_1, z_2, z_3가 정삼각형의 꼭짓점을 나타내면 $z_1^2 + z_2^2 + z_3^2 = z_1 z_2 + z_2 z_3 + z_3 z_1$임을 보여라.

13 $\operatorname{Re} z_1 > 0$, $\operatorname{Re} z_2 > 0$일 때 다음 식이 성립함을 보여라.

$$\operatorname{Arg}(z_1 z_2) = \operatorname{Arg} z_1 + \operatorname{Arg} z_2$$

14 세 점 a, b, c가 같은 직선 위에 있을 필요충분조건은 $\dfrac{a-c}{b-c}$는 실수가 됨을 보여라.

15 $z \neq 0$이고 $-\pi < \arg z \leq \pi$일 때 $|z-1| \leq ||z|-1| + |z||\arg z|$임을 보여라.

제1.3절 멱과 제곱근

영이 아닌 복소수 $z = re^{i\theta}$의 정수멱은 공식

$$z^n = r^n e^{in\theta} \quad (n = 0, \pm 1, \pm 2, \cdots) \tag{1.10}$$

로 주어진다. 이 공식은 $n = 1, 2, \cdots$인 경우는 수학적 귀납법과 정리 1.2.2(1)을 이용하여 쉽게 증명할 수 있다. 또한 이 공식은 $n = 0$인 경우는 $z^0 = 1$이라는 약속에 의하여 성립한다. 한편 $n = -1, -2, \cdots$인 경우에는 $z^n = (z^{-1})^{-n}$이라고 정의한다. 그러면 제1.2절의 정리와 위의 공식이 양의 정수에 대해서 성립한다는 사실을 이용하여

$$z^n = \left(\frac{1}{r}\right)^{-n} e^{i(-n)(-\theta)} = r^n e^{in\theta}$$

가 성립함을 알 수 있다. 따라서 공식 (1.10)은 모든 정수멱에 대하여 성립한다. $r = 1$이면 공식 (1.10)은 **드 무아브르의 공식**

$$(e^{i\theta})^n = e^{in\theta} \quad (n = 0, \pm 1, \pm 2, \cdots)$$

또는

$$(\cos\theta + i\sin\theta)^n = \cos n\theta + i\sin n\theta \quad (n = 0, \pm 1, \pm 2, \cdots) \tag{1.11}$$

이 된다.

보기 1.3.1 $-8i$의 네제곱근을 구하여라.

풀이 $z^4 = -8i = 8(\cos\frac{3}{2}\pi + i\sin\frac{3}{2}\pi)$이므로 $z = re^{i\theta} = r(\cos\theta + i\sin\theta)$로 나타내면

$$r^4(\cos 4\theta + i\sin 4\theta) = 8(\cos\frac{3}{2}\pi + i\sin\frac{3}{2}\pi)$$

을 얻는다. 이로부터 $r^4 = 8$, $4\theta = \frac{3}{2}\pi + 2k\pi$, 즉

$$r = \sqrt[4]{8}, \quad \theta = \frac{1}{4}\left(2k + \frac{3}{2}\right)\pi \quad (k = 0, 1, 2, 3)$$

이다. 따라서

$$z_1 = \sqrt[4]{8}\left(\cos\frac{3}{8}\pi + i\sin\frac{3}{8}\pi\right), \quad z_2 = \sqrt[4]{8}\left(\cos\frac{7}{8}\pi + i\sin\frac{7}{8}\pi\right),$$
$$z_3 = \sqrt[4]{8}\left(\cos\frac{11}{8}\pi + i\sin\frac{11}{8}\pi\right), \quad z_4 = \sqrt[4]{8}\left(\cos\frac{15}{8}\pi + i\sin\frac{15}{8}\pi\right) \quad \blacksquare$$

보기 1.3.2　n차 방정식 $z^n = 1$의 근을 구하여라.

> **풀이**　$z \neq 0$이므로 z를 극형식 $z = re^{i\theta} = r(\cos\theta + i\sin\theta)$로 쓰면
>
> $$(re^{i\theta})^n = 1 \ \text{즉, } \ r^n e^{in\theta} = 1e^{i0}$$

를 만족하는 r과 θ를 구한다. 두 복소수가 서로 같은 경우 이들의 절댓값은 서로 같고 편각은 2π의 정수배만큼 차이가 있을 수 있으므로,

$$r^n = 1, \quad n\theta = 0 + 2k\pi$$

가 된다. 여기서 k는 임의의 정수$(0, \pm 1, \pm 2, \cdots)$이다. 따라서 $r = 1$, $\theta = 2k\pi/n$이 되므로 주어진 방정식의 n개의 서로 다른 근은 다음과 같다.

$$z = e^{i\left(\frac{2k\pi}{n}\right)} = \cos\frac{2k\pi}{n} + i\sin\frac{2k\pi}{n} \quad (k = 0, 1, 2, \cdots, n-1) \tag{1.12}$$

cosine과 sine의 주기성 때문에 (1.12)의 k의 값 이외의 값에 대하여는 새로운 근을 얻지 못한다. ∎

　기하학적으로 이들 n개의 근은 정n각형의 꼭짓점에 대응된다. 이 다각형은 중심이 원점인 단위원에 내접하고, 꼭짓점 중 하나는 근 $z = 1$에 대응하는 점이다. 지금

$$w_n = \cos\frac{2\pi}{n} + i\sin\frac{2\pi}{n} \tag{1.13}$$

이라 두면 드 무아브르의 공식에 의하여, 1의 n제곱근은 간단히 $1, w_n, w_n^2, \cdots, w_n^{n-1}$이라고 쓸 수 있다. 예를 들어, 1의 3개의 세제곱근은 정삼각형의 꼭짓점이다.

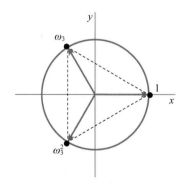

그림 1.4　세제곱근

정리 1.3.3 n은 자연수이고 $a = re^{i\theta} = r\,cis\,\theta,\ (r > 0)$일 때, 방정식

$$z^n = a \tag{1.14}$$

은 정확히 n개의 다른 근을 갖고, 이들 근은

$$z = \sqrt[n]{r}\,(\cos\frac{\theta + 2k\pi}{n} + i\sin\frac{\theta + 2k\pi}{n}) \quad (k = 0, 1, \cdots, n-1) \tag{1.15}$$

(이들 근을 a의 n**제곱근**이라 한다.)

증명 분명히 (1.15)의 모든 복소수는 $z^n = a$의 근이다. 지금 $s(\cos\phi + i\sin\phi) = s\,cis\,\phi$는 방정식 $z^n = a$의 임의의 근이라 하자(단 $s \geq 0$). 이때

$$[s(\cos\phi + i\sin\phi)]^n = s^n cis\,n\phi = a = r\,cis\,\theta$$

이다. 따라서 $s^n = r,\ n\phi = \theta + 2m\pi$ 즉, $s = \sqrt[n]{r},\ \phi = \dfrac{\theta + 2m\pi}{n}$를 만족하는 정수 m이 존재한다. 식 (1.14)의 모든 근은

$$\sqrt[n]{r}\,cis\,\frac{\theta + 2m\pi}{n} \quad (m \in \mathbb{Z})$$

의 형태이다. ϕ는 정수 m, n에 의해 무수히 존재하지만 2π의 정수배의 차이를 빼면 n개의 다른 것임을 보이고자 한다. 그러나 $m < 0$이거나 $m \geq n$이면 q, k를 $m = qn + k\ (0 \leq k < n)$을 만족하는 정수라 하자. 이때

$$cis\,\frac{\theta + 2m\pi}{n} = cis\,\frac{\theta + 2qn\pi + 2k\pi}{n} = cis\,\frac{\theta + 2k\pi}{n}$$

따라서 식 (1.15)은 식 (1.14)의 모든 근을 나타낸다.

끝으로 만약 $0 \leq k_1 < k_2 \leq n-1$이면

$$\frac{\theta + 2k_2\pi}{n} - \frac{\theta + 2k_1\pi}{n} = (\frac{k_2 - k_1}{n})2\pi$$

이므로 이 값은 2π의 정수배가 아니다. 따라서 방정식 (1.14)의 근들은 서로 다르다. ∎

z_0를 w의 임의로 취한 한 ω의 n제곱근, 즉 $z_0^n = \omega$이라 하고, w_n을 식 (1.13)로 정의하면 w의 n제곱근 전체의 집합은

$$z_0, z_0 w_n, z_0 w_n^2, \cdots, z_0 w_n^{n-1} \tag{1.16}$$

이다. 그 이유는 0이 아닌 복소수에 w_n을 곱하는 것은, 그 복소수의 편각을 $\dfrac{2\pi}{n}$만큼 증가시키는 것과 같기 때문이다. 0이 아닌 복소수 w의 임의의 n제곱근을 $w^{1/n}$로 표시하기로 한다. 특히 w가 양의 실수 r인 경우에는 $r^{1/n}$은 임의의 n제곱근을 나타낸다.

01 다음 방정식을 풀어라.

(1) $z^3 = -1 + i$

(2) $z^5 = -32$

(3) $z^5 - 2 = 0$

(4) $z^4 + 2 = 0$

(5) $z^2 + (2i - 3)z + 5 - i = 0$

(6) $z^4 + z^2 + 1 = 0$

(7) $(1 + z)^5 = (1 - z)^5$

02 $\cos 36° + \cos 72° + \cos 108° + \cos 144° = 0$임을 보여라.

03 항등식 $1 + z + z^2 + \cdots + z^n = \dfrac{1 - z^{n+1}}{1 - z}$ $(z \neq 1)$가 성립함을 보이고 이것을 사용하여 라그랑주(Lagrange)의 항등식이 성립함을 보여라.

$$1 + \cos\theta + \cos 2\theta + \cdots + \cos n\theta = \frac{1}{2} + \frac{\sin\left[(n + \frac{1}{2})\theta\right]}{2\sin(\frac{\theta}{2})} \quad (0 < \theta < 2\pi)$$

04 합이 4이고 곱이 8인 두 수를 구하여라.

05 $n = 2, 3, \cdots$일 때 다음을 보여라.

(1) $\cos\dfrac{2\pi}{n} + \cos\dfrac{4\pi}{n} + \cos\dfrac{6\pi}{n} + \cdots + \cos\dfrac{2(n-1)\pi}{n} = -1$

(2) $\sin\dfrac{2\pi}{n} + \sin\dfrac{4\pi}{n} + \sin\dfrac{6\pi}{n} + \cdots + \sin\dfrac{2(n-1)\pi}{n} = 0$

06 $n = 2, 3, \cdots$일 때 다음을 보여라.

$$\sin\frac{\pi}{n}\sin\frac{2\pi}{n}\sin\frac{3\pi}{n}\cdots\sin\frac{(n-1)\pi}{n} = \frac{n}{2^{n-1}}$$

07 방정식 $z^n = 1$의 모든 근을 극형식으로 나타낼 때 편각 θ들의 합을 S_n이라 하자. 이때 $\displaystyle\lim_{n\to\infty}\frac{S_n}{n}$의 값을 구하여라(단 $0 \leq \theta \leq 2\pi$, 1992년 임용고시).

08 $(1 + i)^n = (1 - i)^n$을 만족하는 정수 n을 구하여라.

제1.4절 복소평면의 영역

중심이 $z_0 = x_0 + iy_0$ 이고 반지름이 $\epsilon > 0$인 원의 내부에 있는 점 전체의 집합, 즉

$$N_\epsilon(z_0) = \{ z \in \mathbb{C} : |z - z_0| < \epsilon \}$$

또는

$$N_\epsilon(z_0) = \{ x + iy \in \mathbb{C} : (x - x_0)^2 + (y - y_0)^2 < \epsilon^2 \}$$

을 점 z_0의 ϵ-**근방** 또는 간단히 z_0의 **근방(neighborhood)**이라 한다. 이 근방을 가끔 $D(z_0 ; \epsilon)$로 나타내기도 한다. 집합 $\{ z \in \mathbb{C} : 0 < |z - z_0| < \epsilon \}$을 점 z_0의 **빠진 근방 (deleted neighborhood)**라 한다.

정의 1.4.1 z_0는 복소평면 위의 한 점이고, S는 $\mathbb{C}$의 부분집합이라 하자.

(1) z_0의 한 근방 $N_\epsilon(z_0)$가 존재하여 $z_0 \in N_\epsilon(z_0) \subseteq S$일 때 z_0를 S의 **내점** (또는 **안점**, **interior point**)이라 한다.

(2) 점 z_0의 근방들 중에서 S의 점을 전혀 포함하지 않는 근방이 존재할 때, z_0를 S의 **외점(바깥점, exterior point)**이라 한다.

(3) S의 내점도 외점도 아닌 점을 S의 **경계점(boundary point)**이라 한다. S의 경계점 전체의 집합을 S의 **경계(boundary)**라 하고, ∂S로 나타낸다.

(4) 집합 S의 모든 점이 S의 내점이 되는 집합(즉, 경계점을 하나도 포함하지 않는 집합) S을 **열린 집합**(또는 **개집합**, **open set**)이라 한다.

(5) 집합 S의 여집합 S^c가 열린 집합일 때 S를 **닫힌 집합**(또는 **폐집합**, **closed set**)이라고 한다.

(6) 집합 S의 점 전체와 S의 경계점 전체로 이루어진 집합을 S의 **닫힘**(또는 **폐포**, **closure**)라 하고 $\overline{S}$로 나타낸다.

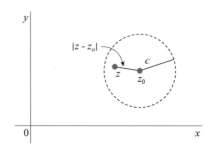

그림 1.5 점 z_0의 ϵ-근방

(7) 점 z_0의 임의의 근방이 z_0와 다른 S의 점을 적어도 한 개 포함할 때, 즉 임의의 양수 ϵ에 대하여

$$(N_\epsilon(z_0) - \{z_0\}) \cap S \neq \varnothing$$

이 될 때, 점 z_0를 집합 S의 **쌓인 점**(또는 **집적점**, **accumulation point**)이라 한다.

(8) 집합 S가 서로 소이면서 공집합이 아닌 두 개의 열린 집합 O_1, O_2의 합집합으로 표현될 수 없을 때, 즉

$$S = O_1 \cup O_2, \ O_1 \cap O_2 = \varnothing \ (O_1 \neq \varnothing, O_2 \neq \varnothing)$$

되게 할 수 없을 때 S를 **연결집합**(**connected set**)이라고 한다.

(9) 열린 연결집합을 **영역**(**domain**)이라 한다.

(10) 집합 S의 모든 점이 어떤 원 $|z| = R$의 내부에 있을 때 S를 **유계집합**(또는 **갇힌 집합**, **bounded set**)이라 하고, 그렇지 않을 때 유계가 아닌 집합(**unbounded**)이라 한다.

보기 1.4.2 (1) 원 $|z| = 1$은 두 집합 $|z| < 1, |z| \leq 1$ 각각의 경계이다. 집합 $|z| < 1$은 열린 집합이고, 집합 $|z| \leq 1$은 닫힌 집합이며, 이들 두 집합의 닫힘은 모두 집합 $|z| \leq 1$이다.

(2) 어떤 집합은 열린 집합도 닫힌 집합도 아니다. 한 예로, 집합 $0 < |z| \leq 1$은 열린 집합도 닫힌 집합도 아니다.

(3) 복소수 전체의 집합 $\mathbb{C}$는 열린 집합이고, 또한 닫힌 집합이다.

(4) 집합 $|z| < 1$와 집합 $1 < |z| < 2$는 모두 연결집합이다.

(5) 한 집합이 닫힌 집합이 되기 위한 필요충분조건은 그 집합의 쌓인 점 전부가 그 집합에 속하는 것이다. 원점은 집합 $\{z_n = i/n : n = 1, 2, \cdots\}$의 유일한 쌓인 점이다.

보기 1.4.3 모든 열린 원판 $D = \{z : |z - z_0| < R\}$은 열린 집합임을 보여라.

증명 만약 w_0은 D의 임의의 점이고 $r = |w_0 - z_0| < R$이면 $\epsilon = (R - r)/3$으로 택한다. 그러면 $|z - w_0| < \epsilon$이 되는 임의의 z에 대하여

$$|z - z_0| \leq |z - w_0| + |w_0 - z_0|$$
$$< \epsilon + r = (R - r)/3 + r < R$$

따라서 중심이 w_0이고 반지름이 ϵ인 열린 원판은 D안에 존재한다. 그러므로 D의 임

의의 점은 내점이므로 D는 열린 집합이다. ∎

정리 1.4.4 (열린 집합의 성질) (1) 전체집합 $\mathbb{C}$ 과 $\varnothing$ 은 열린 집합이다.

(2) 임의의 열린 집합 $G_\lambda \, (\lambda \in I)$들의 합집합 $\cup_{\lambda \in I} G_\lambda$은 열린 집합이다.

(3) 유한개의 열린 집합 $G_1, \cdots, G_n$의 교집합 $\cap_{i=1}^{n} G_i$은 열린 집합이다.

증명 (2) $\{G_\lambda : \lambda \in I\}$를 $\mathbb{C}$ 의 열린 집합족이고 $G = \cup_{\lambda \in I} G_\lambda$라 하자. 만약 $z_0 \in G$가 G의 임의의 점이면 합집합의 정의에 의하여 적당한 $\alpha \in I$가 존재하여 $z_0 \in G_\alpha$이다. G_α가 열린 집합이므로 $N_\epsilon(z_0) \subseteq G_\alpha$을 만족하는 z_0의 한 근방 $N_\epsilon(z_0)$가 존재한다. 따라서 $N_\epsilon(z_0) \subseteq G_\alpha \subseteq G$이다. z_0가 G의 임의의 원소이므로, G는 열린 집합이다.

(3) G_1, G_2를 열린 집합이라 하고 $G = G_1 \cap G_2$라 하자. z_0는 G의 임의의 점이라 하자. 그러면 $z_0 \in G_1$이고 $z_0 \in G_2$이다. G_1이 열린 집합이므로 $N_{\epsilon_1}(z_0) \subset G_1$인 $\epsilon_1 > 0$이 존재한다. 마찬가지로 G_2가 열린 집합이므로 $N_{\epsilon_2}(z_0) \subset G_2$인 $\epsilon_2 > 0$가 존재한다. 이때 $\epsilon = \min\{\epsilon_1, \epsilon_2\}$로 취하면 ϵ – 근방 $U = N_\epsilon(z_0)$은 $U \subseteq G_1$과 $U \subseteq G_2$를 모두 만족한다. 따라서 $z_0 \in U \subseteq G$이다. z_0는 G의 임의의 원소이므로 G는 열린 집합이다.

귀납법에 의하여 열린 집합의 유한족의 교집합이 열린 집합이 된다는 사실을 추론할 수 있다. ∎

주의 1.4.5 열린 집합 $E_k = \left\{ z \in \mathbb{C} : |z| < \dfrac{1}{k} \right\} \ (k = 1, 2, \cdots)$일 때 집합 $\cap_{k=1}^{\infty} E_k = \{0\}$은 열린 집합이 아니고 닫힌 집합이다.

드 모르강 법칙 $(\cup E_\alpha)^c = \cap E_\alpha{}^c$, $(\cap E_\alpha)^c = \cup E_\alpha{}^c$과 그들의 여집합을 이용함으로써 닫힌 집합에 대한 위의 대응 성질도 성립될 수 있다

따름정리 1.4.6 (닫힌 집합의 성질) (1) 전체집합 $\mathbb{C}$ 과 $\varnothing$ 은 닫힌 집합이다.

(2) 임의의 닫힌 집합 $F_\lambda \, (\lambda \in I)$들의 교집합 $\cap_{\lambda \in I} F_\lambda$은 닫힌 집합이다.

(3) 유한개의 닫힌 집합들의 합집합은 닫힌 집합이다.

끝점 z_1, z_2를 갖는 선분을 $[z_1, z_2]$ 로 나타낸다.

정의 1.4.7 $[z_0, z_1] \cup [z_1, z_2] \cup \cdots \cup [z_{n-1}, z_n]$ 형태의 유한개 선분들의 합집합을 **꺾은선(polygonal line)**이라 한다. D의 임의의 두 점이 D에 속하는 꺾은선으로 연결될 때, D는 **꺾은선 연결집합(polygonally connected set)**이라 한다.

주의 1.4.8 꺾은선 연결집합은 분명히 연결집합이지만, 역은 성립하지 않는다. 예를 들어, 집합 $D = \{z = x + iy : y = x^2\}$은 연결집합이지만 D는 어떠한 선분도 포함하지 않으므로 꺾은선 연결집합이 아니다.

정리 1.4.9 임의의 열린 연결집합(영역) D는 꺾은선 연결집합이다.

증명 $z_0 \in D$이고 A는 D에서 z_0와 꺾은선으로 연결될 수 있는 D의 점들의 집합이라 하고 $B = D - A$로 두자. 만약 w가 A의 임의의 점이면 D는 열린 집합이므로 적당한 양수 δ가 존재해서 $N_\delta(w) \subseteq D$이다. 분명히 임의의 점 z는 z의 근방 $N_\delta(z)$의 다른 점과 꺾은선 연결될 수 있으므로 $N_\delta(w)$의 임의의 점은 점 z_0와 꺾은선 연결될 수 있다. 따라서 $N_\delta(w) \subseteq A$이므로 A는 열린 집합이다. 마찬가지로 B는 열린 집합이다. 지금 D는 연결집합이고,

$$D = A \cup B, \quad A \neq \varnothing$$

이므로 $B = \varnothing$이다. 따라서 D의 모든 점은 z_0와 꺾은선 연결될 수 있으므로 D의 임의의 두 점은 D에 속하는 꺾은선에 의하여 서로 연결될 수 있다. ■

01 어느 집합이 영역(domain)인가? 그리고 유계집합은 어느 것인가?

(1) $|z| \leq 1$ (2) $|2z+5| > 4$

(3) $\operatorname{Re} z > 3$ (4) $|\operatorname{Im} z| > 2$

(5) $0 < |z| < 1$ (6) $0 < |z - z_0| < 1$

02 복소수의 집합은 실수 부분과 동시에 허수 부분의 집합이 유계일 때 유계임을 밝혀라.

03 다음 각 집합의 쌓인 점(집적점)을 구하여라.

(1) $z_n = i^n \quad (n = 1, 2, \cdots)$ (2) $z_n = \dfrac{1}{n} \cdot i^n \quad (n = 1, 2, \cdots)$

(3) $z_n = (-1)^n (1 - i) \dfrac{n+4}{n+1}$ (4) $0 < \arg z < \dfrac{\pi}{2}$

04 다음을 보여라.

(1) 쌓인 점을 전부 다 포함하는 집합은 닫힌 집합이다.

(2) 유한집합은 쌓인 점을 가질 수 없다.

(3) $\overline{A}$ 는 A를 포함하는 최소의 닫힌 집합이다.

(4) A가 열린 집합일 필요충분조건은 여집합 A^c가 닫힌 집합이다.

05 다음을 보여라.

(1) 집합 $D = \{z : \operatorname{Re} z > 0\}$은 열린 집합이다.

(2) 집합 $G = \{z = x + iy : x^2 < y\}$은 열린 집합이다.

(3) 실수축 S는 닫힌 집합이다.

(4) 공집합과 $\mathbb{C}$ 는 열린 집합이고 또한 닫힌 집합이다.

06 확장된 복소평면에서 무한원점은 집합 $\operatorname{Im} z > 0$의 쌓인 점이고, 또 집합 $\operatorname{Im} z < 0$의 쌓인 점도 됨을 보여라.

07 집합 $\{z \in \mathbb{C} : z = x + iy,\ x$와 y는 유리수$\}$의 쌓인 점을 구하여라. 이 집합은 열린 집합도 닫힌 집합도 아님을 보여라.

08 다음 집합은 $\mathbb{C}$ 에서 유계인가? 연결집합인가? 또한 열린 집합인가?

(1) $\{z \in \mathbb{C} : 1 < |z| < 2\}$ (2) $\{x \in \mathbb{R} : x$는 무리수$\}$

(3) $\{x \in \mathbb{R} : x$는 정수$\}$

(4) $\{z \in \mathbb{C} : |z| \leq 1\} - \{z \in \mathbb{C} : z = 1/n,\ n$은 자연수$\}$

09 열린 구간 (a, b)는 연결집합임을 보여라.

10 다음을 보여라.

(1) A가 연결집합이면 $\overline{A}$도 연결집합이다.

(2) A와 B가 열린 연결집합이고 $A \cap B \neq \varnothing$ 이면 $A \cup B$도 영역이다.

(3) 집합 D가 연결집합일 필요충분조건은 열린 집합이면서 닫힌 집합인 D의 부분집합은 공집합이거나 D 자신이다.

11 한 집합 D에 대하여 $D = A \cup B$, $A \cap B = \varnothing$ 되는 공집합이 아닌 열린 집합 A와 B가 존재하면 D는 연결집합이 아님을 보여라.

12 따름정리 1.4.6을 보여라.

13 $A = \left\{ (x, y) : y = \sin\dfrac{1}{x},\ x \neq 0 \right\}$이고 $B = \{(0, y) : -1 \leq y \leq 1\}$일 때 $A \cup B$는 연결집합 이나, A에 속하는 점은 $A \cup B$에 포함하는 다각선으로서 B에 속하는 점과 이을 수 없음을 보여라.

제1.5절 복소수의 수열

정의 1.5.1 모든 자연수 n에 복소수 z_n을 대응시켜 만든 복소수의 열 $z_1, z_2, z_3, \cdots$, 즉 자연수 전체의 집합 $\mathbb{N}$ 위에서 정의된 복소수의 집합 $\mathbb{C}$ 로의 함수 $f : \mathbb{N} \to \mathbb{C}$ 를 **복소수열** 또는 간단히 **수열(sequence)**이라 하고, $\{z_n\}$으로 나타낸다. 실수열 $\{|z_n - z_0|\}$이 0에 수렴하면 복소수열 $\{z_n\}$은 z_0에 **수렴한다(converge)**고 하고, z_0를 수열 $\{z_n\}$의 **극한값(극한)(limit value)**이라 한다.

$$\lim_{n \to \infty} z_n = z_0 \text{ 또는 } \{z_n\} \to z_0$$

로 나타낸다. 수열 $\{z_n\}$이 유한인 극한값을 갖지 않는 경우를 **발산한다(diverge)**고 한다.

극한에 관한 정의는 다음과 같이 보다 엄밀하게 정의할 수 있다:

임의의 주어진 $\epsilon > 0$에 대해서 적당한 자연수 $N = N(\epsilon)$이 존재해서 $n > N$인 모든 자연수 n에 대하여 $|z_n - z_0| < \epsilon$이 된다.

보기 1.5.2 (1) $|\frac{i}{n} - 0| = \frac{1}{n} \to 0$이므로 수열 $\{\frac{i}{n}\}$은 0에 수렴하지만, $\{ni\}$, $\{(-1)^n\}$은 수렴하지 않는다.

(2) $|\frac{n}{n+i} - 1| = |\frac{-i}{n+i}| = \frac{1}{\sqrt{n^2 + 1}} \to 0$이므로 $\lim_{n \to \infty} \frac{n}{n+i} = 1$이다. ■

정리 1.5.3 $\{z_n\} = \{x_n + iy_n\}$은 복소수열이고 $z_0 = x_0 + iy_0$은 복소수일 때

$$\lim_{n \to \infty} z_n = z_0 \Leftrightarrow \lim_{n \to \infty} x_n = x_0 \;,\; \lim_{n \to \infty} y_n = y_0.$$

증명 $|\operatorname{Re} z|, |\operatorname{Im} z| \le |z| \le |\operatorname{Re} z| + |\operatorname{Im} z|$이고

$$|\operatorname{Re}(z_n - z_0)| = |x_n - x_0|, \quad |\operatorname{Im}(z_n - z_0)| = |y_n - y_0|$$

이므로 $\lim_{n \to \infty} |z_{n-z_0}| = 0 \Leftrightarrow \lim_{n \to \infty} |x_n - x_0| = 0, \lim_{n \to \infty} |y_n - y_0| = 0.$ ■

보기 1.5.4 $\lim_{n \to \infty} z_n = z_0$일 때 다음을 보여라.

$$(1) \ \lim_{n \to \infty} |z_n| = |z_0| \quad (2) \ \lim_{n \to \infty} \overline{z_n} = \overline{z_0}$$

증명 (1) 만약 $\{z_n\}$이 z_0에 수렴한다고 하면, 임의로 주어진 $\epsilon > 0$에 대하여 자연수 N이 존재하여 $n > N$이면 $|z_n - z_0| < \epsilon$이 된다. 그런데 일반적으로 $||z_n| - |z_0|| \leq |z_n - z_0|$이므로 수열 $\{|z_n|\}$은 $|z_0|$에 수렴한다.

(2) $|\overline{z_n} - \overline{z_0}| = |\overline{z_n - z_0}| = |z_n - z_0|$를 이용하면 된다. ■

정리 1.5.5 수렴하는 모든 수열은 유계수열이다.

증명 만약 수열 $\{z_n\}$이 z_0에 수렴하면 자연수 N이 존재하여 $n > N$이면 $z_n \in N_1(z_0) = \{z : |z - z_0| < 1\}$이 된다. 지금

$$M = \max\{|z_1|, |z_2|, \cdots, |z_N|, |z_0| + 1\}$$

이라고 두면 모든 자연수 n에 대하여 $|z_n| < M$이 된다. ■

주의 1.5.6 위의 정리의 역은 성립하지 않는다. 수열 $\{0, 1, 0, 1, \cdots\}$은 유계수열이지만 수렴하지 않는다.

정리 1.5.7 만약 수열 $\{z_n\}$이 z_0에 수렴하면 $\{z_n\}$의 모든 부분수열 $\{z_{n_k}\}$도 z_0에 수렴한다.

증명 ϵ은 임의의 양수라 하자. $\{z_n\}$이 z_0에 수렴하므로 자연수 N이 존재하여 $n > N$이면 $|z_n - z_0| < \epsilon$이 된다. 따라서 $n_k > N$이 되는 모든 자연수 $n_k (\geq k)$에 대하여 $|z_{n_k} - z_0| < \epsilon$이 된다. 그런데 $k \geq N$인 모든 자연수 k에 대하여 $n_k \geq N$이므로 $\{z_{n_k}\}$의 항 중에서 $N_\epsilon(z_0)$에 속하지 않는 것은 많아야 유한개 밖에 없다. 따라서 부분수열 $\{z_{n_k}\}$는 z_0에 수렴한다. ■

정리 1.5.8 (볼자노-바이어슈트라스 정리, **Bolzano-Weierstrass theorem**) 복소평면 안의 모든 유계인 무한집합은 적어도 한 개의 쌓인 점을 갖는다.

정의 1.5.9 임의의 양수 $\epsilon > 0$에 대하여 자연수 N이 존재하여 $m, n > N$인 모든 자연수 m, n에 대하여 $|z_m - z_n| < \epsilon$이 될 때, 수열 $\{z_n\}$을 **코시수열(Cauchy sequence)**이라 한다.

주의 1.5.10 수렴하는 수열은 반드시 코시수열이지만, 코시수열이라고 해서 반드시 수렴하는 것은 아니다.

모든 코시수열이 수렴하는 공간을 **완비공간(complete space)**이라 한다. 실수의 집합 $\mathbb{R}$ 이나 복소수의 집합 $\mathbb{C}$ 는 완비공간이다. 다음 정리는 이러한 사실을 보여 준다.

정리 1.5.11 복소수열 $\{z_n\}$이 수렴할 필요충분조건은 $\{z_n\}$이 코시수열이다.

증명 만약 복소수열 $\{z_n\}$이 z_0에 수렴한다면 정리 1.5.3에 의하여 $\mathrm{Re}\, z_n \to \mathrm{Re}\, z_0$, $\mathrm{Im}\, z_n \to \mathrm{Im}\, z_0$이므로 $\mathrm{Re}\, z_n$, $\mathrm{Im}\, z_n$은 코시수열이다. 따라서

$$|z_n - z_m| \leq |\mathrm{Re}(z_n - z_m)| + |\mathrm{Im}(z_n - z_m)|$$

$$= |\mathrm{Re}\, z_n - \mathrm{Re}\, z_m| + |\mathrm{Im}\, z_n - \mathrm{Im}\, z_m|$$

이므로 수열 $\{z_n\}$은 코시수열이다.

역으로 수열 $\{z_n\}$이 코시수열이면 실수열 $\{\mathrm{Re}\, z_n\}$과 $\{\mathrm{Im}\, z_n\}$도 코시수열이므로 이들 수열은 모두 수렴한다. 따라서 수열 $\{z_n\}$은 수렴한다. ■

보기 1.5.12 수열 $\{z_n\} = \left\{ \dfrac{\sqrt{n} + i(n+1)}{n} \right\}$은 어떤 값에 수렴하는가?

풀이 $\lim\limits_{n\to\infty} z_n = \lim\limits_{n\to\infty} \left(\dfrac{1}{\sqrt{n}} + i\dfrac{n+1}{n} \right) = i.$ ■

● 연습문제 1.5

01 수열 $\{\arg z_n\}$과 $\{|z_n|\}$이 수렴하면 $\{z_n\}$도 수렴하는가?

02 다음 수열 중에서 어느 것이 수렴하는가?

   (1) $\{i^n\}$ (2) $\{z^n\}$ 단 $|z| < 1$

   (3) $\{(1+i)^n\}$ (4) $\left\{\dfrac{n+i^n}{n}\right\}$

   (5) $\left\{\dfrac{n^2+i2^n}{2^n}\right\}$ (6) $\left\{\dfrac{(n+i)(1+ni)}{n^2}\right\}$

03 임의로 주어진 $\epsilon > 0$에 대하여 자연수 N이 존재하여 $n > N$인 모든 자연수 n에 대하여 $|z_{n+1} - z_n| < \epsilon$이 된다면 z_n은 코시수열인가?

04 유계가 아니면서 쌓인 점을 갖는 수열이 있는가?

05 수렴하지 않지만 오직 하나의 쌓인 점을 갖는 수열의 예를 들어라.

06 $\displaystyle\lim_{n\to\infty} n\left(\dfrac{1+i}{2}\right)^n = 0$임을 보여라.

07 $\displaystyle\lim_{n\to\infty} ni^n$은 존재하지 않음을 보여라.

08 다음을 구하여라.

   (1) $\displaystyle\lim_{n\to\infty}\left[\left(1+\dfrac{1}{n}\right)^n + i\left(1-\dfrac{1}{n}\right)^{-n}\right]$ (2) $\displaystyle\lim_{n\to\infty}\left(\dfrac{1+i}{2}\right)^n$

09 만약 $\displaystyle\lim_{n\to\infty} z_n = l$이면 $\displaystyle\lim_{n\to\infty}\dfrac{z_1 + z_2 + \cdots + z_n}{n} = l$임을 보여라.

10 한 점 z_0가 집합 S의 한 쌓인 점이 되기 위한 필요충분조건은 집합 S에 속하는 서로 다른 점들로 구성되고, z_0에 수렴하는 수열 $\{z_n\}$이 존재함을 보여라.

11 볼자노-바이어슈트라스(Bolzano-Weierstrass) 정리 1.5.8를 보여라.

제1.6절 무한원점과 입체사영

수의 범위를 복소수까지 확대하였을 때 무한대의 의미는 어떠한 것인가? 복소평면과 공간 안의 구면과의 관계 및 입체사영(立體射影)에 의한 여러 가지 성질의 보존성에 관하여 간략히 소개한다.

공간에서 중심이 $(0,0,\frac{1}{2})$이고 반지름이 $\frac{1}{2}$인 구 $\sum$의 방정식은

$$\xi^2 + \eta^2 + (\zeta - \frac{1}{2})^2 = \frac{1}{4} \tag{1.17}$$

이다. 즉,

$$\sum = \left\{ (\xi,\eta,\zeta) \in \mathbb{R}^3 : \xi^2 + \eta^2 + (\zeta - \frac{1}{2})^2 = \frac{1}{4} \right\}$$

평면 $\zeta = 0$는 복소평면 $\mathbb{C}$와 일치하고 ξ축과 η축을 각각 x축과 y축이라 하자. $\sum$ 위의 점 $(0,0,1)$을 **북극(north pole)**이라 하고 N으로 표시하고 원점 $(0,0,0)$을 **남극(south pole)**이라 하고 S로 표시한다.

지금 임의의 점 $P(\xi,\eta,\zeta) \in \sum$에 대하여 $N(0,0,1)$에서 $P(\xi,\eta,\zeta)$를 지나는 직선이 복소수 평면 $\mathbb{C}$와의 만나는 점 $Q(z) = Q(x,y,0)$을 대응시킨다. 이 점 Q는 복소수 $z = x + iy$에 대응하는 점이다. 이와 같이 $\sum - \{N\} = \sum'$과 복소수 평면 $\mathbb{C}$는 일대일 대응이 된다. 이런 대응을 **입체사영(stereographic projection)**이라 하고, 복소수를 표현하고 있는 구면 $\sum$를 **리만 구면(Riemann sphere)**이라 한다.

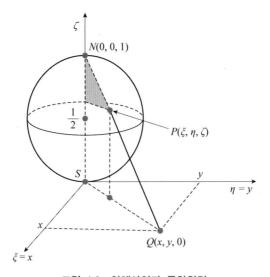

그림 1.6 입체사영과 무한원점

입체사영 $Q(z=x+iy)=Q(x,y,0) \leftrightarrow P(\xi,\eta,\zeta)$를 해석적으로 표시하고자 한다. 북극 $N(0,0,1), P(\xi,\eta,\zeta), Q(x,y,0)$는 같은 직선 위에 있으므로,

$$\frac{x}{\xi} = \frac{y}{\eta} = \frac{1}{1-\zeta} \tag{1.18}$$

이다. 이 식으로부터

$$x = \frac{\xi}{1-\zeta}, \; y = \frac{\eta}{1-\zeta} \; \text{즉}, \; z = \frac{\xi+\eta i}{1-\zeta}$$

를 얻을 수 있다. 또한 $\xi = x(1-\zeta), \eta = y(1-\zeta)$를 식 (1.17)에 대입하면 $\zeta = \dfrac{x^2+y^2}{1+x^2+y^2}$를 얻는다. 따라서 이와 같은 일대일 대응 관계식은

$$\xi = \frac{x}{1+x^2+y^2}, \; \eta = \frac{y}{1+x^2+y^2}, \; \zeta = \frac{x^2+y^2}{1+x^2+y^2} \tag{1.19}$$

또는

$$x = \frac{\xi}{1-\zeta}, \; y = \frac{\eta}{1-\zeta}, \; x^2+y^2 = \frac{\zeta}{1-\zeta} \tag{1.20}$$

로 표현된다. 위 관계식에서 함수

$$T: \sum{}' \to \mathbb{C}, \; T(\xi,\eta,\zeta) = (\frac{\xi}{1-\zeta}, \frac{\eta}{1-\zeta}, 0)$$

와 함수

$$T': \mathbb{C} \to \sum{}', \; T'(x+iy) = (\frac{x}{1+x^2+y^2}, \frac{y}{1+x^2+y^2}, \frac{x^2+y^2}{1+x^2+y^2})$$
$$= (\frac{\mathrm{Re}\,z}{1+|z|^2}, \frac{\mathrm{Im}\,z}{1+|z|^2}, \frac{|z|^2}{1+|z|^2})$$

는 전단사함수이다.

주의 1.6.1 수열 $\{z_n\} = \{x_n+iy_n\}$이 복소평면에서 $z_0 = x_0+iy_0$에 수렴할 때,

$$\left(\frac{x_n}{1+x_n^2+y_n^2}, \frac{y_n}{1+x_n^2+y_n^2}, \frac{x_n^2+y_n^2}{1+x_n^2+y_n^2} \right)$$

은 Σ' 위에서

$$\left(\frac{x_0}{1+x_0^2+y_0^2}, \frac{y_0}{1+x_0^2+y_0^2}, \frac{x_0^2+y_0^2}{1+x_0^2+y_0^2} \right)$$

에 수렴한다.

입체사영에 의하면 $\sum'$의 각 점은 복소수 평면 $\mathbb{C}$ 위에 상을 갖지만, 점 $N(0,0,1)$에 대응하는 점은 $\mathbb{C}$ 위에 존재하지 않는다. $\{P_k\} = \{(\xi_k, \eta_k, \zeta_k)\}$를 $N(0,0,1)$에 수렴하는 $\sum'$의 점들로 된 수열이라 가정하고, 입체사영에 의하여 이에 대응하는 $\mathbb{C}$ 위의 수열을 $\{z_k\} = \{Q_k\}$라 하자. 식 (1.20)에 의하여

$$|z_k|^2 = |x_k + iy_k|^2 = x_k^2 + y_k^2 = \frac{\zeta_k}{1 - \zeta_k}$$

이므로 $P_k(\xi_k, \eta_k, \zeta_k)$가 점 $N(0,0,1)$에 수렴할 때(즉, $\zeta_k \to 1$일 때) $|z_k| \to \infty$가 된다.

역으로 만약 $|z_k| = \sqrt{x_k^2 + y_k^2} \to \infty$일 때 식 (1.19)으로부터

$$\xi_k \to 0, \quad \eta_k \to 0 \quad \zeta_k \to 1$$

이다. 즉, $P_k(\xi_k, \eta_k, \zeta_k)$는 $N(0,0,1)$에 수렴한다. $\sum$ 위에서 $N(0,0,1)$에 충분히 가까운 점에는 절댓값이 아주 큰 $\mathbb{C}$ 위의 점이 대응된다.

간략히 말하면 $\sum$ 위의 점 $N(0,0,1)$은 복소수 평면 $\mathbb{C}$에서 새로운 무한원점이라 하는 점 ∞에 대응한다. $\mathbb{C}$에 이와 같은 **무한원점** ∞을 추가한 복소평면을 **확장 복소평면(extended complex plane)**이라 한다. 이러한 방법에 의하여 구 $\sum$와 확장 복소평면은 완전히 일대일 대응시킬 수 있다.

함수 T를

$$T: \sum' \to C, \quad T(\xi, \eta, \zeta) = \left(\frac{\xi}{1-\zeta}, \frac{\eta}{1-\zeta}, 0 \right)$$

로 정의되는 입체사영이라 할 때 T는 전단사함수(일대일 대응함수)이므로 역함수 T^{-1}도 전단사함수이다. 또한 함수 T와 T^{-1}는 연속함수임을 알 수 있다(즉, T는 $\sum'$에서 $\mathbb{C}$로의 **위상적 함수(topological mapping)**이다).

정리 1.6.2 구 $\sum$ 위의 원 r는 입체사영에 의하여 복소평면 $\mathbb{C}$ 위의 원 또는 직선에 대응한다.

증명 $\sum$ 위의 원 S는 구면과 $\xi\eta\zeta$ 공간의 평면과의 교선이므로 원의 방정식은

$$a\xi + b\eta + c\zeta = d \quad (단 \ a, b, c, d는 상수, \ (\xi, \eta, \zeta) \in \sum)$$

로 표현될 수 있다. 식 (1.19)에 의하여

$$ax + by + c(x^2 + y^2) = d(x^2 + y^2 + 1)$$

이다. 따라서

$$(c-d)(x^2+y^2) + ax + by = d \qquad (단, (x,y) \in \mathbb{C}). \tag{1.21}$$

만약 $c \neq d$이면 식 (1.21)는 원의 방정식이다. 반면 $c = d$이면 식 (1.21)는 직선을 나타낸다. $c = d$이 되기 위한 필요충분조건은 원 S는 $(0,0,1)$를 지난다. 따라서 S가 $(0,0,1)$를 포함하면 S는 직선에 대응하고, $(0,0,1)$를 지나지 않으면 원에 대응한다. ∎

01 $z = x + iy$는 입체사영에 의하여 $\sum'$ 위의 점 $P(\xi, \eta, \zeta)$에 대응하는 점이라 하자. 이때 $|z| > M$이 되기 위한 필요충분조건은 다음과 같음을 보여라.

$$1 - \zeta < \frac{1}{1 + M^2} \qquad (\text{단 } M > 0).$$

02 $P(\xi, \eta, \zeta)$가 $\sum'$ 위의 점이라 할 때 P와 $N(0, 0, 1)$ 사이의 거리는 $\sqrt{1 - \zeta}$임을 보여라.

03 복소평면 $\mathbb{C}$ 위의 두 점 $Q_1(z_1), Q_2(z_2)$의 입체사영에 의한 $\sum$ 위의 두 점 P_1, P_2 사이의 **현거리**(弦距離)는 다음과 같이 주어짐을 보여라.

$$d(P_1, P_2) = \frac{|z_1 - z_2|}{\sqrt{1 + |z_1|^2} \, \sqrt{1 + |z_2|^2}}$$

제 2장

복소함수

제2.1절 극한과 연속

집합 A, B는 $\mathbb{C}$의 부분집합이고, 집합 A의 각 점 z에 대하여 B의 점 w가 대응된다고 가정할 때 w를 z의 **복소함수(complex function)**라 하고,

$$f : A \to B, \quad w = f(z)$$

로 나타낸다. 집합 A를 f의 **정의역(domain of definition)**이라 하고, A의 각 원소들과 대응하는 B의 부분집합을 f 아래에서 A의 **상(image)** 또는 f의 **치역(range)**이라 하고 $f(A)$로 나타낸다. 즉,

$$f(A) = \{ b \in B : b = f(a),\, a \in A \}$$

하나의 z에 대하여 하나의 점 w가 언제나 대응되는 함수를 **한값함수**(또는 **일가함수**, **single valued function**), 두 개 이상의 값이 대응하는 경우를 **다가함수**(또는 **여러값 함수**, **multi-valued function**)라 한다. 예를 들어, $w = z^{1/n}$은 0이 아닌 복소수에 대하여 n개의 값이 대응하기 때문에 다가함수이다.

복소수 $z = x + iy$에 대해서 복소함수 $f(z)$는 복소변수 z의 함수 또는 두 실변수 x, y의 함수로 생각할 수 있다. 함수 f의 점 $z = x + iy$에서의 값을 $w = u + iv = f(x + iy)$라고 두면 u와 v는 실변수 x와 y에 의하여 결정되므로

$$f(z) = u(x, y) + iv(x, y)$$

로 표시한다. 예를 들어, $f(z) = z^2$이라 하면

$$f(z) = (x + iy)^2 = x^2 - y^2 + 2ixy \tag{2.1}$$

이므로 $u(x, y) = x^2 - y^2$, $v(x, y) = 2xy$이다. 이 함수는 점 $(2, 1)$을 점 $(3, 4)$로 사상한다.

보기 2.1.1 다음 각 도형에 대하여 함수 $w = z^2$의 상을 구하여라.

    (1) 직선 $y = x$와 직선 $y = -x$

    (2) 직선 $y = c$와 직선 $x = c$ (단 $c \neq 0$)

    (3) 상반원 $|z| = r$, $0 \leq \theta < \pi$, 하반원 $|z| = r\,(\pi \leq \theta < 2\pi)$과 원 $|z| = r$

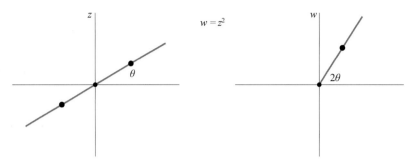

그림 2.1 $w = z^2$에 의한 직선의 상

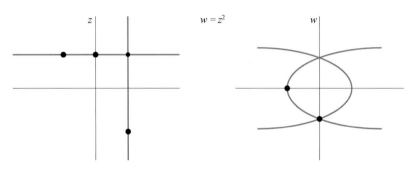

그림 2.2 $w = z^2$에 의한 수직선과 수평선의 상

풀이 (1) 변환 $w = z^2$에 의하여 직선 $y = x$는 반직선 $u = 0$, $v = 2x^2 \geq 0$으로 변환되고, 직선 $y = -x$는 반직선 $u = 0$, $v = -2x^2 \leq 0$으로 변환된다.

(2) 직선 $y = c$는 변환 $w = z^2$에 의하여 $u = x^2 - c^2$, $v = 2cx$로 변환되므로 포물선 $u = \dfrac{1}{4c^2}v^2 - c^2$을 얻는다. 마찬가지로 직선 $x = c$도 포물선 $u = -\dfrac{1}{4c^2}v^2 + c^2$로 변환된다.

(3) 극형식 $z = r(\cos\theta + i\sin\theta)$, $w = \rho(\cos\phi + i\sin\phi)$로 놓으면 변환 $w = z^2$은

$$\rho = r^2, \ \phi = 2\theta + 2n\pi \quad (n = 0, \pm 1, \pm 2, \cdots)$$

이 된다. 상반원 $|z| = r$, $0 \leq \theta < \pi$의 상은 원주 전체

$$|w| = r^2, \ 0 \leq \phi < 2\pi$$

가 되고, 하반원 $|z| = r$, $\pi \leq \theta < 2\pi$의 상은 같은 원

$$|w| = r^2, \ 2\pi \leq \phi < 4\pi$$

가 되어 원주 $|w| = r^2$의 2회째 회전이 된다. 즉, z가 원주 $|z| = r$을 양의 방향으로 일주하면 상은 원 $|w| = r^2$을 양의 방향으로 두 번 회전한다.

반지름이 $0 < r < \infty$가 되는 모든 원에 대하여 같은 결과가 성립하므로 반직선 OX(실수축의 양의 부분)를 원점의 둘레에 $0 \leq \theta < \pi$만큼 회전해서, z가 반평면 전체를 덮으면 그 상은 w평면 전체가 되고, z가 다시 하반면 전체를 덮으면 상은 다시 한 번 w평면 전체가 된다. 결국 z평면이 w평면에 대하여 이중으로 사상되고 0은 0으로, ∞는 ∞로 사상된다. ■

n은 0이거나 자연수이고, $a_0, a_1, \cdots, a_n$이 복소상수일 때 함수

$$P(z) = a_0 + a_1 z + a_2 z^2 + \cdots + a_n z^n \quad (a_n \neq 0)$$

를 n**차 다항식**이라 한다. P의 정의역은 복소평면 전체이다. 다항식을 다항식으로 나눈 $\dfrac{P(z)}{Q(z)}$를 **유리함수(rational function)**라 한다. 이 함수는 $Q(z) = 0$이 되는 점을 제외한 모든 점에서 정의된다.

보기 2.1.2 함수 $w = T(z) = (1+z)/(1-z)$에 의한 $|z| < 1$의 상은 $\{w : \operatorname{Re} w > 0\}$임을 보여라.

증명 함수 $w = T(z)$의 실수 부분이

$$\operatorname{Re} w = \operatorname{Re}\left(\frac{1+z}{1-z}\right) = \operatorname{Re}\frac{(1+z)(1-\bar{z})}{|1-z|^2} = \frac{1-|z|^2}{|1-z|^2}$$

이므로 $|z| < 1$일 때 $\operatorname{Re} w > 0$이다. 따라서 이는 T에 의한 상은 $\{w : \operatorname{Re} w > 0\}$의 부분집합이다.

지금 w'은 $\operatorname{Re} w' > 0$인 임의의 점이라 하자. $z' = (w'-1)/(w'+1)$은 $|z'| < 1$임을 보이면 된다. 사실 $|w'+1|^2 > |w'-1|^2$일 때 $1 > |(w'-1)/(w'+1)|$이다.

$|w'+1|^2$과 $|w'-1|^2$을 전개하면

$$|w'|^2 + 2\operatorname{Re} w' + 1 > |w'|^2 - 2\operatorname{Re} w' + 1$$

이다. 이는 $\operatorname{Re} w' > 0$이므로 성립한다. 따라서 $z' = (w'-1)/(w'+1)$은 원판 $|z'| < 1$ 위에 놓여있고

$$T(z') = \frac{1+z'}{1-z'} = \frac{1+(w'-1)/(w'+1)}{1-(w'-1)/(w'+1)} = \frac{2w'}{2} = w' \quad ■$$

정의 2.1.3 z_0를 $D \subset \mathbb{C}$의 한 쌓인 점이고 $f : D \to \mathbb{C}$는 복소함수라 하자. z가 z_0에 가까워질 때 $f(z)$가 w_0에 가까워지면 w_0을 $f(z)$의 **극한값**이라 하고,

$$\lim_{z \to z_0} f(z) = w_0$$

로 나타낸다.

이것을 수학적으로 엄밀하게 표현하면 다음과 같다.

임의의 $\epsilon > 0$에 대하여 적당한 양수 $\delta > 0$가 존재해서
$0 < |z - z_0| < \delta, z \in D$이면 $|f(z) - w_0| < \epsilon$ 이다.

위의 정의를 기하학적으로 말하면 w_0의 임의의 ϵ-근방 $N_\epsilon(w_0)$에 대하여 z_0의 적당한 δ-근방 $N_\delta(z_0)$가 존재하여 이런 δ-근방의 모든 점(단 z_0 자신은 제외)의 f에 의한 상이 w_0의 ϵ-근방 안에 전부 포함됨을 의미한다.

보기 2.1.4 $\lim_{z \to i}(z^2 + 2z) = -1 + 2i$임을 보여라.

증명 임의의 $\epsilon > 0$에 대해 $\delta > 0$가 존재해서

$$0 < |z - i| < \delta \text{일 때} \quad |(z^2 + 2z) - (-1 + 2i)| < \epsilon \tag{2.2}$$

이 됨을 보이면 된다. $0 < |z - i| < \delta < 1$일 때

$$|(z^2 + 2z) - (-1 + 2i)| = |z - i||z + i + 2| < \delta|z + i + 2|$$

이고

$$|z + i + 2| = |(z - i) + (2i + 2)| \le |z - i| + \sqrt{8} < \delta + 3 < 1 + 3 = 4$$

이다. 임의의 $\epsilon > 0$에 대해 $\delta = \min\{1, \epsilon/4\}$로 두면 식 (2.2)가 성립한다. ■

보기 2.1.5 $\lim_{z \to 0} \dfrac{\bar{z}}{z}$가 존재하지 않음을 보여라.

증명 만약 극한이 존재한다면 이 값은 z가 0에 접근하는 방법에 따라 변하지 않는다. z가 x축을 따라 0에 접근할 때 $y = 0$이고

$$z = x + iy = x, \quad \bar{z} = x - iy = x$$

이다. 따라서 구하는 극한은

$$\lim_{z \to 0} \frac{\bar{z}}{z} = \lim_{x \to 0} \frac{x}{x} = 1 \text{이다.}$$

한편 z가 y축을 따라 0에 접근할 때 $x = 0$이고

$$z = x + iy = iy, \quad \bar{z} = x - iy = -iy$$

이다. 따라서 구하는 극한은

$$\lim_{z \to 0} \frac{\bar{z}}{z} = \lim_{y \to 0} \frac{-iy}{iy} = -1$$

이다. 두 접근방법에 따라 값이 다르므로 극한은 존재하지 않는다. ■

정리 2.1.6 $f(z) = u(x,y) + iv(x,y)$, $z_0 = x_0 + iy_0$, $w_0 = u_0 + iv_0$라 하자. 그러면

$$\lim_{z \to z_0} f(z) = w_0 \tag{2.3}$$

가 성립할 필요충분조건은

$$\lim_{(x,y) \to (x_0, y_0)} u(x,y) = u_0 \text{이고} \quad \lim_{(x,y) \to (x_0, y_0)} v(x,y) = v_0. \tag{2.4}$$

증명 식 (2.3)이 성립한다고 하자. 그러면 임의로 주어진 양수 ϵ에 대하여 적당한 양수 δ가 존재하여 $0 < |z - z_0| < \delta$이면 $|f(z) - w_0| < \epsilon$이 된다. 그런데

$$|u(x,y) - u_0| \leq |u(x,y) - u_0 + i(v(x,y) - v_0)| = |f(z) - w_0| < \epsilon,$$

$$|v(x,y) - v_0| \leq |f(z) - w_0| < \epsilon$$

이므로 $0 < \sqrt{(x - x_0)^2 + (y - y_0)^2} < \delta$일 때

$$|u(x,y) - u_0| < \epsilon, \ |v(x,y) - v_0| < \epsilon$$

이 된다. 따라서 식 (2.4)가 성립한다.

역으로 식 (2.4)가 성립한다고 하면 임의로 주어진 양수 ϵ에 대하여 양수 δ_1과 δ_2가 존재해서

$$0 < \sqrt{(x - x_0)^2 + (y - y_0)^2} < \delta_1 \text{일 때} \ |u(x,y) - u_0| < \frac{\epsilon}{2}$$

$$0 < \sqrt{(x - x_0)^2 + (y - y_0)^2} < \delta_2 \text{일 때} \ |v(x,y) - v_0| < \frac{\epsilon}{2}$$

이 된다. $\delta = \min\{\delta_1, \delta_2\}$라고 두면

$$0 < |x + iy - (x_0 + iy_0)| < \delta$$

일 때

$$|u(x,y) + iv(x,y) - (u_0 + iv_0)| \leq |u(x,y) - u_0| + |v(x,y) - v_0| < \epsilon$$

가 성립한다. 따라서 식 (2.3)이 성립한다. ■

다음 정리는 복소함수의 극한의 정의로부터 직접 증명할 수 있지만, 정리 2.1.6과 실변수의 실함수의 극한에 관한 정리로부터 쉽게 증명된다.

정리 2.1.7 $\lim_{z \to z_0} f(z) = A$, $\lim_{z \to z_0} g(z) = B$이면 다음 식이 성립한다.

(1) $\lim_{z \to z_0} (f(z) \pm g(z)) = A \pm B$

(2) $\lim_{z \to z_0} [f(z)g(z)] = AB$

(3) $\lim_{z \to z_0} \dfrac{f(z)}{g(z)} = \dfrac{A}{B}$ (단 $B \neq 0$)

(4) $\lim_{z \to z_0} |f(z)| = |A|$

정의 2.1.8 $z_0 \in D \subset \mathbb{C}$ 이고 $f : D \to \mathbb{C}$ 는 정의역 D에서 정의되는 복소함수라 하자. f가 다음 조건을 만족할 때 f는 z_0에서 **연속(continuous)**이라 한다.

> 임의로 주어진 $\epsilon > 0$에 대하여 적당한 양수 $\delta > 0$가 존재해서
> $|z - z_0| < \delta$이고 $z \in D$이면 $|f(z) - f(z_0)| < \epsilon$가 된다.

만일 f가 D의 모든 점에서 연속이면 f는 D에서 **연속함수(continuous function)**라 한다.

위의 정의는 다음과 같이 말할 수도 있다. 복소함수 f가 다음 세 가지 조건을 만족할 때 f는 z_0에서 **연속**이라 한다.

> (1) $\lim_{z \to z_0} f(z)$가 존재하고   (2) $f(z_0)$가 정의되고,
>
> (3) $\lim_{z \to z_0} f(z) = f(z_0)$.

기하학적으로 말하면 w평면에서 $f(z_0)$의 모든 근방 $N_\epsilon(f(z_0))$에 대해서 z평면에서 z_0의 한 근방 $N_\delta(z_0)$이 존재해서 $f(N_\delta(z_0)) \subset N_\epsilon(f(z_0))$일 때 $f(z)$는 z_0에서 연속이라 한다.

다시 말하면 임의로 주어진 $\epsilon > 0$에 대하여 적당한 양수 $\delta > 0$가 존재하여 $f(N_\delta(z_0)) \subset N_\epsilon(f(z_0))$일 때 $f(z)$는 z_0에서 연속이다.

보기 2.1.9 $\lim\limits_{z \to z_0} z^2 = z_0^2$이므로 함수 $f(z) = z^2$은 $z = z_0$에서 연속이다.

보기 2.1.10 다음 함수는 $\lim\limits_{z \to 1} f(z) = 1 \neq f(1) = 0$을 만족하므로 $z = 1$에서 불연속이다.

$$f(z) = \begin{cases} z^3 & (z \neq 1) \\ 0 & (z = 1) \end{cases}$$

다음 정리는 정리 2.1.6으로부터 쉽게 알 수 있다.

정리 2.1.11 함수 $f(z) = u(x,y) + iv(x,y)$가 z_0의 한 근방에서 정의된다고 하자. f가 $z_0 = x_0 + iy_0$에서 연속일 필요충분조건은 $u(x,y)$와 $v(x,y)$가 점 (x_0, y_0)에서 연속이다.

다음 정리는 정리 2.1.7로부터 쉽게 증명된다.

정리 2.1.12 만약 함수 f와 g가 z_0에서 연속함수이면

(1) $f(z) \pm g(z)$도 z_0에서 연속함수이다.

(2) $f(z)g(z)$도 z_0에서 연속함수이다.

(3) c가 상수이면 $cf(z)$도 z_0에서 연속함수이다.

(4) $f(z)/g(z)$도 z_0에서 연속함수이다. (단 $g(z_0) \neq 0$)

주의 2.1.13 (1) 만약 함수 $f(z)$가 z_0에서 연속이면 $\overline{f(z)}$는 z_0에서 연속이다. 왜냐하면

$$|f(z) - f(z_0)| = |\overline{f(z)} - \overline{f(z_0)}|$$

이므로 $\lim\limits_{z \to z_0} f(z) = f(z_0)$과 $\lim\limits_{z \to z_0} \overline{f(z)} = \overline{f(z_0)}$는 동치명제이기 때문이다.

(2) 만약 $f(z)$가 z_0에서 연속이면 $|f(z)|$는 z_0에서 연속이다. 왜냐하면

$$\big||f(z)| - |f(z_0)|\big| \leq |f(z) - f(z_0)|$$

이기 때문이다.

(3) 만약 $f(z)$가 z_0에서 연속이면 위의 정리와 (1)에 의하여 함수

$$\mathrm{Re}\, f(z) = \frac{f(z) + \overline{f(z)}}{2}, \ \ \mathrm{Im}\, f(z) = \frac{f(z) - \overline{f(z)}}{2i}$$

는 z_0에서 연속이다.

정리 2.1.14 $f : A \to B$, $g : C \to D$, $f(A) \subset C$이고 f가 $z_0 \in A$에서 연속이고, g가 $f(z_0)$에서 연속이면 합성함수 $h(z) = g(f(z)) = (g \circ f)(z)$는 z_0에서 연속이다.

증명 ϵ은 임의의 양수라 하자. g가 $f(z_0)$에서 연속이므로 적당한 양수 $r > 0$이 존재해서

$$|w - f(z_0)| < r 이면 \ |g(w) - g(f(z_0))| < \epsilon \qquad (2.5)$$

이 성립된다. 이렇게 선택된 양수 r에 대하여 적당한 양수 $\delta > 0$를 취하면

$$|z - z_0| < \delta 일 \ 때 \ |f(z) - f(z_0)| < r \qquad (2.6)$$

이 된다. 따라서 식 (2.5), (2.6)에 의하여

$$|z - z_0| < \delta 일 \ 때 \ |g(f(z)) - g(f(z_0))| < \epsilon$$

이므로 $h = g \circ f$는 z_0에서 연속이다. ■

보기 2.1.15 $S = \{(x, y) : x, y \in \mathbb{Q}\}$이고

$$f(z) = \begin{cases} 1 & (z \in S) \\ 0 & (z \in \mathbb{C} - S) \end{cases}$$

일 때 f는 $\mathbb{C}$의 임의의 점에서 연속이 아니지만, f는 S에서 상수함수이므로 f는 S에서 연속이다. ■

정리 2.1.16 함수 f는 어떤 영역의 한 점 z_0에서 연속이고 $f(z_0) \neq 0$이면 z_0의 적당한 근방에서 $f(z) \neq 0$이다.

증명 $\epsilon = |f(z_0)|/2$로 두면 f는 z_0에서 연속이므로 적당한 양수 δ가 존재해서 $|z - z_0| < \delta$일 때 $|f(z) - f(z_0)| < \epsilon = |f(z_0)|/2$이 된다. 따라서 삼각부등식에 의하여

$$|z - z_0| < \delta 일 \ 때 \ |f(z_0)| - |f(z)| \le |f(z) - f(z_0)| < \epsilon = |f(z_0)|/2$$

이므로 $|f(z)| > |f(z_0)|/2 > 0$이다. ■

주의 2.1.17 (1) 함수 $f(z) = |z|$는 평면을 실구간 $[0, \infty)$로 사상한다. 이것은 연속함수에 의한 열린 집합의 상은 열린 집합이 될 필요가 없음을 나타낸다.

(2) 함수 $f(z) = 1/z$은 구멍뚫린 원판 $0 < |z| < 1$를 단위원판의 외부로 사상한다. 이것은 유계집합의 연속함수의 상이 유계집합이 될 필요가 없음을 나타낸다.

● 연습문제 2.1

01 다음 함수의 정의역을 구하여라.

    (1) $f(z) = 1/(z+3)$ (2) $f(z) = \mathrm{Arg}(1/z)$

    (3) $f(z) = 1/(z^2 + 3)$ (4) $f(z) = (z^2 + 5)/(z + \overline{z})$

02 함수 $f : \mathbb{C} \backslash \{0\} \to \mathbb{C}, w = f(z) = 1/z$는 원 $x^2 + y^2 = a^2$의 내부는 원 $u^2 + v^2 = 1/a^2$의 외부로 사상함을 보여라.

03 실변수의 실함수의 극한에 관한 성질을 이용하여 정리 2.1.7을 보여라.

04 다음 극한값을 구하여라.

    (1) $\displaystyle\lim_{z \to 1+i} (z^2 - z + 10)$ (2) $\displaystyle\lim_{z \to 2i} \frac{(2z+1)(z-1)}{z^2 - z + 4}$

    (3) $\displaystyle\lim_{z \to 2e^{\pi i/3}} \frac{z^3 + 8}{z^4 + z^2 + 1}$ (4) $\displaystyle\lim_{z \to i} \frac{1}{(z-i)^2}$

    (5) $\displaystyle\lim_{z \to \pi/2} \frac{\sin z}{z}$ (6) $\displaystyle\lim_{z \to 0} \frac{z^2}{|z|}$

05 α, β는 복소수이고 $w = (\alpha - z)/(1 - \overline{\alpha}z)$일 때 다음을 구하여라.

    (1) $|\alpha| < 1$, $|z| < 1$이면 $|w| < 1$이다.

    (2) $|\alpha|$, $|z|$ 중 어느 하나가 1이면 $|w| = 1$이다.

06 다음 함수에 대하여 $\displaystyle\lim_{h \to 0} \frac{f(z_0 + h) - f(z_0)}{h}$을 구하여라(단 $z_0 \neq -2$).

    (1) $f(z) = 3z^2 + 2z$ (2) $f(z) = (2z - 1)/(z + 2)$

07 z_0에서 f의 극한값이 존재하면 그 극한값은 유일하다. 즉, f는 z_0에서 오직 하나의 극한을 가짐을 보여라.

08 다항식 $P(z) = a_0 + a_1 z + a_2 z^2 + \cdots + a_n z^n (n \geq 1, \ a_n \neq 0)$은 모든 점에서 연속임을 보여라.

09 함수 $f(z) = z^2 - 2z + 3$은 모든 점에서 연속임을 보여라.

10 다음 함수들은 어떠한 점에서 연속인가?

(1) $f(z) = (2z - 3)/(z^2 + z + 2)$

(2) $f(z) = (3z^2 + 1)/(z^4 - 16)$

(3) $f(z) = (e^z + e^{-z})/(z^2 + 1)$

(4) $f(z) = \begin{cases} |z|/z & (z \neq 0) \\ 0 & (z = 0) \end{cases}$

(5) $f(z) = \begin{cases} \operatorname{Re} z/z & (z \neq 0) \\ 0 & (z = 0) \end{cases}$

11 다음 함수 f는 모든 점 z에서 불연속임을 보여라.

$$f(z) = \begin{cases} 1 & (|z| \text{가 유리수}) \\ 0 & (|z| \text{가 무리수}) \end{cases}$$

12 다음 함수들은 원점에서 연속인가?

(1) $f(x, y) = \begin{cases} x^2 y^2/(x^2 + y^2)^2 & (x, y) \neq (0, 0) \\ 0 & (x, y) = (0, 0) \end{cases}$

(2) $f(x, y) = \begin{cases} x^3 y^2/(x^2 + y^2)^2 & (x, y) \neq (0, 0) \\ 0 & (x, y) = (0, 0) \end{cases}$

13 함수 f가 ∞에서 극한 L을 갖기 위한 필요충분조건은 함수 $\overline{f}(z) = f(1/z)$는 0에서 극한 L을 가짐을 보여라.

14 정리 2.1.11와 정리 2.1.12를 보여라.

15 (수열 판정법) $f : D \to \mathbb{C}$, $D \subset \mathbb{C}$ 이고, z_0가 D의 쌓인 점이라 하자. $\lim\limits_{z \to z_0} f(z) = w_0$이 되기 위한 필요충분조건은 z_0에 수렴하고, $z_n \neq z_0 (n \in \mathbb{N})$인 D 안의 임의의 수열 $\{z_n\}$에 대하여, $\lim\limits_{n \to \infty} f(z_n) = w_0$임을 보여라.

16 다음 극한값이 존재하지 않음을 보여라.

(1) $\lim\limits_{z \to 0} \dfrac{z}{|z|}$

(2) $\lim\limits_{z \to 0} \dfrac{\operatorname{Re} z}{z}$

제2.2절 컴팩트성과 연속성

정의 2.2.1 K는 복소평면 위의 한 집합이라 하자.

(1) $K \subset \bigcup_{\alpha \in I} U_\alpha$을 만족하는 열린 집합 U_α들의 집합족 $\{U_\alpha : \alpha \in I\}$을 K의 한 **열린 덮개**(또는 개피복, **open covering**)라 한다.

(2) K의 임의의 열린 덮개 $\{U_\alpha\}$에 대하여 항상 유한 부분집합족 $\{U_1, U_2, \cdots, U_n\}$이 존재해서 $K \subset \cup_{i=1}^{n} U_i$을 만족할 때 K를 **컴팩트 집합**(**compact set**)이라 한다.

보기 2.2.2 $\mathcal{E} = \{(-n, n) : n \in \mathbb{N}\}$과 $\mathcal{L} = \{(-2n, 2n) : n \in \mathbb{N}\}$은 $\mathbb{R}$의 열린 덮개이고 $\mathcal{L}$은 $\mathcal{E}$의 부분덮개이다.

보기 2.2.3 다음을 증명하여라.

(1) $E = \{z \in \mathbb{R}^2 : |z| < 1\}$은 컴팩트 집합이 아니다.

(2) $H = \{z : z = 0 \ \text{또는} \ z = 1/n, \ n \in \mathbb{N}\}$는 컴팩트 집합이다.

증명 (1) 만약 $\mathcal{E} = \{N_r(0) : 0 < r < 1\}$이고 $z \in E$라 하면 $|z| < 1$이다. $|z| < r_0 < 1$을 만족하는 $r_0 \in \mathbb{R}$이 존재하므로 $z \in N_{r_0}(0)$이고 $N_{r_0}(0) \in \mathcal{E}$이다. 따라서 $\mathcal{E}$는 E의 열린 덮개이다. 분명히 $\mathcal{E}$의 어떠한 유한 부분집합족도 E를 피복하지 않는다. 왜냐하면

$$\mathcal{L} = \{N_{r_1}(0), N_{r_2}(0), \cdots, N_{r_k}(0)\}$$

는 $\mathcal{E}$의 공집합이 아닌 유한 부분집합족이고

$$s = \max\{r_1, r_2, \cdots,, r_k\}$$

라 하면 $s < 1$이다. 따라서 $|z| > s$를 만족하는 점 $z \in E$가 존재하므로 $\mathcal{L}$는 E를 피복하지 않는다.

(2) 만약 $\mathcal{E}$는 H의 임의의 열린 덮개라 하면 $0 \in H$이므로 $0 \in A$를 만족하는 $\mathcal{E}$의 원소 A가 존재한다. r은 $N_r(0) \subset A$인 양수라 하면 $1/n < r$이 되는 모든 $n \in \mathbb{N}$에 대하여 $1/n \in N_r(0) \subset A$이다. 만약 $1/r < n$이면 $1/n < r$이다. 따라서 k를 $1/r$보다 큰 자연수라 할 때 임의의 $n > k$에 대하여 $1/n \in A$이다. $n = 1, 2, \cdots, k$에 대하여 $1/n \in G_n$이 되는 $G_n \in \mathcal{E}$라 하면

$$\{A, G_1, G_2, \cdots, G_k\}$$

는 H에 대한 $\mathcal{E}$의 유한 부분피복이다. ■

따름정리 2.2.4 $I_n = [a_n, b_n]$은 $\mathbb{R}$의 유계이고 닫힌 구간이라 하자. 만일 모든 자연수 n에 대해서 $I_{n+1} \subset I_n$이고 $\lim\limits_{n \to \infty} l(I_n) = 0$이면 모든 I_n에 공통인 점이 정확히 하나 존재한다(단 $l(I_n)$은 구간 I_n의 길이를 나타낸다).

증명 가정에 의하여

$$a_n \leq a_{n+1}, \quad b_{n+1} \leq b_n \quad (n = 1, 2, 3, \cdots)$$

이고,

$$\lim_{n \to \infty} (b_n - a_n) = 0 \tag{2.7}$$

이다. 수열 $\{a_n\}$와 $\{b_n\}$은 모두 단조수열이고 유계수열이다. 왜냐하면 모든 n에 대해서 $a_n, b_n \in [a_1, b_1]$이기 때문이다. 단조수렴정리에 의하여 두 수열은 수렴해야 한다. 그리고 식 (2.7)에 의하여 이들은 같은 점으로 수렴해야 한다. 이것을 x_0이라 하자. $x_0 = \text{lub}\{a_n\} = \text{glb}\{b_n\}$이므로 모든 자연수 n에 대해서 $x_0 \in [a_n, b_n]$이다. 모든 I_n에 다른 점 x_1이 있을 수 없다. 왜냐하면 만일 $x_1 (\neq x_0)$이 x_0보다 작다면(크다면) x_0는 $\text{lub}\{a_n\}(\text{glb}\{b_n\})$이 될 수 없다. ■

주의 2.2.5 위의 따름정리 2.2.4는 만일 닫힌 구간을 열린 구간으로 바꾸면 성립하지 않음에 유의하여라. 예를 들어, 열린 구간 집합족 $\{(0, 1/n)\}$은 가정을 만족하지만 $\cap_{n=1}^{\infty} (0, 1/n) = \phi$이다.

위의 따름정리 2.2.4를 이용하여 다음 정리를 증명할 수 있다.

보조정리 2.2.6 $\{K_n\}$를 평면의 유계이고 닫힌 직사각형열이라 하자. 만일 모든 자연수 n에 대해서 $K_{n+1} \subset K_n$이고 $n \to \infty$일 때 K_n의 대각선의 길이가 0으로 수렴하면 모든 K_n에 공통인 한 점이 정확히 존재한다.

정리 2.2.7 (하이네-보렐의 정리) $\mathbb{C}$의 모든 유계이고 닫힌 집합은 컴팩트 집합이다.

증명 K는 유계이고 닫힌 집합이라 하고 $\{O_\alpha\}$를 유한 부분덮개를 갖지 않는 K의 열린 덮개라 가정하자. K는 유계집합이므로 꼭짓점이 $z = \pm a \pm ai$인 어떤 정사각형 S_0에 포함된다. 좌표축으로서 S_0를 4개의 같은 닫힌 부분사각형으로 나눈다. 이들 정사각형 중 적어도 하나(이것을 S_1이라 하자)는 $K \cap S_1$가 $\{O_\alpha\}$의 유한 부분집합족으로서 피복할 수 없는 성질을 갖는다(왜?).

이제 S_1을 다시 네 개의 같은 닫힌 부분정사각형으로 나눈다. 다시 S_2로 표현되는 이들 정사각형 중 적어도 하나에 대해서 $K \cap S_2$를 피복하는 $\{O_\alpha\}$의 유한 부분족이 존재하지 않는다. 이런 과정을 무한히 계속하여 나가면 $K \cap S_n$를 피복하는 $\{O_\alpha\}$의 유한 부분족이 없는 닫힌 정사각형열 $\{S_n\}$를 구성한다. S_n의 임의의 변의 길이는 $a/2^{n-1}$임을 유의하여라.

보조정리 2.2.6에 의하여 모든 정사각형 S_n에 공통인 한 점이 정확히 존재하고 이것은 z_0로서 표현된다. 이 점 z_0는 K의 쌓인 점이어야 하므로 K의 원소이다. O_{α_0}를 z_0를 포함하는 덮개 $\{O_\alpha\}$의 원소라 하자. O_{α_0}는 열린 집합이므로 어떤 $\epsilon > 0$에 대해서 $N_\epsilon(z_0) \subset O_{\alpha_0}$이다. 그러나 충분히 큰 자연수 n에 대해서 $S_n \subset N_\epsilon(z_0)$이다. 이것은 모순이고 따라서 증명은 끝난다. ∎

정리 2.2.8 K를 평면 $\mathbb{C}$의 부분집합일 때 다음 명제는 서로 동치이다.

(1) K는 유계인 닫힌 집합이다.

(2) K는 컴팩트 집합이다.

(3) K의 모든 무한부분집합은 K에 속하는 쌓인 점을 갖는다.

(4) K에 속하는 모든 수열은 K에 속하는 한 점으로 수렴하는 부분수열을 갖는다.

정리 2.2.9 함수 $f : K \to \mathbb{C}$가 연속함수이고 K가 컴팩트 집합이면 $f(K)$도 컴팩트 집합이다.

증명 $\{w_n\}$을 $f(K)$의 임의의 수열이라 하자. $f(z_n) = w_n$이 되는 수열 $\{z_n\}$을 취하면, K가 컴팩트 집합이므로 위의 정리에 의하여 $\{z_n\}$은 $z_0 \in K$에 수렴하는 부분수열 $\{z_{n_k}\}$를 갖는다.

f는 z_0에서 연속이므로 $\{w_{n_k}\} = \{f(z_{n_k})\}$는 한 점 $f(z_0) \in f(K)$에 수렴한다. 즉, $\{w_n\}$은 수렴하는 부분수열을 갖는다. 따라서 위의 정리에 의하여 $f(K)$는 컴팩트 집합이다. ∎

복소함수 $f(z)$에 대해서 최댓값과 최솟값을 말하는 것은 무의미하지만, $|f(z)|$는 실함수이므로 이 함수의 최댓값이나 최솟값을 말할 수 있다.

정리 2.2.10 복소함수 $f: K \to \mathbb{C}$가 컴팩트 집합 K 위에서 연속이면, $|f(K)|$는 K에서 최댓값과 최솟값을 갖는다.

증명 $f(z)$가 연속이므로 $|f(z)|$도 연속함수이다. 위 정리에 의하여 $\{|f(z)|: z \in K\}$는 $\mathbb{R}$의 컴팩트 부분집합이다. 정리 2.2.8에 의하여 이 집합은 유계이고 닫힌 집합이다. 따라서 이러한 집합은 상한과 하한을 그 안에 포함하므로 정리가 성립한다. ■

정의 2.2.11 $f(z)$는 한 영역 D에서 정의되는 함수라 하자. 임의의 $\epsilon > 0$에 대해서 적당한 양수 $\delta = \delta(\epsilon) > 0$가 존재하여

$$z_1, z_2 \in D \text{이고 } |z_1 - z_2| < \delta \text{이면 } |f(z_1) - f(z_2)| < \epsilon$$

이 성립할 때, 함수 $f(z)$가 영역 D에서 **고른 연속**(또는 **균등 연속**, **uniformly continuous**)이라 한다.

주의 2.2.12 위의 정의에서 중요한 것은 δ가 ϵ만에 의하여 결정되고 z값과는 관계없다는 사실이다.

보기 2.2.13 함수 $f(z) = z$는 모든 영역에서 고른 연속이다.

증명 임의의 양수 ϵ에 대하여 $\delta = \epsilon$이라고 두면 $|z_1 - z_2| < \delta$일 때

$$|f(z_1) - f(z_2)| = |z_1 - z_2| < \epsilon$$

이 된다. ■

보기 2.2.14 함수 $f(z) = z^2$은 영역 $|z| < 1$에서 고른 연속이지만, 복소평면에서 고른 연속이 아님을 보여라.

증명 (1) z, z_0을 영역 $|z| < 1$의 임의의 두 점이라 하면,

$$\begin{aligned} |z^2 - z_0^2| &= |z + z_0||z - z_0| \\ &\leq (|z| + |z_0|)|z - z_0| < 2|z - z_0| \end{aligned}$$

이 된다. 따라서 임의의 양수 ϵ에 대하여 $\delta = \epsilon/2$이라고 두면 $|z - z_0| < \delta$일

때 $|z^2 - z_0^2| < \epsilon$이 된다. 따라서 $f(z) = z^2$은 영역 $|z| < 1$에서 고른 연속이다.

(2) $f(z) = z^2$이 고른 연속이라 가정하고 $\epsilon = 1$이라고 두자. 임의의 $\delta > 0$에 대해서 $z_1 = 1/\delta, z_2 = 1/\delta + \delta/2$로 취하면 $|z_1 - z_2| = \delta/2 < \delta$이지만

$$|f(z_1) - f(z_2)| = \left| (\frac{1}{\delta})^2 - (\frac{1}{\delta} + \frac{\delta}{2})^2 \right| = 1 + \frac{\delta^2}{4} > 1 = \epsilon$$

이므로 모순이다. ∎

정리 2.2.15 함수 $f(z)$가 컴팩트 집합 K 위에서 연속함수이면 $f(z)$는 K에서 고른 연속함수이다.

증명 $\epsilon > 0$은 임의의 양수라 하자. K의 각 점 z_α에 대해서 f는 z_α에서 연속이므로 적당한 양수 $\delta_\alpha > 0$가 존재하여 $z \in K$, $|z - z_\alpha| < \delta_\alpha$이면

$$|f(z) - f(z_\alpha)| < \frac{\epsilon}{2} \tag{2.8}$$

이 된다. 열린 집합족 $\{N_{\delta_\alpha/2}(z_\alpha) : z_\alpha \in K\}$는 K의 한 열린 덮개이고, K는 컴팩트 집합이므로 유한 부분덮개가 존재해서 $K \subset \bigcup_{k=1}^{n} N_{\delta_k/2}(z_k)$이 된다. 이제

$$\delta = \min\{\delta_1/2, \delta_2/2, \cdots, \delta_n/2\}$$

이라 두면

$$|w_1 - w_2| < \delta$$일 때 $|f(w_1) - f(w_2)| < \epsilon$

이 됨을 보이면 된다. 지금 w_1, w_2를 $|w_1 - w_2| < \delta$을 만족하는 K의 임의의 두 점이라 하면 적당한 $k \in \{1, 2, \cdots, n\}$에 대하여 $w_1 \in N_{\delta_k/2}(z_k)$이 된다. 그러면 식 (2.8)에 의하여 $|f(w_1) - f(z_k)| < \frac{\epsilon}{2}$이 된다. 또한

$$|w_2 - z_k| = |w_2 - w_1 + w_1 - z_k| \le |w_2 - w_1| + |w_1 - z_k| < \delta + \frac{\delta_k}{2} \le \frac{\delta_k}{2} + \frac{\delta_k}{2} = \delta_k$$

이므로 $w_2 \in N_{\delta_k}(z_k) \cap K$이고

$$|f(w_2) - f(z_k)| < \frac{\epsilon}{2} \tag{2.9}$$

이 된다. 따라서 위의 식과 식 (2.9)를 결합하여

$$\begin{aligned}
|f(w_1) - f(w_2)| &= |f(w_1) - f(z_k) + f(z_k) - f(w_2)| \\
&\le |f(w_1) - f(z_k)| + |f(z_k) - f(w_2)| \\
&< \frac{\epsilon}{2} + \frac{\epsilon}{2} = \epsilon
\end{aligned}$$

이 되어 증명이 끝난다. ▣

정리 2.2.16 복소함수 $f : A \to B$에 대하여 다음은 서로 동치이다.

(1) f는 A에서 연속함수이다.

(2) 만일 F가 B의 닫힌 부분집합이면 $f^{-1}(F)$는 A에서 닫힌 집합이다.

(3) 만일 G가 B의 열린 부분집합이면 $f^{-1}(G)$는 A에서 열린 집합이다.

증명 $(1) \Rightarrow (2)$: F를 B의 임의의 닫힌 부분집합이라 하고, $F_1 = f^{-1}(F)$라 하자. 이제 F_1이 닫힌 집합임을 보이기 위하여 F_1이 쌓인 점 모두를 포함함을 보이면 된다. z_0가 F_1의 쌓인 점이라 하자. 그러면 z_0에 수렴하는 F_1 안의 수열 $\{z_n\}$이 존재한다. f가 z_0에서 연속이므로 $f(z_0) = \lim f(z_n)$이다. 그러나 모든 자연수 n에 대하여 $z_n \in F_1$이므로 $f(z_n) \in F$이다. 따라서 $f(z_0)$는 F의 쌓인 점이고, F는 닫힌 집합이므로 $f(z_0) \in F$가 된다. 따라서 $z_0 \in F_1$이므로 F_1은 닫힌 집합이다.

$(2) \Rightarrow (3)$: G를 B의 임의의 열린 부분집합이라 하면 $F = G^c$는 닫힌 집합이고 (2)에 의하여 $f^{-1}(F) = f^{-1}(G^c)$도 닫힌 집합이다. 또한 $f^{-1}(G^c) = [f^{-1}(G)]^c$이므로 $[f^{-1}(G)]^c$는 닫힌 집합이다. 따라서 $f^{-1}(G) = \{f^{-1}(G^c)\}^c$는 열린 집합이다.

$(3) \Rightarrow (1)$: $z_0 \in A$이고 $V_\epsilon = N_\epsilon(f(z_0))$을 $f(z_0)$의 ϵ-근방이라 하자. V_ϵ이 열린 집합이므로 (3)에 의하여 $f^{-1}(V_\epsilon)$은 A의 열린 집합이다. $z_0 \in f^{-1}(V_\epsilon)$이므로 열린 집합의 정의에 의하여 적당한 양수 $\delta > 0$가 존재해서 $N_\delta(z_0) \subset f^{-1}(V_\epsilon)$이 된다. 만일 $|z - z_0| < \delta$이면 $z \in N_\delta(z_0)$이므로 $z \in f^{-1}(V_\epsilon)$이 된다. 그러므로

$$f(z) \in N_\epsilon(f(z_0)) \ \text{즉,} \ |f(z) - f(z_0)| < \epsilon$$

가 된다. 따라서 f는 A의 모든 점 z_0에서 연속이다. ▣

정리 2.2.17 함수 $f : A \to B$가 연속이고 A가 연결집합이면 $f(A)$는 연결집합이다.

증명 만일 $M = f(A)$이 연결집합이 아니라면 M의 공집합이 아닌 열린 집합 U와 V가 존재하여

$$U \cup V = M, \quad U \cap V = \varnothing$$

이 된다. f는 연속함수이므로 정리 2.2.16에 의하여 $f^{-1}(U)$와 $f^{-1}(V)$는 A의 열린 집합이고

$$A = f^{-1}(U) \cup f^{-1}(V), \ f^{-1}(U) \cap f^{-1}(V) = \varnothing$$

이다. 따라서 A는 연결집합이 아니다. 이는 가정에 모순되므로 $M = f(A)$는 연결집합이다. ▣

정리 2.2.18 실함수 $u(x,y)$는 편도함수 u_x, u_y를 갖고 영역 D에서 $u_x = u_y = 0$이면 u는 D에서 상수함수이다.

증명 (x_1, y_1), (x_2, y_2)는 D의 임의의 두 점이라 하자. 정리 1.4.8에 의하여 이 두 점은 D에 속하는 꺾은선에 의하여 연결될 수 있다. 꺾은선의 임의의 두 연속하는 꼭짓점은 수평 또는 수직선분의 끝점을 나타낸다.

일반적으로 1변수 함수의 평균값 정리에 의하여 두 점 사이에서 u의 변화 Δu는

$$\begin{aligned}
\Delta u &= u(x+h, y+k) - u(x,y) \\
&= (u(x+h, y+k) - u(x, y+k)) + (u(x, y+k) - u(x,y)) \\
&= h u_x(x + \theta_1 h, y + k) + k u_y(x, y + \theta_2 k) \quad (0 < \theta_1, \theta_2 < 1)
\end{aligned}$$

이다. 따라서 두 꼭짓점 사이에서 u의 변화는 두 점 사이에 있는 어떤 점에서 u의 편도함숫값과 끝점이 같지 않은 좌표의 변화(좌표축에 수평 또는 수직방향으로 변화)의 곱과 같다. 그러므로 가정에 의하여 연속인 두 꼭짓점 사이의 u의 변화는 0이므로 $u(x_1, y_1) = u(x_2, y_2)$이다. ▣

01 집합 $F = \{z : z = 1/n,\ n \in \mathbb{N}\}$는 컴팩트 집합이 아님을 보여라.

02 보조정리 2.2.6를 보여라.

03 함수 $f(z)$가 복소평면에서 연속일 때 $A = \{z \in \mathbb{C} : f(z) = 0\}$는 닫힌 집합임을 보여라.

04 함수 $f(z) = 1/z$은 $0 < |z| \leq 1$에서 연속이지만 고른 연속이 아님을 보여라.

05 함수 $f(z) = 3z - 2$는 $|z| \leq 10$에서 고른 연속임을 보여라.

06 함수 $f(z) = 1/z^2$은 $0 < |z| \leq 1$에서 고른 연속이 아니지만, 영역 $1/2 \leq |z| \leq 1$에서는 고른 연속임을 보여라.

07 다음 함수와 주어진 영역에 대하여 고른 연속의 정의에 맞는 $\delta = \delta(\epsilon)$을 구하여라.

(1) $f(z) = z^2 - 1,\ |z| \leq 4$ (2) $f(z) = z^3 + 1,\ |z| \leq 3$

08 복소평면의 모든 컴팩트 집합은 유계이고 닫힌 집합임을 보여라.

09 정리 2.2.8을 증명하여라.

10 함수 f는 영역 D에서 연속이고 $f(D) \subseteq \mathbb{Z}$이면 f는 D에서 상수함수임을 보여라.

제2.3절 도함수

이 절에서는 함수의 도함수를 정의하고 기본적인 성질을 살펴보기로 한다.

정의 2.3.1 복소함수 $f(z)$에 대하여 만일 극한

$$\lim_{h \to 0} \frac{f(z+h)-f(z)}{h}$$

이 존재하면 $f(z)$는 한 점 z에서 **미분가능하다(differentiable)**고 한다. 이러한 유한 확정한 값을

$$f'(z) = \lim_{h \to 0} \frac{f(z+h)-f(z)}{h}$$

로 표현하며, $f'(z)$를 $\dfrac{df(z)}{dz}$로 나타내기도 한다. 특히 z를 z_0라고 고정했을 때 극한

$$f'(z_0) = \lim_{h \to 0} \frac{f(z_0+h)-f(z_0)}{h} = \lim_{z \to z_0} \frac{f(z)-f(z_0)}{z-z_0}$$

를 z_0에서 f의 **미분계수**라 한다. 여기서 $h \to 0$은 실수축을 따라서 0에 접근할 뿐만 아니라 평면에서 임의의 방법으로 0에 접근함에 주의해야 한다. 위의 정의는 흔히 h 대신에 Δz로 나타내기도 한다.

보기 2.3.2 $f(z) = z^2$의 도함수는 다음과 같다.

$$f'(z) = \lim_{h \to 0} \frac{f(z+h)-f(z)}{h} = \lim_{h \to 0} \frac{(z+h)^2-z^2}{h} = \lim_{h \to 0}(2z+h) = 2z$$

보기 2.3.3 $w = f(z) = |z|^2$이면

$$\frac{\Delta w}{h} = \frac{f(z+h)-f(z)}{h} = \frac{|z+h|^2-|z|^2}{h} = \frac{(z+h)(\bar{z}+\bar{h})-|z|^2}{h} = \bar{z} + \bar{h} + z\frac{\bar{h}}{h}$$

이므로, $z = 0$일 때 $df(z)/dz = 0$이다. $z \neq 0$일 때 h가 실수축을 따라 0에 접근하면 $\bar{h}/h$는 1이 되므로, 극한은 $\bar{z}+z$가 된다.

다음으로 h가 허수축을 따라 0에 접근하면 $\bar{h}/h$는 -1이 되므로 극한은 $\bar{z}-z$가 된다. 따라서 f는 $z \neq 0$에서 미분불가능하다. ■

위의 보기와 같이 $f(z) = |z|^2$은 연속함수이지만 미분가능한 함수가 아니다. 그러나 실변수 함수의 경우와 마찬가지로 함수 f가 한 점에서 미분가능하면 그 점에서 f는 연속이다.

정리 2.3.4 복소함수 f가 점 z_0에서 미분가능하면 f는 z_0에서 연속이다.

증명 만약 $f'(z_0)$가 존재한다고 가정하면

$$\lim_{z \to z_0}[f(z) - f(z_0)] = (\lim_{z \to z_0} \frac{f(z) - f(z_0)}{z - z_0})(\lim_{z \to z_0}(z - z_0)) = 0$$

이므로, $\lim_{z \to z_0} f(z) = f(z_0)$를 얻는다. 따라서 f는 z_0에서 연속함수이다. ■

다음 미분공식들의 증명은 실변수 함수의 경우의 증명과 비슷하므로 증명은 생략한다.

정리 2.3.5 (미분공식) 미분가능한 복소함수 f과 g에 대하여 다음 미분공식들이 성립한다.

(1) c가 상수이면 $\dfrac{d}{dz}c = 0$

(2) $f(z) = z^n$(n은 자연수)이면 $f'(z) = nz^{n-1}$

(3) $[f(z) \pm g(z)]' = f'(z) \pm g'(z)$

(4) $[f(z)g(z)]' = f'(z)g(z) + f(z)g'(z)$

(5) $[\dfrac{f(z)}{g(z)}]' = \dfrac{f'(z)g(z) - f(z)g'(z)}{[g(z)]^2}$ (단 $g(z) \neq 0$)

(6) 함수 f는 z에서 미분가능하고, g는 $f(z)$에서 미분가능하고, $F(z) = g(f(z))$
이면

$$F'(z) = g'[f(z)]f'(z)$$

복소함수의 극한값을 구하는데 자주 이용되는 **로피탈(L'Hospital)**의 공식을 설명한다.

정리 2.3.6 (로피탈의 공식) $f(z)$와 $g(z)$가 z_0에서 미분가능하고, $f(z_0) = g(z_0) = 0$, $g'(z_0) \neq 0$이면 $\lim_{z \to z_0} \dfrac{f(z)}{g(z)} = \dfrac{f'(z_0)}{g'(z_0)}$이다.

증명 극한의 성질과 도함수의 정의에 의하여

$$\lim_{z \to z_0} \frac{f(z)}{g(z)} = \lim_{z \to z_0} \frac{\dfrac{f(z)-f(z_0)}{z-z_0}}{\dfrac{g(z)-g(z_0)}{z-z_0}} = \frac{\displaystyle\lim_{z \to z_0}\frac{f(z)-f(z_0)}{z-z_0}}{\displaystyle\lim_{z \to z_0}\frac{g(z)-g(z_0)}{z-z_0}} = \frac{f'(z_0)}{g'(z_0)} \quad \blacksquare$$

보기 2.3.7 다음 극한값을 구하여라.

(1) $\displaystyle\lim_{z \to i}\frac{z^{10}+1}{z^6+1}$

(2) $\displaystyle\lim_{z \to 0}(\cos z)^{1/z^2}$

풀이 (1) $f(z)=z^{10}+1$, $g(z)=z^6+1$이라고 두면 $f(i)=g(i)=0$이고 f와 g는 i에서 해석적이므로 로피탈의 공식에 의하여

$$\lim_{z \to i}\frac{z^{10}+1}{z^6+1} = \lim_{z \to i}\frac{10z^9}{6z^5} = \lim_{z \to i}\frac{5}{3}z^4 = \frac{5}{3}$$

(2) $w=(\cos z)^{1/z^2}$로 두면 $\ln w = \dfrac{\ln \cos z}{z^2}$이다. 로피탈의 공식에 의하여

$$\lim_{z \to 0}\ln w = \lim_{z \to 0}\frac{\ln \cos z}{z^2} = \lim_{z \to 0}\frac{(-\sin z)/\cos z}{2z}$$
$$= \lim_{z \to 0}(\frac{\sin z}{z})(-\frac{1}{2\cos z}) = 1 \cdot (-\frac{1}{2}) = -\frac{1}{2}.$$

로그함수는 연속이므로

$$\lim_{z \to 0}\ln w = \ln\left(\lim_{z \to 0}w\right) = -\frac{1}{2} \ \text{즉,} \ \lim_{z \to 0}w = e^{-1/2}. \quad \blacksquare$$

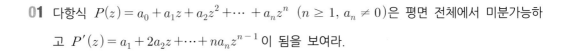

● 연습문제 2.3

01 다항식 $P(z) = a_0 + a_1 z + a_2 z^2 + \cdots + a_n z^n$ $(n \geq 1, \ a_n \neq 0)$은 평면 전체에서 미분가능하고 $P'(z) = a_1 + 2a_2 z + \cdots + n a_n z^{n-1}$ 이 됨을 보여라.

02 다음 함수들은 어떤 점에서 미분가능한가?

(1) $f(z) = \bar{z} + z$ (2) $f(z) = x^2 - y^2$

(3) $f(z) = xyi$ (4) $f(z) = \dfrac{\bar{z}}{z}$

03 다음 함수들의 $f'(z)$를 구하여라.

(1) $f(z) = (2 - 4z^2)^5$ (2) $f(z) = \dfrac{1}{z}$ $(z \neq 0)$

(3) $f(z) = \dfrac{z}{1-z}$ $(z \neq 1)$

04 다음 함수들은 어떠한 점에서 미분가능 여부를 조사하여라.

(1) $f(z) = \bar{z}$ (2) $f(z) = z^2 \bar{z}$

(3) $f(z) = \operatorname{Re} z$ (4) $f(z) = \operatorname{Im} z$

(5) $f(z) = z \operatorname{Re} z$

(6) $f(z) = \begin{cases} |z|(1+i) & (z \neq \pm \bar{z}) \\ 0 & (z = \pm \bar{z}) \end{cases}$

05 지수함수 $f(z) = e^z$는 전 평면에서 미분가능하고 $f'(z) = e^z$임을 보여라.

06 다음 극한값을 구하여라.

(1) $\displaystyle \lim_{z \to 0} \frac{e^z - 1}{z}$ (2) $\displaystyle \lim_{z \to 0} \frac{z^3}{|z|^2}$

(3) $\displaystyle \lim_{z \to 1 + i\sqrt{3}} \frac{z^6 - 64}{z^3 + 8}$ (4) $\displaystyle \lim_{z \to 0} \frac{2 \sin z}{e^z - 1}$

07 정리 2.3.5(미분공식)을 보여라.

제2.4절 코시-리만 방정식

복소함수 $f(z) = u(x,y) + iv(x,y)$가 점 $z_0 = x_0 + iy_0$의 한 근방에서 정의된다고 할 때, $f'(z_0)$가 존재할 u와 v에 대한 필요조건을 조사한다.

정리 2.4.1 복소함수 $w = f(z) = u(x,y) + iv(x,y)$가 점 $z_0 = x_0 + iy_0$에서 미분가능하면, 그 점에서 **코시-리만 방정식(Cauchy-Riemann equation)**

$$\frac{\partial u}{\partial x} = \frac{\partial v}{\partial y}, \quad \frac{\partial v}{\partial x} = -\frac{\partial u}{\partial y} \quad \text{(또는 } f_y = if_x) \tag{2.10}$$

를 만족하고 $f'(z_0)$는 다음 식으로 주어진다.

$$\begin{aligned} f'(z_0) &= u_x(x_0, y_0) + iv_x(x_0, y_0) = v_y(x_0, y_0) - iu_y(x_0, y_0) \\ &= f_x(x_0, y_0) = -if_y(x_0, y_0) \end{aligned} \tag{2.11}$$

증명 가정에 의하여

$$f'(z_0) = \lim_{\Delta z \to 0} \frac{f(z_0 + \Delta z) - f(z_0)}{\Delta z}$$

가 존재한다. $\Delta z = \Delta x + i\Delta y$로 나타내자.

우선 Δz가 실수축을 따라서 0에 접근한다고 가정하면 $\Delta y = 0$이므로 $\Delta z = \Delta x$가 된다. 따라서

$$\begin{aligned} \frac{\Delta w}{\Delta z} &= \frac{f(z_0 + \Delta z) - f(z_0)}{\Delta z} \\ &= \frac{u(x_0 + \Delta x, y_0) + iv(x_0 + \Delta x, y_0) - u(x_0, y_0) - iv(x_0, y_0)}{\Delta x} \\ &= \frac{u(x_0 + \Delta x, y_0) - u(x_0, y_0)}{\Delta x} + i \frac{v(x_0 + \Delta x, y_0) - v(x_0, y_0)}{\Delta x} \end{aligned}$$

이므로

$$\begin{aligned} f'(z_0) &= \lim_{\Delta z \to 0} \frac{f(z_0 + \Delta z) - f(z_0)}{\Delta z} \\ &= \lim_{\Delta x \to 0} \frac{u(x_0 + \Delta x, y_0) - u(x_0, y_0)}{\Delta x} + i \lim_{\Delta x \to 0} \frac{v(x_0 + \Delta x, y_0) - v(x_0, y_0)}{\Delta x} \\ &= (\frac{\partial u}{\partial x})(x_0, y_0) + i(\frac{\partial v}{\partial x})(x_0, y_0) \end{aligned} \tag{2.12}$$

이 된다.

다음으로 Δz가 허수축을 따라서 0에 접근한다고 하면, $\Delta x = 0$이므로 $\Delta z = i\Delta y$

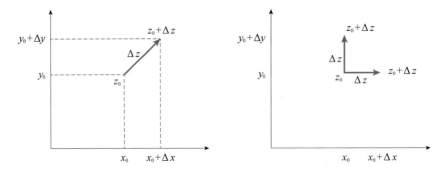

그림 2.3 수직과 수평 방향의 변화율

가 된다. 따라서

$$\frac{f(z_0 + \Delta z) - f(z_0)}{\Delta z} = \frac{u(x_0, y_0 + \Delta y) - u(x_0, y_0)}{i\Delta y} + i\frac{v(x_0, y_0 + \Delta y) - v(x_0, y_0)}{i\Delta y}$$

가 되므로

$$\begin{aligned} f'(z_0) &= \lim_{\Delta y \to 0} \frac{u(x_0, y_0 + \Delta y) - u(x_0, y_0)}{i\Delta y} + i\lim_{\Delta y \to 0} \frac{v(x_0, y_0 + \Delta y) - v(x_0, y_0)}{i\Delta y} \\ &= (\frac{\partial v}{\partial y})(x_0, y_0) - i(\frac{\partial u}{\partial y})(x_0, y_0) \end{aligned} \tag{2.13}$$

를 얻는다. 식 (2.12)와 (2.13)로부터

$$f'(z) = u_x(x_0, y_0) + iv_x(x_0, y_0) = v_y(x_0, y_0) - iu_y(x_0, y_0) \tag{2.14}$$

를 얻는다. 양변의 실수 부분과 허수 부분을 각각 같다고 놓으면 코시–리만 방정식을 얻을 수 있다. ■

주의 2.4.2 (1) 방정식 (2.11)은 $f'(z) = \dfrac{\partial f}{\partial x} = -i\dfrac{\partial f}{\partial y}$와 같이 표현될 수 있다.

(2) 식 (2.14)에서 $|f'(z)|^2 = (\dfrac{\partial u}{\partial x})^2 + (\dfrac{\partial v}{\partial x})^2$임을 알 수 있다. 그러므로 코시–리만 방정식으로부터

$$|f'(z)|^2 = \begin{vmatrix} u_x & u_y \\ v_x & v_y \end{vmatrix} = \frac{\partial(u, v)}{\partial(x, y)} \tag{2.15}$$

가 성립한다. 이것은 $f(z)$의 정의역에서 w평면 위로의 변환 $u = u(x, y)$, $v = v(x, y)$의 야코비안(Jacobian)에 지나지 않는다.

보기 2.4.3 $f(z) = \bar{z}$는 어떠한 점에서도 미분가능이 아님을 보여라.

$f(z) = u + iv = x - iy$이므로 $u = x, v = -y$이다. $u_x = 1 \neq -1 = v_y$이므로 f는 코시-리만의 조건을 만족하지 않는다. 따라서 정리 2.4.1에 의하여 f는 어떠한 점에서도 미분가능하지 않다. $\blacksquare$

주의 2.4.4 코시-리만 방정식은 $f'(z_0)$가 존재하기 위한 필요조건이므로 주어진 함수가 미분계수를 갖지 않는 점을 찾아내는데 자주 이용될 수 있다. 한 예로 $f(z) = |z|^2$일 때

$$f(z) = |z|^2 = x^2 + y^2 + 0 \cdot i \ \ \text{즉,} \ \ u(x,y) = x^2 + y^2, \ v = 0$$

이므로

$$u_x(x,y) = 2x, \quad v_y(x,y) = 0$$
$$u_y(x,y) = 2y, \quad v_x(x,y) = 0$$

이다. 코시-리만 방정식은 $x = y = 0$일 때만 성립한다. 따라서 $z \neq 0$이면 $f'(z)$는 존재하지 않는다.

위의 정리가 $f'(0)$의 존재를 보장하지는 않지만, 다음 정리는 $f'(0)$의 존재를 보장한다.

정리 2.4.5 함수 $f(z) = u(x,y) + iv(x,y)$가 점 $z_0 = x_0 + iy_0$의 어떤 한 근방에서 정의된다고 하자. 이 근방에서 함수 u와 v가 코시-리만 방정식을 만족하는 연속인 편도함수를 갖는다면 $f'(z_0)$가 존재하고 다음과 같이 주어진다.

$$f'(z_0) = u_x(x_0, y_0) + iv_x(x_0, y_0) = v_y(x_0, y_0) - iu_y(x_0, y_0)$$

증명 점 (x_0, y_0)의 한 근방에서 u가 정의되고 u의 1계 편도함수가 연속이므로, $(x_0 + \Delta x, y_0 + \Delta y)$를 그 근방 안의 점이라 하면, 미적분학에서 증명한 바에 의하여,

$$\Delta u = u(x_0 + \Delta x, y_0 + \Delta y) - u(x_0, y_0)$$
$$= \frac{\partial u}{\partial x} \Delta x + \frac{\partial u}{\partial y} \Delta y + \epsilon_1 \Delta x + \epsilon_2 \Delta y$$

이다. 여기서 $\dfrac{\partial u}{\partial x}$와 $\dfrac{\partial u}{\partial y}$는 점 (x_0, y_0)에서의 편도함수의 값이고, Δx와 Δy가 0에 접근할 때 ϵ_1과 ϵ_2는 0에 접근한다. 마찬가지로

$$\Delta v = \frac{\partial v}{\partial x}\Delta x + \frac{\partial v}{\partial y}\Delta y + \epsilon_3 \Delta x + \epsilon_4 \Delta y$$

이다. Δx와 Δy가 0에 접근할 때 ϵ_3과 ϵ_4도 0에 접근한다. 그러므로

$$\begin{aligned} \Delta f = f(z_0 + \Delta z) - f(z_0) &= \Delta u + i \Delta v \\ &= \frac{\partial u}{\partial x}\Delta x + \frac{\partial u}{\partial y}\Delta y + \epsilon_1 \Delta x + \epsilon_2 \Delta y \\ &\quad + i\left(\frac{\partial v}{\partial x}\Delta x + \frac{\partial v}{\partial y}\Delta y + \epsilon_3 \Delta x + \epsilon_4 \Delta y\right) \end{aligned}$$

가 된다.

이제 점 (x_0, y_0)에서 코시-리만의 조건을 만족한다고 하면, $\frac{\partial u}{\partial y}$를 $-\frac{\partial v}{\partial x}$로, $\frac{\partial v}{\partial y}$를 $\frac{\partial u}{\partial x}$로 치환하면

$$\Delta f = \frac{\partial u}{\partial x}(\Delta x + i\Delta y) + i\frac{\partial v}{\partial x}(\Delta x + i\Delta y) + (\epsilon_1 + i\epsilon_3)\Delta x + (\epsilon_2 + i\epsilon_4)\Delta y$$

를 얻는다. 따라서

$$\frac{\Delta f}{\Delta z} = \frac{\partial u}{\partial x} + i\frac{\partial v}{\partial x} + (\epsilon_1 + i\epsilon_3)\frac{\Delta x}{\Delta z} + (\epsilon_2 + i\epsilon_4)\frac{\Delta y}{\Delta z} \tag{2.16}$$

가 된다. $|\Delta x| \le |\Delta z|$, $|\Delta y| \le |\Delta z|$이므로 $|\frac{\Delta x}{\Delta z}| \le 1$, $|\frac{\Delta y}{\Delta z}| \le 1$이 된다. 그러므로 식 (2.16)의 마지막 두 항은 Δz가 0에 접근할 때 모두 0에 접근한다. 따라서

$$f'(z_0) = \lim_{\Delta z \to 0}\frac{\Delta f}{\Delta z} = \left(\frac{\partial u}{\partial x}\right)(x_0, y_0) + i\left(\frac{\partial v}{\partial x}\right)(x_0, y_0)$$

가 된다. 즉, $f'(z_0)$가 존재한다. ■

코시-리만 방정식을 극좌표로 표시하는 다음 정리를 얻는다.

정리 2.4.6 $f(z) = u(r, \theta) + iv(r, \theta)$가 한 점 $z = re^{i\theta}$에서 연속인 편도함수를 가지며 미분가능하다면 다음 식이 성립한다.

$$\frac{\partial u}{\partial r} = \frac{1}{r}\frac{\partial v}{\partial \theta}, \quad \frac{\partial v}{\partial r} = -\frac{1}{r}\frac{\partial u}{\partial \theta}$$

증명 $x = r\cos\theta$, $y = r\sin\theta$이므로

$$\frac{\partial u}{\partial r} = \frac{\partial u}{\partial x}\frac{\partial x}{\partial r} + \frac{\partial u}{\partial y}\frac{\partial y}{\partial r} = \frac{\partial u}{\partial x}\cos\theta + \frac{\partial u}{\partial y}\sin\theta \tag{2.17}$$

$$\frac{\partial v}{\partial \theta} = \frac{\partial v}{\partial x}\frac{\partial x}{\partial \theta} + \frac{\partial v}{\partial y}\frac{\partial y}{\partial \theta} = \frac{\partial v}{\partial x}(-r\sin\theta) + \frac{\partial v}{\partial y}(r\cos\theta) \qquad (2.18)$$

가 된다. 식 (2.18)에 코시-리만 방정식을 적용하면 식 (2.17)과 비교하여

$$\frac{\partial v}{\partial \theta} = r\left(\frac{\partial u}{\partial y}\sin\theta + \frac{\partial u}{\partial x}\cos\theta\right) = r\frac{\partial u}{\partial r}$$

를 얻게 되므로 $\dfrac{\partial u}{\partial r} = \dfrac{1}{r}\dfrac{\partial v}{\partial \theta}$ 이다. 같은 방법으로

$$\frac{\partial v}{\partial r} = \frac{\partial v}{\partial x}\frac{\partial x}{\partial r} + \frac{\partial v}{\partial y}\frac{\partial y}{\partial r} = \frac{\partial v}{\partial x}\cos\theta + \frac{\partial v}{\partial y}\sin\theta$$

$$\frac{\partial u}{\partial \theta} = \frac{\partial u}{\partial x}\frac{\partial x}{\partial \theta} + \frac{\partial u}{\partial y}\frac{\partial y}{\partial \theta} = \frac{\partial u}{\partial x}(-r\sin\theta) + \frac{\partial u}{\partial y}(r\cos\theta)$$

$$= -r\left(\frac{\partial v}{\partial y}\sin\theta + \frac{\partial v}{\partial x}\cos\theta\right) = -r\frac{\partial v}{\partial r}$$

을 얻는다. 따라서 $v_r = -\dfrac{1}{r}u_\theta$ 이다. ■

보기 2.4.7 함수 $f(z)$가 한 점에서 연속이고, 그 점에서 코시-리만 조건을 만족하지만, 미분가능하지 않은 예를 들어라.

풀이 다음 함수 f는 $|f(z)| \le |x|$을 만족하므로 원점에서 연속이고 또한 x축 및 y축 위에서 $f(z) = 0$이다.

$$f(z) = \begin{cases} \dfrac{xy^2}{x^2 + y^2} & (z \ne 0) \\ 0 & (z = 0) \end{cases}$$

따라서 $f_x(0,0) = f_y(0,0) = 0$이므로 코시-리만 방정식을 만족한다. 그러나 직선 $y = mx$ 위에서

$$\frac{f(h+imh) - f(0)}{h + imh} = \frac{m^2 h^3/(1+m^2)h^2}{h+imh} = \frac{m^2}{(1+im)(1+m^2)}$$

은 m의 값에 따라 $h \to 0$일 때 극한값이 달라지므로 $f'(0)$이 존재하지 않는다. ■

보기 2.4.8 다음 각 함수 f는 모든 점에서 미분가능함을 보이고 $f'(z)$를 구하여라.

(1) $f(z) = z^2$ \qquad\qquad (2) $f(z) = e^z$

증명 (1) $f(z) = (x+iy)^2 = x^2 - y^2 + 2ixy$이므로

$$u(x,y) = x^2 - y^2, \quad v(x,y) = 2xy$$

이고 모든 점에서 $u_x = 2x = v_y, \ u_y = -2y = -v_x$가 성립한다. 또한 이들 편도함수들이 모든 점에서 연속이므로 정리 2.4.5에 의하여 모든 점에서 미분가능하며

$$f'(z) = u_x + iv_x = 2x + i(2y) = 2(x+iy) = 2z$$

이다.

(2) $f(z) = e^z = e^x(\cos y + i\sin y)$이므로 $u(x,y) = e^x\cos y, \ v(x,y) = e^x\sin y$이다. 따라서 모든 점에서 코시-리만 방정식

$$u_x = e^x\cos y = v_y, \ u_y = -e^x\sin y = -v_x$$

이 성립하고 편도함수들이 연속이므로 정리 2.4.5에 의하여 모든 점에서 미분가능하고 $f'(z) = u_x + iv_x = e^x\cos y + ie^x\sin y = e^z$이다. ■

정리 2.4.5의 극좌표 형식인 다음 정리는 앞으로 많이 이용된다.

정리 2.4.9 함수 $f(z) = u(r,\theta) + iv(r,\theta)$가 점 $z_0 = r_0 e^{i\theta_0}, \ r_0 \neq 0$의 한 근방에서 정의되고, r과 θ에 관한 u와 v의 1계 편도함수가 그 근방에서 연속이고, (r_0, θ_0)에서 코시-리만 방정식의 극형식

$$\frac{\partial u}{\partial r} = \frac{1}{r_0}\frac{\partial v}{\partial \theta}, \ \frac{\partial v}{\partial r} = -\frac{1}{r_0}\frac{\partial u}{\partial \theta} \tag{2.19}$$

를 만족하면 $f'(z_0)$는 존재하고 다음과 같다.

$$\begin{aligned}
f'(z_0) &= e^{-i\theta_0}[u_r(r_0, \theta_0) + iv_r(r_0, \theta_0)] \\
&= \frac{1}{r_0}e^{-i\theta_0}[v_\theta(r_0, \theta_0) - iu_\theta(r_0, \theta_0)]
\end{aligned} \tag{2.20}$$

증명 $z = x + iy = r\cos\theta + ir\sin\theta$에서 $r = \sqrt{x^2 + y^2}, \ \theta = \tan^{-1}\frac{y}{x}$이다. $z \neq 0$일 때

$$\begin{aligned}
\frac{\partial u}{\partial x} &= \frac{\partial u}{\partial r}\frac{\partial r}{\partial x} + \frac{\partial u}{\partial \theta}\frac{\partial \theta}{\partial x} = u_r\frac{x}{\sqrt{x^2+y^2}} - u_\theta\frac{y}{x^2+y^2} \\
&= u_r\cos\theta - u_\theta\frac{\sin\theta}{r} \\
\frac{\partial v}{\partial x} &= \frac{\partial v}{\partial r}\frac{\partial r}{\partial x} + \frac{\partial v}{\partial \theta}\frac{\partial \theta}{\partial x} = v_r\cos\theta - v_\theta\frac{\sin\theta}{r}
\end{aligned}$$

이므로 $f'(z) = \frac{\partial u}{\partial x} + i\frac{\partial v}{\partial x} = (u_r + iv_r)\cos\theta - (u_\theta + iv_\theta)\frac{\sin\theta}{r}$이다. 한편 식 (2.19)에 의하여 $u_\theta = -rv_r, \ v_\theta = ru_r$이므로

$$f'(z) = (u_r + iv_r)\cos\theta + (v_r - iu_r)\sin\theta$$
$$= u_r(\cos\theta - i\sin\theta) + iv_r(\cos\theta - i\sin\theta)$$
$$= (\cos\theta - i\sin\theta)(u_r + iv_r) = e^{-i\theta}(u_r + iv_r)$$

이다. 따라서

$$f'(z_0) = e^{-i\theta_0}[u_r(r_0, \theta_0) + iv_r(r_0, \theta_0)]$$

이다.

보기 2.4.10 $f(z) = \dfrac{1}{z} = \dfrac{1}{re^{i\theta}} = \dfrac{1}{r}e^{-i\theta},\ \ z \neq 0$이면

$$u(r, \theta) = \frac{1}{r}\cos\theta, \quad v(r, \theta) = -\frac{1}{r}\sin\theta$$

이므로

$$u_r = -\frac{1}{r^2}\cos\theta = \frac{1}{r}v_\theta, \quad v_r = \frac{1}{r^2}\sin\theta = -\frac{1}{r}u_\theta$$

이고, 이들 편도함수들이 연속이므로 정리 2.4.9에 의하여 f는 $z \neq 0$인 모든 점에서 미분가능하며

$$f'(z) = e^{-i\theta}(u_r + iv_r) = e^{-i\theta}(-\frac{1}{r^2}\cos\theta + i\frac{1}{r^2}\sin\theta)$$
$$= -\frac{1}{(re^{i\theta})^2} = -\frac{1}{z^2}$$

이 된다. ∎

정의 2.4.11 (1) z_0의 한 근방 안의 모든 점에서 $f'(z)$가 존재할 때 복소함수 $f(z)$는 점 z_0에서 **해석적**(**analytic**) 또는 **정칙**(**holomorphic** 또는 **regular**)이라고 한다.

(2) $f(z)$가 영역 D의 모든 점에서 해석적이면 $f(z)$는 D에서 **해석함수**(**analytic function**)라고 한다.

(3) 복소평면의 모든 점에서 해석함수를 **정함수**(또는 **전해석함수**, **entire function**)라 한다.

(4) 함수 f가 점 z_0에서 해석적이 아니지만, z_0의 모든 근방의 어떤 점에서 해석적일 때, z_0를 함수의 **특이점**(**singular point**)이라고 한다.

다항함수는 모든 점에서 미분가능하므로 정함수이다. 예를 들어, $f(z) = 1/z$이면 $f'(z) = -1/z^2$ $(z \neq 0)$이므로 $z = 0$은 f의 특이점이다. 하지만 함수 $f(z) = |z|^2$은 어느 점에서도 해석적이 아니므로 특이점을 갖지 않는다.

주의 2.4.12 (1) 해석함수는 보통 열린 연결집합인 **영역(domain)** 위에서 정의된다. 그러나 예로서 닫힌 원판 $|z| \leq 1$에서 해석적인 함수라고 말할 때에는, f는 이 원판을 포함하는 적당한 영역에서 해석적인 것으로 이해하기로 한다.

(2) 코시–리만 방정식을 만족한다는 것은 f가 영역 D에서 해석적이기 위한 필요조건이지만 충분조건은 아니다. D에서 해석적일 충분조건은 정리 2.4.5와 정리 2.4.9로 주어진다.

정리 2.4.13 복소함수 f와 g가 영역 D에서 해석적이면

(1) $f(z) \pm g(z)$도 D에서 해석적이다.

(2) $f(z)g(z)$도 D에서 해석적이다.

(3) $\dfrac{f(z)}{g(z)}$ (단 $g(z) \neq 0$, $z \in D$)도 D에서 해석적이다.

(4) f가 영역 D에서 해석적이고, g가 영역 E에서 해석적이며 $f(D) \subset E$이면 $g(f(z))$는 D에서 해석적이다.

정리 2.4.14 영역 D의 모든 점에서 $f'(z) = 0$이면 $f(z)$는 D에서 상수함수이다.

증명 $f'(z) = u_x + iv_x = v_y - iu_y = 0$이므로 $u_x = u_y = 0$, $v_x = v_y = 0$이다. $u_x = u_y = 0$이므로 D에 있는 모든 x축, y축에 평행한 직선 위에서 $u(x, y)$는 상수가 된다. 마찬가지로 $v_x = v_y = 0$은 D에 있는 모든 x축, y축에 평행한 직선 위에서 $v(x, y)$가 상수가 됨을 의미한다. 따라서 $f(z) = u + iv$는 D에 있는 좌표축에 평행인 모든 다각선(polygonal) 위에서 상수가 된다. D는 연결집합이므로 D 안의 임의의 두 점 z_1, z_2는 좌표축에 평행인 다각선으로 연결할 수 있으므로 $f(z_1) = f(z_2)$가 된다. 따라서 $f(z)$는 D에서 상수함수이다. ∎

정리 2.4.15 f는 영역 D 위에서 해석함수이고, 다음 네 개의 실함수 중 하나가 D 위에서 상수함수이면 f는 D 위에서 상수이다.

(1) $\mathrm{Re}\, f$ (2) $\mathrm{Im}\, f$ (3) $|f|$ (4) $\mathrm{Arg}\, f$

(증명) (1) D에서 $(\mathrm{Re}\, f)(z) = u = c$(상수)라 하면 D 위에서 $u_x = u_y = 0$이다. 또한 코시-리만 방정식에 의하여 D 위에서 $v_x = v_y = 0$이 된다. 따라서 D 위에서 $f'(z) = u_x + iv_x = 0$이므로 위의 정리 2.4.14에 의하여 f는 D 위에서 상수함수이다.

(2) D 위에서 $\mathrm{Im}\, f(z)$가 상수함수인 경우도 (1)과 마찬가지로 증명할 수 있다.

(3) <방법 1> D 위에서 $|f| = c$(상수)이라 하자. $c = 0$인 경우는 D 위에서 $f \equiv 0$이다. $c \neq 0$이라고 가정하자. 그러면 $\bar{f} = c^2/f$는 D 위에서 해석적이다. 연습문제 8에 의하여 f는 D 위에서 상수함수이다.

<방법 2> $|f| = |u + iv| = c$(상수)(단 $c \neq 0$)이므로 $u^2 + v^2 = c^2$이다. 양변을 x, y에 관하여 미분하면

$$uu_x + vv_x = 0, \quad uu_y + vv_y = 0$$

을 얻는다. f는 해석적이므로 $u_x = v_y$, $u_y = -v_x$이다. 이를 위 식에 대입하면 $uu_x - vu_y = 0, uu_y + vu_x = 0$을 얻는다. u_x, u_y에 관하여 풀면 $u_x = 0$, $u_y = 0$을 얻을 수 있다. 따라서 f는 D 위에서 상수함수이다(만약 $c = 0$이면 $u = 0 = v$이므로 $f = 0$이다).

(4) $\mathrm{Arg}\, f(z) = \tan^{-1} \dfrac{v}{u} = c$(상수)로 놓고 이 식을 각각 x, y로 편미분하면

$$u\frac{\partial v}{\partial x} - v\frac{\partial u}{\partial x} = 0, \quad u\frac{\partial v}{\partial y} - v\frac{\partial u}{\partial y} = 0$$

를 얻을 수 있다. 코시-리만 방정식을 이용하면 $u_x = u_y = v_x = -u_y = 0$이므로 D 위에서 $f'(z) = u_x + iv_x = 0$이다. 따라서 위의 정리 2.4.14에 의하여 f는 D 위에서 상수함수이다. ▪

보기 2.4.16 함수 $f : D \to \mathbb{C}$ 가 영역 D에서 해석적이고, 모든 점 $z \in D$에서 $\mathrm{Im} f(z) = 2\,\mathrm{Re} f(z)$가 성립하면 $f(z)$는 D에서 상수임을 보여라(2005년 임용고시).

(증명) $f(z) = u + iv$로 두면 주어진 조건 $\mathrm{Im} f(z) = 2\,\mathrm{Re} f(z)$는 $v = 2u$를 의미한다. 따라서 $f(z) = u + 2ui$로 나타낼 수 있다. f가 D에서 해석적이므로 D에서 $u_x = v_y$, $u_y = -v_x$, 즉 $u_x = 2u_y$, $u_y = -2u_x$가 성립한다. 이 식에서 $u_x = -4u_x$, $5u_x = 0$가 되어 $u_x = 0$이다. 이로 인하여 $u_y = 0$이다. 따라서 $v_x = 0$가 된다. $f'(z) = u_x + iv_x = 0$이므로 정리 2.4.14에 의하여 f는 상수함수이다. ▪

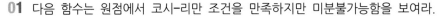
01 다음 함수는 원점에서 코시-리만 조건을 만족하지만 미분불가능함을 보여라.

(1) $f(z) = \begin{cases} \dfrac{\overline{z}^2}{z} & (z \neq 0) \\ 0 & (z = 0) \end{cases}$　　　　(2) $f(z) = \sqrt{|z^2 - \overline{z}^2|}$

02 다음 함수들은 어디에서 미분가능한가?

(1) $f(z) = z(\mathrm{Re}\ z)$　　　　(2) $f(z) = z|z|$

(3) $f(z) = y^2 - x^2 - 2xyi$　　　　(4) $f(z) = x^2 + y^2 + i2xy$

03 다음 함수들이 복소평면 전체에서 해석적이 되도록 상수 a, b, c의 조건을 정하여라.

(1) $f(z) = x + 1 + ayi$　　　　(2) $f(z) = x + ay - i(bx + cy)$

(3) $f(z) = e^x \cos ay + i e^x \sin(y + b)$　　(4) $f(z) = 2x - y + i(ax + by)$

04 다음 함수들이 정함수임을 보이고, $f'(z)$와 $f''(z)$를 구하여라.

(1) $f(z) = e^{-2z}$　　　　(2) $f(z) = \cos x \cosh y - i \sin x \sinh y$

05 복소수 $z = x + iy$에 대한 함수

$$f(z) = (x^n y + xy^n + x + y) + iv(x, y)$$

가 $z = 1$에서 해석적이 되도록 하는 자연수 n의 값과 이때의 $f'(1)$의 값을 구하여라(단, $v(x, y)$는 실수값 함수이다). (2017년 임용고시)

06 다음 함수 f는 $z = 0$에서 코시-리만 방정식을 만족하지만 $f'(0)$은 존재하지 않음을 보여라 (단 $ab > 0$).

$$f(z) = \begin{cases} \dfrac{ax^3 - by^3}{ax^2 + by^2} + i\dfrac{ax^3 + by^3}{ax^2 + by^2} & (z \neq 0) \\ 0 & (z = 0) \end{cases}$$

07 복소함수에 대하여는 일반적으로 평균값 정리가 성립하지 않음을 보여라.

08 다음을 보여라.

(1) 함수 $f(z) = u(x, y) + iv(x, y)$가 영역 D에서 해석적이면 $g(z) = \overline{f(\overline{z})}$는 D에서 해석적이다.

(2) 영역 D에서 함수 $f(z)$와 $\overline{f(z)}$가 동시에 해석적이면 f는 상수함수이다.

09 함수 f가 영역 D에서 해석적이고, D의 모든 점에서 $f = 0$이거나 $f' = 0$이면, f도 D에서 상수함수임을 보여라(귀띔. 함수 f^2를 생각하여라).

10 함수 $f(z)$가 미분가능하면 다음이 성립함을 보여라.
$$|f'(z)|^2 = u_x^2 + v_x^2 = u_x^2 + u_y^2 = u_x v_y - u_y v_x$$

11 코시-리만 조건의 극형식을 이용하여 다음 함수가 해석적임을 보여라.
$$f(z) = \sqrt{z} = \sqrt{r}\left(\cos\frac{\theta}{2} + i\sin\frac{\theta}{2}\right) \quad (r > 0, \, 0 < \theta < 2\pi)$$

12 다음을 보여라.
   (1) 복소변수의 실함수 $f : D \to \mathbb{R}$가 영역 D에서 해석적이면 f는 D에서 상수이다(귀띔: $f = u + iv$ (D에서 $v \equiv 0$)로 놓고 위의 정리 2.4.14를 이용하여라).
   (2) 복소변수의 순허수 함수 f가 영역 D에서 해석적이면 f는 D에서 상수함수이다.

13 코시-리만 방정식을 $f_x = -if_y$또는 $f_y = if_x$로 표현할 수 있음을 보여라.

14 미분연산자 $\partial/\partial\overline{z}$를 다음과 같이 정의하면 코시-리만 방정식은 $\dfrac{\partial f}{\partial\overline{z}} = 0$으로 표현할 수 있음을 보여라.
$$\frac{\partial}{\partial\overline{z}} = \frac{1}{2}\left(\frac{\partial}{\partial x} + i\frac{\partial}{\partial y}\right)$$

15 함수 $f(z) = u + iv$는 해석적이고 α, β는 임의의 상수라 하자. 이때 곡선 $u(x,y) = \alpha$는 곡선 $v(x,y) = \beta$와 수직임을 보여라.

16 $F(z)$, $G(z)$는 열린 연결집합(영역) D에서 $f(z)$의 원시함수, 즉 D에서 $F'(z) = G'(z) = f(z)$이면 $F(z) - G(z)$는 D에서 상수함수임을 보여라.

17 f는 단위원판 D에서 함수로서 f^2이 D에서 해석적일 때 f는 해석적인가?

18 두 실수 a와 b에 대하여 복소함수
$$f(x + iy) = (x^3 - 2axy - bxy^2) + i(2x^3 - ay^2 + bx^2 y - y^3) \quad (x, y\text{는 실수})$$
가 정함수(entire function)일 때 $a^2 + b^2$의 값은?(2012년 임용고시)

연습문제

제2.5절 조화함수

이 절에서는 조화함수의 기본적인 성질에 대하여 설명하기로 한다.

정의 2.5.1 실함수 $h(x,y)$가 영역 D에서 연속인 1계 및 2계 편도함수를 가지고 **라플라스(Laplace)**의 편미분 방정식

$$\Delta^2 h = \frac{\partial^2 h}{\partial x^2} + \frac{\partial^2 h}{\partial y^2} = 0$$

을 만족할 때, h는 이 영역에서 **조화적(harmonic)**이라고 한다. 또는 함수 h를 **조화함수(harmonic function)**라고 한다.

정리 2.5.2 함수 $f(z) = u(x,y) + iv(x,y)$가 영역 D에서 해석적이면, u와 v는 D에서 조화함수이다.

증명 $f(z) = u + iv$가 해석적이므로 u와 v는 코시-리만 방정식

$$u_x = v_y , \ u_y = - v_x \tag{2.21}$$

을 만족한다. 두 식의 양변을 각각 x와 y에 관해서 미분하면

$$u_{xx} = v_{yx}, \ u_{yy} = - v_{xy}$$

를 얻는다. $v_{xy} = v_{yx}$이므로 위의 두 식을 더하면 $u_{xx} + u_{yy} = 0$을 얻는다. 마찬가지로 식 (2.21)을 각각 y와 x에 관해서 미분하여 $v_{xx} + v_{yy} = 0$을 얻는다. 따라서 u와 v는 조화함수이다. ■

정리 2.5.2에서 v를 u의 **조화공액함수**(또는 **조화켤레함수**, **harmonic conjugate** 또는 **conjugate harmonic function**)라 한다.

주의 2.5.3 (1) 이 정리의 역은 성립하지 않는다. 예를 들어, $u(x,y) = \log(x^2 + y^2)$는 $\mathbb{C} - \{0\}$에서 조화함수이지만 이 영역에서 어떤 해석함수의 실수 부분이 아니다.

(2) 함수 v가 u의 조화공액함수라고 해서 u가 v의 조화공액함수가 되는 것은 아니다. 한 예로

$$u(x,y) = x^2 - y^2, \ v(x,y) = 2xy$$

를 생각하면 $u = \operatorname{Re} z^2$, $v = \operatorname{Im} z^2$이다. 따라서 정리 2.5.2에 의하여 u와 v는 조화함수이고, v는 u의 조화공액함수이다. 그러나 u는 v의 조화공액함수가 아니다. 그 이유는 함수 $2xy + i(x^2 - y^2)$은 어디에서도 해석적이 아니기 때문이다. 그러나 $-u$는 v의 조화공액함수이다. 이것은 $f(z) = u + iv$가 D에서 해석적일 필요충분조건은 $-if(z) = v - iu$가 D에서 해석적이기 때문이다.

마지막 장에서 어떤 특정한 형태의 영역에서 조화함수 u는 조화공액함수를 갖는다는 것을 증명한다. 따라서 이러한 형태의 영역에서 모든 조화함수는 한 해석함수의 실수 부분이다.

지금 주어진 조화함수의 조화공액함수를 구하는 한 방법을 예를 들어 설명하고자 한다.

보기 2.5.4 $u(x, y) = y^3 - 3x^2 y$는 평면 전체에서 조화함수임을 보이고 u의 조화공액함수를 구하여라.

풀이 $u_{xx} + u_{yy} = 0$이 됨을 쉽게 알 수 있으므로 u는 조화함수이다. v를 u의 조화공액함수라 하면 $f = u + iv$는 해석적이므로 u와 v는 코시-리만 방정식을 만족한다. 즉,

$$\begin{aligned} v_y(x, y) &= u_x(x, y) = -6xy, \\ v_x(x, y) &= -u_y(x, y) = -3y^2 + 3x^2 \end{aligned} \tag{2.22}$$

위의 첫 식을 y에 관해서 적분하면

$$v(x, y) = -3xy^2 + \rho(x) \quad (\rho(x)\text{는 } x\text{의 임의의 함수})$$

를 얻는다. 이 식을 x에 관해서 미분하면

$$v_x(x, y) = -3y^2 + \rho'(x) \tag{2.23}$$

을 얻는다. 식 (2.22)와 식 (2.23)을 같다고 두면

$$\rho'(x) = 3x^2 \quad \text{즉, } \rho(x) = x^3 + C$$

를 얻는다(단 C는 임의의 실수이다). 따라서 구하는 조화공액함수는

$$v(x, y) = x^3 - 3xy^2 + C$$

이고, 이것은 $f(z) = i(z^3 + C)$의 허수 부분이다. ■

주의 2.5.5 (1) 만약 v가 영역 D에서 u의 조화공액함수이면 $-u$는 D에서 v의 조화 공액함수이다. 왜냐하면 $u+iv$가 D에서 해석적이면 $-i(u+iv)=v+i(-u)$도 해석적이기 때문이다.

(2) 만약 v가 영역 D에서 u의 조화공액함수이면 $v+k$ (단 k는 실수)도 u의 조화공액함수이다.

(3) 만약 v,w가 영역 D에서 u의 조화공액함수이면 $v-w$는 D에서 상수 이다. 왜냐하면 $f=u+iv$와 $g=u+iw$가 D에서 해석적이면 순허수 함수 $f-g=i(v-w)$는 D에서 해석적이다. 따라서 정리 2.4.15에 의 하여 $v-w$는 D에서 상수함수이다.

보기 2.5.6 다음 조화함수의 조화공액함수를 구하여라(1997년 임용고시).
$$u(x,y) = \text{Arg} z \ (-\pi < \text{Arg} z \le \pi)$$

풀이 $u(x,y) = \text{Arg} z = \tan^{-1}\dfrac{y}{x}$는 $u_{xx}+u_{yy}=0$을 만족함을 쉽게 알 수 있다. 따라서 u는 조화함수이다. v가 u의 조화공액함수, 즉 $f(z)=u(x,y)+iv(x,y)$가 해석함 수이면 u와 v는 코시-리만 방정식을 만족한다. $v_y(x,y)=u_x(x,y)=-\dfrac{y}{x^2+y^2}$이 므로

$$v(x,y) = \int \frac{-y}{x^2+y^2} dy + k(x) = -\frac{1}{2}\log(x^2+y^2) + k(x)$$

이다. $v_x(x,y)=-u_y(x,y)$이므로 위의 식을 x에 관하여 미분하면

$$v_x = -\frac{x}{x^2+y^2} + k'(x) = -\frac{x}{x^2+y^2} (=-u_y(x,y))$$

이다. 따라서 $k'(x)=0$, 즉, $k(x)=C$이므로 u의 조화공액함수는

$$v(x,y) = -\frac{1}{2}\log(x^2+y^2) + C \ (단 \ C는 \ 임의의 \ 상수)$$

이다. ■

01 다음 각 함수 u는 어떤 영역에서 조화함수가 됨을 보이고 조화공액함수 v를 구하여라.

(1) $u(x,y) = 4x(1-y)$　　　　　　(2) $u(x,y) = \sinh x \sin y$

(3) $u(x,y) = xy^3 - x^3 y$　　　　　(4) $u(x,y) = e^x \sin y$

(5) $u(x,y) = \dfrac{1}{2}\ln(x^2 + y^2)$　　　(6) $u = e^{-x}(x \sin y - y \cos y)$

02 함수 $u(x,y)$가 조화함수이면 $U(x,y) = u(x,-y)$도 조화함수임을 보여라.

03 $u_1 = x^2 - y^2$, $u_2 = x^3 - 3xy^2$은 평면 전체에서 조화함수이지만 $u_1(x,y)u_2(x,y)$는 조화함수가 아님을 보여라.

04 함수 v가 u의 조화공액함수이면 $h = u^2 - v^2$은 조화함수임을 보여라.

05 함수 $u(x,y) = ax^2 + bxy + cy^2$이 조화함수가 되도록 a, b, c의 값을 정하여라.

06 영역 D에서 v가 u의 조화공액함수이고 u가 v의 조화공액함수이면 u와 v는 모두 D에서 상수함수임을 보여라.

07 함수 $f(z) = u(r,\theta) + iv(r,\theta)$가 $z = 0$을 포함하지 않는 영역 D에서 해석적이고, u, v의 2계 편도함수가 D에서 연속일 때, u와 v는 D에서 극좌표 형식의 다음 라플라스 방정식을 만족함을 보여라.

$$\Delta^2 u = \frac{\partial^2 u}{\partial r^2} + \frac{1}{r}\frac{\partial u}{\partial r} + \frac{1}{r^2}\frac{\partial^2 u}{\partial \theta^2} = 0 \quad (\text{단}, r \neq 0)$$

08 함수 u가 조화함수이고 v가 u의 조화공액함수일 때 곡선군 $u = c_1,\, v = c_2$는 서로 직교함을 보여라.

09 만약 u와 v가 영역 D에서 조화함수이면 다음 함수는 D에서 해석적임을 보여라.

$$\left(\frac{\partial u}{\partial y} - \frac{\partial v}{\partial x}\right) + i\left(\frac{\partial u}{\partial x} + \frac{\partial v}{\partial y}\right)$$

10 만약 함수 $f(z)$가 영역 D에서 해석적이고 $f(z)f'(z) \neq 0$이면 $\ln|f(z)|$는 D에서 조화함

수임을 보여라.

11 $w = u(x,y) + iv(x,y)$에서 $z = x + iy, \overline{z} = x - yi$를 형식적으로 독립변수로 보고, $w = u + iv$ $= F(z,\overline{z})$로 놓으면 라플라스 방정식(Laplace equation) $\Delta^2 u = \Delta^2 v = 0$는 다음과 같음을 밝혀라.

$$\frac{\partial^2 F(z,\overline{z})}{\partial z \partial \overline{z}} = 0$$

초등함수

제3.1절 지수함수

복소변수 $z = x + iy$에 대하여

$$\exp z = e^z = e^x(\cos y + i \sin y)$$

라고 정의한다. $x = 0$일 때는 오일러의 공식

$$e^{iy} = \cos y + i \sin y$$

를 얻는다. z가 실수(즉, $y = 0$)일 때 $e^z = e^x$이고, $z = 0$일 때 $e^z = 1$이다.

지수함수 e^z의 기본적인 성질들에 대하여 설명하기로 하자.

정리 3.1.1 지수함수 e^z는 다음 성질을 갖는다.

    (1) 모든 $z, w \in \mathbb{C}$에 대하여 $e^{z+w} = e^z e^w$이다.

    (2) 모든 $z \in \mathbb{C}$에 대하여 $e^z \neq 0$이다.

    (3) $|e^z| = e^x,\ \arg e^z = y$

    (4) $e^z = 1 \Leftrightarrow z = 2n\pi i$($n$은 정수)

    (5) $e^z = e^w \Leftrightarrow z - w = 2n\pi i$($n$은 정수)

    (6) e^z는 주기가 $2n\pi i$인 주기함수이다(단 n은 정수).

증명 (1) $z = x + iy, w = u + iv$라고 두면

$$\begin{aligned}
e^{z+w} &= e^{(x+u)+i(y+v)} = e^{x+u}[\cos(y+v) + i\sin(y+v)] \\
&= [e^x(\cos y + i\sin y)][e^u(\cos v + i\sin v)] = e^z e^w
\end{aligned}$$

(2) $e^z e^{-z} = e^0 = 1$이므로 모든 $z \in \mathbb{C}$에 대하여 $e^z \neq 0$이다.

(3)

$$|e^z| = |e^x e^{iy}| = |e^x||e^{iy}| = e^x|\cos y + i\sin y| = e^x \cdot 1 = e^x$$

이고 $\arg e^z = y$이다.

(4) $z = 2n\pi i$이면

$$e^z = e^{2n\pi i} = \cos 2n\pi + i\sin 2n\pi = 1$$

이다.

역으로 $e^z = e^x(\cos y + i\sin y) = 1$이면

$$e^x\cos y = 1, \ e^x\sin y = 0$$

이다. $e^x \neq 0$이므로 $\sin y = 0$이다. 따라서 $y = n\pi$(단 n은 정수)이다. 한편 $\cos n\pi = (-1)^n$이다. $e^x > 0$이고 $e^x(-1)^n = 1$이므로, $x = 0$이고 $n = 2k$(단 k는 정수)이다. 따라서

$$z = x + iy = 0 + n\pi i = 2k\pi i$$

이다.

(5) $e^z = e^w \Leftrightarrow e^{z-w} = 1$이므로 (4)에 의하여 $z - w = 2n\pi i$(n은 정수)이다.

(6) 모든 $z \in \mathbb{C}$에 대하여 $e^{z+w} = e^z$이라고 가정하자. 이때 $z = 0$으로 두면 $e^w = 1$을 얻는다. (4)에 의하여 $w = 2n\pi i$(단 n은 정수)이다. ∎

정리 3.1.2 지수함수 $f(z) = e^z$는 모든 복소수 z에서 해석적이고, $\dfrac{d}{dz}e^z = e^z$이다.

증명 $f(z) = e^z = u + iv = e^x\cos y + ie^x\sin y$이므로 $u = e^x\cos y$, $v = e^x\sin y$이다. 따라서

$$u_x = e^x\cos y = v_y, \ u_y = -e^x\sin y = -v_x$$

가 모든 z에 대해서 성립하고 이들 편도함수들이 연속이므로 정리 2.4.5에 의하여 $f(z)$는 모든 점에서 해석적이고

$$f'(z) = u_x + iv_x = e^x\cos y + ie^x\sin y = e^z \tag{3.1}$$

즉, $f'(z) = e^z$이다. ∎

w가 z의 해석함수이면 합성함수의 미분공식에 의하여

$$\frac{d}{dz}e^w = e^w\frac{dw}{dz} \tag{3.2}$$

이다.

보기 3.1.3 함수 $w = e^{z^2} + e^{-z}$는 z의 모든 값에서 해석적임을 보이고 도함수를 구하여라.

앞의 공식 (3.2)에 의하여

$$\frac{dw}{dz} = 2ze^{z^2} - e^{-z}$$

가 모든 점에서 존재한다. ■

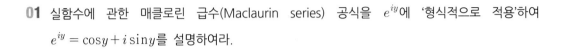

01 실함수에 관한 매클로린 급수(Maclaurin series) 공식을 e^{iy}에 '형식적으로 적용'하여 $e^{iy} = \cos y + i \sin y$를 설명하여라.

02 다음 등식을 보여라.

(1) $e^{2 + 7\pi i} = -e^2$ (2) $e^{z + 5\pi i} = -e^z$

03 다음 방정식을 만족하는 모든 z값을 구하여라.

(1) $e^z = -2$ (2) $e^z = \sqrt{3} + i$

(3) $e^{2z - 10} = 1$

04 $|e^{-5z}| < 1$이 되기 위한 필요충분조건을 구하여라.

05 다음을 보여라.

(1) $e^{-nz} = 1/(e^z)^n \quad (n = 1, 2, \cdots)$

(2) $e^{z_1}/e^{z_2} = e^{z_1 - z_2}$

(3) $e^{iz} = \overline{e^{iz}}$이 될 필요충분조건은 $z = n\pi$(n은 정수)이다.

(4) e^z가 실수이면 $\text{Im}\, z = n\pi$이다.

(5) $e^{\bar{z}}$는 어디에서도 해석적이 아니다.

(6) $|\exp(z^2)| \leq \exp(|z|^2)$

06 다음 극한값을 구하여라.

(1) $\displaystyle\lim_{z \to 0} \frac{e^z - 1}{z}$ (2) $\displaystyle\lim_{z \to \pi i} \frac{e^z + 1}{z - i\pi}$

07 $e^{x^2 - y^2} \sin 2xy$는 조화함수임을 보여라.

08 사상 $w = e^z$에 의한 x축에 평행한 반직선 $x > 0, y = \dfrac{\pi}{3}$의 상은 한 반직선임을 보여라.

09 사상 $w = e^z$에 의한 선분 $x = 2$, $y = t$, $\dfrac{\pi}{6} < t < \dfrac{7\pi}{6}$의 상은 반원임을 보여라.

10 사상 $w = e^z$는 수평 무한띠 $\alpha < y \le \alpha + 2\pi$를 $\mathbb{C} - \{0\}$ 위로 사상하는 전단사임을 보여라.

11 모든 z에 대하여 $e^{\bar{z}} = \overline{e^z}$이고 $e^{\bar{z}}$는 어떠한 영역 D에서도 해석적이 아님을 보여라.

12 임의의 $\alpha \ne 0$에 대하여 방정식 $e^z = \alpha$는 무한히 많은 해를 가짐을 보여라.

13 f는 정함수이고 모든 $z \in \mathbb{C}$에 대하여 $f(z) \ne 0$이면 $e^g = f$를 만족하는 정함수 g가 존재함을 보여라.

14 D는 연결집합이고 $f : D \to \mathbb{C}$는 해석적이고 e^f는 상수함수이면 f는 상수함수임을 보여라.

제3.2절   삼각함수와 쌍곡선 함수

x가 실수일 때 오일러 공식

$$e^{ix} = \cos x + i \sin x, \qquad e^{-ix} = \cos x - i \sin x$$

로부터 각 변의 합, 차를 각각 취하면

$$\sin x = \frac{e^{ix} - e^{-ix}}{2i}, \quad \cos x = \frac{e^{ix} + e^{-ix}}{2}$$

를 얻을 수 있다. 따라서 복소변수 z의 **사인 함수(sine function)**와 **코사인 함수(cosine function)**를 이들 식처럼 정의하는 것은 자연스럽다.

정의 3.2.1

$$\sin z = \frac{e^{iz} - e^{-iz}}{2i}, \quad \cos z = \frac{e^{iz} + e^{-iz}}{2} \tag{3.3}$$

지수함수의 미분법을 이용하여 다음 결과들을 얻을 수 있다.

정리 3.2.2 함수 $\sin z$와 $\cos z$는 임의의 복소수 z에서 해석적이고,

$$\frac{d}{dz} \sin z = \cos z, \quad \frac{d}{dz} \cos z = -\sin z \tag{3.4}$$

정리 3.2.3 함수 $\sin z$와 $\cos z$의 영점들(zeros)은 각각 $z = n\pi$와 $z = (\frac{1}{2} + n)\pi$ (단 n은 정수)이다.

증명 만약 $\sin z = 0$이면 정의에 의하여 $e^{2iz} = 1$이다. 정리 3.1.1에 의하여

$$2iz = 2n\pi i \ \ \text{또는} \ \ z = n\pi \quad (n = 0, \pm 1, \pm 2, \cdots).$$

만약 $\cos z = 0$이면 정의에 의하여 $e^{2iz} = -1$이다. 정리 3.1.1의 증명과 비슷한 방법에 의하여

$$2iz = (2n+1)\pi i \ \ \text{또는} \ \ z = (\frac{1}{2} + n)\pi \quad (n = 0, \pm 1, \pm 2, \cdots)$$

를 얻는다. ■

다른 네 종류의 삼각함수도 실함수의 경우와 같이 사인 함수와 코사인 함수를 이용하여 다음과 같이 정의한다.

$$\tan z = \frac{\sin z}{\cos z} \quad (z \neq \frac{\pi}{2} + n\pi), \quad \cot z = \frac{\cos z}{\sin z} \quad (z \neq n\pi),$$
$$\sec z = \frac{1}{\cos z} \quad (z \neq \frac{\pi}{2} + n\pi), \quad \csc z = \frac{1}{\sin z} \quad (z \neq n\pi)$$

(3.5)

단 $n = 0, \pm 1, \pm 2, \cdots$.

함수 $\tan z$와 $\sec z$는 $\cos z \neq 0$인 영역에서 해석적이고, $\cot z$와 $\csc z$는 $\sin z \neq 0$인 영역에서 해석적이다. 이들 함수의 도함수는 식 (3.5)의 우변을 미분하여

$$\frac{d}{dz}\tan z = \sec^2 z, \qquad \frac{d}{dz}\cot z = -\csc^2 z$$
$$\frac{d}{dz}\sec z = \sec z \cdot \tan z, \qquad \frac{d}{dz}\csc z = -\csc z \cdot \cot z$$

를 얻는다.

주의 3.2.4 x가 실수일 때 $|\sin x| \leq 1$, $|\cos x| \leq 1$이지만 다음 보기에서 알 수 있듯이 $\sin z$나 $\cos z$는 모두 복소평면에서 유계함수가 아니다.

보기 3.2.5 만약 $z = iy$이고 $y \to \infty$이면 $\cos z$와 $\sin z$는 유계함수가 아님을 보여라. 만약 $y \geq 0, -\infty < x < \infty$이면 다음을 보여라.

$$|\cos(x + iy)| \leq e^y, \quad |\sin(x + iy)| \leq e^y$$

증명 $y \to \infty$일 때

$$\cos(iy) = \frac{1}{2}(e^{i(iy)} + e^{-i(iy)}) = \frac{1}{2}(e^{-y} + e^y) \to \infty$$

이다. 더구나 $y \geq 0$이면

$$|\cos(x + iy)| = |\frac{1}{2}(e^{i(x+iy)} + e^{-i(x+iy)})| \leq \frac{1}{2}(e^{-y} + e^y) \leq e^y$$

이다. 마찬가지로 $|\sin(x + iy)| \leq e^y (y \geq 0)$이다. ∎

정리 3.2.6 삼각함수의 다음 여러 가지 성질이 성립한다.

(1) $\sin^2 z + \cos^2 z = 1$

(2) $\sin(z_1 + z_2) = \sin z_1 \cos z_2 + \cos z_1 \sin z_2$

(3) $\cos(z_1 + z_2) = \cos z_1 \cos z_2 - \sin z_2 \sin z_2$

(4) $\sin(-z) = -\sin z, \quad \cos(-z) = \cos z, \quad \tan(-z) = -\tan z$

(5) $\sin 2z = 2\sin z \cos z, \quad \cos 2z = \cos^2 z - \sin^2 z$

증명 (1) 정의에 의하여

$$\sin^2 z + \cos^2 z = \left(\frac{e^{iz} - e^{-iz}}{2i}\right)^2 + \left(\frac{e^{iz} + e^{-iz}}{2}\right)^2 = 1$$

나머지 성질의 증명은 해당 함수의 정의와 지수함수의 성질을 이용하면 된다. ■

정의와 위의 정리에 의하여

$$\sin(z + 2\pi) = \sin z, \qquad \sin(z + \pi) = -\sin z$$
$$\cos(z + 2\pi) = \cos z, \qquad \cos(z + \pi) = -\cos z$$

를 얻는다. 또한 식 (4)로부터 $\tan(z + \pi) = \tan z$를 얻는다. 따라서 임의의 z와 임의의 정수 k에 대하여

$$\sin(z + 2\pi k) = \sin z, \qquad \cos(z + 2\pi k) = \cos z$$

이다. 더구나

정리 3.2.7 삼각함수의 다음 여러 가지 성질이 성립한다.

    (1) $\sin z = \sin(x + iy) = \sin x \cosh y + i \cos x \sinh y$

    (2) $\cos z = \cos(x + iy) = \cos x \cosh y - i \sin x \sinh y$

    (3) $\sin(iy) = i \sinh y, \qquad \cos(iy) = \cosh y$

    (4) $\sin \bar{z} = \overline{\sin z}, \qquad \cos \bar{z} = \overline{\cos z}$

    (5) $|\sin z|^2 = \sin^2 x + \sinh^2 y, \quad |\cos z|^2 = \cos^2 x + \sinh^2 y$

증명 (1) 지수함수의 정의에 의하여

$$\sin z = \frac{e^{i(x+iy)} - e^{-i(x+iy)}}{2i}$$
$$= (\cos x + i \sin x)\frac{e^{-y}}{2i} - (\cos x - i \sin x)\frac{e^{y}}{2i}$$
$$= \sin x \left(\frac{e^y + e^{-y}}{2}\right) + i \cos x \left(\frac{e^y - e^{-y}}{2}\right)$$
$$= \sin x \cosh y + i \cos x \sinh y$$

(2) 식 (1)과 같은 방법으로 증명할 수 있다.

(3) 위의 두 식 (1), (2)에 $z = 0 + iy$를 대입하면 얻을 수 있다.

(4) $\cosh(-y) = \cosh y, \quad \sinh(-y) = -\sinh y$를 이용하고, 식 (1)과 (2)에 z 대신 $\bar{z}$를 대입하면 다음을 얻는다.

$$\sin \bar{z} = \sin x \cosh y - i \cos x \sinh y = \overline{\sin z},$$
$$\cos \bar{z} = \cos x \cosh y - i \sin x \sinh y = \overline{\cos z}$$

(5) 식 (1)에 의하여

$$\begin{aligned}
|\sin z|^2 &= |\sin x \cosh y + i \cos x \sinh y|^2 \\
&= \sin^2 x \cosh^2 y + \cos^2 x \sinh^2 y \\
&= \sin^2 x (\cosh^2 y - \sinh^2 y) + \sinh^2 y (\cos^2 x + \sin^2 x) \\
&= \sin^2 x + \sinh^2 y \ \blacksquare
\end{aligned}$$

실수 x에 대하여

$$\sinh x = \frac{e^x - e^{-x}}{2}, \quad \cosh x = \frac{e^x + e^{-x}}{2}$$

로 정의한 것처럼 복소변수 z에 대하여 **쌍곡선 함수(hyperbolic function)**를

$$\sinh z = \frac{e^z - e^{-z}}{2}, \quad \cosh z = \frac{e^z + e^{-z}}{2} \tag{3.6}$$

로 정의한다.

또한

$$\tanh z = \frac{\sinh z}{\cosh z} \quad (z \neq (n + \frac{1}{2})\pi i) \tag{3.7}$$

로 정의하고, $\sinh z$, $\cosh z$, $\tanh z$의 역수를 각각 $\operatorname{csch} z$, $\operatorname{sech} z$, $\coth z$로 나타낸다.

주의 3.2.8 (1) 정의에 의하여 $\sinh z$와 $\cosh z$의 영점들은 각각 $z = n\pi i$와 $z = (n + 1/2)\pi i$ (단 n은 정수)이다.

(2) e^z와 e^{-z}는 정함수이므로 $\sinh z$와 $\cosh z$는 정함수이다.

정리 3.2.9 쌍곡선 함수의 다음 여러 가지 성질이 성립한다.

(1) $\cosh^2 z - \sinh^2 z = 1$

(2) $\sinh(z_1 + z_2) = \sinh z_1 \cosh z_2 + \cosh z_1 \sinh z_2$

(3) $\cosh(z_1 + z_2) = \cosh z_1 \cosh z_2 + \sinh z_1 \sinh z_2$

(4) $\cosh(-z) = \cosh z, \quad \sinh(-z) = -\sinh z$

(5) $\cosh(iz) = \cos z, \quad \sinh(iz) = i \sin z$

(6) $\sinh z = \sinh(x + iy) = \sinh x \cos y + i \cosh x \sin y$

(7) $\cosh z = \cosh x \cos y + i \sinh x \sin y$

(8) $|\sinh z|^2 = \sinh^2 x + \sin^2 y, \quad |\cosh z|^2 = \sinh^2 x + \cos^2 y$

쌍곡선 함수의 정의에 의하여

$$\cosh^2 z - \sinh^2 z = \left(\frac{e^z + e^{-z}}{2}\right)^2 - \left(\frac{e^z - e^{-z}}{2}\right)^2 = 1$$

(3) 쌍곡선 함수의 정의에 의하여

$$\cosh z_1 \cosh z_2 + \sinh z_1 \sinh z_2$$
$$= \frac{e^{z_1} + e^{-z_1}}{2} \cdot \frac{e^{z_2} + e^{-z_2}}{2} + \frac{e^{z_1} - e^{-z_1}}{2} \cdot \frac{e^{z_2} - e^{-z_2}}{2}$$
$$= \frac{e^{z_1 + z_2} + e^{-(z_1 + z_2)}}{2} = \cosh(z_1 + z_2)$$

(5) 쌍곡선 함수의 정의에 의하여

$$\cosh(iz) = \frac{e^{iz} + e^{-iz}}{2} = \cos z,$$
$$\sinh(iz) = \frac{e^{iz} - e^{-iz}}{2} = i\frac{e^{iz} - e^{-iz}}{2i} = i \sin z$$

(8) 위 식 (6)에 의하여

$$|\sinh z|^2 = \sinh^2 x \cos^2 y + \cosh^2 x \sin^2 y$$
$$= (\sinh^2 x)(1 - \sin^2 y) + (1 + \sinh^2 x)\sin^2 y$$
$$= \sinh^2 x + \sin^2 y \ \blacksquare$$

실수의 경우와 같은 미분공식이 성립함을 정의 식 (3.6), (3.7) 등으로부터 쉽게 알 수 있다.

정리 3.2.10 쌍곡선 함수의 다음 미분공식이 성립한다.

(1) $\dfrac{d}{dz}\sinh z = \cosh z, \qquad \dfrac{d}{dz}\cosh z = \sinh z$

(2) $\dfrac{d}{dz}\tanh z = \operatorname{sech}^2 z, \qquad \dfrac{d}{dz}\coth z = -\operatorname{csch}^2 z$

(3) $\dfrac{d}{dz}\operatorname{sech} z = -\operatorname{sech} z \tanh z, \qquad \dfrac{d}{dz}\operatorname{csch} z = -\operatorname{csch} z \coth z$

증명 (1) $\dfrac{d}{dz}\sinh z = \dfrac{d}{dz}\left(\dfrac{e^z - e^{-z}}{2}\right) = \dfrac{e^z + e^{-z}}{2} = \cosh z$

(2) $\dfrac{d}{dz}\tanh z = \dfrac{d}{dz}\left(\dfrac{\sinh z}{\cosh z}\right) = \dfrac{\cosh z \cosh z - \sinh z \sinh z}{\cosh^2 z}$
$$= \frac{1}{\cosh^2 z} = \operatorname{sech}^2 z$$

(3) 위와 마찬가지로 증명할 수 있다. $\blacksquare$

01 정리 3.2.6의 (2), (3), (4), (5)를 보여라.

02 다음 부등식을 보여라.

(1) $|\sin z| \geq |\sin x|$ (2) $|\cos z| \geq |\cos x|$

(3) $|\sinh y| \leq |\sin z| \leq \cosh y$

03 다음 등식을 보여라.

(1) $1 + \tan^2 z = \sec^2 z$ (2) $1 + \cot^2 z = \csc^2 z$

(3) $\tan \overline{z} = \overline{\tan z}$ (4) $e^{iz} = \cos z + i \sin z$

04 다음 방정식을 만족하는 z값을 모두 구하여라.

(1) $\sin z = \cosh 4$ (2) $\cos z = 2$

05 $\cos \overline{z}$는 어디에서도 해석적이 아님을 보여라.

06 $\sinh 2z = 2 \sinh z \cosh z$를 보여라.

07 다음 방정식의 근 모두를 구하여라.

(1) $\sinh z = i$ (2) $\cosh z = \dfrac{1}{2}$

08 $|\sinh x| \leq |\cosh z| \leq \cosh x$를 보여라.

09 다음 사실을 보여라.

(1) $1 - \tanh^2 z = \operatorname{sech}^2 z$

(2) $\sinh z = \sinh(x + iy) = \sinh x \cos y + i \cosh x \sin y$

10 $2\pi k$는 $\cos(z + \alpha) = \cos z$ (z는 임의의 수)를 만족하는 유일한 수 α임을 보여라.

11 $\sin z = a$과 $\cos z = a$ $(-1 \leq a \leq 1)$의 모든 근은 실수임을 보여라.

12 만약 모든 z에 대하여 $|\sin z| \leq 1$이면 z는 실수임을 보여라.

13 만약 $|y| \geq 1$이면 $|\csc z| \leq 2e/(e^2 - 1)$임을 보여라.

14 $u(x, y) = \cosh x \cos y$가 조화함수임을 보이고 조화공액함수를 구하여라.

15 쌍곡선 함수의 성질을 이용하여 다음을 보여라.

(1) $\sin z = 0 \quad \Leftrightarrow \quad z = n\pi$, n은 정수

(2) $\cos z = 0 \quad \Leftrightarrow \quad z = (n + \dfrac{1}{2})\pi$, n은 정수

16 $z = x + iy$에 대하여 다음 부등식을 보여라.

(1) $|\sin z| \geq \dfrac{1}{2}|e^{-y} - e^y|$

(2) $|\tan z| \geq \dfrac{|e^y - e^{-y}|}{e^y + e^{-y}}$

제3.3절 로그함수

양의 실수 x에 대하여 $e^y = x$가 되는 유일한 실수 y가 존재하고 이것을 $y = \log x$로 나타낸다. 로그함수 $y = \log x$는 양의 실수의 집합을 실수의 집합으로 사상하고, 지수함수 $y = e^x$의 역함수이다. 또한 $y = e^x$는 실수의 집합을 양의 실수의 집합에 일대일로 사상하므로 그의 역함수 $y = \log x$도 역시 일대일 함수이다.

$\text{Log}\,|z|$는 $|z|$ $(z = x + iy \neq 0)$의 실로그함수를 나타내고, $\arg z$의 **주치**(또는 **주요값**, **principal value**)를 $\text{Arg}\,z$ $(-\pi < \text{Arg}\,z \leq \pi)$로 나타낸다.

정리 3.3.1 임의의 복소수 $z \neq 0$에 대하여 $e^w = z$되는 복소수 w가 존재한다. 특히 이런 w는 복소수 $\text{Log}\,|z| + i\text{Arg}\,z$이고 임의의 해 w는 다음 형태로 주어진다.

$$\text{Log}\,|z| + i\text{Arg}\,z + 2n\pi i \ \ (n\text{은 정수})$$

증명 $z = x + iy$를 극형식으로 표현하면

$$z = |z|e^{i\theta} \ (|z| = r = \sqrt{x^2 + y^2}, \ -\pi < \theta = \text{Arg}\,z \leq \pi)$$

이다. 지금

$$e^{\text{Log}\,|z| + i\text{Arg}\,z} = e^{\text{Log}\,|z|}e^{i\text{Arg}\,z} = |z|e^{i\theta} = z$$

이므로 $w = \text{Log}\,|z| + i\text{Arg}\,z$는 방정식 $e^w = z$의 해이다.

만약 w_1가 방정식 $e^w = z$의 또 다른 해라고 가정하면, $e^{w_1 - w} = 1$이다. 정리 3.1.1에 의하여 $w_1 - w = 2n\pi i$ $(n\text{은 정수})$이다. ■

정의 3.3.2 $z \neq 0$는 임의의 복소수이고, 만약 w는 $e^w = z$이 되는 복소수이면 w를 z의 **로그함수**(또는 **대수함수**, **logarithm**)로 정의하고 $w = \log z$로 나타낸다.

정리 3.3.1에 의하여

$$w = \log z = \text{Log}\,|z| + i\arg z \tag{3.8}$$

로 표시된다. 여기서 $\text{Log}\,|z|$는 $|z| = r \neq 0$의 실로그함수이고, $\arg z$는 2π의 배수만큼 달리하는 다가함수이다. $\arg z$의 **주치**(**principal value**)는 $\text{Arg}\,z$ $(-\pi < \text{Arg}\,z \leq \pi)$이므로

$$\arg z = \text{Arg}\,z + 2n\pi \ \ (n\text{은 정수})$$

라고 쓸 수 있다. 식 (3.8)는

$$w = \log z = \mathrm{Log}|z| + i(\mathrm{Arg}\, z + 2n\pi) \tag{3.9}$$

가 된다. 식 (3.9)에서 $n = 0$인 경우를 $\log z$의 **주치**라 하고 $\mathrm{Log}\, z$로 나타낸다. 즉,

$$\mathrm{Log}\, z = \mathrm{Log}\,|z| + i\mathrm{Arg}\, z \ (z \neq 0,\ -\pi < \mathrm{Arg}\, z \leq \pi) \tag{3.10}$$

이다.

주의 3.3.3 (1) 복소수 $z \neq 0$에 대하여 $e^w = z$이면 임의의 정수 n에 대하여 $e^{w + 2n\pi i} = z$ 이므로, 복소로그함수의 존재는 유일하지 않다.

(2) 지수함수는 0이 되지 않으므로 $z = 0$에 대한 로그함수는 정의할 수 없다.

(3) $w = \log z,\ z \neq 0$은 다가함수이다. 즉,

$$w = u + iv = \log z,\ z = re^{i(\theta + 2n\pi)} \ (n은 \ 정수,\ r \neq 0)$$

이면 $e^w = z$에서 $e^{u + iv} = re^{i(\theta + 2n\pi)}$이다. 따라서 $e^u = r,\ v = \theta + 2n\pi$ 이고,

$$w = u + iv = \log z = \log r + i(\theta + 2n\pi),\ n은 \ 정수$$

를 얻는다.

보기 3.3.4 (1) $|-1 + i| = \sqrt{2}$이고 $\mathrm{Arg}\,(-1 + i) = \dfrac{3\pi}{4}$이므로

$$\begin{aligned}
\log(-1 + i) &= \mathrm{Log}|-1 + i| + i\arg(-1 + i) \\
&= \mathrm{Log}\,\sqrt{2} + i(\frac{3\pi}{4} + 2n\pi) \ (단 \ n은 \ 정수)
\end{aligned}$$

따라서 $\log(-1 + i)$의 주치는 $\mathrm{Log}(-1 + i) = \mathrm{Log}\,\sqrt{2} + i\dfrac{3\pi}{4}$이다.

(2) $|-1 - i| = \sqrt{2}$이고 $\mathrm{Arg}(-1 - i) = -\dfrac{3\pi}{4}$이므로

$$\begin{aligned}
\log(-1 - i) &= \mathrm{Log}|-1 - i| + i\arg(-1 - i) \\
&= \mathrm{Log}\,\sqrt{2} + i(-\frac{3\pi}{4} + 2n\pi) \ (단 \ n은 \ 정수)
\end{aligned}$$

따라서 $\log(-1 - i)$의 주치는 $\mathrm{Log}(-1 - \mathrm{i}) = \mathrm{Log}\,\sqrt{2} - i\dfrac{3\pi}{4}$이다.

(3)

$$\log(-e) = \mathrm{Log}|-e| + i\arg(-e) = 1 + i(\pi + 2\pi n)$$

이고 $\mathrm{Log}(-e) = 1 + i\pi$이다. ∎

주의 3.3.5 앞의 보기로부터 $-1-i = i(-1+i)$이고

$$\text{Log}\,(-1-i) \neq \text{Log}\,i + \text{Log}\,(-1+i)$$

이므로 일반적으로

$$\text{Log}\,(z_1 z_2) = \text{Log}\,z_1 + \text{Log}\,z_2$$

는 성립하지 않는다.

사상 $w = \text{Log}\,z$는 한값함수이고, 정의역은 0이 아닌 점의 집합이고, 치역은 대상구역 $-\pi < \text{Im}\,w \leq \pi$이다. 정의역을 특히 양의 실수축으로 제한하면 $\text{Log}\,z$는 실변수의 자연대수가 된다. z와 w를 교환하여 생각하면 $z = e^w$는 z평면의 0이 아닌 점의 집합과 w평면의 대상구역 $-\pi < \text{Im}\,w \leq \pi$ 사이의 일대일 대응이다. z평면의 점 $z = re^{i\text{Arg}\,z}$는 w평면의 점 $w = \text{Log}\,r + i\text{Arg}\,z$에 대응한다. 따라서 함수 e^z의 정의역을 $-\pi < \text{Im}\,w \leq \pi$에 제한하면 이 함수의 역함수가 로그함수의 주치 $\text{Log}\,z$이다.

이제 $\log z$의 **분지(branch)**에 대하여 설명하기로 하자. 다가함수 $w = \log z$의 한 한값함수를 $w = \log^* z$로 표시하고, 이것을 $w = \log z$의 한 분지라 한다.

$$\text{Log}\,z = \text{Log}\,|z| + i\text{Arg}\,z \quad (z \neq 0,\ -\pi < \text{Arg}\,z \leq \pi) \tag{3.11}$$

은 한값함수이므로 $\log z$의 한 분지이다. 이것을 $\log z$의 **주분지(principal branch)**라 한다.

$\log^* z$가 $\log z$의 한 고정된 분지라면 적당한 정수 n에 대하여 $\log^* z = \text{Log}\,z + 2n\pi i$이다.

식 (3.11)에서 z의 편각의 제한은 음의 실수축에 의한 z평면의 한 절단(*cut*)으로 생각할 수 있다. 이때 그 **반직선(ray)**을 $\text{Log}\,z$의 **분지 절단**(또는 **가지 자름, branch cut**)이라 한다.

일반적으로 한 고정된 α에 대하여

$$\log^* z = \text{Log}\,|z| + i\theta,\ \alpha < \theta \leq \alpha + 2\pi$$

로 표시하면 이것도 $\log z$의 한 분지이며, 이때 $\log^* z$의 분지절단선은 반직선 $\theta = \alpha$가 된다. 점 $z = 0$은 $\log z$의 모든 분지의 모든 분지절단선의 공통점이다. 이때 점 $z = 0$를 $\log^* z$의 **분지점**(또는 **가지점, branch point**)이라 한다.

정리 3.3.6 $\log z$의 한 고정된 분지에 대하여 다음이 성립한다.

    (1) $\log(z_1 z_2) = \log z_1 + \log z_2 + 2n\pi i$

    (2) $\log \dfrac{z_1}{z_2} = \log z_1 - \log z_2 + 2n\pi i$

증명 (1) $\log(z_1 z_2) = \text{Log}\,|z_1 z_2| + i\,\arg(z_1 z_2)$이고

$$\log z_1 + \log z_2 = \text{Log}|z_1| + \text{Log}|z_2| + i(\arg z_1 + \arg z_2)$$
$$= \text{Log}\,|z_1 z_2| + i(\arg z_1 + \arg z_2)$$

이다. 또한 $\arg(z_1 z_2)$와 $\arg z_1 + \arg z_2$는 2π의 정수배만큼 차이가 나므로

$$\log(z_1 z_2) = \log z_1 + \log z_2 + 2n\pi i$$

가 된다. 이것을 간단히

$$\log(z_1 z_2) = \log z_1 + \log z_2 \,(\text{mod}\,2\pi i)$$

라고 표시하기도 한다.

(2) 같은 방법으로 쉽게 증명할 수 있다. ∎

식 (3.10)에 의하여 $u = \text{Log}\,r,\ v = \theta$이다.

주의 3.3.7 $\text{Log}\,r$은 원점에서 연속이 아니다. 또한 $\text{Arg}\,z$는 음의 실수축 위의 점에서는 연속이 아니다. 왜냐하면 실수축 위로부터 접근하면 $\text{Arg}\,z$는 π에 접근하고, 실수축 아래로부터 접근하면 $\text{Arg}\,z$는 $-\pi$에 접근해서 서로 다른 값에 접근하기 때문이다. 즉,

$$\lim_{y \to 0}\text{Arg}(x+iy) = \pi, \quad \lim_{y \to 0}\text{Arg}(x-iy) = -\pi.$$

정리 3.3.8 $D = \mathbb{C} - \{z = x \in \mathbb{R} : x \le 0\}$일 때, $w = \text{Log}\,z = \text{Log}|z| + i\text{Arg}\,z$는 D 위에서 해석함수이고

$$\frac{d}{dz}\text{Log}\,z = \frac{1}{z}$$

증명 $u = \text{Log}|z| = \text{Log}\,r,\ v = \text{Arg}\,z = \theta\ (-\pi < \theta \le \pi)$이고

$$w = u + iv = \text{Log}\,r + i\theta$$

이다. 또한 r, θ에 관한 u, v의 편도함수는 D에서 연속이고, 코시-리만 방정식

$$\frac{\partial u}{\partial r} = \frac{1}{r}\frac{\partial v}{\partial \theta}, \quad \frac{\partial v}{\partial r} = -\frac{1}{r}\frac{\partial u}{\partial \theta}$$

을 만족한다. 따라서 $w = \text{Log}\,z$는 D 위에서 해석적이고 정리 2.4.9에 의하여

$$\frac{d}{dz}\text{Log}\,z = (\cos\theta - i\sin\theta)\frac{\partial}{\partial r}(\text{Log}\,r + i\theta) = \frac{\cos\theta - i\sin\theta}{r} = \frac{1}{z}$$

이다. ∎

일반적으로 θ의 값을 $\alpha < \theta < \alpha + 2\pi$로 제한하면, 함수

$$\log z = \text{Log}\, r + i\theta \quad (|z| = r > 0,\ \alpha < \theta < \alpha + 2\pi)$$

는 지정된 영역에서 일가함수이고 연속함수이다. 이 함수에 정리 2.4.9를 적용하면 위와 같이 해서

$$\frac{d}{dz}\log z = \frac{1}{z}$$

를 얻는다. 위의 내용을 공식으로 다음과 같이 표현할 수 있다.

정리 3.3.9 $\log z = \text{Log}\, r + i\theta,\ (r > 0,\ \alpha < \theta < \alpha + 2\pi)$는 미분가능하고

$$\frac{d}{dz}\log z = \frac{1}{z}$$

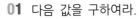

01 다음 값을 구하여라.

    (1) $\mathrm{Log}(ei)$

    (3) $\mathrm{Log}(-\sqrt{2}+i\sqrt{2})$

    (5) $\log(-1)$

    (2) $\mathrm{Log}(1-i)$

    (4) $\log(-5)$

    (6) $\log i^{\frac{1}{2}}$

02 다음 방정식의 모든 근을 구하여라.

    (1) $\log z = \dfrac{\pi}{2}i$

    (2) $\mathrm{Log}\, z = 1 - \dfrac{\pi}{4}i$

    (3) $e^z = -3$

03 $\mathrm{Log}(z_1 z_2) = \mathrm{Log}\, z_1 + \mathrm{Log}\, z_2$는 성립하지 않을 수도 있음을 보여라.

04 $\log \dfrac{z_1}{z_2} = \log z_1 - \log z_2 \,(\mathrm{mod}\, 2\pi i)$를 보여라.

05 $z = re^{i\theta}$일 때 다음을 보여라.

$$\mathrm{Log}\, z^2 = 2\mathrm{Log}\, z \ \ \left(r > 0, \ -\frac{\pi}{2} < \theta < \frac{\pi}{2}\right)$$

06 함수 $u = \mathrm{Log}(x^2 + y^2)$은 $\mathbb{C} - \{x + iy : y = 0, x \le 0\}$에서 조화함수임을 보여라.

07 다음에 주어진 점들을 제외한 곳에서 해석적이 되도록 $\log(z+2)$의 분지를 결정하여라.

    (1) $x \ge -2, \ y = 0$ (2) $x = -2, \ y = 0$

08 사상 $w = \mathrm{Log}\, z$는 반원 $r = 2, -\dfrac{\pi}{2} \le \theta \le \dfrac{\pi}{2}$를 수직 선분 $u = \mathrm{Log}\, 2, \ -\dfrac{\pi}{2} \le v \le \dfrac{\pi}{2}$ 위로 일대일로 사상함을 보여라.

09 다음 식에 정리 2.4.5를 적용하여 $\dfrac{d}{dz}\log z = \dfrac{1}{z}$임을 보여라.

$$\log z = \operatorname{Log}|z| + i \arg z = \operatorname{Log} \sqrt{x^2 + y^2} + i \tan^{-1} \frac{y}{x}$$
$$= \frac{1}{2} \operatorname{Log}(x^2 + y^2) + i \tan^{-1} \frac{y}{x}$$

10 z가 실수이고 양수이면 $\operatorname{Log} z$의 값은 실대수의 값 $\ln|z|$와 일치함을 설명하여라.

11 함수 $w = \log(e^z + 1)$은 어디에서 해석적인가를 말하고 도함수를 구하여라.

12 공식 $\displaystyle\lim_{n \to \infty} (1 + \frac{z}{n})^n = e^z$($z$는 복소수)임을 보여라.

제3.4절 복소수 지수와 역삼각함수

정의 3.4.1 만약 $z \neq 0$이고 c는 임의의 복소수이면

$$z^c = \exp(c \log z) = e^{c \log z} \tag{3.12}$$

로 정의한다.

$\log z$는 다가함수이므로 일반적으로 식 (3.12)는 다가함수를 나타낸다. 특히 c가 유리수가 아니면

$$z^c = \exp(c \log z) = e^{c[\mathrm{Log}|z| + i \mathrm{Arg}\, z + 2n\pi i]} \quad (n = 0, \pm 1, \pm 2, \cdots)$$

는 무한히 많은 값을 갖는다. z^c의 **주분지(principal branch)**를

$$z^c = \exp(c \mathrm{Log}\, z) = e^{c \mathrm{Log}\, z} \ (z \neq 0)$$

라고 정의한다. 이것은 영역 $z \neq 0$, $-\pi < \mathrm{Arg}\, z \leq \pi$에서 한값함수이고 해석적이다. 일반적으로

$$\log z = \mathrm{Log}\, r + i\theta \quad (r > 0, \ \alpha < \theta \leq \alpha + 2\pi)$$

를 취하면 주어진 영역에서 $z^c = \exp(c \log z)$는 한값함수이고 해석적이다. 이 함수의 도함수를 구해보면

$$\frac{d}{dz} z^c = \frac{d}{dz} e^{c \log z} = e^{c \log z} \cdot \frac{c}{z} = c z^c \cdot \frac{1}{z} = c z^{c-1}$$

이다. 따라서

$$\frac{d}{dz} z^c = c z^{c-1} \ (z \neq 0, \ \alpha < \arg z < \alpha + 2\pi) \tag{3.13}$$

이다.

c가 복소상수이면 $c^z = \exp(z \log c)$이다. 이때

$$\frac{d}{dz} c^z = c^z \log c \tag{3.14}$$

됨을 쉽게 알 수 있다.

보기 3.4.2 다음 복소수 지수의 모든 값과 주치를 구하여라.

(1) i^i \qquad (2) $3^{1/2}$ \qquad (3) $(-i)^i$ \qquad (4) $(-1)^{2i}$

풀이 (1) $i^i = e^{i \log i} = e^{i[\text{Log}|i| + i \arg i]} = e^{i(\frac{\pi}{2} + 2n\pi)i} = e^{-\frac{\pi}{2} - 2n\pi}$ 이고 주치는 $e^{-\frac{\pi}{2}}$ 이다.

(2) 정의에 의하여

$$3^{\frac{1}{2}} = e^{\frac{\log 3}{2}} = e^{\frac{\text{Log} 3 + i \arg 3}{2}} = e^{\frac{\text{Log} 3 + i 2n\pi}{2}} = e^{\frac{1}{2}\text{Log} 3 + n\pi i} = \pm \sqrt{3} \ (n = 0, 1)$$

(3) 정의에 의하여

$$(-i)^i = e^{i \log(-i)} = e^{i[\text{Log}|-i| + (2n\pi - \pi/2)i]} = e^{-(2n\pi - \frac{\pi}{2})}$$

이고 주치는 $(-i)^i = e^{\frac{\pi}{2}}$ 이다.

(4) $(-1)^{2i}$ 의 주치는 $e^{2i \text{Log}(-1)} = e^{2i(i\pi)} = e^{-2\pi}$ 이다. ∎

오일러는 1746년에 i^i의 무한히 많은 값이 신기하게도 모두 실수이고, 그중 하나는 $i^i = e^{-\pi/2}$이라는 것을 증명하였다.

삼각함수와 쌍곡선 함수의 역함수를 log함수로 나타낼 수 있음을 설명하기로 하자. 우선 $\sin e$ 함수와 $\sin^{-1}$(arc sin이라고 읽는다)를 정의하자.

정의 3.4.3 $z = \sin w$, 즉 $z = \dfrac{e^{iw} - e^{-iw}}{2i}$ 일 때 $w = \sin^{-1} z$ 라고 정의한다.

정리 3.4.4 역삼각함수에 관한 다음 공식이 성립한다.

(1) $\sin^{-1} z = -i \log[iz + (1 - z^2)^{1/2}]$,

(2) $\cos^{-1} z = -i \log[z + i(1 - z^2)^{1/2}]$,

(3) $\tan^{-1} z = \dfrac{i}{2} \log \dfrac{i + z}{i - z}$.

증명 (1) $w = \sin^{-1} z$ 라고 두면 $\sin w = z$, 즉 $z = \dfrac{e^{iw} - e^{-iw}}{2i}$ 이다. 정리하면 $p = e^{iw}$에 관한 이차 방정식

$$(e^{iw})^2 - 2ize^{iw} - 1 = 0 \ \text{또는} \ p^2 - 2izp - 1 = 0$$

을 얻는다. $p = e^{iw}$에 관해서 풀면

$$p = zi + (1 - z^2)^{\frac{1}{2}} \ \text{또는} \ e^{iw} = iz + (1 - z^2)^{\frac{1}{2}}$$

를 얻는다. 여기서 $(1 - z^2)^{\frac{1}{2}}$은 2가 함수이다. 양변에 로그를 취하고 양변을 i로 나누면

$$w = -i \log[iz + (1-z^2)^{\frac{1}{2}}]$$

이다. $w = \sin^{-1} z$이므로

$$\sin^{-1} z = -i \log[iz + (1-z^2)^{\frac{1}{2}}]$$

이다. 이 함수는 무한 다가함수이지만, 제곱근의 분지와 로그함수의 분지를 지정하면 한값함수이고 해석적인 함수가 된다.

(2), (3) : 같은 방법으로 증명할 수 있다. ∎

이들 세 함수의 도함수는 위의 정리로부터 쉽게 얻을 수 있다.

공식 3.4.1

$$\frac{d}{dz}\sin^{-1}z = \frac{1}{(1-z^2)^{1/2}}, \quad \frac{d}{dz}\cos^{-1}z = \frac{-1}{(1-z^2)^{1/2}},$$

$$\frac{d}{dz}\tan^{-1}z = \frac{1}{1+z^2}$$

쌍곡선 함수의 역함수도 역삼각함수와 같은 방법으로 취급할 수 있다.

공식 3.4.2

$$\sinh^{-1}z = \log[z + (z^2+1)^{1/2}]$$
$$\cosh^{-1}z = \log[z + (z^2-1)^{1/2}]$$
$$\tanh^{-1}z = \frac{1}{2}\log\frac{1+z}{1-z}$$

이 식들을 미분하면 다음 미분 공식을 얻는다.

$$\frac{d}{dz}\sinh^{-1}z = \frac{1}{\sqrt{1+z^2}}, \quad \frac{d}{dz}\cosh^{-1}z = \frac{1}{\sqrt{z^2-1}}$$

$$\frac{d}{dz}\tanh^{-1}z = \frac{1}{1-z^2}$$

보기 3.4.5 $\sin^{-1}i$의 값을 구하여라.

풀이
$$\sin^{-1}i = -i\log[(i)^2 + (1-i^2)^{\frac{1}{2}}] = -i\log(-1 + 2^{\frac{1}{2}})$$
$$= -i[\text{Log}|-1 \pm \sqrt{2}| + i\arg(-1 \pm \sqrt{2})]$$
$$= \arg(-1 \pm \sqrt{2}) - i\text{Log}|-1 \pm \sqrt{2}|$$
$$= n\pi - i\text{Log}|-1 \pm \sqrt{2}| \quad (n은 정수)$$

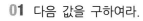

01 다음 값을 구하여라.

(1) $(1+i)^i$ (2) $(-1)^{\sqrt{2}}$

(3) $i^{2/\pi}$ (4) $(-1)^{3/4}$

02 다음 복소수 지수의 주치를 구하여라.

(1) 4^i (2) $(1+i)^{\pi i}$

(3) $(-1)^{1/\pi}$ (4) $[\frac{e}{2}(-1-i\sqrt{3})]^{3\pi i}$

03 α가 실수일 때 z^α의 주분지는 다음과 같이 주어짐을 보이고 $\dfrac{d}{dz}z^\alpha$를 구하여라.

$$z^\alpha = r^\alpha \cos\alpha\theta + ir^\alpha \sin\alpha\theta, \ -\pi < \theta \leq \pi$$

04 a가 상수일 때 $\dfrac{d}{dz}a^z = a^z \log a$임을 보여라.

05 다음 방정식의 모든 해를 구하여라.

(1) $\sin w = \sqrt{2}$ (2) $\tan w = 2i$

(3) $\cos w = \dfrac{5}{3}$ (4) $\tanh w = 0$

(5) $\sinh w = i$ (6) $\cosh w = i$

(7) $\tanh w = (1+2i)$

06 $\sin z = 2$를 두 가지 방법으로 풀어라.

(1) 양변의 실수 부분과 허수 부분을 같다고 놓음으로써

(2) 정리 3.4.4의 (1)을 이용하여

07 $\sin^{-1}z + \cos^{-1}z = \dfrac{\pi}{2} + 2\pi n$($n$은 정수)임을 보여라.

08 정리 3.4.4의 (2), (3)을 보여라.

09 공식 3.4.1과 공식 3.4.2를 보여라.

10 다음 함수의 도함수를 구하여라.

(1) $[\sin^{-1}(2z-1)]^2$ (2) $\tan^{-1}(z+3i)^{-\frac{1}{2}}$

(3) $\cos^{-1}(\log z)$ (4) $z^{\log z}$

11 $z^{2/3}$의 주분지를 구하여라.

12 복소수 $z \neq 0$, α와 β에 대해서 $z^{\alpha\beta}$의 모든 값은 $(z^\alpha)^\beta$임을 밝혀라. 어느 경우에 이 역이 참인가?

13 $z \neq 0$이고 무리수 α에 대하여 $-\pi < \theta_0 < \pi$이고 $\epsilon > 0$에 대해서 $\theta_0 < \text{Arg}\, z^\alpha < \theta_0 + \epsilon$임을 보여라.

14 다음을 실수 부분과 허수 부분으로 나누어라.

(1) x^x (x는 실수, $x \neq 0$)   (2) $(iy)^{iy}$ (y는 실수, $y \neq 0$)

(3) z^z ($z \neq 0$)

15 0이 아닌 임의의 복소수 a에 대하여 a^z는 그 로그에 대한 선택된 분지에 따라 상수 또는 유계함수가 아님을 보여라.

16 다음 다가함수에 대한 원 $|z| = r$의 상을 논하여라.

(1) $w = z^{1/n}$ (n는 자연수)   (2) $w = z^{2/3}$

복소 적분

이 장에서는 연속인 복소함수 $f(z)$를 복소평면의 곡선에 따라 적분하는 법을 설명하고, 복소적분의 가장 중요한 정리인 그린의 정리와 코시의 적분정리에 관한 성질과 응용을 살펴보고자 한다.

제4.1절 곡선과 복소적분

유계인 닫힌 구간 $[a,b]$에서 복소평면 $\mathbb{C}$로의 연속함수 $\gamma : [a,b]$를 **연속곡선(continuous curve)**이라 한다. 이것을 $\gamma(t) = x(t) + iy(t)\,(a \leq t \leq b)$로 나타낼 수 있다. $[a,b]$가 컴팩트 집합이고 연결집합이므로 $\gamma([a,b])$도 컴팩트 집합이고 연결집합이다.

편의상 곡선 γ를 $z(t) = x(t) + iy(t), a \leq t \leq b$로 표시하고, 곡선 C라고 부르기로 한다. $z(a) = z(b)$, 즉 **시작점(initial point)**과 **끝점(terminal point)**이 일치하면 C를 **닫힌 곡선(또는 폐곡선, closed curve)**이라 한다. 만일 $t_1 \neq t_2$인 t_1, t_2에 대하여 $z(t_1) \neq z(t_2)$이면 곡선 C를 **단순 곡선(simple curve)**이라 한다. 구간 $a \leq t \leq b$에서 $z(a) = z(b)$를 제외하고는 $t_1 \neq t_2$인 t_1, t_2에 대하여 $z(t_1) \neq z(t_2)$인 곡선을 **단순 닫힌 곡선(또는 단순폐곡선, simple closed curve)** 또는 **조르당 곡선(Jordan curve)**이라 한다.

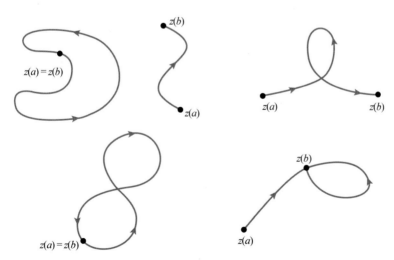

그림 4.1 단순 닫힌 곡선 ; 닫힌 곡선은 아님; 단순도 닫힌 곡선도 아님 ; 닫힌 곡선, 단순은 아님 ; 단순도 닫힌 곡선도 아님

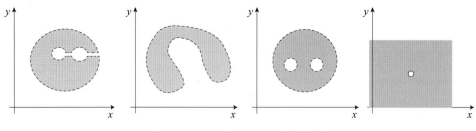

그림 4.2 단일연결 영역과 다중연결 영역

정의 4.1.1 영역 D 안에 있는 각 단순 닫힌 곡선의 내부에 D 안의 점들만이 포함되는 경우, D는 **단일연결 영역**(simply connected domain)이라 한다. 직관적으로 말하면 그 내부에 "구멍"이 없는 영역을 의미한다. 단일연결 영역이 아닌 영역을 **다중연결 영역**(multiply connected domain)이라 한다.

한 영역의 경계 C를 양의 방향으로 진행하는 것은 영역을 항상 왼쪽에 두고 진행하는 것을 의미한다. 특별한 언급이 없으면 양의 방향을 의미하는 것으로 한다.

보기 4.1.2 다음 세 곡선 C_1, C_2, C_3에 대하여 C_1은 단위원을 양의 방향으로 1회전, C_2는 단위원을 음의 방향으로 1회전, C_3는 단위원을 양의 방향으로 2회전하는 것이다.
$$C_1 : z_1(t) = e^{it} = \cos t + i \sin t \ (0 \leq t \leq 2\pi),$$
$$C_2 : z_2(t) = e^{-it} = \cos t - i \sin t \ (0 \leq t \leq 2\pi),$$
$$C_3 : z_3(t) = e^{2it} = \cos 2t + i \sin 2t \ (0 \leq t \leq 2\pi) \ \blacksquare$$

정의 4.1.3 곡선 $C : z(t) = x(t) + iy(t), a \leq t \leq b$에 대하여 $z'(t) = x'(t) + iy'(t)$가 $a \leq t \leq b$에서 존재하고 연속이면 C를 **매끄러운 곡선**(smooth curve)이라 한다.

점 t에서 $x'(t) = 0$이면 벡터 $z'(t) = iy'(t)$는 수직방향이고, $x'(t) \neq 0$이면 벡터 $z'(t)$의 기울기는 $y'(t)/x'(t)$이다. 이것은 곡선 C의 t에 대응하는 점에서 접선의 기울기 dy/dx와 같다. 따라서 접선의 경사각은 $\arg z'(t)$로 주어진다. 더욱이 $z'(t)$가 구간 $a \leq t \leq b$에서 연속이므로 매끄러운 곡선은 연속적으로 변화하는 접선을 갖는다.

실함수 $|z'(t)| = \sqrt{[x'(t)]^2 + [y'(t)]^2}$은 구간 $[a,b]$에서 적분가능하므로 매끄러운 곡선 C의 길이를 공식

복소해석학

$$L = \int_a^b |z'(t)|dt = \int_a^b \sqrt{(\frac{dx}{dt})^2 + (\frac{dy}{dt})^2}\, dt$$

로 나타낼 수 있다.

정의 4.1.4 시작점과 끝점을 연결하는 유한개의 매끄러운 곡선으로 이루어진 곡선을 **조각적 매끄러운 곡선(piecewise smooth curve)**이라 한다. 즉, $z(t)$는 연속이고 $z'(t)$는 조각적 연속인 경우를 한다.

다음 정리의 증명은 생략하기로 한다.

정리 4.1.5 (조르당의 곡선 정리) 단순 닫힌 곡선 C는 복소평면을 유계인 내부와 유계가 아닌 외부의 두 영역으로 나눈다.

정의 4.1.6 복소함수 $F(t) = F_1(t) + iF_2(t)$가 구간 $a \le t \le b$에서 연속일 때 $F(t)$의 정적분을 다음과 같이 정의한다.

$$\int_a^b F(t)dt = \int_a^b F_1(t)dt + i\int_a^b F_2(t)dt \tag{4.1}$$

식 (4.1)에서 다음 관계식을 얻을 수 있다.

$$\mathrm{Re}\int_a^b F(t)dt = \int_a^b F_1(t)dt = \int_a^b \mathrm{Re}\, F(t)dt$$

$$\mathrm{Im}\int_a^b F(t)dt = \int_a^b F_2(t)dt = \int_a^b \mathrm{Im}\, F(t)dt$$

정리 4.1.7 $f(t) = u(t) + iv(t), \lambda = \alpha + i\beta \;(\alpha,\beta \in \mathbb{R})$이고 u,v가 $[a,b]$에서 연속일 때

$$\int_a^b \lambda f(t)dt = \lambda \int_a^b f(t)dt.$$

증명

$$\int_a^b \lambda f(t)dt = \int_a^b (\alpha + i\beta)(u + iv)dt = \int_a^b (\alpha u - \beta v)dt + i\int_a^b (\alpha v + \beta u)dt$$

$$= \alpha \int_a^b u\,dt - \beta \int_a^b v\,dt + i\alpha \int_a^b v\,dt + i\beta \int_a^b u\,dt$$

$$= (\alpha + i\beta)(\int_a^b u\,dt + i\int_a^b v\,dt) = \lambda \int_a^b f(t)dt \quad \blacksquare$$

보기 4.1.8 만일 $C = \{(a\cos t, b\sin t) : t \in [0, 2\pi]\}$이면 C는 $ab \neq 0$일 때 타원이 된다.

정리 4.1.9 $a \leq b$일 때 복소함수 $F(t)$에 대하여

$$\left| \int_a^b F(t)dt \right| \leq \int_a^b |F(t)|dt$$

증명 $\int_a^b F(t)dt = Re^{i\alpha}\,(R \geq 0, -\pi < \alpha \leq \pi)$로 두면 위의 정리에 의하여

$$\begin{aligned}
\left| \int_a^b F(t)dt \right| &= R = e^{-i\alpha} \int_a^b F(t)dt = \operatorname{Re} \int_a^b e^{-i\alpha} F(t)dt \\
&= \int_a^b \operatorname{Re}[e^{-i\alpha} F(t)]dt \leq \int_a^b |e^{-i\alpha} F(t)|dt \\
&= \int_a^b |F(t)|dt \ \blacksquare
\end{aligned}$$

정의 4.1.10 복소함수 $f(z)$가 매끄러운 곡선 $C : z(t) = x(t) + iy(t),\ a \leq t \leq b$ 위에서 연속일 때 곡선 C 위에서 $f(z)$의 **선적분(line integral)**을 다음과 같이 정의한다.

$$\int_C f(z)dz = \int_a^b f[z(t)]z'(t)dt$$

일반적으로 이 적분값은 함수 $f(z)$와 곡선 C에 따라 결정된다. 즉, C의 시작점과 끝점에 의해서만 결정되지는 않는다. 특히 C가 닫힌 곡선일 때 선적분 $\int_C f(z)dz$를 $\oint_C f(z)dz$로 나타낸다.

정의 4.1.11 임의의 $t \in [a_k, b_k]\,(k = 1, 2)$에 대하여

$$z_k(t) = (x_k(t), y_k(t)) = x_k(t) + iy_k(t)$$

가 곡선 C의 매개변수 표시라 하자. $z_1(t)$와 $z_2(t)$는 다음 조건을 만족할 때 **동치인 매개변수 표현(equivalent parametrization)**이라 한다.

$[a_2, b_2]$에서 $[a_1, b_1]$ 위로의 순증가함수 $h : [a_2, b_2] \to [a_1, b_1]$가 존재해서 h'는 $[a_2, b_2]$에서 연속이고, 임의의 $t \in [a_2, b_2]$에 대하여 $z_2(t) = z_1(h(t))$이다.

정리 4.1.12 선적분 $\displaystyle\int_C f(z)dz$는 (동치인 매개변수 표현이 사용되는 한) 곡선 C의 매개변수 표현과 무관하다.

증명 $z_1(t)$과 $z_2(t)$는 각각 정의역 $[a_1,b_1], [a_2,b_2]$를 갖는 C의 동치인 매개변수표현이라 하자. 임의의 $\tau\in[a_2,b_2]$에 대하여 $z_2(\tau)=z_1(h(\tau))$가 되도록 $h:[a_2,b_2]\to[a_1,b_1]$를 순증가함수이고 위로의 함수라 하자. 함수 h를

$$t = h(\tau) \quad (\tau\in[a_2,b_2]) \tag{4.2}$$

로 표현해도 좋다. 이때 임의의 $\tau\in[a_2,b_2]$에 대하여

$$z_2{}'(\tau) = z_1{}'(h(\tau))h'(\tau) \tag{4.3}$$

이다. 지금 식 (4.2)과 (4.3)에 의해

$$\int_{a_1}^{b_1} f(z_1(t))z_1{}'(t)dt = \int_{a_2}^{b_2} f(z_1(h(\tau)))z_1{}'(h(\tau))h'(\tau)d\tau = \int_{a_2}^{b_2} f(z_2(\tau))z_2{}'(\tau)d\tau.$$

따라서 $z_1(t)$ 또는 $z_2(t)$는 C의 매개변수표현으로 사용될 때 $\displaystyle\int_C f(z)dz$는 같은 값을 갖는다. ■

정리 4.1.13

$$\left|\int_C f(z)dz\right| \le \int_a^b |f(z(t))||z'(t)|dt$$

증명 위의 정의와 정리 4.1.9에 의하여

$$\left|\int_C f(z)dz\right| = \left|\int_a^b f(z(t))z'(t)dt\right| \le \int_a^b |f(z(t))||z'(t)|dt ~■$$

보기 4.1.14 $C: z(t) = t+it \ (0 \le t \le 1)$일 때 $\displaystyle\int_C |z|^2 dz$의 값을 구하여라.

풀이 $\displaystyle\int_C |z|^2 dz = \int_0^1 |t+it|^2(1+i)dt = (1+i)\int_0^1 2t^2 dt = \frac{2}{3}(1+i)$

보기 4.1.15 $C: z(t) = e^{it} \ (0 \le t \le \pi)$일 때 $\displaystyle\int_C \bar{z}dz$의 값을 구하여라.

풀이 $\displaystyle\int_C \bar{z}dz = \int_0^\pi e^{-it}ie^{it}dt = \pi i$ ■

정의 4.1.16 곡선 C가 유한개의 매끄러운 곡선들 C_i의 합

$$C = C_1 + C_2 + \cdots + C_n$$

으로 표시되고 $f(z)$가 곡선 C에서 연속함수이면

$$\int_C f(z)dz = \int_{C_1 + C_2 + \cdots + C_n} f(z)dz = \sum_{k=1}^{n} \int_{C_k} f(z)dz$$

로 정의한다.

보기 4.1.17 $C_1 : z(t) = 2t \, (0 \leq t \leq 1)$, $C_2 : z(t) = 2 + i(t-1) \, (1 \leq t \leq 2)$, $C = C_1 + C_2$ 라 하면 적분값 $\int_C zdz$를 구하여라.

풀이

$$\int_C zdz = \int_{C_1} zdz + \int_{C_2} zdz = \int_0^1 2t(2dt) + \int_1^2 [2 + i(t-1)](idt) = \frac{3}{2} + 2i \; \blacksquare$$

곡선 $C : z(t) = x(t) + iy(t) \, (a \leq t \leq b)$의 **길이** L(**length**)은

$$L = \int_a^b |z'(t)|dt = \int_a^b \sqrt{(\frac{dx}{dt})^2 + (\frac{dy}{dt})^2} \, dt = \int_C |dz|$$

로 주어진다.

정리 4.1.18 함수 $f(z)$가 길이 L을 갖는 한 매끄러운 곡선 C 위에서 연속이고, C 위의 모든 점 z에서 $|f(z)| \leq M$이면 다음 부등식이 성립한다.

$$\left| \int_C f(z)dz \right| \leq \int_C |f(z)||dz| \leq M \int_C |dz| = ML$$

증명 곡선 $C : z(t) = x(t) + iy(t)$, $a \leq t \leq b$일 때 위의 정리에 의하여

$$\left| \int_C f(z)dz \right| = \left| \int_a^b f[z(t)]z'(t)dt \right| \leq \int_a^b |f[z(t)]||z'(t)|dt$$

$$= \int_C |f(z)||dz| \leq M \int_C |dz| = ML \; \blacksquare$$

보기 4.1.19 곡선 C는 두 점 $(0,1),(1,0)$을 잇는 선분이라 할 때 $\int_C (e^x + y)ds$를 구하여라.

풀이 $(0,1),(1,0)$을 잇는 직선의 방정식은 $y = 1 - x$이므로

$$ds = \sqrt{1 + (\frac{dy}{dx})^2}\,dx = \sqrt{1+1}\,dx = \sqrt{2}\,dx$$

이다. 따라서

$$\int_C (e^x + y)ds = \int_0^1 (e^x + 1 - x)\sqrt{2}\,dx$$

$$= \sqrt{2}[e^x + x - \frac{1}{2}x^2]_0^1 = \sqrt{2}(e - \frac{1}{2}) \quad \blacksquare$$

곡선 C가 $z(t) = x(t) + iy(t),\, a \leq t \leq b$에 대하여

$$-C : z(-t) = x(-t) + iy(-t) \ (-b \leq t \leq -a)$$

또는

$$-C : z(b+a-t) \ (a \leq t \leq b)$$

는 C와 같은 곡선이지만 방향이 반대인 곡선이다.

정리 4.1.20 $\int_{-C} f(z)dz = -\int_C f(z)dz$

증명 $\int_{-C} f(z)dz = \int_{-b}^{-a} f[z(-t)]z'(-t)(-1)dt$이므로 $-t = s$라 두면

$$\int_{-C} f(z)dz = \int_b^a f[z(s)]z'(s)ds = -\int_a^b f[z(s)]z'(s)ds = -\int_C f(z)dz \quad \blacksquare$$

보기 4.1.21 곡선 C가 $z(t) = e^{it} = \cos t + i\sin t, 0 \leq t \leq \pi/2$로 주어질 때 $\int_C e^z dz$의 값을 구하여라.

풀이 $e^{\pi i/2} = i$이므로

$$\int_C e^z dz = \int_0^{\frac{\pi}{2}} e^{e^{it}} ie^{it}dt = [e^{e^{it}}]_0^{\frac{\pi}{2}} = e^{e^{\frac{\pi}{2}i}} - e = e^i - e \quad \blacksquare$$

보기 4.1.22 C가 중심이 a이고 반지름 r인 원 $z(t) = re^{it} + a$ $(0 \le t \le 2\pi)$일 때 다음 식을 보여라(2000년 임용고시).

(1) $\oint_C \dfrac{1}{z-a} dz = 2\pi i$

(2) $\oint_C (z-a)^n dz = 0$ (n은 $n \ne -1$인 정수)

증명 (1) $\oint_C \dfrac{1}{z-a} dz = \displaystyle\int_0^{2\pi} \dfrac{1}{re^{it}} ire^{it} dt = i \int_0^{2\pi} dt = 2\pi i$.

(2) $\oint_C (z-a)^n dz = \displaystyle\int_0^{2\pi} (re^{it})^n ire^{it} dt = ir^{n+1} \int_0^{2\pi} e^{(n+1)it} dt$

$$= ir^{n+1} \Big[\dfrac{1}{i(n+1)} e^{(n+1)it} \Big]_0^{2\pi} = 0. \ \blacksquare$$

보기 4.1.23 C가 $z(t) = 2e^{it}$ $(-\pi \le t \le \pi)$일 때 다음 부등식을 보여라.

$$\left| \oint_C \dfrac{1}{z^2 + 12} dz \right| \le \dfrac{\pi}{2}$$

증명 위의 정리와 삼각부등식에 의하여

$$\left| \oint_C \dfrac{dz}{z^2+12} \right| \le \oint_C \dfrac{|dz|}{|z^2+12|} \le \oint_C \dfrac{|dz|}{12 - |z|^2}$$

$$\le \dfrac{1}{8} \oint_C |dz| = \dfrac{1}{8} \cdot 4\pi = \dfrac{1}{2}\pi. \ \blacksquare$$

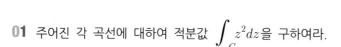

01 주어진 각 곡선에 대하여 적분값 $\displaystyle\int_C z^2 dz$을 구하여라.

   (1) $C: |z| = 1$ (2) $C: |z - 1| = 1$

   (3) C는 점 $z = 0$에서 $z = 2 + i$까지 가는 선분

02 곡선 C가 $z(t) = e^{it}\ (0 \le t \le \pi)$일 때 다음을 보여라.

$$\left| \int_C \frac{e^z}{z} dz \right| \le \pi e$$

03 곡선 C가 $z = re^{it}\ (0 \le \theta \le 2\pi)$이고 n은 정수일 때 다음 적분값을 구하여라.

$$I = \oint_C z^n dz$$

04 곡선 $C: z(t) = e^{it}$, $0 \le t \le 2\pi$에 대하여 다음 적분값을 구하여라.

   (1) $\displaystyle\oint_C \frac{dz}{z}$ (2) $\displaystyle\oint_C \frac{dz}{|z|}$

   (3) $\displaystyle\oint_C \frac{|dz|}{z}$ (4) $\displaystyle\oint_C \left| \frac{dz}{z} \right|$

   (5) $\displaystyle\oint_C |z - 1|\,|dz|$

05 곡선 C는 꼭짓점 $\pm 1 \pm i$를 갖는 정사각형의 경계일 때 다음 적분값을 구하여라.

   (1) $\displaystyle\oint_C (1/z) dz$ (2) $\displaystyle\oint_C |z|^2 dz$

06 다음 부등식을 보여라.

   (1) $\displaystyle\left| \oint_{|z|=1} \frac{dz}{3 + 5z^2} \right| \le \pi$ (2) $\displaystyle\left| \oint_{|z|=1} \frac{2z + 1}{5 + z^2} dz \right| \le \frac{3\pi}{2}$

   (3) $\displaystyle\left| \oint_{|z|=1} \frac{\sin z}{z^2} dz \right| \le 2\pi e$

07 곡선 C가 원 $|z| = a$(단 $|b| < a$)일 때 적분을 계산하지 않고

$$\left| \oint_C \frac{dz}{z^2 + b^2} \right| \le \frac{2\pi a}{a^2 - |b|^2}$$

임을 보여라(귀띔 : $|z^2 + b^2| = |z^2 - (-b^2)| \ge ||z|^2 - |b|^2|$).

제4.2절 그린의 정리와 코시의 적분정리

미적분학에서

$$\int_C [P(x,y)dx + Q(x,y)dy]$$

형태의 적분을 **실선적분(real line integral)**이라 한다. 복소적분 $\int_C f(z)dz$가 두 개의 실선적분에 의해서 표시됨을 설명하기로 한다. 앞으로 곡선이라 하면 조각적 매끄러운 곡선을 의미하는 것으로 한다.

함수 $f(z) = u(x,y) + iv(x,y)$가 적분 경로인 곡선 $C: z(t) = x(t) + iy(t)\ (a \le t \le b)$ 위에서 연속함수이면

$$\begin{aligned}\int_C f(z)dz &= \int_a^b f[z(t)]z'(t)dt \\ &= \int_a^b \{u[z(t)] + iv[z(t)]\}\{x'(t) + iy'(t)\}\mathrm{dt}\end{aligned}$$

이고, $u = u[z(t)], v = v[z(t)]$로 표시하면 위 식은

$$\begin{aligned}\int_C f(z)dz &= \int_a^b (ux' - vy')dt + i\int_a^b (uy' + vx')dt \\ &= \int_C (udx - vdy) + i\int_C (udy + vdx)\end{aligned}$$

가 된다. 즉, 복소적분 $\int_C f(z)dz$는 두 개의 실선적분으로 표현할 수 있다.

다음 그린(Green)의 정리는 어떤 영역에서 이중 적분을 그 영역의 경계선 위의 선적분으로 바꾸어 계산할 수 있음을 보여 주고 있다.

정리 4.2.1 (그린의 정리) 유계이고 닫힌 영역 R의 경계선 C가 유한개의 매끄러운 곡선들의 합으로 이루어져 있고, 함수 f,g가 R을 포함하는 어떤 영역에서 연속이고 연속인 편도함수 $\dfrac{\partial f}{\partial y}, \dfrac{\partial g}{\partial x}$를 가지면 다음 식이 성립한다.

$$\iint_R (\frac{\partial g}{\partial x} - \frac{\partial f}{\partial y})dxdy = \oint_C (fdx + gdy)$$

증명 영역 R이 그림 4.3과 같이

$$a \le x \le b,\ u(x) \le y \le v(x)$$
$$c \le y \le d,\ p(y) \le x \le q(y) \tag{4.4}$$

로 표시된 경우를 증명하려고 한다.

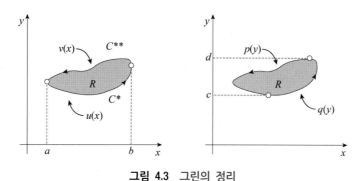

그림 4.3 그린의 정리

반복적분을 이용하면

$$\iint_R \frac{\partial f}{\partial y}dxdy = \int_a^b \left[\int_{u(x)}^{v(x)} \frac{\partial f}{\partial y}dy\right]dx$$

$$(4.5)$$

이다. 괄호안을 계산하면

$$\int_{u(x)}^{v(x)} \frac{\partial f}{\partial y}dy = f(x,y)\big|_{u(x)}^{v(x)} = f[x,v(x)] - f[x,u(x)]$$

이다. 이것을 식 (4.5)에 대입하면

$$\iint_R \frac{\partial f}{\partial y}dxdy = \int_a^b f[x,v(x)]dx - \int_a^b f[x,u(x)]dx$$

$$= -\int_a^b f[x,u(x)]dx - \int_b^a f[x,v(x)]dx$$

이다. 곡선 C^*, C^{**}가 $C^*: y=u(x)$, $C^{**}: y=v(x)\,(a \le x \le b)$로 나타내면

$$\iint_R \frac{\partial f}{\partial y}dxdy = -\int_{C^*}f(x,y)dx - \int_{C^{**}}f(x,y)dx = -\oint_C f(x,y)dx$$

이다. 같은 방법으로

$$\iint_R \frac{\partial g}{\partial x}dxdy = \int_c^d\left[\int_{p(y)}^{q(y)} \frac{\partial g}{\partial x}dx\right]dy = \oint_C g(x,y)dy$$

을 얻을 수 있다. 위의 두 식을 더하면 정리는 증명된다. 그러나 이 증명은 영역이 특수한 경우이다.

　일반적인 영역에 대하여는 위 그림과 같이 특수한 영역으로 분해하여 증명할 수 있다. ■

보기 4.2.2 C가 꼭짓점 $(1,0),(1,-1),(2,-1),(2,0)$을 갖는 정사각형 R의 경계일 때 다음 적분값을 구하여라.

$$\oint_C x^2 y dx + (2x+1)y^2 dy$$

풀이 그린의 정리를 적용하면

$$\oint_C x^2 y dx + (2x+1)y^2 dy = \int_{-1}^0 \int_1^2 (2y^2 - x^2)dxdy = -\frac{5}{3} \quad \blacksquare$$

보기 4.2.3 단순 닫힌 곡선 C로 둘러싸인 영역 D의 면적 A는 다음과 같이 주어짐을 보여라.

$$A = \frac{1}{2}\oint_C (xdy - ydx)$$

증명 그린의 정리를 적용하면

$$\oint_C (xdy - ydx) = \iint_D \left(\frac{\partial x}{\partial x} - \frac{\partial(-y)}{\partial y} \right)dxdy = \iint_D 2dxdy = 2A$$

이다. 따라서 $A = \iint_D dxdy = \frac{1}{2}\int_C (xdy - ydx)$이다. $\blacksquare$

정리 4.2.4 (코시의 정리 I) 함수 $f(z)$가 단일연결 영역 D 안에서 해석적이고 $f'(z)$가 D에서 연속이라 하자. 만약 C가 D 안의 닫힌 곡선이면 다음 식이 성립한다.

$$\oint_C f(z)dz = 0$$

증명 $f(z) = u(x,y) + iv(x,y)$라 하면 $f(z)$가 단일연결 영역 D 안에서 해석적이므로 제2장 정리 2.4.1에 의하여

$$f'(z) = u_x + iv_x = v_y - iu_y$$

이고 $f'(z)$는 연속함수이므로 u_x, u_y, v_x, v_y도 연속이다. C를 단순 닫힌 곡선이라 하고 그린의 정리를 적용하면

$$\oint_C f(z)dz = \oint_C (udx - vdy) + i\oint_C (vdx + udy)$$

$$= \iint_R (-v_x - u_y)dxdy + \iint_R (u_x - v_y)dxdy$$

이 된다. 여기서 R은 C에 의해서 둘러싸인 영역을 나타낸다. f가 해석적이므로 코시-리만 방정식 $u_x = v_y$, $v_x = -u_y$가 성립한다. 따라서 $\oint_C f(z)dz = 0$이다. ∎

C가 일반적인 닫힌 곡선인 경우에는 C를 단순 닫힌 곡선들의 합으로 나타내어 위의 결과를 이용하면 된다.

예를 들어, 임의의 닫힌 곡선 C에 대하여 $\int_C e^{z^2}dz = 0$이다. 그 이유는 $f(x) = e^{z^2}$는 모든 점에서 해석적이고 그 도함수 $f'(z) = 2ze^{z^2}$은 모든 점에서 연속이므로 위 코시의 정리에 적용하면 닫힌 곡선 C 위에서 f의 적분값은 0이기 때문이다.

코시가 19세기 초에 증명한 위 정리는 $f'(z)$의 연속성을 필요로 하였으나 구르사 (**Goursat**, 1858-1936)는 $f'(z)$가 연속이라는 조건을 제거하였다. 이 절에서는 코시의 적분정리(**Cauchy-Goursat**의 정리)의 엄밀한 증명을 살펴보기로 한다.

정리 4.2.5 함수 $f(z)$가 삼각형 C와 그의 내부를 포함하는 한 영역 R에서 해석적이면 다음이 성립한다.

$$\oint_C f(z)dz = 0$$

증명 그림 4.4과 같이 $\triangle ABC$와 같은 임의의 삼각형을 $\triangle$로 간단하게 나타낸다. 삼각형의 세 변 AC, AB, BC의 중점을 각각 D, E, F이라 하고, 이들 중점을 이으면 합동이 되는 네 개의 삼각형 $\triangle_I, \triangle_{II}, \triangle_{III}, \triangle_{IV}$이 만들어진다. 적분에서 피적분 함수를 생략하고

$$\int_{ED} = -\int_{DE}, \quad \int_{FE} = -\int_{EF}, \quad \int_{DF} = -\int_{FD}$$

와 같이 삼각형 내부의 공통 변 위에서 적분은 반대 방향을 가지므로 이들 두 적분의 합은 0이 된다.

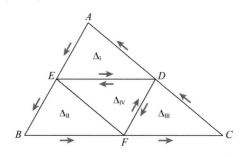

그림 4.4 삼각형과 코시의 적분정리

따라서 오른쪽 변에 피적분 함수를 생략하여 표현하면,

$$\oint_{\Delta} f(z)dz = \int_{ABCA} f(z)dz = \int_{DAE} + \int_{EBF} + \int_{FCD}$$
$$= (\int_{DAE} + \int_{ED}) + (\int_{EBF} + \int_{FE})$$
$$+ (\int_{FCD} + \int_{DF}) + (\int_{DE} + \int_{EF} + \int_{FD})$$
$$= \int_{DAED} + \int_{EBFE} + \int_{FCDF} + \int_{DEFD}$$
$$= \oint_{\Delta_{I}} f(z)dz + \oint_{\Delta_{II}} f(z)dz + \oint_{\Delta_{III}} f(z)dz + \oint_{\Delta_{IV}} f(z)dz$$

이 성립된다. 이 식에 삼각부등식을 적용하면

$$\left| \oint_{\Delta} f(z)dz \right| \leq \left| \oint_{\Delta_{I}} f(z)dz \right| + \left| \oint_{\Delta_{II}} f(z)dz \right|$$
$$+ \left| \oint_{\Delta_{III}} f(z)dz \right| + \left| \oint_{\Delta_{IV}} f(z)dz \right|$$

가 된다. Δ_{I}는 위 부등식 우변의 네 개의 적분값들 중 제일 큰 값을 가지게 되는 삼각형이라 하면

$$\left| \oint_{\Delta} f(z)dz \right| \leq 4 \left| \oint_{\Delta_{I}} f(z)dz \right|$$

를 얻는다. 삼각형 Δ_{I}의 세변의 중점을 다시 이어서 네 개의 합동인 삼각형으로 나누고, 위와 같은 과정을 적용하면

$$\left| \oint_{\Delta_{I}} f(z)dz \right| \leq 4 \left| \oint_{\Delta_{II}} f(z)dz \right|$$

이 되는 삼각형 Δ_{II}를 얻을 수 있다. 따라서

$$\left| \oint_{\Delta} f(z)dz \right| \leq 4^2 \left| \oint_{\Delta_{II}} f(z)dz \right|$$

이 성립한다. 이런 과정을 계속하면 삼각형들의 수열 Δ_{n}을 얻을 수 있고 각 삼각형 Δ_{n}에 대하여

$$\left| \oint_{\Delta} f(z)dz \right| \leq 4^n \left| \oint_{\Delta_{n}} f(z)dz \right| \tag{4.6}$$

가 성립한다. 모든 자연수 n에 대하여 $\Delta_{n+1} \subseteq \Delta_{n}$이므로 모든 삼각형들에 공통으로 속하는 한 점 z_0가 존재한다(Δ_{n}과 그 내부를 합한 것을 R_{n}이라 하면 $\cap_{n=1}^{\infty} R_{n} = \{z_0\}$이 되는 점 z_0가 유일하게 존재한다). 모든 자연수 n에 대하

여 z_0는 삼각형 Δ_n의 내부 또는 경계 위에 있게 된다. 즉, 함수 $f(z)$는 z_0에서 해석적이므로 임의로 주어진 $\epsilon > 0$에 대하여 적당한 $\delta > 0$가 존재해서

$$f'(z_0) = \frac{f(z) - f(z_0)}{z - z_0} - \eta(z) \tag{4.7}$$

로 쓸 수 있다. 단, $|z - z_0| < \delta$일 때 $|\eta(z)| < \epsilon$이 된다. 식 (4.7)로부터

$$f(z) = f(z_0) + f'(z_0)(z - z_0) + \eta(z)(z - z_0)$$

이므로

$$\oint_{\Delta_n} f(z)dz = \oint_{\Delta_n} [f(z_0) + f'(z_0)(z - z_0)]dz + \oint_{\Delta_n} \eta(z)(z - z_0)dz$$

이다. 우변의 첫 번째 피적분함수는 연속인 도함수를 가지므로 정리 4.2.4에 의하여 그 적분이 0이 된다. 따라서

$$\oint_{\Delta_n} f(z)dz = \oint_{\Delta_n} \eta(z)(z - z_0)dz$$

이다. Δ_n이 $N_\delta(z_0)$에 포함되도록 자연수 n을 충분히 크게 선택하면

$$\left| \oint_{\Delta_n} f(z)dz \right| = \left| \oint_{\Delta_n} \eta(z)(z - z_0)dz \right|$$
$$\leq \oint_{\Delta_n} |\eta(z)||z - z_0||dz| \leq \epsilon \oint_{\Delta_n} |z - z_0||dz|$$

이다. 만약 P가 삼각형 Δ의 둘레이면 삼각형 Δ_n의 둘레는 $P_n = P/2^n$이다. 만약 z는 삼각형 Δ_n 위의 임의의 점이면 $|z - z_0| < P/2^n < \delta$이므로

$$\left| \oint_{\Delta_n} f(z)dz \right| \leq \epsilon \frac{P}{2^n} \frac{P}{2^n} = \epsilon \frac{P^2}{4^n}$$

이다. 따라서 식 (4.6)에 의하여

$$\left| \oint_{\Delta} f(z)dz \right| \leq 4^n \cdot \frac{\epsilon P^2}{4^n} = \epsilon P^2$$

을 얻는다. ϵ을 임의로 작게 취할 수 있으므로 $|\oint_{\Delta} f(z)dz| = 0$이다. 따라서 $\oint_{\Delta} f(z)dz = 0$이다. ∎

사각형은 두 개의 삼각형, 오각형은 세 개의 삼각형으로 분할되듯이 n각형은 $(n-2)$개의 삼각형으로 분할되고, 공통 변 위에서 반대 방향의 복소적분은 서로 상쇄되므로

위의 정리는 일반적으로 다각형에 대해서도 성립함을 알 수 있다.

정리 4.2.6 함수 $f(z)$가 다각형 C와 그 내부를 포함하는 한 영역 R에서 해석적이면

$$\oint_C f(z)dz = 0$$ 이다.

다음 코시-구르사의 적분정리를 증명없이 사용하기로 한다. 이 증명은 단순 닫힌 매끄러운 곡선 위에서 연속함수의 적분은 단순 다각형 위에서 적분값으로 근사화할 수 있다는 성질에서 나온다(Osborne, 1999).

정리 4.2.7 (**코시-구르사의 적분정리**) 함수 $f(z)$가 단일연결 영역 D에서 해석적이고, C를 D 안의 닫힌 곡선이라 하면 다음 식이 성립한다.

$$\oint_C f(z)dz = 0$$

주의 4.2.8 코시-구르사의 적분정리의 역은 반드시 성립하지는 않는다. 예를 들어, $z = 0$을 내점으로 갖는 모든 단순 닫힌 곡선 $C\colon z = \epsilon e^{i\theta}$에 대하여

$$\oint_C \frac{1}{z^2}dz = \oint_{|z|=\epsilon} \frac{1}{z^2}dz = \int_0^{2\pi} \frac{i\epsilon e^{i\theta}}{\epsilon^2 e^{2i\theta}}d\theta = \frac{i}{\epsilon}\int_0^{2\pi} e^{-i\theta}d\theta = 0$$

이지만, $f(z) = 1/z^2$는 $z = 0$에서 해석적이 아니다.

영역 D가 다중연결 영역인 경우에도 위의 정리가 성립함을 보이고자 한다.

정리 4.2.9 $f(z)$가 다중연결 영역 D와 그 경계 C 위에서 해석적이면,

$$\oint_C f(z)dz = 0$$

이다. 단 C는 양의 방향으로 회전한다.

증명 우선 이중연결 영역에 대하여 증명한다. 그림 4.5와 같이 C_1과 C_2를 선분 C_0 (**횡단선, cross cut**)로 연결하면 곡선 $C_1 + C_0 + C_2 - C_0$에 의해서 둘러싸인 영역은 단일연결 영역이다.

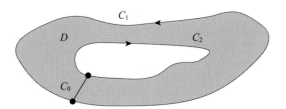

그림 4.5 다중연결 영역과 코시의 적분정리

정리 4.2.7에 의하여

$$\oint_{C_1 + C_0 + C_2 - C_0} f(z)dz = 0$$

즉, $\displaystyle\int_{C_1} f(z)dz + \int_{C_0} f(z)dz + \int_{C_2} f(z)dz + \int_{-C_0} f(z)dz = 0$

이다. 그런데 $\displaystyle\int_{-C_0} f(z)dz = -\int_{C_0} f(z)dz$ 이므로

$$\int_{C_1} f(z)dz + \int_{C_2} f(z)dz = 0 \quad 즉, \quad \int_{C_1} f(z)dz = \int_{-C_2} f(z)dz$$

이다. 따라서 $\displaystyle\int_{C} f(z)dz = 0$ 이다.

영역 D가 $(n+1)$ 중 연결 영역인 경우에는 그림 4.6과 같이 n개의 선분들로 연결하고 위와 같은 방법을 써서

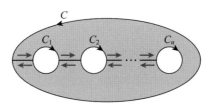

그림 4.6 다중연결 영역

$$\oint_{C + C_1 + C_2 + \cdots + C_n} f(z)dz = 0$$

을 얻는다. ∎

위의 정리로부터 다음을 얻을 수 있다.

$$\int_{C} f(z)dz = \int_{-C_1} f(z)dz + \int_{-C_2} f(z)dz + \cdots + \int_{-C_n} f(z)dz$$

보기 4.2.10 다음을 보여라.

(1) 모든 닫힌 곡선 C에 대하여 $\displaystyle\oint_C e^z dz = 0$이다.

(2) 곡선 C는 영역 $D : 1 \le |z| \le 3$의 경계일 때 $\displaystyle\oint_C \frac{1}{z^3(z^2+16)} dz = 0$이다.

증명 (1) $f(z) = e^z$는 복소평면 전체에서 해석적이므로 코시-구르사의 정리에 의하여 $\displaystyle\oint_C e^z dz = 0$이다.

(2) $f(z) = \dfrac{1}{z^3(z^2+16)}$는 $z = 0$과 $z = \pm 4i$를 제외한 모든 점에서 해석적이고 이 점들은 D의 경계곡선 C 외부에 있다. 따라서 코시-구르사의 정리에 의하여

$$\oint_C \frac{1}{z^3(z^2+16)} dz = 0$$

이다. ■

따름정리 4.2.11 C_1과 C_2는 양의 방향의 단순 닫힌 곡선이고 그림 4.7과 같이 C_2는 C_1의 안쪽에 포함된다고 하자. 함수 f가 이런 곡선 위와 그 사이의 모든 점으로 이루어진 닫힌 영역에서 해석적일 때 다음이 성립한다.

$$\oint_{C_1} f(z) dz = \oint_{C_2} f(z) dz$$

따름정리 4.2.12 함수 $f(z)$가 단일연결 영역 D에서 해석적이고 C_1과 C_2가 영역 D 안에서 같은 시작점과 끝점을 갖는 두 곡선일 때 다음이 성립한다.

$$\int_{C_1} f(z) dz = \int_{C_2} f(z) dz$$

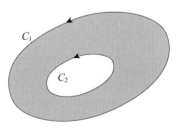

그림 4.7

증명 $C = C_1 - C_2$로 두면 C는 닫힌 곡선이므로 위 정리에 의하여

$$0 = \oint_C f(z)dz = \oint_{C_1 - C_2} f(z)dz$$

$$= \int_{C_1} f(z)dz + \int_{-C_2} f(z)dz = \int_{C_1} f(z)dz - \int_{C_2} f(z)dz \quad \blacksquare$$

주의 4.2.13 위의 정리는 적분값이 적분 경로에 무관하고 시작점과 끝점만에 의해서 결정된다는 점이다.

정리 4.2.14 함수 $f(z)$가 단일연결 영역 D에서 해석적이고, a, z는 D 임의의 점이라 하자. 이때 함수

$$F(z) = \int_a^z f(u)du$$

는 D에서 해석적이고, $F'(z) = f(z)$이다.

증명

$$\frac{F(z + \Delta z) - F(z)}{\Delta z} - f(z) = \frac{1}{\Delta z}\left\{\int_a^{z + \Delta z} f(u)du - \int_a^z f(u)du\right\} - f(z) \quad (4.8)$$

$$= \frac{1}{\Delta z}\int_z^{z + \Delta z} [f(u) - f(z)]du$$

코시의 적분정리에 의하여 마지막 적분은 점 z와 $z + \Delta z$를 잇는 D 안의 적분 경로에 무관하다(왜?). 특히 $|\Delta z|$를 충분히 작은 값으로 선택하고 점 z와 $z + \Delta z$를 잇는 선분이 D에 있도록 이 선분을 적분 경로로 선택할 수 있다. ϵ은 임의의 양수라 하자. f는 점 z에서 연속이므로 적당한 양수 δ가 존재해서 이 선분 위에 있는 모든 u에 대하여 $|u - z| < \delta$일 때 $|f(u) - f(z)| < \epsilon$이다. 따라서

$$\left|\int_z^{z + \Delta z} [f(u) - f(z)]du\right| < \epsilon|\Delta z| \quad (4.9)$$

이다. 식 (4.8)에 의하여 $|u - z| < \delta$일 때

$$\left|\frac{F(z + \Delta z) - F(z)}{\Delta z} - f(z)\right| = \frac{1}{|\Delta z|}\left|\int_z^{z + \Delta z} [f(u) - f(z)]du\right| < \epsilon$$

이므로 $F'(z) = f(z)$이다. 따라서 $F(z) = \int_a^z f(u)du$는 D에서 해석적이다. $\blacksquare$

정리 4.2.15 함수 $f(z)$는 영역 D에서 연속함수이고 $f = F'$을 만족하는 해석함수 $F(z)$가 존재한다고 하자. 만약 C가 D 안의 두 점 z_1과 z_2를 연결하는 임의의 곡선이면

$$\int_C f(z)dz = F(z_2) - F(z_1)$$

이다. 특히 $z_1 = z_2$이면 $\int_C f(z)dz = 0$이다.

증명 곡선 C를 $z(t)$ $(a \le t \le b)$라 하고 연쇄법칙을 이용하면

$$\int_C f(z)dz = \int_a^b f[z(t)]z'(t)dt = \int_a^b F'[z(t)]z'(t)dt$$

$$= \int_a^b \frac{d}{dt}F[z(t)]dt = F[z(b)] - F[z(a)]$$

$$= F(z_2) - F(z_1) \ \blacksquare$$

보기 4.2.16 C가 점 $z = 1$에서 점 $z = i/2$에 이르는 타원 $x^2 + 4y^2 = 1$의 부분일 때, 적분값 $\int_C z^3 dz$을 구하여라.

풀이 $f(z) = z^3$, $F(z) = z^4/4$이라 두면 $F'(z) = f(z)$이므로 정리 4.2.15에 의하여

$$\int_C z^3 dz = \frac{z^4}{4}\Big|_1^{i/2} = \frac{1}{4}\left(\frac{i}{2}\right)^4 - \frac{1}{4} = -\frac{15}{64} \ \blacksquare$$

보기 4.2.17 C를 직선 $x = 0, x = 2, y = 0, y = 3$으로 둘러싸인 직사각형이라고 할 때 다음 값을 구하여라.

$$\oint_C \frac{dz}{z - (1 + 2i)}$$

풀이 곡선 C_0를 원 $|z - (1 + 2i)| = 1/2$이라 하면 정리 4.2.9에 의하여

$$\oint_C \frac{dz}{z - (1 + 2i)} = \oint_{C_0} \frac{dz}{z - (1 + 2i)}$$

이다. z가 곡선 C_0 위에 있으면

$$z - 1 - 2i = e^{i\theta}/2 \ (0 \le \theta \le 2\pi)$$

이므로 $dz = ie^{i\theta}d\theta/2$이고

$$\oint_{C_0} \frac{dz}{z - 1 - 2i} = \int_0^{2\pi} \frac{2}{e^{i\theta}} \frac{1}{2} ie^{i\theta} d\theta = 2\pi i$$

이다. 따라서 $\oint_C \dfrac{dz}{z - 1 - 2i} = 2\pi i$ 이다. ■

01 그린의 정리를 이용하여 적분값을 구하여라.

(1) C가 정사각형 $0 \leq x \leq 1, \, 0 \leq y \leq 1$의 경계일 때

$$\oint_C xy\,dx + (x^2 + y^2)\,dy$$

(2) (2009년 임용고시) C가 원 $x^2 + y^2 = 4$위를 반시계 방향으로 한 바퀴 도는 곡선일 때

$$\oint_C (3 + yx^2)\,dx + (2 - xy^2)\,dy$$

02 보기 4.2.3을 이용하여 다음 부분의 넓이를 구하여라.

(1) 타원 $x = a\cos\theta, \, y = b\sin\theta \, (0 \leq \theta < 2\pi)$로 둘러싸인 부분

(2) 성망형 $x^{2/3} + y^{2/3} = a^{2/3}$으로 둘러싸인 부분

03 곡선 C를 넓이 A를 갖는 영역을 둘러싸는 단순 닫힌 연결선이라 하자. 다음을 보여라.

(1) $A = -\oint_C y\,dz = -i\int_C x\,dz = -\dfrac{i}{2}\int_C \overline{z}\,dz$

(2) $A = \dfrac{1}{4i}\oint_C \overline{z}\,dz - z\,d\overline{z}$

04 함수 $f(z, \overline{z})$가 영역 D와 경계 C 위에서 연속이고, 편미분가능하면 다음이 성립함을 보여라.

$$\oint_C f(z, \overline{z})\,dz = 2i \iint_D \frac{\partial f}{\partial \overline{z}}\,dx\,dy$$

05 다음 적분을 계산하여라.

(1) $\oint_C e^z\,dz, \quad C:$ 단위원

(2) $\oint_C \dfrac{1}{z^2}\,dz, \quad C:$ 단위원

(3) $\displaystyle\oint_C \frac{1}{z}dz$, C: 원 $z = 3 + e^{i\theta}$, $0 \le \theta \le 2\pi$

(4) $\displaystyle\int_C z^2 dz$, C: 점 $1 + i$와 점 2를 연결하는 직선

06 다음 각 함수가 해석적이 되는 영역을 결정하고, 코시-구루사의 정리를 이용하여 C가 원 $|z| = 1$일 때 $\displaystyle\oint_C f(z)dz = 0$이 됨을 보여라.

(1) $f(z) = (z^2 - 1)/(z + 3)$ (2) $f(z) = z^2 e^{-z}$

(3) $f(z) = 1/(z^2 + 2z + 2)$ (4) $f(z) = 1/(z^2 + 4)$

(5) $f(z) = \tan z$

07 곡선 C_1은 단위원, C_2는 $z(t) = 2e^{it}$ $(0 \le t \le 2\pi)$이면 다음 식이 성립함을 보여라. 단 C_1과 C_2는 모두 양의 방향으로 회전하는 곡선이다.

$$\oint_{C_1} \frac{dz}{z^3(z^2 + 10)} = \oint_{C_2} \frac{dz}{z^3(z^2 + 10)}$$

08 곡선 C가 양의 방향의 원 $|z - i| = 1$일 때 다음을 보여라.

$$\oint_C \frac{2z\,dz}{z^2 + 1} = 2\pi i$$

09 D가 단일연결 영역이고 $f(z)$가 $D - \{z_0\}$에서 해석적이며, $|f(z)|$가 z_0의 한 근방에서 유계이고, C가 z_0를 둘러싸는 단순 닫힌 곡선이면 다음 식이 성립함을 보여라.

$$\oint_C f(z)dz = 0$$

10 적분 경로가 적분의 상한과 하한을 연결하는 임의의 (조각적 매끄러운) 곡선일 때 다음 적분 값을 구하여라.

(1) $\displaystyle\int_1^3 (z - 2)^3 dz$ (2) $\displaystyle\int_0^{\pi + 2i} \cos\frac{z}{2} dz$

(3) $\displaystyle\int_i^{\frac{i}{2}} e^{\pi z} dz$

11 곡선 C가 점 $z = 0, z = 1, z = 1 + i, z = i$를 꼭짓점으로 갖는 정사각형일 때 다음 적분값을 계산하여라.

$$\oint_C \pi e^{\pi \bar{z}} dz$$

12 $\oint_{|z|=1} e^z dz$를 계산하여 다음을 보여라.

$$\int_{-\pi}^{\pi} e^{\cos\theta}\cos(\theta+\sin\theta)d\theta = \int_{-\pi}^{\pi} e^{\cos\theta}\sin(\theta+\sin\theta)d\theta = 0$$

13 반평면 $\mathrm{Re}\,z > 0$에 놓여 있으면서 두 점 $z=-2i, z=2i$를 연결하는 임의의 곡선에 대하여 $\int_{-2i}^{2i} dz/z = \pi i$임을 보여라.

14 이가함수 $z^{1/2}$의 분지 $z^{1/2} = \sqrt{r}\,e^{i\theta/2}$ $(0 < \theta < 2\pi)$에 대하여 $\int_{-1}^{1} z^{1/2}dz$의 값을 적분 경로가 각각 z평면의 상반평면, 하반평면에 놓여있을 경우로 나누어서 계산하여라.

15 적분값 $\int_C e^{-2z}dz$는 점 $1-\pi i$와 $2+3\pi i$를 잇는 적분 경로 C에 무관함을 보이고 그 값을 구하여라.

16 점 a에서 점 b에 이르는 모든 선분에 대하여 다음을 보여라.

$$\int_C z^n dz = (b^{n+1}-a^{n+1})/(n+1) \quad (n=0,1,2,\cdots)$$

17 곡선 C가 꼭짓점 $\pm 1, \pm i$를 갖는 정사각형의 경계일 때 $\oint_C \dfrac{e^z}{z}dz$의 값을 구하여라.

18 곡선 C가 원 $|z|=3$일 때 다음 적분값을 구하여라.

$$\oint_C \frac{2z^2-15z+30}{z^3-10z^2+32z-32}dz$$

19 곡선 C가 단위원의 상반부분일 때 적분값 $\int_C \sqrt{z}\,dz$을 구하여라.

20 원환 $D: 1 < |z| < 4$의 경계를 C라 하면 $\oint_C dz/(1-e^z) = 0$임을 보여라.

21 곡선 C가 점 $z=0$을 반시계 방향으로 두 번 둘러싸는 곡선이면 $\oint_C dz/z = 4\pi i$임을 보여라.

22 곡선 C가 원점을 중심으로 하고 반지름 $1/2$인 원일 때 다음 적분을 계산하여라.

$$\oint_C \sqrt{z^2-1}\,dz$$

23 $g(z) = \displaystyle\int_{1+i}^{z} \sin(t^2)dt$일 때 다음을 보여라.

(1) $g(z)$는 해석함수이다.

(2) $g'(z) = \sin z^2$

24 $\displaystyle\int_{0}^{\pi/2} \sin^2 z dz = \int_{0}^{\pi/2} \cos^2 z dz = \dfrac{\pi}{4}$임을 보여라.

25 좌표평면에서 곡선 $y^3 = x^2$과 직선 $y = 1$로 둘러싸인 부분을 D라 하고 영역 D의 경계를 반시계 방향으로 한 바퀴 도는 곡선을 C라 하자. 영역 D의 넓이와 선적분 $\displaystyle\int_{C} -ydx + xdy$ 의 값을 구하여라(2020년 임용고시).

26 반시계 방향의 단순 닫힌 곡선 $C : x^2 + y^2 = 4$가 주어졌을 때 다음 선적분의 값을 구하여라(2015년 임용고시).

$$\int_{C} (e^{\sin x} - 4x^2 y)dx + (e^{\cos y} + 4xy^2)dy$$

코시의 적분공식

제5.1절 코시의 적분공식

함수 $f(z)$가 단일연결 영역 D 안에서 해석적이면, D 안에 있는 모든 닫힌 곡선 C에 대하여 $\oint_C f(z)dz = 0$이 됨을 알고 있다. 또한 4장에서 z_0가 C의 내부에 있는 한 점이면 $\oint_C \dfrac{1}{z - z_0}dz = 2\pi i$임을 증명하였다.

정리 5.1.1 (코시의 적분공식) 함수 $f(z)$가 단순 닫힌 곡선 C를 포함하는 단일연결 영역 D 안에서 해석함수라 하자. 점 z_0가 C의 내부에 있는 임의의 점이라 하면

$$f(z_0) = \frac{1}{2\pi i} \oint_C \frac{f(z)}{z - z_0}dz \tag{5.1}$$

이다. 단 적분 경로는 반시계 방향을 따른다.

증명 ρ는 중심이 z_0인 작은 원 $C_0 : |z - z_0| = \rho$가 곡선 C의 안쪽에 포함되도록 충분히 작게 선택한다(그림 5.1). $\dfrac{f(z)}{z - z_0}$는 두 경로 C와 C_0 및 그 사이에서 해석적이므로 코시–구루사의 정리에 의하여

$$\oint_C \frac{f(z)}{z - z_0}dz = \oint_{C_0} \frac{f(z)}{z - z_0}dz$$

이다. $f(z) = f(z_0) + [f(z) - f(z_0)]$이고 상수는 적분기호 밖으로 나올 수 있으므로

$$\oint_C \frac{f(z)}{z - z_0}dz = f(z_0) \oint_{C_0} \frac{dz}{z - z_0} + \oint_{C_0} \frac{f(z) - f(z_0)}{z - z_0}dz \tag{5.2}$$

$$= 2\pi i f(z_0) + \oint_{C_0} \frac{f(z) - f(z_0)}{z - z_0}dz$$

가 성립한다.

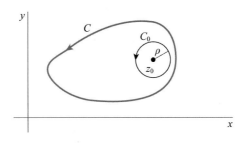

그림 5.1 단일연결 영역

두 번째 항의 적분값이 0이 되면 식 (5.1)은 성립한다. $f(z)$는 z_0에서 해석적이므로 z_0에서 연속이다. 따라서 임의의 $\epsilon > 0$에 대해서 원판 $|z - z_0| < \delta$ 안의 모든 z에 대하여

$$|f(z) - f(z_0)| < \epsilon$$

를 만족하는 적당한 $\delta > 0$를 구할 수 있다. 원 C_0의 반지름 ρ가 δ보다 작다고 하자. z가 원 C_0 위의 임의의 점일 때 다음 부등식이 성립한다.

$$\left| \frac{f(z) - f(z_0)}{z - z_0} \right| < \frac{\epsilon}{\rho}$$

이다. C_0의 길이는 $2\pi\rho$이므로

$$\left| \oint_{C_0} \frac{f(z) - f(z_0)}{z - z_0} dz \right| < \frac{\epsilon}{\rho} 2\pi\rho = 2\pi\epsilon$$

이다. ϵ을 임의로 작은 값을 취할 수 있으므로 식 (5.2)의 우변 두 번째 적분은 0이 된다. 따라서 코시의 적분공식은 성립한다. ■

다중연결 영역에 있어서도 위와 같은 방법으로 취급할 수 있다. 예를 들어, $f(z)$가 C_1과 C_2 위에서, C_1과 C_2로 둘러싸인 원환의 영역에서 해석적이고, z_0가 이 영역에 있는 어떤 점이라 할 때 $f(z_0)$는

$$f(z_0) = \frac{1}{2\pi i} \int_{C_1} \frac{f(z)}{z - z_0} dz - \frac{1}{2\pi i} \int_{C_2} \frac{f(z)}{z - z_0} dz \tag{5.3}$$

이다. 단 두 적분은 모두 반시계 방향을 따른다.

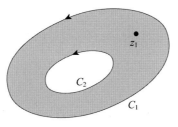

그림 5.2 다중연결 영역

정리 5.1.1은 $f(z)$가 단일연결 영역의 내부 및 그 경계 위에서 해석적이고, 그 경계 위에서 $f(z)$의 값을 알고 있으면, 그 경계에서 $f(z)$의 값은 내부에 있는 점 z_0에서 함숫값 $f(z_0)$를 결정할 수 있음을 보여 준다. 이 사실은 실변수 함수에 대해서는 성립하지 않는다. 예를 들어, 함수 $f(x) = x^n \, (0 \le x \le 1)$는 모두 경곗값$(f(0) = 0 \,, f(1) = 1)$을 가지나, 모든 내점에서 함숫값과는 서로 다르다.

보기 5.1.3 다음 각 점을 중심으로 반지름이 1인 원을 반시계 방향으로 회전할 때, 적분값 $\displaystyle\oint_C \frac{z^2+1}{z^2-1}dz$를 구하여라.

(1) $z = 1$ (2) $z = \dfrac{1}{2}$ (3) $z = -1$ (4) $z = i$

풀이 (1) 구하는 적분은 다음과 같이 표시된다.

$$\oint_C \frac{z^2+1}{z^2-1}dz = \oint_C \frac{z^2+1}{z+1}\frac{dz}{z-1}$$

우변은 식 (5.1)의 형식으로 되어 있고, $z_0 = 1$이고

$$f(z) = \frac{z^2+1}{z+1}$$

이다. 점 $z_0 = 1$은 원 C 안에 있고 $f(z)$는 C의 내부 및 C 위에서 해석적이므로 ($f(z)$가 해석적이 아닌 점 $z_0 = -1$은 C의 외부에 있다) 구하는 적분은 코시의 적분공식에 의하여 다음과 같다.

$$\oint_C \frac{z^2+1}{z^2-1}dz = \oint_C \frac{z^2+1}{z+1}\frac{dz}{z-1} = 2\pi i \left[\frac{z^2+1}{z+1}\right]_{z=1} = 2\pi i$$

(2) 점 $z = 1$과 $z = -1$을 제외한 모든 점에서 주어진 함수가 해석적이므로 (1)과 같은 결과를 얻는다. 즉, 주어진 함수가 해석적이 아닌 점을 통과하지 않고도

적분 경로를 변경할 수 있으므로 (1)의 결과에서 (2)의 결과를 구할 수 있다.

(3) 이 경우에 적분을 다음과 같이 쓸 수 있다.

$$\oint_C \frac{z^2+1}{z^2-1}dz = \oint_C \frac{z^2+1}{z-1}\frac{dz}{z+1}$$

우변의 적분은 $z_0 = -1$이고 $f(z) = (z^2+1)/(z-1)$인 형태의 적분이다. 점 $z = -1$은 원 C 안에 있고 $f(z)$는 C 내부와 C 위에서 해석적이므로 식 (5.1)에 의하여 구하는 적분은 다음과 같다.

$$\oint_C \frac{z^2+1}{z^2-1}dz = \oint_C \frac{z^2+1}{z-1}\frac{dz}{z+1} = 2\pi i \left[\frac{z^2+1}{z-1}\right]_{z=-1} = -2\pi i$$

(4) 주어진 함수 $f(z) = \dfrac{z^2+1}{z^2-1}$는 C의 내부와 C 위에서 해석적이므로 코시-구루사의 적분정리에 의하여 값은 0이다. ■

보기 5.1.4 곡선 C는 원 $|z| = 3$이고 $t > 0$이라 할 때 다음을 보여라.

$$\frac{1}{2\pi i}\oint_C \frac{e^{zt}}{z^2+1}dz = \sin t$$

증명 $\dfrac{1}{z^2+1} = \dfrac{1}{2i}\left(\dfrac{1}{z-i} - \dfrac{1}{z+i}\right)$이므로 코시의 적분공식을 이용하면

$$\frac{1}{2\pi i}\oint_C \frac{e^{zt}}{z^2+1}dz = \frac{1}{2i}(e^{it} - e^{-it}) = \sin t \quad ■$$

주의 5.1.5 (1) 실변수의 실함수가 한 번 미분가능하다는 것은 고차 도함수의 존재에 관하여 아무런 보장을 하지 않는다. 예를 들어,

$$f(x) = \begin{cases} x^2\sin(1/x) & (x \neq 0) \\ 0 & (x = 0) \end{cases}$$

일 때 함수 f는 모든 $x \in [0,1]$에서 도함수를 갖지만 $[0,1]$에서 2계 도함수를 갖지 않는다. 사실

$$f'(0) = \lim_{h \to 0}\frac{f(0+h) - f(0)}{h} = \lim_{h \to 0}\frac{h^2\sin(1/h) - 0}{h}$$
$$= \lim_{h \to 0} h\sin(1/h) = 0$$

$[0,1]$의 다른 점에서는 f의 도함수는

$$f'(x) = x^2\cos(1/x)\left(-\frac{1}{x^2}\right) + 2x\sin(1/x)$$
$$= 2x\sin(1/x) - \cos(1/x)$$

이다. 또한 2계 도함수는 모든 $x \in (0,1]$에서 존재하지만,

$$f''(0) = \lim_{h\to 0}\frac{f'(0+h) - f'(0)}{h}$$
$$= \lim_{h\to 0}\frac{2h\sin(1/h) - \cos(1/h) - 0}{h}$$
$$= \lim_{h\to 0}\{2\sin(1/h) - (1/h)\cos(1/h)\}$$

가 존재하지 않는다. 따라서 f의 2계 도함수는 $[0,1]$에서 존재하지 않는다.

(2) 그러나 다음 정리에서 복소수 함수가 한 영역 D에서 해석적이면 D에서 모든 차수의 도함수가 존재함을 알 수 있다.

<u>정리 5.1.6</u> **(코시의 도함수 공식)** 함수 $f(z)$가 단순 닫힌 곡선 C를 포함하는 단일연결 영역 D에서 해석적이면, $f(z)$는 C 안의 임의의 점 z_0에서 모든 차수의 도함수를 가지며, 그것은 다음 식으로 주어진다. 단 C는 반시계 방향의 곡선이다.

$$f'(z_0) = \frac{1}{2\pi i}\oint_C \frac{f(z)}{(z-z_0)^2}dz \tag{5.4}$$

$$f''(z_0) = \frac{2!}{2\pi i}\oint_C \frac{f(z)}{(z-z_0)^3}dz \tag{5.5}$$

일반적으로

$$f^{(n)}(z_0) = \frac{n!}{2\pi i}\oint_C \frac{f(z)}{(z-z_0)^{n+1}}dz \quad (n=1,2,\cdots) \tag{5.6}$$

증명 $z_0 + \Delta z$가 C 내부에 있도록 Δz를 그 절댓값이 충분히 작게 선택하고 $\Delta z = h$로 놓으면 도함수 정의에 의하여

$$f'(z_0) = \lim_{h\to 0}\frac{f(z_0+h) - f(z_0)}{h}$$

이다. 이것과 코시의 적분공식

$$f(z) = \frac{1}{2\pi i}\oint_C \frac{f(\zeta)}{\zeta - z}d\zeta \quad (z \in D)$$

에 의하여

$$f'(z_0) = \lim_{h \to 0} \frac{1}{2\pi i h} \left[\oint_C \frac{f(z)}{z-(z_0+h)} dz - \oint_C \frac{f(z)}{z-z_0} dz \right]$$

를 얻는다. 직접 계산에 의하여

$$\frac{1}{h} \left[\frac{1}{z-z_0-h} - \frac{1}{z-z_0} \right] = \frac{1}{(z-z_0)^2} + \frac{h}{(z-z_0-h)(z-z_0)^2}$$

. 이다. 따라서

$$f'(z_0) = \frac{1}{2\pi i} \oint_C \frac{f(z)}{(z-z_0)^2} dz + \lim_{h \to 0} \frac{h}{2\pi i} \oint_C \frac{f(z)}{(z-z_0-h)(z-z_0)^2} dz$$

과 같이 쓸 수 있다.

이제 우변의 두 번째 항이 0이 된다는 것을 보이면 식 (5.4)가 증명된다. 컴팩트 집합 C 위에서 $f(z)$는 연속함수이므로 $|f(z)|$는 유계함수이다. 따라서 곡선 C 위에서 $|f(z)| < M$이라 하자. d를 z_0에서 C 위의 가장 가까운 점(또는 점들)까지의 거리라 하면 C 위의 모든 z에 대하여 $|z-z_0| \geq d$이다. 따라서 $\frac{1}{|z-z_0|} \leq 1/d$이다. 더욱이 $|h| \leq d/2$이면 C 위의 모든 z에 대하여

$$|z-z_0-h| \geq \frac{d}{2} \ \ \text{즉,} \ \ \frac{1}{|z-z_0-h|} \leq \frac{2}{d}$$

를 얻는다. 곡선 C의 길이를 L로 표시하면

$$\left| \frac{h}{2\pi i} \oint_C \frac{f(z)}{(z-z_0-h)(z-z_0)^2} dz \right| < \frac{|h|}{2\pi} \frac{M}{dd^2/2} L = \frac{|h|ML}{\pi d^3} \ \ (|h| \leq d/2)$$

을 얻는다. h가 0으로 가까워지면 우변은 0으로 가까워지므로 식 (5.4)가 증명된다.

$$\frac{f'(z_0+h)-f'(z_0)}{h} = \frac{1}{2\pi i} \oint_C \left[\frac{1}{(z-z_0-h)^2} - \frac{1}{(z-z_0)^2} \right] \frac{f(z)}{h} dz$$
$$= \frac{1}{2\pi i} \oint_C \frac{2(z-z_0)-h}{(z-z_0-h)^2(z-z_0)^2} f(z) dz$$

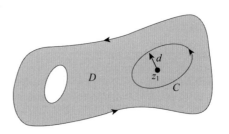

그림 5.3 코시의 도함수 공식

이고, $f(z)$는 C 위에서 연속이므로 $h \to 0$일 때 마지막 적분의 극한은

$$\frac{2}{2\pi i} \oint_C \frac{f(z)}{(z-z_0)^3} dz$$

이 된다. 따라서 공식 (5.5)를 얻는다.

공식 (5.6)은 수학적 귀납법으로 증명된다. ∎

주의 5.1.7 코시의 적분공식과 미분의 공식은 다중연결 영역에서 성립한다.

보기 5.1.8 곡선 C가 단위원(반시계 방향)일 때 다음 적분값을 구하여라.

$$(1) \quad \oint_C \frac{\cos z}{z} dz \qquad (2) \quad \oint_C \frac{\cos z}{z^2} dz$$

풀이 (1) $f(z) = \cos z$라 두면 코시의 적분공식에 의하여

$$\oint_C \frac{\cos z}{z} dz = \oint_C \frac{f(z)}{z-0} dz = 2\pi i f(0) = 2\pi i \times 1 = 2\pi i$$

(2) $f(z) = \cos z$라 두면 코시의 도함수 공식에 의하여

$$\oint_C \frac{\cos z}{z^2} dz = \oint_C \frac{f(z)}{(z-0)^2} dz = \frac{2\pi i}{1!} f'(0) = 2\pi i \times 0 = 0 \quad \blacksquare$$

보기 5.1.9 곡선 C를 반시계 방향의 단순 닫힌 곡선이라 하고,

$$g(z) = \oint_C \frac{u^3 + u}{(u-z)^3} du$$

라 하자. z가 C의 내부에 있으면 $g(z) = 6\pi iz$이고, z가 C의 외부에 있을 때에는 $g(z) = 0$임을 보여라.

증명 $f(u) = u^3 + u$라고 두면 $f'(u) = 3u^2 + 1$, $f''(u) = 6u$이다. z가 C의 내부에 있으면 정리 5.1.6의 식 (5.5)에 의하여

$$g(z) = \frac{2\pi i}{2!} f''(z) = 6\pi iz$$

이다. 만약 z가 C의 외부에 있으면 피적분함수는 해석적이므로 코시의 적분정리에 의하여 $g(z) = 0$이다. ∎

코시-구루사의 적분정리의 부분적인 역은 다음과 같이 성립한다.

정리 5.1.10 (모레라(Morera)의 정리) 함수 $f(z)$가 영역 D에서 연속이고, D 안에 포함되는 모든 단순 닫힌 곡선 C에 대하여

$$\oint_C f(z)dz = 0$$

이면, $f(z)$는 D에서 해석함수이다.

증명 D 안에서 한 점 z_0를 고정하고 z를 D 안의 임의의 점이라 하면 함수

$$F(z) = \int_{z_0}^z f(\zeta)d\zeta$$

는 따름정리 4.2.11에 의해서 z_0에서 z까지 적분 경로에 관계없이 적분값이 일정하다. 지금 h를 충분히 작게 선택하여 z로부터 $z+h$까지의 선분이 D 안에 있도록 하면

$$\frac{F(z+h)-F(z)}{h} = \frac{1}{h}\left[\int_{z_0}^{z+h} f(\zeta)d\zeta - \int_{z_0}^z f(\zeta)d\zeta\right] = \frac{1}{h}\int_z^{z+h} f(\zeta)d\zeta$$

이고

$$\frac{F(z+h)-F(z)}{h} - f(z) = \frac{1}{h}\int_z^{z+h} (f(\zeta)-f(z))d\zeta$$

이다. ϵ은 임의의 양수라 하자. 그러면 $f(z)$는 z에서 $z+h$까지 선분 위에서 연속함수이므로 $|h|$를 충분히 작게 하여 $|f(\zeta)-f(z)| < \epsilon$이 되게 할 수 있다. 따라서

$$\left|\frac{F(z+h)-F(z)}{h} - f(z)\right| \leq \frac{1}{|h|}\epsilon|h| = \epsilon$$

이 된다. ϵ은 임의의 양수이므로 D에서 $F'(z) = f(z)$이다. 따라서 F는 해석적이다. 정리 5.1.6에 의하여 $F(z)$는 모든 차수의 도함수를 가지고, 특히 D의 모든 점에서 $F''(z) = f'(z)$이므로 $f(z)$는 D에서 해석적이다. ■

● 연습문제 5.1

01 다음 적분을 구하여라. 단 C는 괄호 ( ) 내의 닫힌 곡선이다.

(1) $\displaystyle\int_C \frac{z^2+4}{z}dz$ $(C:|z|=1)$ (2) $\displaystyle\int_C \frac{\sin z}{z}dz$ $(C:|z|=4)$

(3) $\displaystyle\int_C \frac{e^z}{z^5}dz$ $(C:|z|=2)$ (4) $\displaystyle\int_C \frac{\sin z}{(z-\frac{\pi}{2})^2}dz$ $(C:|z|=2)$

(5) $\displaystyle\int_C \frac{1}{z^2-1}dz$ $\quad(C:|z|=2)$ $\qquad$ (6) $\displaystyle\int_C \frac{1}{(z^2+1)(z^2+4)}dz$ $\quad(C:|z|=\frac{3}{2})$

02 단순 닫힌 곡선 C의 내부와 C 위에서 f가 해석적이고, z_0가 C 위에 있지 않으면 다음 식이 성립함을 보여라.

$$\oint_C \frac{f'(z)}{z-z_0}dz = \oint_C \frac{f(z)}{(z-z_0)^2}dz$$

03 곡선 C가 다음과 같이 주어진 곡선일 때 다음 적분값을 구하여라.

$$\oint_C \frac{z}{(16-z^2)(z+i)}dz$$

(1) $|z|=2$ $\qquad$ (2) $|z+4|=2$ $\qquad$ (3) $|z|=5$

04 다음 함수의 매클로린 전개에서 5차항까지 구하여라.

(1) $e^z \sin z$ $\qquad\qquad$ (2) e^{z+z^2}

05 $P(z)$가 n차 다항식이면 다음 식이 성립함을 보여라.

$$\oint_{|z|=2} \frac{P(z)}{(z-1)^{n+2}}dz = 0$$

06 함수 $f(z)$와 $g(z)$가 단일연결 영역 D에서 해석적이면 D 안에 있는 z_0에서 z까지의 임의의 적분 경로에 대하여 다음 식이 성립함을 보여라.

$$\int_{z_0}^{z_1} f(z)g'(z)dz = f(z_1)g(z_1) - f(z_0)g(z_0) - \int_{z_0}^{z_1} g(z)f'(z)dz$$

07 함수 $f(z)$와 $g(z)$가 z_0에서 해석적이고

$$f(z_0) = f'(z_0) = \cdots = f^{(n-1)}(z_0) = 0$$
$$g(z_0) = g'(z_0) = \cdots = g^{(n-1)}(z_0) = 0$$

이며, $g^{(n)}(z_0) \neq 0$이라 하면 다음 식이 성립함을 보여라.

$$\lim_{z \to z_0} \frac{f(z)}{g(z)} = \frac{f^{(n)}(z_0)}{g^{(n)}(z_0)}$$

08 문제 7의 결과를 이용하여 다음 극한값을 구하여라.

(1) $\displaystyle\lim_{z \to 0} \frac{e^z-1-z}{z^2}$ $\quad$ (2) $\displaystyle\lim_{z \to 0} \frac{\sin z}{z-z^3}$ $\quad$ (3) $\displaystyle\lim_{z \to 0} \frac{\sin z}{e^z-1}$ $\quad$ (4) $\displaystyle\lim_{z \to 0} \frac{\sin z - z}{\cos z - 1}$

09 $f(z)$가 한 단순 닫힌 곡선 C 위와 그 내부에서 연속이고, $\oint_C f(z)dz = 0$이면 $f(z)$는 C 내부에서 반드시 해석적인가?

10 정리 5.1.6의 식 (5.6)을 보여라.

11 함수 $f(z)$가 단일연결 영역 D에서 해석적이고, z_0가 D 안의 한 점이면

$$F(z) = \int_{z_0}^{z} f(\zeta)d\zeta$$

는 D에서 해석적임을 보여라.

12 만약 f는 열린 원판 $D : |z-a| < R$에서 해석함수이고, $0 < r < R$이면 다음이 성립함을 보여라.

$$f(a) = \frac{1}{\pi r^2} \int_0^{2\pi} \left(\int_0^r f(a+se^{it})s\,ds \right) dt$$

13 $n = 1,2,3,\cdots$일 때 다음을 보여라.

$$\int_0^{2\pi} \cos^{2n}\theta\, d\theta = \frac{1 \cdot 3 \cdot 5 \cdots (2n-1)}{2 \cdot 4 \cdot 6 \cdots (2n)} 2\pi$$

14 모레라의 정리를 이용하여 함수 $f(z) = \int_0^{\infty} \frac{e^{zt}}{t+1} dt$가 $D :\ \mathrm{Re}\, z < 0$에서 해석적임을 보여라.

15 모레라의 정리를 이용하여 함수 $f(z) = \int_0^1 \frac{\sin zt}{t} dt$가 정함수임을 보여라.

16 f는 단위원판 $U : |z| < 1$에서 해석적이고 $\lim_{n \to \infty} f(z) = 0$이라 하자. 만약 $|z| > 2$이면 다음을 보여라.

$$\frac{1}{2\pi i} \int_{|\zeta|=2} \frac{f(\zeta)}{\zeta - z} \, d\zeta = -f(z)$$

17 $\displaystyle\int_{|z|=2} \frac{(z^2+7)e^{2z}}{(z-3)(z+1)^2} \, dz$의 값을 구하여라(1999년 임용고시).

18 다음 4개의 복소함수 $f_1(z) = z$, $f_2(z) = \bar{z}$, $f_3(z) = e^z$, $f_4(z) = e^{\bar{z}}$로 생성되는 복소벡터공간 $\{a_1 f_1 + a_2 f_2 + a_3 f_3 + a_4 f_4 : a_1, a_2, a_3, a_4 \in \mathbb{C}\}$를 V라 하자. 여기서 $\bar{z}$는 z의 컬레복소수이다. 복소평면 $\mathbb{C}$ 위의 반시계 방향의 단위원 $C : |z| = 1$에 대하여 사상 (map) $T : V \to V$를 다음과 같이 정의하자.

$$T(f) = \int_C f(z) \, dz$$

T가 선형사상임을 증명하여라. 선형사상 T의 핵(kernel) $\ker T$의 기저를 구하고, $\ker T$를 이용하여 $T^{-1}(2) = \{f \in V : T(f) = 2\}$를 나타내어라(2014년 임용고시).

제5.2절 코시의 부등식과 응용

이 절에서는 해석함수의 성질을 알 때 도함수의 성질을 알아내는 데 유용한 코시의 부등식을 증명하고, 이것의 응용을 다루고자 한다.

정리 5.2.1 (코시의 부등식) 함수 $f(z)$가 중심이 z_0이고 반지름이 r인 원 C의 내부와 그 위에서 해석적이고, C 위에서 $|f(z)| \leq M$이면 다음 식이 성립한다.

$$|f^{(n)}(z_0)| \leq \frac{Mn!}{r^n} \tag{5.7}$$

증명 코시의 도함수 공식에 의하여

$$f^{(n)}(z_0) = \frac{n!}{2\pi i} \oint_C \frac{f(z)}{(z-z_0)^{n+1}} dz$$

이고 $C: |z - z_0| = r$이므로

$$|f^{(n)}(z_0)| \leq \frac{n!}{2\pi} \oint_C \frac{|f(z)|}{|z-z_0|^{n+1}} |dz| \leq \frac{n!M}{2\pi r^{n+1}} \oint_C |dz| = \frac{n!M}{2\pi r^{n+1}} (2\pi r) = \frac{n!M}{r^n} \quad ■$$

정리 5.2.2 (리우빌(Liouville)의 정리) 복소평면 전체에서 유계인 해석함수, 즉 **유계인 정함수(entire function)**는 상수함수이다.

증명 $f(z)$가 정함수이고 모든 z에 대하여 $|f(z)| \leq M$이라 하자. 임의로 주어진 z_0와 모든 양의 실수 r에 대하여 코시의 부등식을 이용하면

$$|f'(z_0)| \leq \frac{M}{r}$$

이 된다. $r \to \infty$이 되도록 하면 $f'(z_0) = 0$이 된다. 따라서 z_0는 임의의 점이므로 $f'(z) \equiv 0$, 즉 $f(z)$는 상수함수이다. ■

주의 5.2.3 (1) 리우빌의 정리는 $f(z)$가 상수가 아닌 정함수이면 $f(z_n) \to \infty$이 되는 수열 $\{z_n\}$이 존재함을 말해준다.

(2) 실함수에서는 리우빌의 정리와 비슷한 정리는 성립하지 않는다. 예를 들어, $f(x) = \sin x$는 $\mathbb{R}$의 모든 점에서 미분가능하고, 유계이지만 상수함수가 아니다(2001년 임용고시).

보기 5.2.4 복소평면에서 정함수 f가 임의의 $z \in \mathbb{C}$에 대하여 $\operatorname{Re} f(z) > 1$을 만족할 때 f는 상수함수임을 보여라(2002년 임용고시).

증명 가정에 의하여 $f(z) \neq 0$이므로 $g(z) = \dfrac{1}{f(z)}$는 정함수이다. 또한 $|\operatorname{Re} f(z)| \leq |f(z)|$이 므로

$$|g(z)| = \left| \frac{1}{f(z)} \right| \leq \frac{1}{|\operatorname{Re} f(z)|} < 1$$

이다. 따라서 $g(z)$는 유계인 정함수이므로 리우빌의 정리에 의하여 $g(z)$는 상수함수, 즉 f가 상수함수이다. ◼

정리 5.2.5 $f(z)$는 정함수이고, 실수 $\lambda \geq 0$에 대하여

$$|f(z)| \leq M r^{\lambda}, \ \ (|z| = r > 0)$$

이라 하면 $f(z)$는 차수가 많아야 λ인 다항식이다.

증명 $f(z) = \displaystyle\sum_{n=0}^{\infty} a_n z^n = \sum_{n=0}^{\infty} \frac{f^{(n)}(0)}{n!} z^n$이라 두면, $|z| = r$ 위에서 코시의 부등식을 적 용하여

$$|a_n| = \frac{|f^{(n)}(0)|}{n!} \leq \frac{M r^{\lambda}}{r^n} = \frac{M}{r^{n-\lambda}}$$

을 얻는다. $n > \lambda$이고 $r \to \infty$일 때 $a_n = 0$이다. 따라서 $f(z)$는 차수가 λ보다 크지 않은 다항식이다. ◼

보기 5.2.6 정함수 f가 다음 두 조건을 모두 만족시키면 $f(z) = z$임을 보여라(2004년 임용고시).

(1) $f(1) = 1$

(2) 임의의 $z \in C$에 대하여 $|f(z)| \leq |z|$이다.

증명 f가 정함수이고 임의의 $z \in C$에 대하여 $|f(z)| \leq |z|$이므로 위 정리에 의하여 $f(z)$는 많아야 일차함수이다. $f(z) = az + b$라 하면 $f(0) = 0$이므로 $b = 0$이고 $f(1) = 1$이므로 $a = 1$이다. 따라서 $f(z) = z$이다. ◼

보조정리 5.2.7 $p(z) = a_0 + a_1 z + \cdots + a_n z^n$, $a_n \neq 0$이라 가정하면 충분히 큰 원 $|z| = r$에 대해서 다음 부등식이 성립한다.

$$\frac{|a_n|}{2}r^n \le |p(z)| \le \frac{3|a_n|}{2}r^n$$

$p(z) = z^n \left(a_n + \dfrac{a_{n-1}}{z} + \dfrac{a_{n-2}}{z^2} + \cdots + \dfrac{a_0}{z^n} \right)$ 이고 삼각부등식에 의하여

$$r^n \left(|a_n| - |\frac{a_{n-1}}{z} + \frac{a_{n-2}}{z^2} + \cdots + \frac{a_0}{z^n}| \right) \le |p(z)|$$

$$\le r^n \left(|a_n| + |\frac{a_{n-1}}{z} + \frac{a_{n-2}}{z^2} + \cdots + \frac{a_0}{z^n}| \right)$$

이다. $|z| = r(>1)$에 대해서

$$\left| \frac{a_{n-1}}{z} + \frac{a_{n-2}}{z^2} + \cdots + \frac{a_0}{z^n} \right| \le \frac{|a_{n-1}| + |a_{n-2}| + \cdots + |a_0|}{r} = \frac{K}{r}$$

이다. 따라서

$$r^n \left(|a_n| - \frac{K}{r} \right) \le |p(z)| \le r^n \left(|a_n| + \frac{K}{r} \right) \quad (r > 1)$$

이다. 그런데 $\lim\limits_{r \to \infty} \dfrac{K}{r} = 0$ 이므로 $K/r < |a_n|/2$, 즉 $r > 2K/|a_n|$를 만족하는 충분히 큰 양수 r을 선택할 수 있다. 따라서 이러한 r에 대하여 정리는 성립한다. ▪

n차 다항식은 적어도 한 개의 영점을 갖는다는 대수학의 기본정리를 증명하고자 한다.

정리 5.2.8 (대수학의 기본정리) 상수가 아닌 모든 다항식은 적어도 하나의 영점(근)을 갖는다.

$p(z) = a_0 + a_1 z + \cdots + a_n z^n \, (a_n \ne 0)$이라 하고, 모든 z에 대하여 $p(z) \ne 0$이라 하면, $g(z) = 1/p(z)$은 정함수이다. 위의 보조정리에 의하여 $r = |z| \to \infty$ 일 때 $|p(z)| \to \infty$ 이다. 따라서 $z \to \infty$, 즉 $r = |z| \to \infty$ 일 때 $g(z) \to 0$, 즉

$$\lim_{z \to \infty} g(z) = \lim_{z \to \infty} \frac{1}{p(z)} = 0$$

이다. 따라서 $|z| \ge R$인 모든 z에 대하여 $|g(z)| = |1/p(z)| < 1$이 되도록 R을 택할 수 있다.

한편 $g(z)$는 컴팩트 집합 $|z| \le R$에서 연속이므로 $|g(z)|$는 $|z| \le R$에서 유계이다. 결국 $g(z)$는 유계인 정함수이므로 리우빌의 정리에 의하여 상수가 된다. 그러면 $p(z)$도 상수여야 하므로 가정에 모순된다. ▪

따름정리 5.2.9 n차 다항식은 정확히 n개의 영점(근)을 갖는다.

정리 5.2.10 (항등정리) $f(z)$는 원판 $D : |z - z_0| < R$에서 해석적이고, 서로 다른 점으로 이루어진 수열 $\{z_n\}$이 z_0에 수렴한다고 하자. 만일 모든 자연수 n에 대하여 $f(z_n) = 0$이면 $|z - z_0| < R$ 안의 모든 z에 대하여 $f(z) \equiv 0$이다.

증명 함수 $f(z)$는 $|z - z_0| < R$에서 해석적이므로 테일러 급수

$$f(z) = a_0 + \sum_{k=1}^{\infty} a_k (z - z_0)^k \quad (|z - z_0| < R)$$

로 전개된다. $f(z)$는 $z = z_0$에서 연속이므로 $\lim_{n \to \infty} f(z_n) = f(z_0)$가 된다. 따라서 가정에 의하여

$$0 = \lim_{n \to \infty} f(z_n) = f(z_0) = a_0$$

이다. 즉, $f(z)$의 상수항이 0이므로

$$f(z) = (z - z_0) \left(a_1 + \sum_{k=2}^{\infty} a_k (z - z_0)^{k-1} \right)$$

로 쓸 수 있다. $z = z_n$으로 놓고 $z_n - z_0$로 양변을 나누면 $f(z_n) = 0$이므로

$$\lim_{n \to \infty} \frac{f(z_n)}{z_n - z_0} = 0 = a_1$$

을 얻는다. 같은 방법으로

$$f(z) = (z - z_0)^2 \left(a_2 + \sum_{k=3}^{\infty} a_k (z - z_0)^{k-2} \right)$$

이므로 $\lim_{n \to \infty} f(z_n)/(z_n - z_0)^2 = 0 = a_2$를 얻는다. 수학적 귀납법에 의하여 모든 k에 대하여 $a_k = 0$이 되므로 결과가 성립한다. ■

주의 5.2.11 실변수함수에 대하여는 항등정리 5.2.10이 성립하지 않는다. 한 예로,

$$f(x) = \begin{cases} x^2 \sin \pi/x & (x \neq 0) \\ 0 & (x = 0) \end{cases}$$

는 모든 실수 x에 대하여 미분가능하고, 각 자연수 n에 대하여 $f(1/n) = 0$이다. 그러나 원점을 중심으로 하는 임의의 근방에서 $f(x) \neq 0$이다.

주의 5.2.12 위의 항등정리에서 z_0가 영역 D에 속한다는 조건이 반드시 필요하다. 상수가 아닌 함수 $f(z) = e^{1/(1-z)}$는 $0 < |z-1| < 1$에서 해석적이다. $z_n = 1 - 1/2n\pi i$로 놓으면 $z_n \to z_0 = 1$이고 모든 n에 대하여 $f(z_n) = e^{2n\pi i} = 1$이다. 그러나 $f(z)$는 1에서 해석적이 아님에 주의하자.

보기 5.2.13 열린 단위원판 $|z| < 1$에서 해석적이고 다음 등식을 만족하는 함수 $f(z)$가 존재하는가?

$$f(\frac{1}{2n}) = f(\frac{1}{2n+1}) = \frac{1}{2n} \quad (n = 1, 2, \cdots) \tag{5.8}$$

풀이 함수 $f(z) = z$는 조건 $f(1/2n) = 1/2n$를 만족하는 해석함수이다. 항등정리에 의하여 이 함수는 유일한 해석함수이다.

$$f(1/(2n+1)) \neq \frac{1}{2n}$$

이므로 식 (5.8)을 만족하는 해석함수는 존재하지 않는다. 그러나 모든 n에 대하여 $f(\frac{1}{2n+1}) = 1/2n$을 만족하는 $|z| < 1$에서 함수 $f(z)$를 구성할 수 있음에 주의하여라. $z = 1/(2n+1)$이라 놓으면 $1/2n = z/(1-z)$이므로 $f(z) = z/(1-z)$는 이 조건을 만족한다. ∎

주의 5.2.14 (1) 함수 $f(z) = \sin^2 z + \cos^2 z$는 정함수이고 실수축 위에서 항상 1이다. 따라서 항등정리에 의하여 $f(z) \equiv 1$이다. 즉, $\sin^2 z + \cos^2 z \equiv 1$이다.

(2) 두 정함수가 무한히 많은 점들에서 일치하더라도 그 두 함수는 같다고 말할 수 없다. 예를 들어, 두 함수 $\sin \pi z$와 0은 z가 정수일 때만 일치한다.

01 다음을 보여라.

(1) 함수 f가 정함수이고 모든 z에 대하여 $|f(z)| \geq 1$이면 f는 상수이다.

(2) 함수 f가 정함수이고 모든 z에 대하여 $\mathrm{Re}\, f(z) \leq c$이면 f는 상수이다.

(3) 함수 f가 정함수이고 모든 z에 대하여 $\mathrm{Im}\, f(z) \geq c$이면 f는 상수이다(2009년 임용 고시).

02 만일 $f(z) = \displaystyle\sum_{n=0}^{\infty} a_n z^n$가 $|z| < R$에서 해석적이고 $-R < x < R$일 때 $f(x)$가 실수라면 각 n에 대해서 a_n은 실수임을 보여라. 또한 $f(\bar{z}) = \overline{f(z)}$임을 보여라.

03 $p(z) = a_0 + a_1 z + \cdots + a_n z^n \ (a_n \neq 0)$이라 하자. 주어진 $\epsilon > 0$에 대해서 $r > R$이면 다음 식이 성립되는 R이 존재함을 보여라.

$$(1-\epsilon)|a_n|r^n \leq |p(z)| \leq (1+\epsilon)|a_n|r^n \quad (|z| = r)$$

04 함수 $f(z)$가 정함수이고 모든 z에 대하여 $|f(z)| \leq |e^z|$이면 $f(z) = Ke^z$, $|K| \leq 1$임을 보여라.

05 함수 $f(z)$는 양의 상수 a와 b를 갖는 정함수라 가정하자. 만일 모든 z에 대해서 $f(z+a) = f(z+bi) = f(z)$이면 $f(z)$는 상수임을 보여라.

06 함수 $f(z)$와 $g(z)$가 영역 D에서 해석적이고 $f(z)g(z) \equiv 0$이면 $f(z) \equiv 0$이거나 $g(z) \equiv 0$임을 보여라.

07 만일 $f(z) = \displaystyle\sum_{n=0}^{\infty} a_n z^n$가 $|z| < 1$에서 해석적이고 $|z| \leq 1$에서 $|f(z)| \leq 1$이라 가정하자. 코시의 부등식을 사용하여 다음을 보여라.

(1) $\left| \displaystyle\sum_{n=k}^{\infty} a_n z^n \right| \leq \dfrac{|z|^k}{1-|z|} \quad (|z| < 1)$

(2) 만일 $|z_1| \leq r$, $|z_2| \leq r \ (0 < r < 1)$이고 $z_1 \neq z_2$이면

$$\left| \frac{f(z_2) - f(z_1)}{z_2 - z_1} \right| \leq \frac{1}{(1-r)^2}.$$

08 함수 $\sin z$는 유계함수가 아님을 보여라.

09 함수 $f(z)$가 원판 $|z| < 5$에서 해석적이고 원 $|z-1| = 3$ 위에서 $|f(z)| \le 10$일 때 $|f^{(3)}(1)|$의 상계를 구하여라.

10 함수 f가 반평면 $\operatorname{Re} z \ge 0$에서 해석적이고 모든 자연수 n에 대하여 $f(1/n) = 0$이면 $\operatorname{Re} z \ge 0$에서 $f(z) \equiv 0$임을 보여라.

11 함수 f가 정함수이고 모든 $|z| \ge 1$에 대하여 $|f(z)| \le 3\sqrt{|z|}$이면 f는 상수임을 보여라.

12 함수 f가 정함수이고 모든 $z \in \mathbb{C}$에 대하여 두 조건 $|f(z)| \le 2|ze^z|$, $f'(1) = 1$을 만족할 때 $f(1)$의 값을 구하여라(2009년 임용고시).

13 함수 $f(z)$와 $g(z)$는 영역 D에서 해석적이고 D의 점 z_0로 수렴하는 점열 $\{z_n\}$에서

$$\frac{f'(z_n)}{f(z_n)} = \frac{g'(z_n)}{g(z_n)}$$

이라 가정하자. D에서 $f(z) = Kg(z)$임을 보여라(귀띔 : $h(z) = f(z)/g(z)$로 놓고 $h'(z) = 0$임을 보여라).

14 (리우빌 정리의 일반화) 함수 f는 정함수이고 어떤 정수 $k \ge 0$에 대하여 $|f(z)| \le A + B|z|^k$를 만족하는 양수 A, B가 존재하면 f는 많아야 k차 다항식임을 보여라.

15 만약 f가 정함수이고 $\lim\limits_{|z| \to \infty} \dfrac{|f(z)|}{|z|} = 0$이면 f는 상수함수임을 보여라.

16 함수 f는 정함수이고 $z \to \infty$일 때 $f(z) \to \infty$이면 f는 다항식임을 보여라.

17 상수가 아닌 정함수로서 반평면에서 유계함수가 존재하는가?

18 함수 $f(z)$는 정함수이고 모든 z에 대하여

$$|f(z)| \le K|z| \ (\text{단 } K\text{는 양의 상수})$$

이면, $f(z) = cz(c\text{는 복소상수})$임을 보여라.

19 함수 $f(z)$는 정함수이고 $|f(z)| \le A + B|z|^{3/2}$이면 f는 많아야 1차 다항식임을 보여라.

20 복소평면 $\mathbb{C}$ 에서 미분가능한 정함수(entire function) f 가 임의의 $z \in \mathbb{C}$ 에 대하여 조건 $f(z) = f(z+2) = f(z+i)$ 를 만족하고, $f(0) = i$ 라고 한다. 이때, $f(1+i)$ 의 값을 구하여라(1998년 임용고시).

21 f 가 상수함수가 아닌 정함수이면 $f(\mathbb{C})$ 는 $\mathbb{C}$ 의 조밀한 부분집합임을 보여라.

22 f 는 정함수이고 $|z| \geq M$ 인 모든 z 에 대하여 $|\mathrm{Re}\,(f(z))| \geq |\mathrm{Im}\,(f(z))|$ 을 만족하는 양수 M 이 존재하면 f 는 상수함수임을 보여라.

23 f 는 정함수이고 $|f(z)| \leq |\cos z|$ 이면 $f(z) = c \cos z$ 인 적당한 상수 c 가 존재함을 보여라.

24 f 는 단위원판 $|z| < 1$ 의 폐포를 포함하는 영역에서 해석적이고 $|z| = 1$ 위에서 $|f(z)| \leq 5$ 라고 하자. $f(0) = 3 + 4i$ 일 때 $f'(0)$ 을 구하여라.

25 정함수 $f(z)$ 가 모든 복소수 z 에 대하여 부등식 $|f(z)| \leq |e^z - 1|$ 을 만족시킨다. $f(1) = 1$ 일 때, $f'(0)$ 의 값을 구하여라(2018년 임용고시).

제5.3절 최대 절댓값 정리

다음 정리는 한 원의 내부 및 그 위에서 해석적인 함수에 대하여 원주 위에서 함숫값의 평균값은 그 원의 중심에서 함숫값과 같음을 보여 준다.

정리 5.3.1 (가우스(Gauss)의 평균값 정리) 함수 $f(z)$가 닫힌 원판 $|z - z_0| \leq r$에서 해석적이면 다음 식이 성립한다.

$$f(z_0) = \frac{1}{2\pi} \int_0^{2\pi} f(z_0 + re^{i\theta}) \, d\theta$$

증명 코시의 적분공식에 의하여

$$f(z_0) = \frac{1}{2\pi i} \oint_{|z - z_0| = r} \frac{f(z)}{z - z_0} \, dz$$

여기서 $z = z_0 + re^{i\theta}$로 놓으면

$$f(z_0) = \frac{1}{2\pi i} \int_0^{2\pi} \frac{f(z_0 + re^{i\theta})}{re^{i\theta}} \, ire^{i\theta} \, d\theta = \frac{1}{2\pi} \int_0^{2\pi} f(z_0 + re^{i\theta}) \, d\theta$$

이다. ■

만일 $f(z) = c$(상수)이면 분명히 가우스의 정리에 의하여 다음 사실을 얻을 수 있다.

$$f(z_0) = \frac{1}{2\pi} \int_0^{2\pi} f(z_0 + re^{i\theta}) \, d\theta = c$$

정리 5.3.2 (최대 절댓값 정리 1) 함수 $f(z)$가 영역 D에서 해석적이고 $f(z)$가 상수가 아니면 $|f(z)|$는 D 안에서 최댓값을 취하지 않는다.

증명 D 안의 한 점 z_0에서 $|f(z)|$가 최댓값을 갖는다고 가정하자. D에 포함되는 한 원판 $|z - z_0| \leq R$을 택하고, $0 < r \leq R$인 모든 r에 대하여 가우스의 평균값 정리를 적용하면

$$f(z_0) = \frac{1}{2\pi} \int_0^{2\pi} f(z_0 + re^{i\theta}) \, d\theta$$

이다. 가정에 의하여 $|f(z_0 + re^{i\theta})| \leq |f(z_0)|$이다. 어떤 점 $z = z_0 + r_1 e^{i\theta_1} (r_1 \leq R)$에 대하여 부등식

$$\left| f\left(z_0 + r_1 e^{i\theta_1}\right) \right| < \left| f(z_0) \right|$$

가 성립한다고 가정하면, $f(z)$는 점 $z = z_0 + r_1 e^{i\theta_1}$에서 연속이므로 원 $|z - z_0| = r_1$의 어떤 호 위에서 위의 부등식을 만족해야 한다. 따라서

$$|f(z_0)| \leq \frac{1}{2\pi} \int_0^{2\pi} \left| f(z_0 + r_1 e^{i\theta}) \right| d\theta$$
$$< \frac{1}{2\pi} \int_0^{2\pi} |f(z_0)| d\theta = |f(z_0)|$$

가 되어 모순된다.

한편 $|f(z_0)|$가 $|z - z_0| \leq R$에서 상수이면 정리 2.4.15에 의하여 $f(z)$도 이 원판에서 상수가 되고, 항등정리에 의하여 $f(z)$는 D에서 상수가 된다. 따라서 $f(z)$가 상수가 아니므로 $|f(z)|$는 D 안의 한 점에서 최댓값을 가질 수 없다. ∎

위의 정리를 간단히 최댓값 정리라고도 한다.

정리 5.3.3 (최대 절댓값 정리 2) 함수 $f(z)$가 유계인 영역 D에서 해석적이고 닫힘 $\overline{D}$에서 연속함수이면 $|f(z)|$는 D의 경계 위에서 최댓값을 취한다.

증명 D가 유계집합이므로 $\overline{D}$는 컴팩트 집합이다. 따라서 $|f(z)|$는 $\overline{D}$ 위에서 연속이므로 $\overline{D}$ 안의 어떤 점에서 최댓값을 취한다. 그런데 만약 $f(z)$가 상수가 아니면 위 정리 5.3.2에 의하여 $|f(z)|$는 D의 내점에서 최댓값을 취하지 않으므로 $|f(z)|$의 최댓값은 D의 경계 위에서 일어나야 한다. ∎

주의 5.3.4 영역은 단일연결일 필요는 없다. 예를 들어, 열린 원환 $\frac{1}{R} < |z| < R$에서 해석적이고 닫힌 원환 $\frac{1}{R} \leq |z| \leq R$에서 연속인 임의의 함수의 절댓값은 그 경계 위에서 최댓값을 가져야 한다.

보기 5.3.5 닫힌 원판 $|z| \leq 2$에서 $f(z) = 2z + 5i$의 최대 절댓값을 구하여라.

풀이 $f(z)$는 다항식이므로 $|z| \leq 2$에서 해석적이다. 따라서 $f(z)$는 최대 절댓값 정리의 조건을 만족하고

$$|2z + 5i|^2 = (2z + 5i)(2\overline{z} - 5i) = 4|z|^2 + 20 \operatorname{Im} z + 25$$

이다. 따라서 $|f(z)|$는 주어진 영역의 경계인 원 $|z| = 2$에서 최댓값을 취하고

$|2z+5i| = \sqrt{41 + 20\operatorname{Im}z}$ 이다. $\operatorname{Im}z$는 $z = 2i$에서 최댓값을 취하므로 $\max_{|z|\,\le\,2}|2z+5i| = \sqrt{81} = 9$이다. ■

상수가 아닌 해석함수에 대하여 최솟값 정리는 성립하지 않는다. 예를 들어, $f(z) = z$는 $|z| \le 1$에서 해석적이지만, $|f(z)|$은 $z = 0$에서 최솟값을 갖는다. 그러나 다음 정리는 성립한다.

정리 5.3.6 (최소 절댓값 정리) 함수 $f(z)$가 영역 D에서 해석적이고, D에서 $f(z) \ne 0$이면, $|f(z)|$는 $f(z)$가 상수함수가 아닌 한 D 안에서 최솟값을 가질 수 없다. 만약 $f(z)$가 컴팩트 집합 D 위에서 연속이면 $|f(z)|$는 경계 위에서 최솟값을 갖는다.

증명 D에서 $f(z) \ne 0$이므로 $1/f(z)$는 D에서 해석적이다. $|f(z)|$이 D 안의 한 점 z_0에서 최솟값을 가질 필요충분조건은 $|1/f(z)|$가 z_0에서 최댓값을 갖는 것이므로 함수 $1/f(z)$에 최대 절댓값 정리를 적용하면 증명이 끝난다. ■

보기 5.3.7 $f(z) = (z+1)^2$과 $z = 0, z = 2, z = i$를 꼭짓점으로 하는 닫힌 삼각형 영역 D에 대하여 $|f(z)|$의 최댓값과 최솟값을 갖는 D의 점을 구하여라.

풀이 $|f(z)|$는 D에서 해석적이고 상수함수가 아니다. 한편 $f(z) = (z+1)^2$는 닫힌 삼각영역 D에서 연속이고 f의 영점 $z = -1$은 D의 내부에 있지 않으므로 (즉, 임의의 $z \in D$에 대하여 $f(z) \ne 0$이므로) $|f(z)|$는 D의 경계에서 최댓값과 최솟값을 갖는다. 그런데

$$|f(z)| = |z-(-1)|^2$$

이므로 이 값은 z와 -1 사이의 거리의 제곱이다. 따라서 $|f(z)|$가 최대가 되는 점은 $z = 2$이고 $|f(z)|$가 최소가 되는 점은 $z = 0$이다. ■

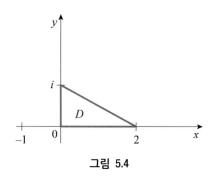

그림 5.4

상수가 아닌 함수 $f(z)$가 $|z| \leq R$에서 해석적이고 $|f(z)| \leq M$이면, 최대 절댓값 정리는 $|z| < R$에서 $|f(z)| < M$임을 말해준다. 다음 정리는 더 정확한 상계를 말해준다.

정리 5.3.8 (슈바르츠(Schwarz)의 보조정리) $f(z)$가 열린 원판 $|z| < R$에서 해석적이고, $f(0) = 0$이라 하자. 만일 $|z| < R$에서 $|f(z)| \leq M$이면 부등식

$$|f(z)| \leq (\frac{r}{R})M, \quad (|z| = r < R)$$

이 성립하고, 등호는

$$f(z) = (M/R)e^{i\alpha}z \quad (\alpha \text{는 실수})$$

에 대해서만 성립된다.

증명 $f(0) = 0$이고 $f(z)$가 $|z| < R$에서 해석적이므로

$$f(z) = a_1z + a_2z^2 + a_3z^3 + \cdots = zg(z)$$

로 쓸 수 있다. 여기서 $g(z)$는 $|z| < R$에서 해석적이다. 가정에 의하여 $g(0) = a_1 = f'(0)$이다. $g(z)$에 최대 절댓값 정리를 적용하면

$$\max_{|z|=r} |g(z)| \leq \max_{|z|=R'} |g(z)| \quad (r < R' < R) \tag{5.9}$$

즉,

$$\max_{|z|=r} \left| \frac{f(z)}{z} \right| \leq \max_{|z|=R'} \left| \frac{f(z)}{z} \right| \quad (r < R' < R)$$

이다. 따라서

$$\max_{|z|=r} |f(z)| \leq \frac{r}{R'} \max_{|z|=R'} |f(z)| \leq \frac{r}{R'} M$$

이다. $R' \to R$이 되도록 하면

$$\max_{|z|=r} |f(z)| \le \frac{r}{R} M$$

을 얻는다. 식 (5.9)에서 등호가 성립하는 것은 $g(z)$가 상수일 때 한한다. 즉, $|g(z)| = M/R$일 때에 한하여 $|f(z)| = (r/R)M$ ($|z| = r < R$)이 성립된다. 따라서 등호는 $f(z) = (M/R)e^{i\alpha}z$일 때만 성립한다. ■

따름정리 5.3.9 함수 $f(z)$가 열린 원판 $|z| < R$에서 해석적이고,

$$f(0) = f'(0) = \cdots = f^{(n-1)}(0) = 0$$

이라 하자. 만일 $|z| < R$에서 $|f(z)| \le M$이면 부등식

$$|f(z)| \le (r/R)^n M \quad (|z| = r < R)$$

이 성립되고, 등호는

$$f(z) = (M/R^n)e^{i\alpha}z^n \quad (\alpha \text{는 실수})$$

에 대해서만 성립한다.

증명 $f(z) = z^n g(z)$라 두고 $g(z)$에 최대 절댓값 정리를 적용하면 된다. ■

따름정리 5.3.10 만일 $f(z)$가 열린 원판 $|z| < R$에서 해석적이고, $|z| \le R$에서 $|f(z)| \le M$이면 다음 부등식이 성립한다.

$$|f(z) - f(0)| \le \frac{2r}{R} M \quad (|z| = r < R)$$

증명 $g(z) = f(z) - f(0)$로 놓으면 $g(0) = 0$이고

$$|g(z)| \le |f(z)| + |f(0)| \le 2M$$

이다. $g(z)$에 슈바르츠의 보조정리를 적용하면

$$|g(z)| = |f(z) - f(0)| \le \frac{2r}{R} M \quad (|z| = r < R)$$

이다. ■

보기 5.3.11 위의 따름정리를 이용하여 리우빌의 정리를 보여라.

증명 $f(z)$는 모든 z에 대해서 $|f(z)| \le M$를 만족하는 정함수라 가정하자. 주어진 $|z_0| = r_0$인 점 z_0와 임의의 $\epsilon > 0$에 대해서 $R > 2r_0 M/\epsilon$을 택하면

$$|f(z_0) - f(0)| \leq \frac{2r_0 M}{R} < \epsilon$$

이다. ϵ은 임의의 양수이므로 $f(z_0) = f(0)$이다. 또한 z_0는 임의의 점이므로 모든 z에 대해서 $f(z) = f(0)$이다. 따라서 $f(z)$는 상수함수이다. ▦

겹선형 변환

$$B_\alpha(z) = \frac{z - \alpha}{1 - \overline{\alpha}z} \quad (|\alpha| < 1)$$

를 생각하자. $|1/\overline{\alpha}| > 1$이므로 B_α는 $|z| \leq 1$에서 해석적이다. 또한 $B_\alpha(\alpha) = 0$이다. $|z| = 1$에서

$$\begin{aligned} |B_\alpha(z)|^2 &= \left(\frac{z - \alpha}{1 - \overline{\alpha}z}\right)\left(\frac{\overline{z} - \overline{\alpha}}{1 - \alpha\overline{z}}\right) \\ &= \frac{|z|^2 - \alpha\overline{z} - \overline{\alpha}z + |\alpha|^2}{1 - \alpha\overline{z} - \overline{a}z + |\alpha|^2|z|^2} = 1 \end{aligned}$$

이므로 경계 $|z| = 1$에서 $|B_\alpha| \equiv 1$이다.

보기 5.3.12 함수 f는 단위 원판에서 해석적이고 $|f(z)| \leq 1$, $f(\frac{1}{2}) = 0$이라 할 때, $|f(\frac{3}{4})|$의 값을 추정하여라.

풀이 $f(\frac{1}{2}) = 0$이므로

$$g(z) = \begin{cases} f(z) / \dfrac{z - \dfrac{1}{2}}{1 - \dfrac{1}{2}z}, & z \neq \dfrac{1}{2} \\[3mm] \dfrac{3}{4} f'(\dfrac{1}{2}), & z = \dfrac{1}{2} \end{cases}$$

은 $|z| < 1$에서 해석적이다. $|z| \to 1$로 두면 $|g| \leq 1$이다. 따라서 $|z| < 1$에서

$$|f(z)| \leq \left| \frac{z - \dfrac{1}{2}}{1 - \dfrac{1}{2}z} \right|$$

이다. 특히 $|f(\frac{3}{4})| \leq \frac{2}{5}$이다. ▦

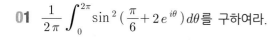
01 $\dfrac{1}{2\pi}\displaystyle\int_0^{2\pi}\sin^2\left(\dfrac{\pi}{6}+2e^{i\theta}\right)d\theta$를 구하여라.

02 $\displaystyle\int_0^{\pi}\ln\sin\theta\,d\theta = -\pi\ln 2$임을 보여라.

03 함수 $f(z)$가 원판 $|z-z_0|\le r$에서 해석적이고 0이 아닐 때

$$\log|f(z_0)| = \frac{1}{2\pi}\int_0^{2\pi}\log|f(z_0+re^{i\theta})|\,d\theta$$

임을 보여라.

04 상수가 아닌 함수 $f(z)$는 영역 D에서 해석적이고 그 닫힘 $\overline{D}$ 위에서 연속이라 가정하자. $|f(z)|$가 D의 경계 위에서 상수이면 $f(z_0)=0$이 되는 점 $z_0\in D$가 존재함을 보여라.

05 $M(r,f)=\displaystyle\max_{|z|=r}|f(z)|$이고 $m(r,f)=\displaystyle\min_{|z|=r}|f(z)|$이라 하자. 다음 정함수에 대한 $M(r,f)$와 $m(r,f)$를 구하고 최댓값과 최솟값을 나타나는 $|z|=r$ 위의 모든 점을 지적하여라.

(1) $f(z)=e^z$ (2) $f(z)=z^n$

(3) $f(z)=z^2+1$ (4) $f(z)=z^2-z+1$

06 $P(z)$는 다항식이고 $f(z)=P(z)e^z$이라 놓자. $r\to\infty$일 때 $M(r,f)\to\infty$이고 $m(r,f)\to 0$임을 보여라.

07 함수 $f(z)$는 $|z|<1$에 대해서 $|f(z)|<1$이고 해석적이라 가정하자. 만일 $f(0)=0$이면 $|f'(0)|\le 1$이고, $f(z)=e^{i\alpha}z$ (α는 실수)일 때만이 등식을 가짐을 보여라.

08 함수 $f(z)$는 $|z|\le 1$에 대해서 해석적이고 $|z|\le 1$에 대해서 $|f(z)|\ge 1$이라 가정하자. 만일 $f(0)=1$이면 $f(z)$는 상수임을 보여라.

09 함수 f는 정함수이고 모든 z에 대하여 $f(z)\le 1/\operatorname{Im}z$이면 $f\equiv 0$이다.

10 함수 $f(z)$는 $|z|<R$에서 해석적이고 $f(0)=0$이라 하자.

$$F(z) = f(z) + f(z^2) + f(z^3) + \cdots$$

은 $|z| < R$에서 해석적이고, 더욱이

$$|F(z)| \leq \frac{r}{1-r} \quad (|z| = r < R)$$

임을 보여라(귀띔: 슈바르츠의 보조정리를 사용하여라).

11 최댓값 정리를 이용하여 대수학의 기본정리를 보여라.

12 주어진 함수 $f(z)$에 대하여 $|z| \leq 1$에서 $|f(z)|$의 최댓값을 구하여라.

    (1) $f(z) = z^2 - 3z + 2$ (2) $f(z) = \cos 3z$

    (3) $f(z) = z^2 - z$ (4) $f(z) = z^2 + 2z - 3$

13 복소평면 $\mathbb{C}$의 영역 $D : |z| < 2$에서 정의되는 함수 $f : D \to \mathbb{C}$가 해석적이고, 모든 $z \in D$에 대하여 $|f(z)| \leq \sqrt{5}$이다. $f(0) = 2+i$일 때, $f(1) + f'(i)$의 값을 구하여라(2006년 임용고시).

14 만약 함수 $f(z)$가 열린 원판 $|z| < R$에서 해석적이면

$$M(r) = M(r, f) = \max_{|z| = r} |f(z)|$$

는 $0 \leq r < R$에 대해서 연속함수임을 보여라.

15 함수 $f(z)$는 $|z| < R (< \infty)$에서 해석적이고 $|f(z)| \leq M$이라 하자. $f(z)$의 영점을 중복도에 따라 나열한 것을 $z_1, z_2, \cdots, z_n$이라 하면

$$|f(z)| \leq M \prod_{i=1}^{n} \left| \frac{R(z - z_i)}{R^2 - \overline{z_i} z} \right|$$

가 성립함을 보여라. 여기서 $z_1, \cdots, z_n$ 이외에서 등호가 성립하는 것은

$$f(z) = Me^{i\theta} \prod_{i=1}^{n} \frac{R(z - z_i)}{R^2 - \overline{z_i} z}$$

일 때 한한다.

16 함수 f, g가 컴팩트 영역 D에서 해석적일 때 $|f(z)| + |g(z)|$는 D의 경계에서 최댓값을 가짐을 보여라(귀띔 : 적당한 α, β에 대하여 함수 $f(z)e^{i\alpha} + g(z)e^{i\beta}$를 생각하여라).

17 함수 f는 정함수이고 모든 z에 대하여 $|f(z)| \leq 1/|\operatorname{Re} z|^2$이면 $f \equiv 0$임을 보여라.

18 함수 f는 정함수이고 단위원 $|z| = 1$에서 $|f| = 1$일 때 $f(z) = cz^n$임을 보여라(귀띔 :

$$f(z) = c \prod_{i=1}^{N} \frac{z - \alpha_i}{1 - \overline{\alpha_i} z}$$

임을 보이기 위하여 최대 절댓값 정리와 최소 절댓값 정리를 사용하여라).

19 (슈바르츠의 보조정리 2) 함수 f가 단위원판 $|z| < 1$에서 해석함수이고 $f(0) = 0$이라 하자. 만일 $|z| < 1$에서 $|f(z)| \leq 1$이면 다음이 성립함을 보여라.
(1) $|f(z)| \leq |z|$,
(2) $|f'(0)| \leq 1$,
(3) 위의 어느 하나의 등호가 성립하기 위한 필요충분조건은 $f(z) = e^{i\theta} z$이다.

20 원 $|z| = r$ 위에서 $|\cos z| > 1$임을 보여라(귀띔: 최대 절댓값 정리를 사용하여라).

21 $f(z) = e^z/z$일 때 원환 $\frac{1}{2} \leq |z| \leq 1$에서 $|f(z)|$의 최대 절댓값과 최소 절댓값을 구하여라.

22 Ω는 $\overline{D(0,1)}$을 포함하는 영역이고 $f : \Omega \rightarrow \mathbb{C}$는 해석함수일 때 다음을 보여라.
(1) M은 양수이고, 임의의 $z \in \partial D(0,1)$에 대하여 $|f(z)| \geq M$이고 $|f(0)| < M$이라 가정하면 f는 $D(0,1)$에서 적어도 하나의 영점을 가진다.
(2) 임의의 $z \in D(0,1)$에 대하여 $|f(z^2)| \geq |f(z)|$이면 f는 $D(0,1)$에서 상수함수이다.

23 $|z| \leq 1$에서 $|e^{z^3}|$의 최댓값을 구하여라.

24 $D : |z| < 2$이고 함수 $f : D \rightarrow \mathbb{C}$가 D에서 해석적이라 하자. $f(0) = f'(0) = 0$, $f''(0) \neq 0$이고 $f(\frac{1}{3}) = \frac{i}{12}$라 하자. 모든 $z \in D$에 대하여 $|f(z)| \leq 3$일 때 $f(\frac{2i}{3})$의 값을 구하여라(2010년 임용고시).

25 복소함수 $f(z) = \frac{1}{2}(z + \frac{1}{z})$에 대하여 집합 $\{z \in \mathbb{C} \,|\, |z| = 2\}$에서 $|f(z)|$의 최댓값과 최솟값을 구하여라(2021년 임용고시).

제5.4절 편각원리

상수가 아닌 함수 $f(z)$가 z_0에서 해석적이고 $f(z_0) = 0$이면 대수학의 기본정리에 의하여 $f(z)$의 다른 영점을 포함하지 않는 z_0의 근방이 존재하여

$$f(z) = (z - z_0)^k F(z), \quad (k는 \ 자연수)$$

로 표현할 수 있다. 단 $F(z)$는 z_0에서 해석적이고, z_0의 근방의 내부 및 경계 C 위에서 $F(z) \neq 0$이다. 따라서

$$f'(z) = k(z - z_0)^{k-1} F(z) + (z - z_0)^k F'(z)$$

이므로

$$\frac{f'(z)}{f(z)} = \frac{k}{z - z_0} + \frac{F'(z)}{F(z)}$$

가 되고

$$\int_C \frac{f'(z)}{f(z)} \, dz = \int_C \frac{k}{z - z_0} \, dz + \int_C \frac{F'(z)}{F(z)} \, dz$$

이다. $F'(z)/F(z)$는 C의 내부와 그 경계 위에서 해석적이므로 코시의 정리에 의하여 마지막 적분값은 0이고,

$$\int_C \frac{f'(z)}{f(z)} \, dz = \int_C \frac{k}{z - z_0} \, dz = \int_0^{2\pi} \frac{k}{\epsilon e^{i\theta}} i\epsilon e^{i\theta} \, d\theta = 2\pi i k$$

이므로

$$\frac{1}{2\pi i} \int_C \frac{f'(z)}{f(z)} \, dz = k$$

를 얻는다. 여기서 k는 $f(z)$의 영점의 차수이다. 식 $f'(z)/f(z)$는 $f(z)$의 로그함수의 **도함수(logarithmic derivative)**이다.

함수 $f(z)$가 z_0의 빠진 근방에서 해석적이고

$$\lim_{z \to z_0} (z - z_0)^n f(z) = A \neq 0, \infty$$

이 되는 자연수 n이 존재할 때 $f(z)$는 z_0에서 n차 **극점(pole)**을 갖는다고 한다. 이때 $f(z)$는

$$f(z) = F(z)/(z - z_0)^n$$

으로 표시된다. 여기서 $F(z)$는 $z = z_0$에서 해석적이고 $F(z_0) \neq 0$이다(이 사실을 7.1절에서 증명한다).

정리 5.4.1 $f(z)$가 단순 닫힌 곡선 C의 내부에서 유한개의 극점들을 제외하고는 해석적이고 C 위에서 $f(z) \neq 0$이라 하자. N과 P를 각각 C의 내부에 있는 영점과 극점들의 수라 하면 다음 식이 성립한다.

$$\frac{1}{2\pi i} \oint_C \frac{f'(z)}{f(z)} dz = N - P \tag{5.10}$$

증명 $z_1, z_2, \cdots, z_n$을 각각 중복도 $\alpha_1, \cdots, \alpha_n$인 영점들, $\omega_1, \cdots, \omega_m$을 각각 중복도 $\beta_1, \cdots, \beta_m$인 극점들이라 하면

$$f(z) = \frac{(z - z_1)^{\alpha_1} \cdots (z - z_n)^{\alpha_n}}{(z - \omega_1)^{\beta_1} \cdots (z - \omega_m)^{\beta_m}} F(z)$$

로 쓸 수 있다. 여기서 $F(z)$는 C의 내부와 그 곡선 위에서 영점이나 극점을 갖지 않는 해석함수이다. 양변에 로그함수를 취하면

$$[\log f(z)]' = \frac{f'(z)}{f(z)} = \sum_{i=1}^{n} \frac{\alpha_i}{z - z_i} - \sum_{i=1}^{m} \frac{\beta_i}{z - \omega_i} + \frac{F'(z)}{F(z)}$$

이다. 양변을 적분하면

$$\frac{1}{2\pi i} \oint_C \frac{f'(z)}{f(z)} dz = \sum_{i=1}^{n} \left(\frac{1}{2\pi i} \oint_C \frac{\alpha_i}{z - z_i} dz \right) - \sum_{i=1}^{m} \left(\frac{1}{2\pi i} \oint_C \frac{\beta_i}{z - \omega_i} dz \right)$$

이다. 여기서 $F'(z)/F(z)$는 C의 내부와 그 위에서 해석적이므로 코시의 정리에 의하여

$$\oint_C \frac{F'(z)}{F(z)} dz = 0$$

다음으로 그림 5.5와 같이 $f(z)$의 각 영점과 극점들을 중심으로 서로 만나지 않는 작은 원 C_i를 C 내부에 그리고 각 C_i 내부에는 다른 영점이나 극점이 포함되지 않도록 하고 C의 방향과 같은 방향으로 적분하면

$$\frac{1}{2\pi i} \oint_C \frac{\alpha_i}{z - z_i} dz = \frac{1}{2\pi i} \oint_{C_i} \frac{\alpha_i}{z - z_i} dz = \alpha_i,$$

$$\frac{1}{2\pi i} \oint_C \frac{\beta_i}{z - \omega_i} dz = \frac{1}{2\pi i} \oint_{C_i} \frac{\beta_i}{z - \omega_i} dz = \beta_i$$

이 되므로 다음을 얻을 수 있다.

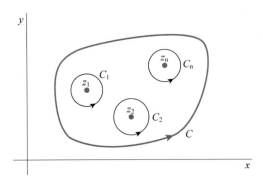

그림 5.5 편각 원리

$$\frac{1}{2\pi i}\oint_C \frac{f'(z)}{f(z)}\,dz = \sum_{i=1}^n \alpha_i - \sum_{i=1}^m \beta_i = N - P \quad \blacksquare$$

보기 5.4.2 $f(z) = z^5 - 3iz^2 + 2z - 1 + i$일 때 $\oint_C f'(z)/f(z)dz$의 값을 구하여라. 단 C는 $f(z)$의 모든 영점을 그 내부에 포함하는 곡선이다.

풀이 함수 $f(z)$는 모든 점에서 해석적이므로 C의 내부에 있는 극점들의 수는 $P = 0$이다. 또한 C는 $f(z)$의 모든 영점을 그 내부에 포함하고 $f(z)$의 차수는 5이므로 $N = 5$이다. 정리 5.4.1에 의하여

$$\oint_C \frac{f'(z)}{f(z)}\,dz = 2\pi i(N - P) = 10\pi i. \quad \blacksquare$$

정리 5.4.1의 식 (5.10)은 $f(z)$나 곡선 C에 관계없이 항상 정수이다. 이런 현상은 로그함수의 성질에 기인한다. $f(z)$가 단순 닫힌 곡선 C 위에서 해석적이고 $f(z) \neq 0$이라 하면

$$\log f(z) = \text{Log}|f(z)| + i\arg f(z)$$

이다. 여기서 다가함수 $\log f(z)$의 한 고정된 분지를 선택한다. 그러면

$$\oint_C \frac{f'(z)}{f(z)}\,dz = \oint_C \frac{d}{dz}\log f(z)\,dz = \text{Log}|f(z)|\Big|_C + i\arg f(z)\Big|_C$$

이다. 곡선 C는 닫힌 곡선이므로 $\text{Log}|f(z)|\big|_C = 0$이다. 따라서

$$\oint_C \frac{f'(z)}{f(z)}\,dz = i\arg f(z)\Big|_C \tag{5.11}$$

가 된다. 이것은 곡선 C를 따라 $f'(z)/f(z)$의 적분값은 z가 C를 따라서 돌 때 $f(z)$의 편각의 총변화량만에 의하여 결정됨을 보여준다.

z가 닫힌 곡선 C 위를 한 바퀴 회전할 때 $\arg f(z)$의 변화량을 C에 따르는 $\arg f(z)$의 **변화량(the variation of** $\arg f(z)$ **along** C**)**이라 하고, $\triangle_C \arg f(z)$로 표시한다. 식 (5.10)으로부터

$$\oint_C \frac{f'(z)}{f(z)}\, dz = i \triangle_C \arg f(z)$$

를 얻고, 정리 5.4.1의 결론은

$$\frac{1}{2\pi} \triangle_C \arg f(z) = N - P$$

와 같이 표현할 수 있다. 이것을 **편각원리(argument principle)**라 한다.

정리 5.4.3 (루셰(Rouche)의 정리) 만약 $f(z)$와 $g(z)$가 단순 닫힌 곡선 C의 내부와 그 위에서 해석적이고, C 위에서 $|g(z)| < |f(z)|$이면 $f(z) + g(z)$와 $f(z)$는 C의 내부에 같은 수의 영점을 갖는다.

증명 $g(z) = f(z)F(z)$ 또는 간단히 $g = fF$가 되도록 $F(z) = g(z)/f(z)$이라 하자. 만약 N_1과 N_2는 C의 내부에서 각각 $f + g$와 f의 영점들의 수라 하면 이들 함수가 C의 내부에서 극점을 갖지 않으므로 정리 5.4.1에 의하여

$$N_1 = \frac{1}{2\pi i} \oint_C \frac{f' + g'}{f + g}\, dz, \quad N_2 = \frac{1}{2\pi i} \oint_C \frac{f'}{f}\, dz$$

이다. 또한 C 위에서 $|F| < 1$이므로 급수 $1 - F + F^2 - F^3 + \cdots$는 C 위에서 고른 수렴한다. 항별 적분하면 $\oint_C F'(1 - F + F^2 - F^3 + \cdots)\, dz = 0$이다(정리 6.4.2). 따라서

$$
\begin{aligned}
N_1 - N_2 &= \frac{1}{2\pi i} \oint_C \frac{f' + f'F + fF'}{f + fF}\, dz - \frac{1}{2\pi i} \oint_C \frac{f'}{f}\, dz \\
&= \frac{1}{2\pi i} \oint_C \frac{f'(1 + F) + fF'}{f(1 + F)}\, dz - \frac{1}{2\pi i} \oint_C \frac{f'}{f}\, dz \\
&= \frac{1}{2\pi i} \oint_C \left\{ \frac{f'}{f} + \frac{F'}{1 + F} \right\} dz - \frac{1}{2\pi i} \oint_C \frac{f'}{f}\, dz \\
&= \frac{1}{2\pi i} \oint_C \frac{F'}{1 + F}\, dz \\
&= \frac{1}{2\pi i} \oint_C F'(1 - F + F^2 - F^3 + \cdots)\, dz = 0
\end{aligned}
$$

즉, $N_1 = N_2$이다. ■

주의 5.4.4 위의 루셰의 정리에서 단순 닫힌 곡선 C 위에서 조건 $|g(z)| < |f(z)|$는 $|g(z)| \leq |f(z)|$로 완화될 수 없다. 왜냐하면 $g(z) = -f(z)$라고 두면, $f(z)$의 영점의 수와 관계없이 $f(z) + g(z) \equiv 0$이기 때문이다.

보기 5.4.5 다항식 $P(z) = z^5 + 6z^3 + 2z + 10$의 영점은 모두 원환 $1 < |z| < 3$ 안에 있음을 보여라.

증명 $g(z) = z^5 + 6z^3 + 2z$, $f(z) = 10$이라고 두자. 원 $|z| = 1$ 위에서

$$|g(z)| \leq |z|^5 + 6|z|^3 + 2|z| = 9 < 10 = |f(z)|$$

이므로 루셰의 정리에 의하여 $P(z) = f(z) + g(z)$는 $|z| < 1$ 안에 $f(z)$와 같은 수의 영점을 갖는다. 그런데 $f(z) = 10$은 영점을 하나도 갖지 않으므로 $P(z)$도 $|z| < 1$ 안에 영점을 갖지 않는다.

$|z| = 1$ 위에서 $|P(z)| \geq 1$이므로 원 $|z| = 1$ 위에는 $P(z)$의 영점이 없다.

끝으로 $f(z) = z^5$, $g(z) = 6z^3 + 2z + 10$이라고 두자. 원 $|z| = 3$ 위에서

$$|g(z)| \leq 6 \cdot 3^3 + 2 \cdot 3 + 10 = 158 < 243 = 3^5 = |f(z)|.$$

따라서 루셰의 정리에 의하여 $P(z)$의 모든 영점은 $|z| < 3$ 안에 있다. ■

보기 5.4.6 복소방정식 $z + e^{-z} = 2$는 열린 원판 $D : |z - 2| < 2$에서 오직 한 개의 복소수 근을 가짐을 보이고 그 근이 실근임을 보여라(2008년 임용고시).

증명 곡선 C를 $|z - 2| = 2$라 하고 $f(z) = z - 2$, $g(z) = e^{-z}$로 두면 f, g는 곡선 C와 그 내부에서 해석적이고, 곡선 C 위에서

$$|g(z)| = |e^{-z}| = e^{-\operatorname{Re} z} \leq 1 < 2 = |z - 2| = |f(z)|$$

이므로 루셰의 정리에 의하여 $f(z) + g(z)$는 $|z - 2| < 2$ 안에 $f(z)$와 같은 수의 영점을 갖는다. 그런데 $f(z) = z - 2$는 오직 하나의 근을 가지므로 $z + e^{-z} = 2$는 $|z - 2| < 2$에서 오직 한 개의 복소수 근을 갖는다.

함수 $h : [0, 4] \to \mathbb{R}$를 $h(x) = x + e^{-x} - 2$로 정의하면 h는 $[0, 4]$ 위에서 연속이다. 또한 $h(0) = -1 < 0$, $h(4) = 2 + e^{-4} > 0$이므로 중간값 정리에 의하여 적당한 값 $c \in (0, 4)$가 존재하여 $h(c) = 0$을 만족한다. 즉, $c + e^{-c} = 2$이므로 $z + e^{-z} = 2$는 실근을 가진다. ■

루셰의 정리를 이용하여 다음 정리를 증명한다.

정리 5.4.7 (후위츠(**Hurwitz**)의 정리) $\{f_n(z)\}$이 단순 닫힌 곡선 C의 내부와 그 위에서 해석적인 함수들의 함수열이고, C의 내부와 그 위에서 $\{f_n(z)\}$이 $f(z)$로 고른 수렴한다고 가정하자. $f(z)$가 C 위에서 영점을 갖지 않는다면, C의 내부에 있는 $f(z)$의 영점의 수는 충분히 큰 자연수 n에 대하여 C의 내부에서 $f_n(z)$의 영점의 수와 같다.

증명 정리 6.4.5에 의하여 극한함수 $f(z)$는 C의 내부과 그 위에서 해석적이다. C 위에서 $|f(z)|$의 최솟값을 $m > 0$이라 하자. 그러면 함수열 $\{f_n(z)\}$가 $f(z)$로 고른 수렴하므로 $n > N = N(m)$인 자연수 n에 대해서

$$|f_n(z) - f(z)| < m \leq |f(z)|$$

이 성립한다. 따라서 루셰의 정리에 의해서 C 안에서 $f(z)$의 영점의 수는

$$f(z) + (f_n(z) - f(z)) = f_n(z) \quad (n > N)$$

의 영점의 수와 같다. ■

보기 5.4.8 루셰의 정리를 이용하여 대수학의 기본정리를 보여라.

증명

$$P_n(z) = a_0 + a_1 z + \cdots + a_{n-1} z^{n-1} + a_n z^n$$
$$= P_{n-1}(z) + a_n z^n \quad (a_n \neq 0)$$

이라고 가정하면 $|z| = r > 1$에 대하여

$$\left| \frac{P_{n-1}(z)}{a_n z^n} \right| \leq \frac{(|a_0| + |a_1| + \cdots + |a_{n-1}|) r^{n-1}}{|a_n| r^n}$$
$$= \frac{|a_0| + |a_1| + \cdots + |a_{n-1}|}{|a_n| r}$$

이다. 따라서

$$r > \max \{ (|a_0| + |a_1| + \cdots + |a_{n-1}|) / |a_n|, 1 \}$$

이 되도록 r을 잡으면 $|z| = r$ 위에서 $|P_{n-1}(z)| < |a_n z^n|$이 된다. 따라서 $a_n z^n$은 $z = 0$에서 n개의 영점(모두 원점에서)을 가지므로 루셰의 정리에 의하여

$$P_n(z) = P_{n-1}(z) + a_n z^n$$

도 $|z| < r$ 내에 n개의 영점을 갖는다. ■

루셰의 정리의 한 응용의 예로 다음 **열린 사상 정리**(**open mapping theorem**)를 증명한다.

정리 5.4.9 상수가 아닌 해석함수는 열린 집합을 열린 집합으로 사상한다.

증명 $f(z)$가 $z = z_0$에서 해석적이라고 하자. z평면의 z_0의 모든 작은 근방의 상이 ω평면에서 $\omega_0 = f(z_0)$의 한 근방을 포함함을 증명하면 된다. 함수 $f(z) - \omega_0$는 $|z - z_0| \leq \delta$에서 해석적이고, $|z - z_0| = \delta$ 위에서는 영점을 가지지 않도록 $\delta > 0$를 선택한다(이것은 왜 가능한가?). 원 $|z - z_0| = \delta$ 위에서 $|f(z) - \omega_0|$의 최솟값을 m이라 하고, $\omega = f(z)$에 의한 $|z - z_0| < \delta$의 상이 $|\omega - \omega_0| < m$을 포함함을 보이기로 한다.

원판 $|\omega - \omega_0| < m$ 안의 임의의 한 점 ω_1을 택하면(즉, ω_1은 $N_m(\omega_0)$의 임의의 점) 원 $|z - z_0| = \delta$ 위에서

$$|\omega_0 - \omega_1| < m \leq |f(z) - \omega_0|$$

이다. 따라서 루셰의 정리에 의하여

$$(f(z) - \omega_0) + (\omega_0 - \omega_1) = f(z) - \omega_1$$

은 $|z - z_0| < \delta$에서 함수 $f(z) - \omega_0$와 같은 수의 영점을 갖는다. 그런데 $f(z) - \omega_0$는 적어도 한 영점 z_0를 가지므로 $f(z) - \omega_1$도 적어도 한 영점을 갖는다. 즉, 적어도 한번은 $f(z) = \omega_1$이 된다. 즉, $\omega_1 \in f(N_\delta(z_0))$. ω_1은 임의의 점이므로 $|z - z_0| < \delta$의 상 $f(N_\delta(z_0))$은 $|\omega - \omega_0| < m$의 모든 점을 포함해야 한다. ■

따름정리 5.4.10 상수가 아닌 해석함수는 영역(열린 연결집합)을 영역으로 사상한다.

증명 정리 5.4.9에 의하여 상수가 아닌 해석함수는 열린 집합을 열린 집합으로 사상한다. 또한 해석함수는 연속함수이므로 제2장 정리 2.2.17에 의하여 연결집합을 연결집합으로 사상한다. 따라서 상수가 아닌 해석함수는 영역을 영역으로 사상

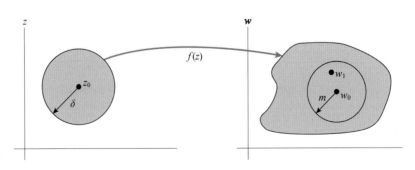

그림 5.6 열린 사상 정리

한다. ∎

주의 5.4.11 (1) 일반적으로 상수가 아닌 연속함수는 열린 집합을 열린 집합으로 사상하지 않는다. 예를 들어, 함수 $f(z) = |z|$는 평면 전체를 열린 집합이 아닌 $u \geq 0, v = 0$인 반직선 위로 사상한다.

(2) 일반적으로 해석함수는 닫힌 집합을 항상 닫힌 집합으로 사상하지 않는다. 예를 들어, 함수 $f(z) = e^z$는 닫힌 집합인 평면 전체를 닫힌 집합이 아닌, 원점을 뺀 평면으로 사상한다.

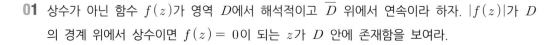

01 상수가 아닌 함수 $f(z)$가 영역 D에서 해석적이고 $\overline{D}$ 위에서 연속이라 하자. $|f(z)|$가 D의 경계 위에서 상수이면 $f(z) = 0$이 되는 z가 D 안에 존재함을 보여라.

02 곡선 C는 반시계 방향의 원 $|z| = \pi$일 때 적분값 $\displaystyle\int_C f'(z)/f(z)\,dz$을 구하여라.

   (1) $f(z) = \sin \pi z$ (2) $f(z) = \cos \pi z$

03 $f(z) = (z^2 + 1)^2/(z^2 + 2z + 2)^3$일 때 $\dfrac{1}{2\pi i}\displaystyle\int_C f'(z)/f(z)\,dz$의 값을 구하여라. 단 C는 반시계 방향의 원 $|z| = 4$이다.

04 $f(z)$가 $|z| \le 1$ 위에서 해석적이고 단위원 $|z| = 1$ 위에서 $|f(z)| < 1$이면 f는 단위원 내부에 정확히 한 개의 **부동점(fixed point)**을 가짐을 보여라.

05 $g_n(z) = \displaystyle\sum_{k=0}^{n} \dfrac{z^k}{k!}$이라 하자. 충분히 큰 자연수 n에 대하여 g_n은 원판 $|z| < R$의 내부에서 영점을 가지지 않음을 보여라.

06 $f(z)$는 단순 닫힌 곡선 C 내부에 있는 유한개의 극점을 제외하고는 C의 내부와 그 위에서 해석적이라 하자. C 위에 있지 않고 C 내부에 있는 $f(z)$의 영점들을 $z_1, z_2, \cdots, z_n$, 극들을 $\omega_1, \omega_2, \cdots, \omega_m$이라 하자. $g(z)$가 C의 내부와 C 위에서 해석적이고 C 위에서 $f(z) \ne 0$이면 다음이 성립함을 보여라. 단 영점과 극점들은 중복도를 인정하고 세기로 한다.

$$\frac{1}{2\pi i}\int_C g(z)\frac{f'(z)}{f(z)}\,dz = \sum_{i=1}^{n} g(z_i) - \sum_{i=1}^{m} g(\omega_i)$$

07 $f : A \to B$가 해석적인 전단사함수라 하자. $\omega \in B$이고 C가 $z_0 \in A$를 중심으로 하는 A 안의 충분히 작은 원이라고 할 때 다음을 보여라. 단 ω는 ω_0에 충분히 가까운 점이다.

$$f^{-1}(\omega) = \frac{1}{2\pi i}\int_C \frac{zf'(z)}{f(z) - \omega}\,dz$$

08 $P(z) = a_0 + a_1 z + \cdots + a_n z_n,\ a_n \ne 0$일 때 충분히 큰 값 $R > 0$에 대하여 다음 적분값을 구하여라.

$$\frac{1}{2\pi i}\int_{|z|=R}\frac{z\,P'(z)}{P(z)}\,dz$$

09 다음 적분값을 구하여라.

$$\frac{1}{2\pi}\int_0^{2\pi}\sin^2\left(\frac{\pi}{6}+2e^{i\theta}\right)d\theta$$

10 만일 $f(z)$가 원판 $|z|<1$에서 해석적이고 0이 아니면 $0<r<1$에 대해서

$$\exp\left(\frac{1}{2\pi}\int_0^{2\pi}\log|f(re^{i\theta})|d\theta\right)=|f(0)|$$

임을 보여라.

11 $a>1$일 때 $f(z)=z+e^{-z}$는 우반평면에서 정확히 한 점에서 값 a를 취함을 보여라.

12 n이 충분히 큰 자연수일 때 작은 양수 R에 대해서 함수

$$1+\frac{1}{z}+\frac{1}{2!z^2}+\cdots+\frac{1}{n!z^n}$$

의 모든 영점은 원판 $|z|<R$에 있음을 보여라.

13 $\{f_n(z)\}$는 영역 D의 모든 컴팩트 부분집합에서 $f(z)$로 고른 수렴하는 해석함수열이라 하자. 각 z_n이 D에 속할 때 모든 n에 대해서 $f_n(z_n)=0$이라 하자. D에 속하는 $\{z_n\}$의 모든 쌓인 점은 $f(z)$의 영점임을 보여라(귀띔 : 후르비쯔의 정리를 사용하여라).

14 만일 $f(z)$가 $z=a$를 내부에 포함하는 단순 닫힌 곡선 C의 내부와 그 위에서 해석적이면 다음을 보여라.

(1) $\{f(a)\}^n=\dfrac{1}{2\pi i}\displaystyle\int_C f(z)^n/(z-a)dz \quad (n=0,1,2,\cdots)$

(2) 식 (1)을 이용하여 $|f(a)|^n\leq LM^n/2\pi d$이다. 단 d는 a로부터 곡선 C까지의 최단 거리, $M=\max_{z\in C}|f(z)|$, L은 C의 길이이다.

(3) 식 (2)의 양변에 n제곱근을 취하고, $n\to\infty$되게 하여 최댓값 정리를 보여라.

15 다음을 보여라.

(1) $p(z)=3z^3-2z^2+2iz-8$의 모든 근은 원환 $1<|z|<2$에 놓여있다.

(2) $|a|>e$일 때 방정식 $az^n-e^z=0$은 단위원 C의 내부에서 n개의 근을 갖는다.

(3) 다항식 $z^3 - 4z^2 + z - 4$가 꼭 두 개의 영점을 원 $|z| = r$의 내부에 갖도록 r을 결정하여라.

(4) a는 0이 아닌 실수일 때 방정식 $ze^z = a$는 무한히 많은 근을 갖는다.

(5) 방정식 $e^z e^{a-z} = 1$, $a > 1$은 원 $|z| = 1$의 내부에서 정확히 하나의 근을 갖는다.

16 만약 $P_n(z) = \sum_{k=0}^{n-1} (k+1)z^k$이고 $0 < r < 1$이면 적당한 자연수 n_0에 대하여 $P_n(z)$는 $|z| < r$에서 근($zero$)을 갖지 않음을 보여라.

17 열린 사상 정리를 이용하여 최대 절댓값 정리를 보여라.

18 함수 $f(z)$가 $D : |z| \leq r$에서 해석적이고, 원 $|z| = r$ 위에서 $f(z) \neq 0$이라 하자. 이때 $|z| = r$ 위에서 $\operatorname{Re}\{zf'(z)/f(z)\}$의 최댓값은 $|z| < r$에서 $f(z)$의 영점의 개수보다 작지 않음을 보여라.

19 주어진 영역에서 다음 함수들의 영점의 개수를 구하여라.

(1) $f_1(z) = 3e^z - z$; $|z| \leq 1$

(2) $f_2(z) = \dfrac{1}{3}e^z - z$; $|z| \leq 1$

(3) $f_3(z) = z^4 - 5z + 1$; $1 \leq |z| \leq 2$

(4) $f_4(z) = z^6 - 5z^4 + 3z^2 - 1$; $|z| \leq 1$

(5) $f(z) = z^4 + 5z + 3$; $1 < |z| < 2$

(6) $f(z) = z^5 + 3z^3 + 7$; $|z| < 2$

(7) $f(z) = 6z^3 + e^z + 1$; $|z| < 1$

(8) $f(z) = z^6 + 4z^2 e^{z+1} - 3$; $|z| < 1$

(9) $f(z) = e^{z^2} - 4z^2$; $|z| < 1$

20 함수 f가 열린 연결집합 D에서 해석적이고 모든 $z \in D$에 대하여 $f(z)^2 = \overline{f(z)}$이면 f는 D에서 상수함수임을 보여라.

21 단위원판에서 방정식 $2z + \sin z = 0$의 모든 근을 구하여라.

22 $\phi(z) = 2 + z^2 + e^{iz}$는 열린 상반평면에서 정확히 하나의 영점을 가짐을 보여라.

제 6장

멱급수

---- **Point** |----

이 장에서는 함수항 수열과 급수의 수렴에 대하여 공부하고, 멱급수가 수렴하는 영역에서 그 급수의 합이 해석함수가 되는가를 조사한다. 또한 멱급수가 수렴하는 영역에서 어떤 함수에 수렴하면 이 급수는 그 함수의 테일러 급수임을 알아본다.

제6.1절 급수의 수렴

정의 6.1.1 복소수열 $\{z_n\}$에 대하여

$$S_n = z_1 + z_2 + \cdots + z_n \quad (n = 1, 2, 3, \cdots)$$

로 두면 복소수열 $\{S_n\}_{n=1}^{\infty}$을 얻을 수 있다. 만약 수열 $\{S_n\}_{n=1}^{\infty}$이 어떤 복소수 A에 수렴할 때 복소급수

$$z_1 + z_2 + \cdots + z_n + \cdots = \sum_{n=1}^{\infty} z_n$$

은 A에 수렴한다고 하고 $\sum_{n=1}^{\infty} z_n = A$로 표현한다. 이때 A를 급수의 **합(sum)**이라 하고, S_n을 이 급수의 제n **부분합(nth partial sum)**이라 한다. 반면에 $\{S_n\}$이 발산할 때 복소급수 $\sum_{n=1}^{\infty} z_n$은 **발산한다**고 한다.

보기 6.1.2 급수 $1 + z + z^2 + z^3 + \cdots$의 제$n$ 부분합을 $S_n = 1 + z + \cdots + z^{n-1}$로 두면 $S_n = \dfrac{1-z^n}{1-z}(z \neq 1)$이다. 만약 $|z| < 1$이면 $\lim_{n \to \infty} z^n = 0$이므로 $\lim_{n \to \infty} S_n = \dfrac{1}{1-z}$이다. 따라서

$$1 + z + z^2 + z^3 + \cdots = \frac{1}{1-z} \quad (|z| < 1) \quad \blacksquare$$

정리 6.1.3 $z_n = x_n + iy_n \, (x_n, y_n \in \mathbb{R})$일 때

$$\sum_{n=1}^{\infty} z_n = \sum_{n=1}^{\infty} (x_n + iy_n) = x + iy$$

가 되기 위한 필요충분조건은 $\sum_{n=1}^{\infty} x_n = x$이고 $\sum_{n=1}^{\infty} y_n = y$이다.

증명 $\alpha_n = \sum_{k=1}^{n} x_k$, $\beta_n = \sum_{k=1}^{n} y_k$로 두고 만일 $\lim_{n\to\infty} \alpha_n = x$이고 $\lim_{n\to\infty} \beta_n = y$이면

$$S_n = \sum_{k=1}^{n} z_k = \sum_{k=1}^{n} (x_k + iy_k) = \alpha_n + i\beta_n$$

이므로 $\lim_{n\to\infty} S_n = x + iy$이다.

만일 $\sum_{n=1}^{\infty} z_n = x + iy$이면 $\lim_{n\to\infty} S_n = x + iy$ (단 $S_n = \sum_{k=1}^{n} z_k$)이다. 따라서 임의의 양수 ϵ에 대하여 적당한 자연수 N이 존재해서 $n > N$일 때

$$\epsilon > |S_n - (x+iy)| = \sqrt{(\alpha_n - x)^2 + (\beta_n - y)^2} \geq \begin{cases} |\alpha_n - x| \\ |\beta_n - y| \end{cases}$$

가 된다. 그러므로 $\lim_{n\to\infty} \alpha_n = x$이고, $\lim_{n\to\infty} \beta_n = y$이다. ■

수열에 관한 코시의 수렴 판정법으로부터 급수에 관한 코시의 수렴 판정법을 쉽게 얻을 수 있다.

정리 6.1.4 **(코시의 수렴 판정법)** 급수 $\sum_{n=1}^{\infty} z_n$이 수렴하기 위한 필요충분조건은 임의의 $\epsilon > 0$에 대하여 적당한 자연수 N이 존재해서 $m \geq n \geq N$일 때

$$|\sum_{k=n}^{m} z_k| \leq \epsilon \tag{6.1}$$

이 성립하는 것이다.

특히 위 코시의 수렴 판정법에서 $m = n$으로 두면 다음 사실이 성립한다.

따름정리 6.1.5 만약 $\sum_{n=1}^{\infty} z_n$이 수렴하면 $\lim_{n\to\infty} z_n = 0$이다.

위 정리는 급수가 수렴하기 위한 필요조건(충분조건은 아니다)을 제시하고 있다. 위 따름정리의 역이 성립하지 않음은 $\sum_{n=1}^{\infty} \frac{1}{n}$이 발산한다는 예로부터 바로 알 수 있다.

주의 6.1.6 $\lim_{n\to\infty} z_n \neq 0$이면 급수 $\sum_{n=1}^{\infty} z_n$는 발산한다. 이 명제는 따름정리 6.1.5의 대우 명제이다.

정의 6.1.7 (1) $\sum_{n=1}^{\infty} |z_n|$이 수렴할 때 $\sum_{n=1}^{\infty} z_n$은 **절대수렴한다(converges absolutely)**고 한다.

(2) 만약 $\sum_{n=1}^{\infty} z_n$이 수렴하지만 $\sum_{n=1}^{\infty} |z_n|$은 발산하면 $\sum_{n=1}^{\infty} z_n$은 **조건수렴한다 (converges conditionly)**고 한다.

(3) **교대급수(alternating series)**란 각 항의 부호가 교대로 바뀌는 무한급수를 한다.

보기 6.1.8 (1) 급수 $1 - \frac{1}{2} + \frac{1}{4} - \frac{1}{8} + \cdots$은 절대수렴하지만, 급수 $1 - \frac{1}{2} + \frac{1}{3} - \frac{1}{4} + \cdots = \log 2$ 은 조건수렴한다.

(2) **(교대급수 판정법)** 수열 $\{a_n\}_{n=1}^{\infty}$이 단조감소수열이고 $\lim_{n \to \infty} a_n = 0$이면 교대급수 $\sum_{n=1}^{\infty} (-1)^{n+1} a_n$은 수렴한다.

(3) 두 급수 $-\frac{1}{2} + \frac{1}{4} - \frac{1}{6} + \cdots, 1 - \frac{1}{3} + \frac{1}{5} - \cdots$는 모두 교대급수 판정법에 의하여 수렴하고 이들은 급수 $\sum \frac{i^n}{n}$의 각 항의 실수 부분과 허수 부분이다.

$$1 - \frac{1}{2} + \frac{1}{3} - \frac{1}{4} + \cdots = \log 2, \quad 1 - \frac{1}{3} + \frac{1}{5} - \cdots = \frac{\pi}{4}$$

이므로 $\sum \frac{i^n}{n} = -\frac{1}{2}\log 2 + i\frac{\pi}{4}$임을 알 수 있다.

정리 6.1.9 만약 $\sum_{n=1}^{\infty} z_n$이 절대수렴하면 급수 $\sum_{n=1}^{\infty} z_n$은 수렴한다.

증명 임의의 자연수 $m, n \in N$에 대하여 $m \geq n$이면 $|\sum_{k=n}^{m} z_k| \leq \sum_{k=n}^{m} |z_k|$이고 $\sum_{n=1}^{\infty} |z_n|$이 수렴하므로 급수에 관한 코시의 판정법에 의하여 $\sum_{n=1}^{\infty} z_n$은 수렴한다. ∎

$\mathcal{L}_a$는 유계수열 $\{a_n\}$의 부분수열의 극한 전체로 이루어진 집합이라 할 때, $\lim_{n \to \infty} \sup a_n = \text{lub } \mathcal{L}_a, \lim_{n \to \infty} \inf a_n = \text{glb } \mathcal{L}_a$을 각각 $\{a_n\}$의 **상극한(limit superior)**, **하극한 (limit inferior)**이라 한다.

멱급수의 수렴판정에 유용한 **근호 판정법(root test)**을 설명하고자 한다.

정리 6.1.10 (근호 판정법) 복소수열 $\{z_n\}$에 대하여 $\limsup\limits_{n\to\infty}\sqrt[n]{|z_n|}=L$이라 하자. 이때 만약 $L<1$이면 $\sum\limits_{n=1}^{\infty}z_n$은 절대수렴하고, 만약 $L>1$이면 $\sum\limits_{n=1}^{\infty}z_n$은 발산한다.

증명 만약 $L<1$이면 $L<r<1$을 만족하는 r을 선택한다. $\limsup\limits_{n\to\infty}\sqrt[n]{|z_n|}=L$의 정의에 의하여 유한개를 제외한 모든 자연수 n에 대하여 $\sqrt[n]{|z_n|}<r$, 즉 $|z_n|<r^n$이 된다. $|r|<1$일 때 $\sum\limits_{n=1}^{\infty}r^n$은 수렴하므로 $\sum\limits_{n=1}^{\infty}|z_n|$은 수렴한다.

만일 $L>1$이면 $\limsup\limits_{n\to\infty}\sqrt[n]{|z_n|}=L$의 정의에 의하여 무한히 많은 n에 대하여 $\sqrt[n]{|z_n|}>1$, 즉 $|z_n|>1$이 된다. 그러면 $\lim\limits_{n\to\infty}z_n\neq0$이므로 $\sum\limits_{n=1}^{\infty}z_n$은 발산한다. ∎

주의 6.1.11 $L=1$일 때는 $\sum\limits_{n=1}^{\infty}z_n$의 수렴, 발산에 대하여 아무런 결론을 내릴 수 없다. 예를 들어, $\lim\limits_{n\to\infty}\sqrt[n]{n}=1$이므로 $\lim\limits_{n\to\infty}\sqrt[n]{|\frac{1}{n}|}=\lim\limits_{n\to\infty}\sqrt[n]{|\frac{1}{n^2}|}=1$이지만, $\sum\limits_{n=1}^{\infty}\frac{1}{n}$은 발산하고 $\sum\limits_{n=1}^{\infty}\frac{1}{n^2}$은 수렴한다.

정리 6.1.12 만약 $\sum\limits_{n=1}^{\infty}z_n$이 절대수렴하고 $\sum\limits_{j=1}^{\infty}u_j$가 $\sum\limits_{n=1}^{\infty}z_n$의 임의의 재배열이면 급수 $\sum\limits_{j=1}^{\infty}u_j$는 수렴하고 $\sum\limits_{n=1}^{\infty}z_n=\sum\limits_{j=1}^{\infty}u_j$이다.

증명 ϵ은 임의의 양수라 하고

$$S_n=\sum_{k=1}^{n}z_k,\ S=\sum_{k=1}^{\infty}z_k,\ T_m=\sum_{j=1}^{m}u_j\quad(n,m\in\mathbb{N})$$

이라 놓자. 가정에 의하여 $\sum\limits_{k=1}^{\infty}z_k$는 절대수렴하므로,

$$\sum_{k=N+1}^{\infty}|z_k|<\frac{\epsilon}{2}\tag{6.2}$$

을 만족하는 적당한 자연수 $N\in\mathbb{N}$이 존재한다. 따라서

$$|S_N-S|=|\sum_{k=N+1}^{\infty}z_k|\leq\sum_{k=N+1}^{\infty}|z_k|<\frac{\epsilon}{2}\tag{6.3}$$

이다. 함수 $f:\mathbb{N}\to\mathbb{N}$는 $u_{f(k)}=z_k\ (k\in\mathbb{N})$를 만족하는 전단사 함수라 하고, $M=\max\{f(1),\cdots,f(N)\}$이라 놓자.

$$\{z_1,\cdots,z_N\}\subseteq\{u_1,\cdots,u_M\}$$

에 주의하고 $m \geq M$이라 하자. 그러면 $T_m - S_N$은 $z_k(k > N)$ 항만을 포함하므로 식 (6.2)에 의하여

$$|T_m - S_N| \leq \sum_{k=N+1}^{\infty} |z_k| < \frac{\epsilon}{2}$$

이다. 따라서 식 (6.3)에 의하여 $m \geq N$일 때

$$|T_m - S| \leq |T_m - S_N| + |S_N - S| < \frac{\epsilon}{2} + \frac{\epsilon}{2} = \epsilon$$

이다. 그러므로 $S = \sum_{j=1}^{\infty} u_j$이다. ∎

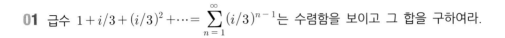
01 급수 $1 + i/3 + (i/3)^2 + \cdots = \sum\limits_{n=1}^{\infty} (i/3)^{n-1}$는 수렴함을 보이고 그 합을 구하여라.

02 $|a| < 1$ (a는 실수)일 때 다음을 보여라.

  (1) $1 + a\cos\theta + a^2\cos 2\theta + a^3\cos 3\theta + \cdots = \dfrac{1 - a\cos\theta}{1 - 2a\cos\theta + a^2}$

  (2) $a\sin\theta + a^2\sin 2\theta + a^3\sin 3\theta + \cdots = \dfrac{a\sin\theta}{1 - 2a\cos\theta + a^2}$

03 $z_n = a_n + ib_n$ (a_n과 b_n은 실수)이라 하자. 이때 $\sum |z_n|$이 수렴하기 위한 필요충분조건은 $\sum |a_n|$과 $\sum |b_n|$은 동시에 수렴함을 보여라.

04 $\{a_n\}$은 실수열이고 $\lim\limits_{n\to\infty} a_n = a, a \neq 0$이라 하자. 임의의 실수열 $\{b_n\}$에 대해서 다음을 보여라.

  (1) $\limsup (a_n + b_n) = \lim a_n + \limsup b_n$

  (2) $\liminf (a_n + b_n) = \lim a_n + \liminf b_n$

  (3) $\limsup (a_n b_n) = \lim a_n \limsup b_n$

  (4) $\liminf (a_n b_n) = \lim a_n \liminf b_n$

05 임의의 수열 a_n에 대해서 다음을 보여라.
$$\liminf a_n = -\limsup(-a_n)$$

06 정리 6.1.4을 보여라.

07 $\lim\limits_{n\to\infty} (\sqrt{n+1} - \sqrt{n}) = 0$이지만 급수 $\sum\limits_{n=1}^{\infty} (\sqrt{n+1} - \sqrt{n})$은 발산함을 보여라.

08 급수 $z(1-z) + z^2(1-z) + z^3(1-z) + \cdots$은 $|z| < 1$에서 수렴함을 보이고 그 합을 구하여라.

09 (비율 판정법) $\{a_n\}$을 복소수의 수열이라 하자.

(1) $\displaystyle\lim_{n\to\infty}\sup|z_{n+1}/z_n| = L < 1$일 때 $\displaystyle\sum_{n=1}^{\infty} z_n$은 절대수렴함을 보여라.

(2) $\displaystyle\lim_{n\to\infty}\inf|z_{n+1}/z_n| = L > 1$일 때 $\displaystyle\sum_{n=1}^{\infty} z_n$은 발산함을 보여라.

10 (교대급수 판정법) 수열 $\{a_n\}_{n=1}^{\infty}$이 단조감소수열이고 $\displaystyle\lim_{n\to\infty} a_n = 0$이면 교대급수 $\displaystyle\sum_{n=1}^{\infty}(-1)^{n+1} a_n$은 수렴함을 보여라.

11 다음 급수의 수렴, 발산을 판정하여라.

(1) $\displaystyle\sum_{n=1}^{\infty} \frac{1}{(2+3i)^n}$ (2) $\displaystyle\sum_{n=1}^{\infty} \frac{1}{1+i^n}$

12 급수 $\displaystyle\sum_{n=0}^{\infty} \frac{\cos n\theta}{2^n}$은 모든 $\theta \in \mathbb{R}$에 대하여 수렴함을 보이고 그 합을 구하여라.

제6.2절 고른 수렴

이 절에서는 함수항 수열과 급수의 수렴에 대하여 알아본다.

정의 6.2.1 $\{f_n\}$은 집합 E 위에서 함수열이고, f는 E 위의 함수라 하자. E의 각 점 z_0와 임의의 양수 $\varepsilon > 0$에 대하여 적당한 자연수 $N = N(z_0, \varepsilon)$이 존재하여

$$n > N \text{이면} \quad |f_n(z_0) - f(z_0)| < \varepsilon$$

가 될 때, 함수열 $\{f_n\}$은 E 위에서 f에 **점마다 수렴**(converge pointwise)한 다고 한다. 여기서 N은 ε과 z_0에 따라 변한다.

만일 주어진 $\varepsilon > 0$에만 관계되고, z_0와 무관하게 E의 모든 점에 적용되는 적당한 자연수 $N = N(\varepsilon)$이 존재하면 $\{f_n\}$은 E 위에서 f에 **고른 수렴** (또는 **균등수렴**, converge uniformly)한다고 한다.

주의 6.2.2 함수열 $\{f_n\}$이 집합 E 위에서 f에 점마다 수렴한다는 것은 모든 $z_0 \in E$에 대하여 수열 $\{f_n(z_0)\}$가 수렴하는 것이다. 따라서 극한함수 f는

$$f(z_0) = \lim_{n \to \infty} f_n(z_0) \quad (z_0 \in E)$$

로 정의된다.

보기 6.2.3 $f_n(z) = 1/nz$은 집합 $E = \{z : 0 < |z| < 1\}$ 위에서 $f(z) \equiv 0$에 점마다 수렴하지만 고른 수렴하지는 않음을 보여라.

증명 z_0는 E의 임의의 점이라 하자. 임의의 양수 $\varepsilon > 0$에 대하여 $N = N(z_0, \varepsilon) > 1/\varepsilon|z_0|$이 되도록 자연수 N을 선택한다. 이때 $n > N$이면

$$|f_n(z_0) - 0| = \frac{1}{n|z_0|} < \varepsilon$$

이 된다. 따라서 $\{f_n(z)\}$는 함수 $f(z) \equiv 0$에 점마다 수렴한다.

한편 함수열 $\{f_n(z)\}$가 E 위에서 $f(z) = 0$에 고른 수렴한다고 하면, E의 모든 z에 대하여 $|1/Nz| < \varepsilon < 1$이 성립되는 적당한 자연수 N이 존재해야 한다. 그러나 $z = 1/n$이면 $n > N$인 모든 자연수 n에 대하여

$$\left| f_n\left(\frac{1}{n}\right) - f\left(\frac{1}{n}\right) \right| = |1 - 0| = 1 > \varepsilon$$

이 되므로 $\{f_n(z)\}$는 f에 고른 수렴하지 않는다. ■

정리 6.2.4 함수열 $\{f_n\}$이 집합 E에서 함수 f에 고른 수렴하고, 각 함수 f_n이 한 점 $z_0 \in E$에서 연속이면 f도 역시 z_0에서 연속이다. 즉,

$$\lim_{z \to z_0}(\lim_{n \to \infty} f_n(z)) = \lim_{n \to \infty}(\lim_{z \to z_0} f_n(z))$$

증명 $\varepsilon > 0$는 임의의 양수라 하자. $\{f_n\}$이 E에서 f에 고른 수렴하므로 적당한 자연수 $N = N(\varepsilon)$이 존재하여

$$n \geq N, z \in E 이면 |f_n(z) - f(z)| < \frac{\varepsilon}{3}$$

이 된다. 또한 모든 함수 f_n이 z_0에서 연속이므로 적당한 $\delta > 0$가 존재하여 $|z - z_0| < \delta$이면 $|f_n(z) - f_n(z_0)| < \frac{\varepsilon}{3}$이 된다. 따라서 임의로 주어진 $\varepsilon > 0$에 대하여 $\delta > 0$가 존재하여 $n \geq N$이고 $|z - z_0| < \delta$이면

$$\begin{aligned}|f(z) - f(z_0)| &= |f(z) - f_n(z) + f_n(z) - f_n(z_0) + f_n(z_0) - f(z_0)| \\ &\leq |f(z) - f_n(z)| + |f_n(z) - f_n(z_0)| + |f_n(z_o) - f(z_0)| \\ &< \frac{\varepsilon}{3} + \frac{\varepsilon}{3} + \frac{\varepsilon}{3} = \varepsilon\end{aligned}$$

이다. 따라서 f는 z_0에서 연속이다. ■

정의 6.2.5 집합 E 위에서 정의되는 함수열 $\{f_n(z)\}$가 주어질 때, 모든 점 $z \in E$에 대하여 부분합 $S_n(z) = \sum_{k=1}^{n} f_k(z)$의 수열 $\{S_n(z)\}$가 점마다 수렴하면, 급수 $\sum_{k=1}^{\infty} f_k(z)$는 점마다 수렴한다고 말하고

$$\sum_{k=1}^{\infty} f_k(z) = \lim_{n \to \infty} S_n(z) = f(z)$$

로 나타낸다. 만일 $\{S_n(z)\}$가 E에서 고른 수렴하면 급수 $\sum_{k=1}^{\infty} f_k(z)$는 E에서 **고른 수렴**(converge uniformly)한다고 한다. 만약 $\sum_{k=1}^{\infty} |f_k(z)|$가 수렴하면 $\sum_{k=1}^{\infty} f_k(z)$는 **절대수렴**(converge absolutely)한다고 한다.

주의 6.2.6 절대수렴하는 급수는 수렴하지만, 수렴한다고 해서 반드시 절대수렴하는

것은 아니다. 예를 들어, $\displaystyle\sum_{n=1}^{\infty}\frac{(-1)^n}{n}$은 수렴하지만 절대수렴하지는 않는다.

함수열 $\{S_n(z)\}$가 E에서 고른 수렴하면 코시의 수렴 판정법에 의하여 다음과 같이 표현할 수 있다.

정리 6.2.7 급수 $\displaystyle\sum_{n=1}^{\infty}f_n(z)$가 E에서 고른 수렴할 필요충분조건은 임의의 $\varepsilon>0$에 대하여 적당한 자연수 $N=N(\varepsilon)$이 존재하여 모든 $z\in E$에 대하여 $n>N$이면

$$\left|\sum_{k=n+1}^{n+p}f_k(z)\right|<\varepsilon \quad (p=1,2,3,\cdots)$$

이 되는 것이다.

증명 $S_n(z)=\displaystyle\sum_{k=1}^{n}f_k(z)$로 두고 정리 6.1.4를 이용한다. ∎

정리 6.2.8 (바이어슈트라스 M-판정법) 모든 $z\in E$와 모든 자연수 n에 대하여 실수 M_n이 존재하여 $|f_n(z)|\le M_n$을 만족하고, $\displaystyle\sum_{n=1}^{\infty}M_n$이 수렴하면 급수 $\displaystyle\sum_{n=1}^{\infty}f_n(z)$는 E에서 고른 수렴한다.

증명 ϵ은 임의의 양수라 하자. 급수 $\sum M_n$이 수렴하므로 적당한 자연수 $N=N(\epsilon)$이 존재하여 $n>N$이면 $\displaystyle\sum_{k=n+1}^{n+p}M_k<\epsilon \quad (p=1,2,3,\cdots)$이 된다. 이때 $n>N$인 모든 자연수 n에 대하여

$$\left|\sum_{k=n+1}^{n+p}f_k(z)\right|\le\sum_{k=n+1}^{n+p}|f_k(z)|\le\sum_{k=n+1}^{n+p}M_k<\epsilon\ (z\in E)$$

이다. 따라서 $\sum f_n(z)$는 E에서 고른 수렴한다. ∎

보기 6.2.9 급수 $\displaystyle\sum_{n=1}^{\infty}z^n$은 $|z|<1$에서 절대수렴하고, $|z|\le r<1$에서 고른 수렴함을 보여라. 그러나 $|z|<1$에서는 고른 수렴하지 않음을 보여라.

증명 만약 $|z|<1$이면

$$\sum_{n=1}^{\infty}|z^n|=\sum_{n=1}^{\infty}|z|^n=\frac{|z|}{1-|z|}$$

이므로 $\sum z^n$은 절대수렴한다. 만약 $|z|\le r<1$이면 $|z^n|=|z|^n\le r^n$은 모든 자

연수 n에 대하여 성립하고 $\sum\limits_{n=1}^{\infty} r^n$이 수렴한다. 따라서 바이어슈트라스 M-판정법에 의하여 $\sum z^n$은 고른 수렴한다.

이제 $\sum\limits_{n=1}^{\infty} z^n$이 $|z| < 1$에서 고른 수렴하지 않음을 증명하고자 한다.

$$S_n(z) = \sum_{k=1}^{n} z^k = \frac{z - z^{n+1}}{1 - z}$$

은 $|z| < 1$에 대해서 $f(z) = \dfrac{z}{(1-z)}$에 점마다 수렴한다. $z = 1 - \dfrac{1}{n}$로 취하면

$$|S_{n-1}(z) - f(z)| = |\frac{z^n}{1-z}| = n(1 - \frac{1}{n})^n$$

이고, $n \to \infty$일 때 $(1 - \dfrac{1}{n})^n \to e^{-1}$이므로 n을 충분히 크게 취하면

$$|S_{n-1}(z) - f(z)| > \frac{n}{3}$$

이 된다. 따라서 $\sum z^n$은 $|z| < 1$에서 고른 수렴하지 않는다. ∎

01 다음 수열 $\{f_n(z)\}$은 어떤 영역에서 점마다 수렴하고, 어떤 영역에서 고른 수렴하는가?

(1) $f_n(z) = z/(z^2 + n^2)$ (2) $f_n(z) = 1/(1 + z^n)$

(3) $f_n(z) = z/n^2$

02 다음 급수들은 어떤 영역에서 점마다 수렴하는가?

(1) $\displaystyle\sum_{n=1}^{\infty} \frac{(-1)^n}{n + |z|}$ (2) $\displaystyle\sum_{n=1}^{\infty} \frac{1}{n^2 + |z|}$

(3) $\displaystyle\sum_{n=1}^{\infty} \frac{1}{n^2 + z}$

03 다음 급수들은 어떤 영역에서 고른 수렴하는가? 또 어떤 영역에서 절대수렴하는가?

(1) $\displaystyle\sum_{n=1}^{\infty} \frac{1}{nz^n}$ (2) $\displaystyle\sum_{n=1}^{\infty} \frac{z^2}{(1 + z^2)^n}$

(3) $\displaystyle\sum_{n=1}^{\infty} \frac{1}{1 + z^n}$ (4) $\displaystyle\sum_{n=1}^{\infty} (1 - z)z^n$

(5) $\displaystyle\sum_{n=1}^{\infty} \frac{z^n}{3^n + 1}$ (6) $\displaystyle\sum_{n=1}^{\infty} \frac{(z - i)^{2n}}{n^2}$

(7) $\displaystyle\sum_{n=1}^{\infty} \frac{1}{(n+1)z^n}$ (8) $\displaystyle\sum_{n=1}^{\infty} \frac{\sqrt{n+1}}{n^2 + |z|^2}$

04 $f_n = u_n + iv_n$이 $f = u + iv$에 고른 수렴하기 위한 필요충분조건은 $\{u_n\}$과 $\{v_n\}$이 각각 u와 v에 고른 수렴함을 보여라.

05 급수 $\displaystyle\sum_{n=0}^{\infty} z^n$은 $|z| < 1$에서 연속함수임을 보여라.

06 $\{f_n\}$가 E 위에서 f에 고른 수렴하고 $\{g_n\}$이 E 위에서 g에 고른 수렴한다고 가정하자. 이때 다음을 보여라.

(1) $\{f_n + g_n\}$은 E 위에서 $f + g$에 고른 수렴한다.

(2) 만일 추가해서 모든 $z \in E$와 모든 n에 대해서 $|f_n| \leq M$이고, $|g_n| \leq M$이면 $\{f_n g_n\}$는 E 위에서 고른 수렴한다.

07 $f(z)$는 집합 E 위에서 유계가 아닌 함수라 가정하자. 모든 n에 대해서 $f_n(z) = f(z)$이고 $g_n(z) = \dfrac{1}{n}$이라 하자. 이때 다음을 보여라.

(1) $f_n(z)$와 $g_n(z)$는 모두 집합 E 위에서 고른 수렴한다.

(2) $f_n(z)g_n(z)$는 E 위에서 점마다 수렴이나 고른 수렴하지 않는다.

08 $\{f_n\}$이 점마다 수렴할 때 $\{f_n\}$은 유한집합 위에서 고른 수렴함을 보여라.

09 $\{f_n\}$는 컴팩트 집합 E 위에서 f로 고른 수렴하고 각 f_n는 E 위에서 고른 연속이라 가정하자. 이때 f는 E 위에서 고른 연속임을 보여라. 컴팩트성이 이 가정에서 생략될 수 있는가?

10 $\displaystyle\sum_{n=1}^{\infty} f_n(z)$가 E에서 고른 수렴하면 $\{f_n(z)\}$는 E에서 0에 고른 수렴함을 보여라. 역도 성립하는가?

11 $0 < r < 1$이고 $E = \{z : |z| \le r\} \cup \{z : r \le z \le 1,\ z \in \mathbb{R}\}$라 하자. $\displaystyle\sum_{n=1}^{\infty} (-1)^n (z^n/n)$은 E 위에서 고른 수렴하나 절대수렴 하지 않음을 보여라.

12 다음 급수는 지시된 집합 위에서 고른 수렴함을 보여라.

(1) $\displaystyle\sum_{n=1}^{\infty} \frac{z^n}{z^{2n}+1}$ $(|z| \le r < 1)$ (2) $\displaystyle\sum_{n=1}^{\infty} \frac{1}{(z^2-1)^n}$ $(|z| \ge r > \sqrt{2})$

(3) $\displaystyle\sum_{n=1}^{\infty} \frac{1}{(z^2-1)^n}$ $(\mathrm{Re}\,z \ge 2)$ (4) $\displaystyle\sum_{n=1}^{\infty} \frac{z^2+1}{n^{z+1}}$ $(\epsilon \le \mathrm{Re},\, z \le R < \infty)$

13 급수 $\sum g_n(z)$가 집합 $E(\subset \mathbb{C})$ 위에서 고른 수렴하고, $h(z)$가 E 위에서 유계인 함수이면 $\sum h(z)g_n(z)$는 E 위에서 $h(z)(\sum g_n(z))$로 고른 수렴함을 보여라.

14 함수열 $f_n(z) = z^n$은 집합 $E = \{z : |z| < 1\}$ 위에서 점마다 수렴하지만 고른 수렴하지는 않음을 보여라. 그러나 $0 \le r < 1$일 때 집합 $F = \{z : |z| \le r\}$ 위에서는 고른 수렴함을 보여라.

15 함수열 $f_n(z) = z/n^2$는 집합 $|z| \le R$ 위에서 함수 $f(z) \equiv 0$으로 고른 수렴하지만 복소평면 전체에서는 고른 수렴하지는 않음을 보여라.

16 $\sum\limits_{n=1}^{\infty} \cos nz / n^3$은 영역 $|z| \leq 1$에서 수렴하지 않지만, 실수축 위에서 고른 수렴하고 절대수렴함을 보여라.

17 급수 $\sum\limits_{n=1}^{\infty} 2z^2 / (n^2 + |z|)$는 평면에서 절대수렴하고 각 $R > 0$과 $|z| \leq R$에 대하여 고른 수렴함을 보여라.

18 급수 $\sum\limits_{n=1}^{\infty} 1/n^z$은 $\mathrm{Re}\, z > 1$에 대하여 절대수렴하고, $\varepsilon > 0$일 때 $\mathrm{Re}\, z \geq 1 + \varepsilon$에 대해서는 고른 수렴함을 보여라.

제6.3절 테일러 급수

멱급수가 수렴하는 영역에서 그 급수의 합이 해석함수가 되는가를 알아보고자 한다. a_n과 b가 복소상수일 때

$$a_0 + \sum_{n=1}^{\infty} a_n (z-b)^n = \sum_{n=0}^{\infty} a_n (z-b)^n \tag{6.4}$$

꼴의 급수를 $z - b$의 **멱급수**(또는 **거듭제곱급수**, **power series**)라 하고, a_n을 그 **계수 (coefficient)**, b를 그 중심이라 한다. 특히 $b = 0$일 때 식 (6.4)는

$$\sum_{n=0}^{\infty} a_n z^n \tag{6.5}$$

이 되며, 이것은 $z = 0$을 중심으로 한 멱급수라 한다. 급수 (6.4)는 급수 (6.5)에서 z 대신 $z - b$을 대입한 것, 즉 $z = 0$에서 $z = b$만큼 평행이동한 것으로 생각할 수 있으므로 앞으로 멱급수 (6.5)에 대한 성질을 조사하고자 한다.

정리 6.3.1 멱급수 $\sum_{n=0}^{\infty} a_n z^n$이 한 점 $z = z_0 (\neq 0)$에서 수렴하면 $|z| < |z_0|$인 모든 z에 대해서 $\sum_{n=0}^{\infty} a_n z^n$은 절대수렴한다.

증명 $\sum_{n=0}^{\infty} a_n z_0^n$이 수렴하므로 $\lim_{n \to \infty} a_n z_0^n = 0$이다. 따라서 수렴하는 모든 수열은 유계수열이므로 모든 자연수 n에 대하여 $|a_n z_0^n| \leq M$이 되는 상수 M이 존재한다. 이때

$$|a_n||z|^n = \left| a_n z_0^n \left(\frac{z}{z_0} \right)^n \right| \leq M \left| \frac{z}{z_0} \right|^n$$

이고, $|z/z_0| < 1$이면 기하급수 $\sum_{n=0}^{\infty} |z/z_0|^n$은 수렴하므로

$$\sum_{n=0}^{\infty} |a_n||z|^n \leq \sum_{n=0}^{\infty} M \left| \frac{z}{z_0} \right|^n = \frac{M}{1 - |z/z_0|}$$

이다. 따라서 $\sum_{n=0}^{\infty} a_n z^n$은 $|z| < |z_0|$인 모든 z에 대하여 절대수렴한다. ∎

따름정리 6.3.2 멱급수 $\sum_{n=0}^{\infty} a_n z^n$이 한 점 $z = z_0$에서 발산하면 $|z| > |z_0|$인 모든 z에 대

하여 발산한다.

증명 $|z_1| > |z_0|$인 어떤 점 z_1에서 $\sum_{n=0}^{\infty} a_n z^n$이 수렴한다고 가정하면, 정리 6.3.1에 의하여 $\sum_{n=0}^{\infty} a_n z_0^n$은 절대수렴해야 한다. 이것은 가정에 모순된다. ∎

따름정리 6.3.3 급수 $\sum_{n=0}^{\infty} a_n z^n$이 z의 모든 실숫값에 대하여 수렴하면, $\sum_{n=0}^{\infty} a_n z^n$은 모든 복소수 z에 대하여 수렴한다.

증명 어떤 복소수 z_0에 대하여 $\sum_{n=0}^{\infty} a_n z_0^n$이 발산한다고 하면, 따름정리 6.3.2에 의하여 $R > |z_0|$인 실수 R에 대하여 $\sum_{n=0}^{\infty} a_n R^n$이 발산한다. 이것은 가정에 모순된다. ∎

정리 6.3.4 멱급수 $\sum_{n=0}^{\infty} a_n z^n$에 대하여 실수 R ($0 \le R < \infty$)을

$$R = 1/\limsup_{n \to \infty} |a_n|^{1/n} = 1/\limsup_{n \to \infty} \sqrt[n]{|a_n|}$$

로 정의한다. 이때

(1) 만약 $|z| < R$이면 그 급수는 절대수렴한다.

(2) 만약 $0 < r < R$이면 그 급수는 닫힌 원판 $|z| \le r$에서 고른 수렴한다.

(3) 만약 $|z| > R$이면 그 급수는 발산한다.

증명 (1) 만약 $|z| < R$이면 $|z| < r < R$을 만족하는 양수 r이 존재한다. $\dfrac{1}{r} > \dfrac{1}{R}$이고 가정에 의하여 적당한 자연수 N이 존재해서

$$n \ge N \text{일 때 } \sqrt[n]{|a_n|} < \frac{1}{r}, \text{ 즉 } n \ge N \text{일 때 } |a_n| < \frac{1}{r^n}$$

이다. 따라서 $n \ge N$일 때 $|a_n z^n| < (\frac{|z|}{r})^n$이고 $\frac{|z|}{r} < 1$이므로 $\sum_{n=N}^{\infty} (\frac{|z|}{r})^n$은 수렴한다. 그러므로 주어진 급수는 임의의 $|z| < R$에서 절대수렴한다.

(2) 만약 $0 < r < R$이면 $r < \rho < R$을 만족하는 양수 ρ를 선택한다. (1)과 마찬가지로 $\dfrac{1}{\rho} > \dfrac{1}{R}$이므로 적당한 자연수 N이 존재해서

$$n \ge N \text{일 때 } \sqrt[n]{|a_n|} < \frac{1}{\rho}, \text{ 즉 } n \ge N \text{일 때 } |a_n| < \frac{1}{\rho^n}$$

이다. 만약 $|z| \le r$이면 $n \ge N$일 때

$$|a_n z^n| = |a_n||z|^n < \left(\frac{r}{\rho}\right)^n$$

이다. $0 < \frac{r}{\rho} < 1$이고 $\displaystyle\sum_{n=N}^{\infty}\left(\frac{r}{\rho}\right)^n$은 수렴하므로 바이어슈트라스 M-판정법에 의하여 주어진 급수는 영역 $|z| \leq r$에서 고른 수렴한다.

(3) 만약 $|z| > R$이면 $R < r < |z|$을 만족하는 양수 r를 선택한다. $\frac{1}{r} < \frac{1}{R}$이므로 상극한의 정의로부터 무한히 많은 자연수 n에 대하여

$$\frac{1}{r} < \sqrt[n]{|a_n|}, \ \text{즉} \ \frac{1}{r^n} < |a_n|$$

이다. 따라서 무한히 많은 자연수 n에 대하여 $\left(\frac{|z|}{r}\right)^n < |a_n z^n|$이고 $1 < \frac{|z|}{r}$이므로 이들 항은 유계가 아니고 $\displaystyle\lim_{n\to\infty} a_n z^n \neq 0$이다. 그러므로 주어진 급수는 $|z| > R$에서 발산한다. ■

정의 6.3.5 위 정리 6.3.4에서 정의한 R을 급수 $\displaystyle\sum_{n=0}^{\infty} a_n z^n$의 **수렴 반지름(radius of convergence)**이라 하고, 이러한 원을 이 급수의 **수렴원(circle of convergence)**이라 한다.

보기 6.3.6 (1) 급수 $\displaystyle\sum_{n=0}^{\infty} z^n$에서 $a_n = 1 \ (n = 1, 2, \cdots)$이므로

$$R = 1/\limsup_{n\to\infty} \sqrt[n]{1} = 1$$

이다. 따라서 $\displaystyle\sum_{n=0}^{\infty} z^n$의 수렴 반지름은 $R = 1$이다.

(2) $\displaystyle\sum_{n=1}^{\infty} z^n/n$은 $z = -1$에서 수렴하고, $z = 1$에서는 발산한다. 또한

$$R = 1/\limsup_{n\to\infty} \sqrt[n]{|1/n|} = 1$$

이므로 수렴 반지름은 $R = 1$이다.

(3) $1 + \frac{z}{2} + z^2 + \frac{z^3}{2^3} + z^4 + \frac{z^5}{2^5} + \cdots$ 에서

$$\limsup \sqrt[2n-1]{|c_{2n-1}|} = \lim \sqrt[2n-1]{|c_{2n-1}|} = \frac{1}{2},$$

$$\limsup \sqrt[2n]{|c_{2n}|} = \lim \sqrt[2n]{|c_{2n}|} = 1$$

이므로 이 급수의 수렴 반지름은 1이다.

보기 6.3.7 (1) 급수 $\sum_{n=1}^{\infty} n^n z^n$은 $|nz|^n \to \infty$ $(z \neq 0)$이므로 0이 아닌 임의의 복소숫값에 대해서 수렴할 수 없다. 따라서 $R = 0$이다.

(2) 급수 $\sum_{n=1}^{\infty} z^n / n^n$는 모든 점에서 수렴한다. 이것을 알기 위하여 임의의 복소수 $z = z_0$를 선택하면 $N > |z_0|$인 자연수 N에 대해서

$$\sum_{n=N}^{\infty} \left| \frac{z_0^n}{n^n} \right| < \sum_{n=N}^{\infty} \left| \frac{z_0}{N} \right|^n = \frac{|z_0/N|^N}{1 - |z_0/N|}$$

이고 $\sum_{n=1}^{\infty} z_0^n / n^n$은 절대수렴한다. z_0은 임의의 수이므로 $R = \infty$이다. 정리 6.3.4에 의하여 급수는 평면의 모든 컴팩트 부분집합 위에서 고른 수렴한다. ■

정리 6.3.8 (비율 판정법) $\sum_{n=0}^{\infty} a_n z^n$의 수렴 반지름을 R이라 하고,

$$\lim_{n \to \infty} \left| \frac{a_n}{a_{n+1}} \right| = L$$

이 존재하면 $R = L$이다.

증명 ϵ은 임의의 양수라 하자. 가정에 의하여 적당한 자연수 N이 존재하여

$$n > N \text{이면 } L - \epsilon < |\frac{a_n}{a_{n+1}}| < L + \epsilon \text{이다.}$$

먼저 $n > N$일 때 $|a_n| < (L+\epsilon)|a_{n+1}|$로부터

$$|a_{n+1}| < (L+\epsilon)|a_{n+2}|, \ |a_{n+2}| < (L+\epsilon)|a_{n+3}|, \cdots$$

을 얻는다. 따라서 $|a_n| < (L+\epsilon)^m |a_{n+m}|$이 성립하므로

$$|a_n|^{1/(n+m)} < (L+\epsilon)^{m/(n+m)} |a_{n+m}|^{1/(n+m)}$$

을 얻는다. $n(n > N)$을 고정하고 $m \to \infty$ 되게 하면 $\lim_{n \to \infty} \sqrt[n]{c} = 1$이므로 수렴 반지름의 정의에 의하여 $1 < (L+\epsilon)/R$이 된다. ϵ은 임의의 양수이므로 $R \leq L$을 얻는다.

같은 방법으로 $|a_n| > (L-\epsilon)|a_n+1|$을 이용하여 $R \geq L$을 얻을 수 있다. 따라서 $R = L$이다. ■

위 정리는 멱급수 $\sum_{n=0}^{\infty} a_n z^n$의 수렴 반지름 R을 다음과 같이 쉽게 구할 수 있음을 보여 주고 있다.

$$R = \lim_{n \to \infty} \left| \frac{a_n}{a_{n+1}} \right|$$

보기 6.3.9 다음 급수의 수렴 반지름을 구하여라.

(1) $\displaystyle\sum_{n=0}^{\infty} z^n$ (2) $\displaystyle\sum_{n=1}^{\infty} z^n/n$

(3) $\displaystyle\sum_{n=0}^{\infty} (-1)^n z^n/n!$ (4) $\displaystyle\sum_{n=0}^{\infty} n! z^n$

풀이 (1) $a_n = 1 (n=1,2,\cdots)$이므로 $R = \lim\limits_{n \to \infty} \dfrac{|a_n|}{|a_{n+1}|} = 1$ 또는 $R = 1/\lim |a_n|^{1/n} = 1$이다.

(2) $a_n = \dfrac{1}{n}$이므로

$$R = \lim \frac{|a_n|}{|a_{n+1}|} = \lim_{n \to \infty} \frac{n+1}{n} = 1$$

(3) $a_n = (-1)^n/n!$이므로

$$R = \lim_{n \to \infty} \frac{|a_n|}{|a_{n+1}|} = \lim_{n \to \infty} \frac{1/n!}{1/(n+1)!} = \lim(n+1) = \infty$$

이다. 따라서 주어진 급수는 모든 유한한 z값에 대하여 수렴한다.

(4) $a_n = n!$이므로

$$R = \lim_{n \to \infty} \frac{|a_n|}{|a_{n+1}|} = \lim_{n \to \infty} \frac{n!}{(n+1)!} = 0$$

이다. 따라서 주어진 급수는 $z = 0$일 때에만 수렴한다. ■

정리 6.3.10 영역 $|z| < R$에서 $f(z) = \displaystyle\sum_{n=0}^{\infty} a_n z^n$이 점마다 수렴하면, 함수 $f(z)$는 $|z| < R$에서 해석적이고 $f'(z) = \displaystyle\sum_{n=1}^{\infty} n a_n z^{n-1}$이다.

점 z_0는 열린 원판 $|z_0| < R$의 임의의 점이고 ϵ은 임의의 양수라 하자. 이때 $|z - z_0| < \delta = \delta(\epsilon, z_0)$이면

$$\left| \frac{f(z) - f(z_0)}{z - z_0} - \sum_{n=1}^{\infty} n a_n z_0^{n-1} \right| < \epsilon \tag{6.6}$$

이 성립함을 보이면 된다. 점 z_0에 충분히 가까운 점 z에 대해서 $|z_0| \leq \rho$, $|z| \leq \rho$ $(\rho < R)$을 만족하는 실수 ρ가 존재한다. 모든 자연수 N에 대하여 $P_N(z) = \sum_{n=0}^{N} a_n z^n$으로 두면

$$\begin{aligned}
\frac{f(z) - f(z_0)}{z - z_0} &= \sum_{n=0}^{N} a_n \frac{z^n - z_0^n}{z - z_0} + \sum_{n=N+1}^{\infty} a_n \frac{z^n - z_0^n}{z - z_0} \\
&= \frac{P_N(z) - P_N(z_0)}{z - z_0} + \sum_{n=N+1}^{\infty} a_n \frac{z^n - z_0^n}{z - z_0}
\end{aligned} \tag{6.7}$$

로 표현할 수 있다. $P'_N(z_0) = \sum_{n=1}^{N} n a_n z_0^{n-1}$이므로

$$\begin{aligned}
&\left| \frac{f(z) - f(z_0)}{z - z_0} - \sum_{n=0}^{\infty} n a_n z_0^{n-1} \right| \\
&= \left| \frac{P_N(z) - P_N(z_0)}{z - z_0} - P'_N(z_0) + \sum_{n=N+1}^{\infty} a_n \frac{z^n - z_0^n}{z - z_0} - \sum_{n=N+1}^{\infty} n a_n z_0^{n-1} \right| \\
&\leq \left| \frac{P_N(z) - P_N(z_0)}{z - z_0} - P'_N(z_0) \right| + \left| \sum_{n=N+1}^{\infty} a_n \frac{z^n - z_0^n}{z - z_0} \right| + \left| \sum_{n=N+1}^{\infty} n a_n z_0^{n-1} \right|
\end{aligned} \tag{6.8}$$

이다. 여기서

$$\begin{aligned}
\left| \frac{z^n - z_0^n}{z - z_0} \right| &= \left| z^{n-1} + z^{n-2} z_0 + \cdots + z_0^{n-1} \right| \\
&\leq |z|^{n-1} + |z|^{n-2} |z_0| + \cdots + |z_0|^{n-1} \\
&\leq n \rho^{n-1}
\end{aligned}$$

이고, $\rho < R$이므로 $\sum_{n=1}^{\infty} n |a_n| \rho^{n-1}$도 $|z| < R$에서 수렴한다. 코시의 수렴 판정법에 의하여

$$\sum_{n=N+1}^{\infty} n |a_n| \rho^{n-1} < \frac{\epsilon}{4} \tag{6.9}$$

되는 충분히 큰 자연수 N이 존재한다. 식 (6.9)를 식 (6.8)의 마지막 두 항 A_2, A_3에 적용하면

$$A_2 + A_3 \leq 2 \sum_{n=N+1}^{\infty} n|a_n|\rho^{n-1} < \frac{\epsilon}{2} \qquad (6.10)$$

을 얻는다. 한편 식 (6.8)의 마지막 식의 첫째항을 A_1이라 하면 $P_N(z)$가 $z = z_0$에서 미분가능하므로 $|z - z_0| < \delta$에 대하여 $A_1 < \frac{\epsilon}{2}$이 된다. 식 (6.10)과 이를 식 (6.8)에 대입하면, $f'(z_0)$가 존재하고,

$$f'(z_0) = \sum_{n=1}^{\infty} n a_n z_0^{n-1}$$

임을 알 수 있다. 따라서 z_0은 열린 원판 $|z| < R$의 임의의 점이므로 $f(z)$는 $|z| < R$에서 해석적이다. ▣

따름정리 6.3.11 멱급수는 수렴원 내에서 무한회 미분가능하다.

증명 $f(z) = \sum_{n=0}^{\infty} a_n z^n \ (|z| < R)$와 같이 수렴원 $|z| < R$을 갖는 멱급수 $f'(z) = \sum_{n=1}^{\infty} n a_n z^{n-1}$에 위 정리를 적용하면, f는 $|z| < R$에서 두 번 미분가능하다. 수학적 귀납법에 의하여 모든 자연수 n에 대하여 $f^{(n)}$는 미분가능하다. ▣

정리 6.3.12 (테일러의 정리) 원 $|z - z_0| = R$ 내부의 모든 점에서 멱급수 $\sum_{n=0}^{\infty} a_n (z - z_0)^n$ 이 함수 $f(z)$에 수렴하면, 이 급수는 $z - z_0$에 관한 $f(z)$의 테일러 급수이다. 즉,

$$a_n = \frac{f^{(n)}(z_0)}{n!} \quad (n = 1, 2, 3, \cdots)$$

증명 $|z - z_0| < R$에서 $f(z) = \sum_{n=0}^{\infty} a_n (z - z_0)^n$이므로 위의 정리를 n번 이용하면 $|z - z_0| < R$일 때, 모든 자연수 n에 대하여

$$f^{(n)}(z) = n!a_n + (n+1)n(n-1)\cdots 2a_{n+1}(z - z_0) \\ + (n+2)(n+1)n\cdots 3a_{n+2}(z - z_0)^2 + \cdots$$

이다. 위의 식에 $z = z_0$로 두면 $f^{(n)}(z_0) = n!a_n, (n = 0, 1, 2, \cdots)$를 얻는다. 따라서

$$f(z) = \sum_{n=0}^{\infty} a_n (z - z_0)^n = \sum_{n=0}^{\infty} \frac{f^{(n)}(z_0)}{n!} (z - z_0)^n, \ |z - z_0| < R$$

이므로 주어진 급수는 $z - z_0$에 관한 $f(z)$의 테일러 급수이다. 특히 $z_0 = 0$일 때 테일러 급수는 $f(z)$의 **매클로린 급수(Maclaurin series)**

$$f(z) = \sum_{n=0}^{\infty} \frac{f^{(n)}(0)}{n!} z^n$$

가 된다. ■

보기 6.3.13 $z = 0$에 관한 $f(z) = \ln(1+z)$의 테일러 급수를 구하여라.

풀이

$$f(z) = \ln(1+z), \ f(0) = 0$$
$$f'(z) = \frac{1}{1+z} = (1+z)^{-1}, \ f'(0) = 1$$
$$f''(z) = -(1+z)^{-2}, \ f''(0) = -1$$
$$\vdots$$
$$f^{(n+1)}(z) = (-1)^n n! (1+z)^{-(n+1)}, \ f^{(n+1)}(0) = (-1)^n n!$$

따라서

$$f(z) = \ln(1+z) = f(0) + f'(0)z + \frac{f''(0)}{2!}z^2 + \frac{f^{(3)}(0)}{3!}z^3 + \cdots$$
$$= z - \frac{z^2}{2} + \frac{z^3}{3} - \frac{z^4}{4} + \cdots \quad ■$$

보기 6.3.14 함수 $f(z)$는 멱급수 $f(z) = \sum_{n=0}^{\infty} 4^{n(-1)^n} z^n$로 주어진다고 하자. 여기서

$$a_n = \begin{cases} 4^n & (n = 0, 2, 4, \cdots) \\ 1/4^n & (n = 1, 3, 5, \cdots) \end{cases}$$

이때 두 급수

$$f_1(z) = \sum_{n=0}^{\infty} 4^{2n} z^{2n} \text{과} \ f_2(z) = \sum_{n=0}^{\infty} (1/4^{2n+1}) z^{2n+1}$$

은 각각 수렴 반지름 $R_1 = 1/4$과 $R_2 = 4$를 가지므로 $|z| < 1/4$이면

$$f(z) = f_1(z) + f_2(z)$$

이다. 따라서 f의 수렴 반지름은 적어도 $1/4$이다. $|z| > 1/4$일 때 $f_1(z)$의 급수는 발산하므로 주어진 멱급수의 수렴 반지름은 $R = 1/4$이다. ■

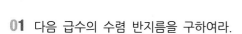

01 다음 급수의 수렴 반지름을 구하여라.

(1) $\displaystyle\sum_{n=0}^{\infty} \frac{z^n}{e^n}$

(2) $\displaystyle\sum_{n=1}^{\infty} \frac{z^n}{n^2 3^n}$

(3) $\displaystyle\sum_{n=1}^{\infty} \frac{n^k}{a^n} z^n$

(4) $\displaystyle\sum_{n=1}^{\infty} \left(1 + \frac{1}{n}\right)^{n^2} z^n$

(5) $\displaystyle\sum_{n=1}^{\infty} \frac{z^{2n}}{4^n n^k}$

(6) $\displaystyle\sum_{n=0}^{\infty} \frac{2^n + 3^n}{4^n + 5^n} z^n$

(7) $\displaystyle\sum_{n=0}^{\infty} \frac{z^n}{2^{n^2}}$

(8) $\displaystyle\sum_{n=0}^{\infty} \frac{n^2 + 5n + 3i^n}{2n+1} (z-2)^n$

(9) $\displaystyle\sum_{n=1}^{\infty} \frac{3^n}{n^2 + 5n} z^n$

(10) $\displaystyle\sum_{n=0}^{\infty} 4^n z^{3n}$

02 $\displaystyle\sum_{n=0}^{\infty} a_n z^n$의 수렴 반지름이 $R\,(0 < R < \infty)$이라고 할 때, 다음 급수의 수렴 반지름을 구하여라.

(1) $\displaystyle\sum_{n=0}^{\infty} a_n n^k z^n$

(2) $\displaystyle\sum_{n=0}^{\infty} \frac{a_n}{n^k} z^n$

(3) $\displaystyle\sum_{n=0}^{\infty} a_n^k z^n$

(4) $\displaystyle\sum_{n=0}^{\infty} \frac{a_n}{n!} z^n$

(5) $\displaystyle\sum_{n=0}^{\infty} a_n n! z^n$

(6) $\displaystyle\sum_{n=0}^{\infty} |a_n| z^n$

03 $\displaystyle\sum_{n=0}^{\infty} a_n z^n$의 수렴 반지름이 R이면 급수 $\displaystyle\sum_{n=0}^{\infty} (\operatorname{Re} a_n) z^n$의 수렴 반지름은 R보다 작지 않음을 보여라.

04 $\Sigma_{n=0}^{\infty} a_n z^n$과 $\Sigma_{n=0}^{\infty} b_n z^n$의 수렴 반지름을 r_1, r_2이라고 할 때 다음 멱급수의 수렴 반지름과 r_1, r_2의 관계를 구하여라(단 r_1, r_2는 0도 ∞도 아니다).

(1) $\Sigma_{n=0}^{\infty} a_n b_n z^n$

(2) $\Sigma_{n=0}^{\infty} \dfrac{a_n}{b_n} z^n$

(3) $\Sigma_{n=0}^{\infty} (a_n + b_n) z^n$

05 멱급수 $\Sigma_{n=0}^{\infty} a_n z^n$의 계수가 다음 식으로 주어질 때 수렴 반지름을 구하여라.

(1) $a_n = \left(1 + \dfrac{1}{n}\right)^{n^2}$ (2) $a_n = \dfrac{1}{n^p}$ (p는 정수)

(3) $a_n = \dfrac{\sin \dfrac{n\pi}{2}}{n!}$ (4) $a_n = a_n n^p$

06 다항식 $P(z) = z^3 + 3z^2 - 2z + 1$을 $z + 2$의 거듭제곱으로 전개하여라.

07 주어진 점의 근방에서 다음 함수의 $f(z)$의 테일러 급수를 구하여라.

(1) $f(z) = 1/z$; $z = 1$ (2) $f(z) = \sin z$; $z = \dfrac{\pi}{4}$

(3) $f(z) = e^{-z}$; $z = 0$ (4) $f(z) = \cos z$; $z = \dfrac{\pi}{2}$

08 $1/(1-z)$를 미분하여 다음을 보여라. 또한 수렴 반지름을 구하여라.

(1) $1/(1-z)^2 = \displaystyle\sum_{n=1}^{\infty} n z^{n-1}$ (2) $1/(1-z)^3 = \dfrac{1}{2} \displaystyle\sum_{n=2}^{\infty} n(n-1) z^{n-2}$

09 $\displaystyle\sum_{n=0}^{\infty} a_n z^n$은 수렴 반지름 R을 갖는다고 가정하자. 수열 $a_n z_0^n$은 $|z_0| > R$일 때 유계가 아님을 보여라.

10 다음을 보여라.

(1) 만일 $|z_1| = |z_2|$일 때 $\displaystyle\sum_{n=0}^{\infty} a_n z_1^n$은 수렴하고 $\displaystyle\sum_{n=0}^{\infty} a_n z_2^n$은 발산한다고 가정하면 $\displaystyle\sum_{n=0}^{\infty} a_n z^n$ 은 수렴 반지름 $R = |z_1|$을 가진다.

(2) 만일 $\displaystyle\sum_{n=0}^{\infty} a_n$은 수렴하고 $\displaystyle\sum_{n=0}^{\infty} |a_n|$은 발산하면 $\displaystyle\sum_{n=0}^{\infty} a_n z^n$은 수렴 반지름 $R = 1$을 가진다.

11 $\{|a_n|\}$은 감소수열이라 가정하면 $\displaystyle\sum_{n=0}^{\infty} a_n z^n$의 수렴 반지름은 적어도 1임을 보여라.

12 멱급수는 수렴원 내부의 모든 컴팩트 부분집합에서 고른 수렴함을 보여라.

13 임의의 정수 k에 대해서 $\displaystyle\sum_{n=0}^{\infty} (n^k / n^{\log n}) z^n$은 수렴 반지름 $R = 1$를 가짐을 보여라.

14 다음을 보여라.

(1) $\displaystyle\sum_{n=0}^{\infty} z^n/n$은 $z = 1$을 제외한 원 $|z| = 1$ 위의 모든 점에서 수렴한다.

(2) $|z_1| = 1$에 대해서 $\displaystyle\sum_{n=0}^{\infty} (1/n)(z/z_1)^n$은 $z = z_1$을 제외한 단위원 위의 모든 점에서 수렴한다.

(3) $|z_1| = |z_2| = \cdots = |z_p| = 1$이라고 가정하면 다음 급수는 점 $z_1, z_2, \cdots, z_p$를 제외하고 단위원 위의 모든 점에서 수렴한다.

$$\sum_{n=0}^{\infty} \frac{1}{n}\left(\frac{1}{z_1^n} + \cdots + \frac{1}{z_p^n}\right)z^n$$

제6.4절 멱급수의 적분과 미분

정리 6.4.1 $\{f_n(z)\}$가 곡선 C 위에서 연속인 함수열이고, C 위에서 $f(z)$에 고른 수렴하면 다음 식이 성립한다.

$$\lim_{n \to \infty} \int_C f_n(z)dz = \int_C (\lim_{n \to \infty} f_n(z))\, dz = \int_C f(z)dz \tag{6.11}$$

증명 정리 6.2.4에 의하여 $f(z)$는 C에서 연속함수이므로 $\int_C f(z)dz$는 존재한다. $\epsilon(>0)$은 임의의 양수라 하자. $\{f_n\}$은 C 위에서 $f(z)$에 고른 수렴하므로 적당한 자연수 $N = N(\epsilon)$이 존재하여 C의 모든 z에 대하여 $n > N$이면 $|f_n(z) - f(z)| < \epsilon$이 된다. 만약 C의 길이를 L이라 하면 $n > N$이면

$$\left| \int_C f_n(z)dz - \int_C f(z)dz \right| = \left| \int_C [f_n(z) - f(z)]dz \right|$$

$$\leq \int_C |f_n(z) - f(z)||dz| < \epsilon L$$

이다. 따라서 ϵ은 임의의 양수이므로 식 (6.11)이 증명된다. ■

위 정리로부터 다음 정리를 얻는다.

정리 6.4.2 모든 함수 $f_n(z)$이 곡선 C에서 연속이고 $\sum_{n=0}^{\infty} f_n(z)$가 C 위에서 $f(z)$에 고른 수렴하면 다음 식이 성립한다.

$$\sum_{n=0}^{\infty} (\int_C f_n(z)dz) = \int_C (\sum_{n=0}^{\infty} f_n(z))dz = \int_C f(z)dz$$

증명 $S_n(z) = \sum_{k=0}^{n} f_k(z)$로 두면

$$\sum_{n=0}^{\infty} \left(\int_C f_n(z)dz \right) = \lim_{n \to \infty} \left(\sum_{k=0}^{n} \int_C f_k(z)dz \right) = \lim_{n \to \infty} \int_C S_n(z)\, dz$$

가 된다. 정리 6.4.1에 의하여

$$\lim_{n \to \infty} \int_C S_n(z)dz = \int_C (\lim_{n \to \infty} S_n(z))\, dz = \int_C \left(\sum_{n=0}^{\infty} f_n(z) \right) dz ■$$

이제 모든 해석함수는 테일러 급수로 전개할 수 있음을 보이기로 한다.

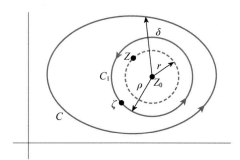

그림 6.1 테일러 급수

정리 6.4.3 함수 $f(z)$가 경계 C를 갖는 영역 D에서 해석적이고, z_0는 D 안의 한 점이라 하면 $f(z)$는 다음과 같이 급수로 표시된다.

$$f(z) = f(z_0) + f'(z_0)(z - z_0) + \frac{f''(z_0)}{2!}(z - z_0)^2$$
$$+ \cdots + \frac{f^{(n)}(z_0)}{n!}(z - z_0)^n + \cdots = \sum_{n=0}^{\infty} \frac{f^{(n)}(z_0)}{n!}(z - z_0)^n$$

단 δ가 z_0에서 C의 가장 가까운 점까지의 거리를 나타낼 때, 위의 급수는 $|z - z_0| < \delta$에서 수렴한다.

증명 z_0를 중심으로 반지름 $\rho \, (\rho < \delta)$를 갖는 원 C_1을 C의 내부에 포함되도록 잡는다. 지금 z를 C_1 내부의 점이라 하면 코시의 적분공식에 의하여

$$f(z) = \frac{1}{2\pi i} \oint_{C_1} \frac{f(\zeta)}{\zeta - z} d\zeta \left(= \frac{1}{2\pi i} \oint_{C} \frac{f(\zeta)}{\zeta - z} d\zeta \right)$$

이다. $|z - z_0| = r$로 두면 $r = |z - z_0| < |\zeta - z_0| = \rho$이므로

$$\frac{1}{\zeta - z} = \frac{1}{\zeta - z_0 - (z - z_0)}$$
$$= \frac{1}{\zeta - z_0} \frac{1}{1 - (z - z_0)/(\zeta - z_0)} = \sum_{n=0}^{\infty} \frac{(z - z_0)^n}{(\zeta - z_0)^{n+1}}$$

은 C_1 위에서 고른 수렴한다. 양변에 $\dfrac{f(\zeta)}{2\pi i}$를 곱하고 정리 6.4.2를 이용하여 항별로 적분하면 코시의 적분공식에 의하여

$$f(z) = \frac{1}{2\pi i} \oint_{C_1} \frac{f(\zeta)}{\zeta - z} d\zeta = \frac{1}{2\pi i} \oint_{C_1} \left(\sum_{n=0}^{\infty} \frac{(z-z_0)^n}{(\zeta - z_0)^{n+1}} f(\zeta) \right) d\zeta$$

$$= \sum_{n=0}^{\infty} (z-z_0)^n \left(\frac{1}{2\pi i} \oint_{C_1} \frac{f(\zeta)}{(\zeta - z_0)^{n+1}} d\zeta \right)$$

$$= \sum_{n=0}^{\infty} \frac{f^{(n)}(z_0)}{n!} (z-z_0)^n$$

을 얻는다. ∎

정리 6.4.3은 다음 급수 전개가 옳음을 보장한다.

$$e^z = \sum_{n=0}^{\infty} \frac{z^n}{n!} \, , \; \sin z = \sum_{n=1}^{\infty} \frac{(-1)^n}{(2n-1)!} z^{2n-1}, \; \cos z = \sum_{n=0}^{\infty} \frac{(-1)^n}{(2n)!} z^{2n}$$

정리 6.3.10은 멱급수가 그의 수렴 반지름 안에서 해석함수임을 보이고 있고, 위의 정리 6.4.3은 이 정리의 역이다. 따라서 다음과 같이 요약할 수 있다.

주의 6.4.4 (1) 함수 $f(z)$가 점 z_0에서 해석적이기 위한 필요충분조건은 어떤 한 원판 $|z - z_0| < r$에서 $f(z) = \sum_{n=0}^{\infty} a_n (z-z_0)^n$이 되는 것이다. 여기서

$$a_n = \frac{f^{(n)}(z_0)}{n!} = \frac{1}{2\pi i} \oint_{|z-z_0|=r} \frac{f(z)}{(z-z_0)^{n+1}} dz$$

이다.

(2) 만약 함수 f가 z에서 해석적이면 f는 z에서 무한회 미분가능하다.

모레라의 정리의 유용한 응용의 한 예로 다음 정리를 증명한다.

정리 6.4.5 $\{f_n(z)\}$는 영역 D의 모든 컴팩트 부분집합 위에서 $f(z)$에 고른 수렴하는 해석함수들의 함수열이면, $f(z)$는 D에서 해석적이다.

증명 z_0를 D의 임의의 한 점이라 하고 $f(z)$가 z_0에서 해석적임을 보이면 된다. D 안에 포함되는 z_0의 한 근방 D_0를 그리면 $f_n(z)$는 컴팩트 집합 $\overline{D_0}$에서 해석적이므로 $f_n(z)$는 $\overline{D_0}$에서 연속이다. 또한 함수열의 고른 수렴성에 의하여 $f(z)$는 $\overline{D_0}$에서 연속이다. 따라서 $f(z)$는 D_0에서 연속이다. 또한 정리 6.4.1에 의하

여 D_0에 포함되는 모든 단순 닫힌 곡선 C에 대하여

$$\lim_{n \to \infty} \oint_C f_n(z)dz = \oint_C f(z)dz$$

가 성립한다. 모든 함수 $f_n(z)$는 D_0에서 해석적이므로 $\oint_C f_n(z)dz = 0$이다. 따라서

$$\oint_C f(z)dz = 0$$

이므로 모레라의 정리에 의하여 $f(z)$는 D_0에서 해석적이다. z_0는 D의 임의의 점이므로 $f(z)$는 D에서 해석함수이다. ▣

위의 정리를 급수에 적용하면 다음 따름정리를 얻는다.

따름정리 6.4.6 $\{f_n(z)\}$가 영역 D에서 해석함수들의 함수열이고, 급수 $f(z) = \sum_{n=0}^{\infty} f_k(z)$가 D의 컴팩트 부분집합 위에서 $f(z)$로 고른 수렴하면 $f(z)$는 D에서 해석적이다.

증명 D에 포함되는 단순 닫힌 곡선 C에 대하여 정리 6.4.2를 적용하면

$$0 = \sum_{n=0}^{\infty} \left(\oint_C f_n(z)dz \right) = \oint_C \left(\sum_{n=0}^{\infty} f_n(z) \right)dz = \oint_C f(z)dz$$

을 얻는다. 따라서 모레라의 정리에 의하여 $f(z)$는 D에서 해석적이다. ▣

따름정리 6.4.7 $\{f_n(z)\}$는 영역 D에서 해석함수들의 함수열이고, 급수 $f(z) = \sum_{n=0}^{\infty} f_n(z)$는 D의 모든 컴팩트 부분집합에서 $f(z)$로 고른 수렴하면, D 안의 모든 z에 대하여 $f'(z) = \sum_{n=0}^{\infty} f'_n(z)$이다.

증명 따름정리 6.4.6에 의하여 $f(z)$는 D에서 해석적이다. D에 포함되는 z의 한 근방 D_0에서 임의의 단순 닫힌 곡선 C를 선택하면, 정리 5.1.6에 의하여

$$f'(z) = \frac{1}{2\pi i} \oint_C \frac{f(\zeta)}{(\zeta-z)^2}d\zeta \ , \ f'_n(z) = \frac{1}{2\pi i} \oint_C \frac{f_n(\zeta)}{(\zeta-z)^2}d\zeta$$

이다. 한편 C 위의 한 점 ζ에 대하여 $\sum_{n=0}^{\infty} \left[f_n(\zeta)/(\zeta-z)^2 \right]$은 $f(\zeta)/(\zeta-z)^2$에 고른 수렴하므로 정리 6.4.2에 의하여 다음과 같이 결과를 얻을 수 있다.

$$f'(z) = \frac{1}{2\pi i} \oint_C \frac{f(\zeta)}{(\zeta - z)^2} d\zeta = \frac{1}{2\pi i} \oint_C \left(\sum_{n=0}^{\infty} \frac{f_n(\zeta)}{(\zeta - z)^2} \right) d\zeta$$

$$= \sum_{n=0}^{\infty} \left(\frac{1}{2\pi i} \oint_C \frac{f_n(\zeta)}{(\zeta - z)^2} d\zeta \right) = \sum_{n=0}^{\infty} f'_n(z) \quad \blacksquare$$

주의 6.4.8 실함수의 급수에 대하여는 위의 사실이 성립하지 않는다. 한 예로 $f(x) = \sum_{n=1}^{\infty} \frac{\sin nx}{n^2}$ 은 바이어슈트라스 M-판정법에 의하여 실수축 위에서 고른 수렴하지만,

$$f'(x) = \sum_{n=1}^{\infty} \frac{\cos nx}{n}$$

은 0에서 수렴하지 않는다.

주의 6.4.9 $f(z)$가 정함수이면 정리 6.4.3에 의하여 $f(z)$는 모든 z에 대하여 멱급수로 표시된다. 즉,

$$f(z) = \sum_{n=0}^{\infty} a_n z^n = \sum_{n=0}^{\infty} \frac{f^{(n)}(0)}{n!} z^n$$

다시 정리 6.3.10 또는 따름정리 6.4.7에 의하여 $f'(z) = \sum_{n=1}^{\infty} n a_n z^{n-1}$이 된다. 또한 정리 6.4.2에 의하여 항별 적분가능하다. 즉,

$$F(z) = \int_0^z f(\zeta) d\zeta = \int_0^z \left(\sum_{n=0}^{\infty} a_n \zeta^n \right) d\zeta = \sum_{n=0}^{\infty} \frac{a_n}{n+1} z^{n+1}$$

이다. 적분 경로는 0과 z를 연결하는 임의의 곡선이다.

보기 6.4.10 $|z| < 1$에서 $f(z) = \mathrm{Log}(1+z)$를 매클로린 급수로 전개하여라.

풀이 $f'(z) = \frac{1}{1+z} = 1 - z + z^2 - z^3 + \cdots = \sum_{n=0}^{\infty} (-1)^n z^n$

이므로 정리 6.4.2에 의하여

$$f(z) = \mathrm{Log}(1+z) = \int_0^z f'(\zeta) d\zeta + f(0)$$

$$= \sum_{n=0}^{\infty} \int_0^z (-1)^n \zeta^n d\zeta = \sum_{n=0}^{\infty} \frac{(-1)^n z^{n+1}}{n+1}$$

$$= z - \frac{2}{z^2} + \frac{3}{z^3} - \frac{4}{z^4} + \cdots \quad \blacksquare$$

앞에서는 $\text{Log}\,1 = 0$ 이 되도록 $\log(1+z)$ 의 주분지를 택했지만, 만일 $\log 1 = 2k\pi i$ $= \text{Log}\,1 + 2k\pi i$ 이면 $f(z) = \log(1+z)$ 이면

$$f(z) = \log(1+z) = \int_0^z f'(\zeta)d\zeta + f(0)$$

$$= 2k\pi i + z - \frac{2}{z^2} + \frac{3}{z^3} - \frac{4}{z^4} + \cdots$$

보기 6.4.11 함수 $f(z) = \sin^2 z$ 를 매클로린 급수로 전개하여라.

풀이 직접 미분해서 구할 수도 있으나 다른 방법을 쓰기로 한다.

    <방법 1> $\sin z = \sum_{n=1}^{\infty} [(-1)^{n+1}/(2n-1)!]z^{2n-1}$ 이므로

$$\sin^2 z = (z - \frac{z^3}{3!} + \frac{z^5}{5!} + \cdots)(z - \frac{z^3}{3!} + \frac{z^5}{5!} + \cdots)$$

$$= z^2 - \frac{1}{3}z^4 + (\frac{2}{5!} + \frac{1}{(3!)^2})z^6 + \cdots$$

    <방법 2> $f'(z) = 2\sin z \cos z = \sin 2z = \sum_{n=1}^{\infty} \frac{(-1)^{n+1}}{(2n-1)!}(2z)^{2n-1}$ 이므로 정리 6.4.2에

      의하여

$$f(z) = \sin^2 z = \int_0^z f'(\zeta)d\zeta + f(0)$$

$$= \sum_{n=1}^{\infty} \left(\int_0^z \frac{(-1)^{n+1}}{(2n-1)!}(2\zeta)^{2n-1}d\zeta \right) = \sum_{n=1}^{\infty} \frac{(-1)^{n+1}2^{2n-1}}{(2n)!}z^{2n}$$

    <방법 3> 삼각함수의 항등식을 이용하여

$$\sin^2 z = \frac{1-\cos 2z}{2} = \frac{1}{2}(1 - \sum_{n=0}^{\infty} \frac{(-1)^n}{(2n)!}(2z)^{2n})$$

$$= \frac{1}{2} \sum_{n=1}^{\infty} \frac{(-1)^{n+1}2^{2n}}{(2n)!}z^{2n} = \sum_{n=1}^{\infty} \frac{(-1)^{n+1}2^{2n-1}}{(2n)!}z^{2n} \quad \blacksquare$$

함수 $f(z)$ 를 $|z-a| < R$ 에서 해석적이고 그 멱급수 전개를

$$f(z) = \sum_{n=0}^{\infty} a_n(z-a)^n, \quad a_n = \frac{f^n(a)}{n!}$$

이라 하자. 원 $C_r : |z-a| = r\,(0 < r < R)$ 에서 $|f(z)|$ 의 최댓값을 $M(r)$ 이라 하면 코시의 적분공식에 의하여

$$a_n = \frac{1}{2\pi i} \oint_{C_r} \frac{f(z)}{(z-a)^{n+1}} dz$$

이므로

$$|a_n| \leq \frac{1}{2\pi} \frac{M(r)}{r^{n+1}} 2\pi r = \frac{M(r)}{r^n} \quad (n = 0, 1, 2, \cdots) \tag{6.12}$$

이다. 이 부등식을 **코시의 계수 평가식**이라 한다.

위의 방법과는 다른 방법으로 위 부등식보다 정밀한 부등식을 유도하고자 한다.

$z - a = re^{i\theta}\ (0 \leq \theta \leq 2\pi)$로 두면 $f(z) = \sum_{n=0}^{\infty} a_n (z-a)^n$은 원 C_r 위에서 고른 수렴하므로

$$\begin{aligned}
\int_0^{2\pi} |f(a+re^{i\theta})|^2 d\theta &= \int_0^{2\pi} f(a+re^{i\theta}) \overline{f(a+re^{i\theta})} d\theta \\
&= \int_0^{2\pi} \left(\sum_{n=0}^{\infty} a_n r^n e^{in\theta} \right) \overline{f(a+re^{i\theta})} d\theta \\
&= \sum_{n=0}^{\infty} \int_0^{2\pi} a_n r^n e^{in\theta} \left(\sum_{k=0}^{\infty} \overline{a_k} r^k e^{-ik\theta} \right) d\theta \\
&= \sum_{n=0}^{\infty} \sum_{k=0}^{\infty} \int_0^{2\pi} a_n \overline{a_k} r^{n+k} e^{i(n-k)\theta} d\theta
\end{aligned}$$

를 얻는다.

$$\int_0^{2\pi} e^{ikt} dt = \begin{cases} 0 & (k \neq 0) \\ 2\pi & (k = 0) \end{cases}$$

이므로

$$\int_0^{2\pi} |f(a+re^{i\theta})|^2 d\theta = 2\pi \sum_{n=0}^{\infty} |a_n|^2 r^{2n}$$

이다. 따라서 $\sum_{n=0}^{\infty} |a_n|^2 r^{2n} \leq [M(r)]^2$을 얻을 수 있다. 이 부등식을 **구츠메의 부등식**이라 한다. 특히 이 부등식에서 식 (6.12)와 같이 $|a_n| r^n \leq M(r)$을 얻을 수 있다.

보기 6.4.12 다음을 보여라.

(1) 구츠메의 부등식을 이용해서 함수 $f(z)$가 $|z| < R$에서 해석적이고 $|f(z)| \leq M$일 때 $f(0) = 0$이면 $|f'(0)| \leq M/R$이 성립하고, 등호가 성립하는 것은 $f(z) = \dfrac{Mze^{i\theta}}{R}$ (θ는 적당한 실수)에 한한다.

(2) 함수 $f(z)$가 열린 단위 원판 $D : |z| < 1$에서 해석적이고 $|f(z)| < 1$이면 $|f(0)|^2 + |f'(0)|^2 \leq 1$이 성립한다.

증명 (1) $0 < r < R$이면 구츠메의 부등식에 의하여

$$\sum_{n=0}^{\infty} |a_n|^2 r^{2n} = \frac{1}{2\pi} \int_0^{2\pi} |f(re^{i\theta})|^2 d\theta \leq M^2$$

이다. N을 임의의 자연수라 하면 $\sum_{n=0}^{N} |a_n|^2 r^{2n} \leq M^2$이다. N을 고정하고 $r \to R$로 하면 $\sum_{n=0}^{N} |a_n|^2 R^{2n} \leq M^2$이다. 그러므로 $N \to \infty$이면

$$\sum_{n=0}^{\infty} |a_n|^2 R^{2n} \leq M^2$$

이다. 따라서 $|a_n| R^n \leq M$이고 $|f'(0)| = |a_1| \leq \dfrac{M}{R}$이다.

만약 $|a_n| R^n = M$이면 n과 서로 다른 모든 자연수 k에 대하여 $a_k = 0$이다. 따라서 $f(0) = 0$이므로

$$f(z) = a_n z^n = |a_n| e^{i\theta} z^n = \frac{M e^{i\theta} z^n}{R^n} \ (\theta\text{는 실수})$$

(2) $f(z)$를 D에서 멱급수 $f(z) = \sum_{k=0}^{\infty} a_k z^k$로 전개하면 구츠메의 부등식과 (1)의 방법에 의하여 $\sum_{k=0}^{\infty} |a_k|^2 \leq 1$이 성립하며 $f(0) = a_0, \ f'(0) = a_1$이므로

$$|f(0)|^2 + |f'(0)|^2 = |a_0|^2 + |a_1|^2 \leq 1$$

이다. ■

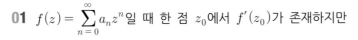

01 $f(z) = \displaystyle\sum_{n=0}^{\infty} a_n z^n$ 일 때 한 점 z_0에서 $f'(z_0)$가 존재하지만

$$f'(z_0) \neq \sum_{n=1}^{\infty} n a_n z_0^{n-1}$$

이 되는 함수의 예를 들어라.

02 다음 급수는 주어진 영역에서 해석함수임을 보이고 도함수를 구하여라.

$\quad$ (1) $\displaystyle\sum_{n=1}^{\infty} \frac{1}{n^z}$ $\quad$ ($\mathrm{Re}\, z > 1$)
$\qquad\qquad$ (2) $\displaystyle\sum_{n=1}^{\infty} \frac{1}{z^2 - n^2}$ $\quad$ ($z \neq \pm 1, \pm 2, \cdots$)

03 만약 함수 f가 점 a에서 해석적이면 다음과 같이 정의되는 함수 g도 점 a에서 해석적임을 보여라.

$$g(z) = \begin{cases} \dfrac{f(z) - f(a)}{z - a} & (z \neq a) \\ f'(a) & (z = a) \end{cases}$$

04 f는 단위원판 $U : |z| < 1$의 폐포(닫힘) $\overline{U}$의 근방에서 해석적이고 $f(z)$가 U의 경계에서 실수값이면 f는 상수함수임을 보여라.

제6.5절 멱급수의 연산

지금까지 멱급수를 공부하면서 다음과 같은 문제가 제기될 수 있다.

(1) 어떤 z값에 대하여 급수 $\displaystyle\sum_{n=0}^{\infty} a_n (z-b)^n$은 수렴하는가?

(2) 그 급수가 수렴하는 영역에서 $f(z) = \displaystyle\sum_{n=0}^{\infty} a_n (z-b)^n$에 대하여 어떠한 성질을 말할 수 있는가?

(3) 함수 $f(z)$는 한 점의 근방에서 어떤 조건에 의하여 멱급수로 표시할 수 있는가?

처음 두 문제는 앞절에서 거의 해결되었다. 실제로 급수 $\displaystyle\sum_{n=0}^{\infty} a_n (z-b)^n$은 $z=b$에서만 수렴하든지, 복소평면 전체에서 수렴하든가 혹은 한 원의 내부에서 절대수렴하고, 외부에서 발산하든가 한다. 함수 $f(z) = \displaystyle\sum_{n=0}^{\infty} a_n (z-b)^n$은 수렴원 내부에서 모든 계수의 도함수를 가지는 해석함수이다. 그러나 수렴원 위에서 급수의 수렴 또는 발산에 대해서는 일반적으로 말할 수가 없다.

지금까지 위의 세 번째 문제는 정식으로 논의되지 않았다. $f(z)$가 $z=b$의 어떤 근방에서 한 멱급수로 표현된다고 하면, 그 표현은 유일하고,

$$f(z) = \sum_{n=0}^{\infty} \frac{f^{(n)}(b)}{n!} (z-b)^n$$

과 같이 계수가 $z=b$에서 $f(z)$의 미분계수와 관계된다. 그러나 지금까지 $f(z)$의 급수 전개가 가능하다는 보장이 없다. 이것을 다음 장에서 다루기로 한다.

주의 6.5.1 함수 $f(z)$가 복소평면에서 해석함수이면 그의 테일러 급수

$$f(z) = \sum_{n=0}^{\infty} \frac{f^{(n)}(b)}{n!} (z-b)^n$$

은 모든 복소수 b와 z에 대하여 성립한다. 그러나 이것은 실변수 함수에서는 성립하지 않는다. 예를 들어, 함수 $f(x) = x|x|$은 모든 x에 대하여 미분가능한 함수이지만, $f''(0)$가 존재하지 않으므로 $f(x)$는 매클로린 급수로 표시할 수가 없다.

보기 6.5.2 함수

$$f(x) = \begin{cases} e^{-1/x^2} & (x \neq 0) \\ 0 & (x = 0) \end{cases}$$

는 $\mathbb{R}$에서 모든 계수의 도함수를 갖고, 모든 자연수 n에 대하여 $f^{(n)}(0) = 0$이므로 $f(x) = \sum_{n=0}^{\infty} \frac{f^{(n)}(0)}{n!} x^n$이 된다. 따라서 매클로린 급수는 원점 $x = 0$에서만 이 함수를 나타낸다. ■

정리 6.5.3 두 급수 $\sum_{n=0}^{\infty} a_n (z - z_0)^n$과 $\sum_{n=0}^{\infty} b_n (z - z_0)^n$이 모두 z_0의 근방 $|z - z_0| < R$에서 같은 함수 $f(z)$에 수렴한다면 $a_n = b_n (n = 0, 1, 2, \cdots)$이다.

증명 가정에 의하여

$$\sum_{n=0}^{\infty} a_n (z - z_0)^n = \sum_{n=0}^{\infty} b_n (z - z_0)^n, \ |z - z_0| < R$$

이다. 따라서 정리 6.3.12에 의하여

$$a_n = b_n = \frac{f^{(n)}(z_0)}{n!} (n = 0, 1, 2, \cdots)$$

이다. ■

주의 6.5.4 만약 급수 $\sum_{n=0}^{\infty} a_n (z - z_0)^n$이 z_0의 어떤 근방 $|z - z_0| < R$의 모든 점에서 0에 수렴한다면 위의 정리에 의하여 $a_n = 0 \ (n = 0, 1, 2, \cdots)$이다.

두 멱급수의 합과 곱의 연산을 정의하기 위하여 우선 두 다항식의 합과 곱을 살펴보자.

$$\sum_{k=0}^{n} a_k z^k + \sum_{k=0}^{n} b_k z^k = \sum_{k=0}^{n} (a_k + b_k) z^k$$

$$(a_0 + a_1 z + a_2 z^2 + \cdots + a_n z^n)(b_0 + b_1 z + b_2 z_2 + \cdots + b_n z^n)$$
$$= a_0 b_0 + (a_0 b_1 + a_1 b_0) z + (a_0 b_2 + a_1 b_1 + a_2 b_0) z^2 + \cdots + a_n b_n z^{2n}$$

이므로

$$(\sum_{k=0}^{n} a_k z^k)(\sum_{k=0}^{n} b_k z^k) = \sum_{k=0}^{2n} c_k z^k$$

단

$$c_k = a_0 b_k + a_1 b_{k-1} + \cdots + a_k b_0 = \sum_{m=0}^{k} a_m b_{k-m}$$

이다. 이런 곱을 두 급수의 **코시곱(Cauchy product)**이라 한다.

정리 6.5.5 만약 두 급수 $f(z) = \sum_{n=0}^{\infty} a_n z^n$과 $g(z) = \sum_{n=0}^{\infty} b_n z^n$이 각각 영이 아닌 수렴 반지름 R_1, R_2을 가지면, 이들의 합 $f(z) + g(z)$와 곱 $f(z)g(z)$는 수렴 반지름이 $R = \min\{R_1, R_2\}$인 멱급수로 표시된다.

증명 $S_n(z) = \sum_{k=0}^{n} a_k z^k$와 $T_n(z) = \sum_{k=0}^{n} b_k z^k$라고 두면

$$S_n(z) + T_n(z) = \sum_{k=0}^{n} (a_k + b_k) z_k, \quad S_n(z) T_n(z) = \sum_{k=0}^{2n} c_k z^k$$

이다. 여기서 $c_k = \sum_{m=0}^{k} a_m b_{k-m}$이다. 임의의 점 $z_0 (|z_0| < R)$에 대해서 $\lim_{n \to \infty} S_n(z_0) = f(z_0)$와 $\lim_{n \to \infty} T_n(z_0) = g(z_0)$이므로

$$\lim_{n \to \infty} (S_n(z_0) + T_n(z_0)) = f(z_0) + g(z_0) = \sum_{n=0}^{\infty} (a_n + b_n) z_0^n,$$

$$\lim_{n \to \infty} S_n(z_0) T_n(z_0) = f(z_0) g(z_0) = \sum_{n=0}^{\infty} c_n z_0^n$$

이다. 따라서 위의 두 급수는 $|z| < R$에 대하여 수렴한다. ■

보기 6.5.6 함수 $1/(1-z)^2$의 매클로린 급수를 구하고 이를 이용하여 급수 $\sum_{n=1}^{\infty} \dfrac{n}{2^n}$의 합을 구하여라.

풀이 <방법 1>

$$\frac{1}{(1-z)^2} = \frac{1}{1-z} \frac{1}{1-z} = \left(\sum_{n=0}^{\infty} z^n \right)\left(\sum_{n=0}^{\infty} z^n \right)$$
$$= \sum_{n=0}^{\infty} (n+1) z^n \quad (|z| < 1)$$

<방법 2> $f(z) = 1/(1-z) = \sum_{n=0}^{\infty} z^n \ (|z| < 1)$의 양변을 정리 6.3.10을 써서 미분하면

$$f'(z) = \frac{1}{(1-z)^2} = \sum_{n=1}^{\infty} n z^{n-1} \quad (|z| < 1).$$

끝으로 위의 급수 전개식에서 $z = \dfrac{1}{2}$로 두면

$$\sum_{n=1}^{\infty} \frac{n}{2^n} = \frac{\frac{1}{2}}{(1-\frac{1}{2})^2} = 2 \ \blacksquare$$

정리 6.5.7 만약 두 급수 $f(z) = \sum_{n=0}^{\infty} a_n z^n$과 $g(z) = \sum_{n=0}^{\infty} b_n z^n$이 각각 영이 아닌 수렴 반지름 r, R을 가지고 $b_0 = g(0) \neq 0$이면, 적당한 멱급수 $\sum_{n=0}^{\infty} c_n z^n$과 상수 $\sigma > 0$가 존재해서

$$\frac{f(z)}{g(z)} = \sum_{n=0}^{\infty} c_n z^n, \ \ |z| < \sigma$$

이 된다. 계수 c_n은 다음 식을 만족한다.

$$a_n = c_0 b_n + c_1 b_{n-1} + c_2 b_{n-2} + \cdots + c_{n-1} b_1 + c_n b_0$$

증명 $g(z)$는 $z = 0$에서 연속이고 $g(0) \neq 0$이므로 0의 한 근방에서 $g(z) \neq 0$이다. 따라서 함수 $h(z) = f(z)/g(z)$는 0의 한 근방 $|z| < \sigma$에서 해석적이므로 정리 6.4.3에 의하여 $h(z) = \sum_{n=0}^{\infty} c_n z^n$, $|z| < \sigma$이다. $f(z) = h(z)g(z)$이므로

$$\sum_{n=0}^{\infty} a_n z^n = \left(\sum_{n=0}^{\infty} c_n z^n \right)\left(\sum_{n=0}^{\infty} b_n z^n \right)$$

이다. 정리 6.5.3에 의하여 $z = 0$에 관한 $f(z)$의 멱급수 전개식의 계수는 유일하므로 정리 6.5.5에 의하여

$$a_n = \sum_{k=0}^{n} c_k b_{n-k} \ \ (n = 0, 1, 2, \cdots)$$

이다. $\blacksquare$

주의 6.5.8 위의 정리에서 $g(0) \neq 0$이므로 $b_0 \neq 0$이다. 따라서

$$c_0 = \frac{a_0}{b_0}$$

$$c_n = \frac{a_n - c_0 b_n - c_1 b_{n-1} - \cdots - c_{n-1} b_1}{b_0} \ \ (n = 1, 2, \cdots)$$

이다. 이 방정식은 $c_0, c_1, \cdots, c_{n-1}$를 알 때 c_n을 계산할 수 있음을 뜻한다.

기하급수

$$\frac{1}{1-z} = \sum_{n=0}^{\infty} z^n \ (|z| < 1)$$

를 이용하여 0이 아닌 임의의 복소수 a에 대하여

$$\frac{1}{a-z} = \frac{1}{a(1-z/a)} = \frac{1}{a} \sum_{n=0}^{\infty} \left(\frac{z}{a}\right)^n = \sum_{n=0}^{\infty} \frac{1}{a^{n+1}} z^n \ (|z| < |a|)$$

로 쓸 수 있다. 또한 서로 다른 두 복소수 a와 b에 대하여

$$\frac{1}{(z-a)(z-b)} = \frac{1}{a-b} \left(\frac{1}{z-a} - \frac{1}{z-b} \right)$$

$$= \frac{1}{a-b} \left[\sum_{n=0}^{\infty} \left(\frac{1}{b^{n+1}} - \frac{1}{a^{n+1}} \right) z^n \right]$$

(단, $|z| < R = \min\{|a|, |b|\}$)라고 쓸 수 있다.

보기 6.5.9 $z = 0$에 관한 $\csc z$의 멱급수 전개식을 구하여라.

풀이 만약 $\sin z = 0$이면 정리 3.2.3에 의하여 $z = n\pi$ (n은 정수)이다. 따라서 $\csc z = 1/\sin z$ 는 영역 $0 < |z| < \pi$에서 해석적이고

$$\csc z = \frac{1}{\sin z} = \frac{1}{z} \frac{1}{g(z)}$$

이다. 여기서 $g(z) = 1 - \dfrac{z^2}{3!} + \dfrac{z^4}{5!} - \dfrac{z^6}{7!} + \cdots$ 이다.

$$\frac{f(z)}{g(z)} = \frac{1}{g(z)} = \sum_{n=0}^{\infty} c_n z^n \ (단, \ f(z) = 1)$$

의 급수 전개식에서 계수 c_n을 구하기 위하여 위의 주의를 이용한다. $g(z)$의 전 개식으로부터

$$b_0 = 1, b_1 = 0, b_2 = -\frac{1}{3!}, b_3 = 0, b_4 = \frac{1}{5!}, b_5 = 0, b_6 = -\frac{1}{7!}, \cdots$$

이다. 또한 $f(z) = 1$이므로

$$a_0 = 1, a_1 = a_2 = a_3 = \cdots = 0$$

이다. 위의 주의에 의하여

$$n = 0, \quad c_0 = \frac{a_0}{b_0} = 1$$

$$n = 1, \quad c_1 = \frac{a_1 - c_0 b_1}{b_0} = 0$$

$$n = 2, \quad c_2 = \frac{a_2 - c_0 b_2 - c_1 b_1}{b_0} = \frac{1}{6}.$$

$$n = 3, \quad c_3 = \frac{a_3 - c_0 b_3 - c_1 b_2 - c_2 b_1}{b_0} = 0.$$

$$n = 4, \quad c_4 = \frac{a_4 - c_0 b_4 - c_1 b_3 - c_2 b_2 - c_3 b_1}{b_0} = \frac{7}{360}, \cdots$$

이다. 따라서

$$\frac{1}{g(z)} = 1 + \frac{1}{6} z^2 + \frac{7}{360} z^4 + \cdots$$

이므로

$$\csc z = \frac{1}{z} \cdot \frac{1}{g(z)} = \frac{1}{z} + \frac{1}{6} z + \frac{7}{360} z^3 + \cdots, \quad 0 < |z| < \pi. \quad \blacksquare$$

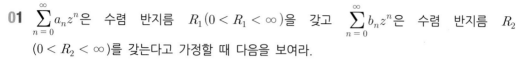
01 $\displaystyle\sum_{n=0}^{\infty} a_n z^n$은 수렴 반지름 $R_1(0 < R_1 < \infty)$을 갖고 $\displaystyle\sum_{n=0}^{\infty} b_n z^n$은 수렴 반지름 R_2 $(0 < R_2 < \infty)$를 갖는다고 가정할 때 다음을 보여라.

   (1) $\displaystyle\sum_{n=0}^{\infty} a_n b_n z^n$의 수렴 반지름 R은 $R \geq R_1 R_2$이다.

   (2) $\displaystyle\sum_{n=0}^{\infty} (a_n/b_n) z^n$은 많아야 수렴 반지름 R_1/R_2를 갖는다$(b_n \neq 0)$.

02 다음 급수의 합을 구하여라.

   (1) $\displaystyle\sum_{n=1}^{\infty} \frac{n^2 + 2n - 1}{3^n}$ (2) $\displaystyle\sum_{n=2}^{\infty} \frac{n(3^n - 2^n)}{6^n}$

   (3) $\displaystyle\sum_{n=1}^{\infty} \frac{5^n}{(1+i)^n}$ (4) $\displaystyle\sum_{n=1}^{\infty} \frac{n}{2^n}$

03 수열 $\{a_n\}$이 관계식

$$a_{n+2} = a_{n+1} + a_n \ (n \geq 1, a_0 = 0, a_1 = 1)$$

을 만족할 때 $\{a_n\}$은 피보나치 수열(Fibonacci sequence)이라고 한다. 계수가 피보나치 수열인 급수 $f(z) = \displaystyle\sum_{n=0}^{\infty} a_n z^n$의 합을 간단히 표시하여라.

04 $b \neq 1$인 임의의 복소수 b에 대하여 $|z-b| < |1-b|$가 성립할 때 $1/(1-z)$을 $z-b$에 관한 멱급수로 전개할 수 있다. 즉, b 주위에서 테일러 급수로 전개할 수 있음을 보여라.

05 $\displaystyle\sum_{n=0}^{\infty} a_n z^n$의 수렴 반지름이 R이라고 가정하자. 자연수 k에 대하여 $\displaystyle\sum_{n=0}^{\infty} a_n z^{kn}$과 $\displaystyle\sum_{n=0}^{\infty} a_n z^{n^2}$이 수렴 반지름 R을 갖는 예와 R보다 큰 수렴 반지름을 갖는 예를 들어라.

06 급수 $\sum a_n (z-2)^n$이 $z = 0$에서 수렴하고, $z = 3$에서 발산할 수 있는가?

07 다음을 보여라.

   (1) $f(z)$는 점 $z = a$에 관한 테일러 급수로 전개될 수 있다고 가정하자. $f(z)$는 모든 자연수 n에 대해서 $|f^{(n)}(a)| \leq M$일 때 정함수이다.

   (2) $f(z)$는 어떤 자연수 k와 모든 n에 대해서 $|f^{(n)}(a)| \leq n^k$일 때 정함수이다.

08 $f(x) = \begin{cases} e^{-1/x^2} & (x \neq 0) \\ 0 & (x = 0) \end{cases}$ 일 때 모든 자연수 n에 대하여 $f^{(n)}(0) = 0$임을 보여라.

로랑 급수와 유수 이론

이 장에서는 함수가 해석적이 아닌 점에서 함수의 성질을 조사한다. 이러한 함수는 테일러 급수로 전개되지는 않지만 **로랑 급수(Laurent series)**로 전개할 수 있다. 또한 유수이론을 이용하여 실함수의 정적분과 특정한 급수의 합을 계산한다.

제7.1절 특이점

만일 함수 $f(z)$가 한 점 z_0에서는 해석적이 아닐 때, $f(z)$는 z_0에서 **특이점(singularity)**을 갖는다고 한다. 만일 $f(z)$가 z_0에서는 해석적이 아니지만, z_0의 어떤 빠진 근방에서 해석적이면 z_0를 $f(z)$의 **고립 특이점(isolated singularity)**이라 한다.

고립 특이점 z_0의 근방에서 함수 $f(z)$의 성질을 다음과 같이 분류할 수 있다.

(1) $f(z)$는 z_0의 빠진 근방에서 유계가 된다. 예를 들어, $f(z) = \sin z / z \ (z \neq 0)$는 원점이 빠진 근방에서 유계이다. 이 함수는 $f(0) = \lim_{z \to 0} \dfrac{\sin z}{z} = 1$이라고 정의함으로써 $z = 0$에서도 해석적이 되게 할 수 있다. 이와 같이 $f(z)$는 z_0에서 고립 특이점을 갖지만, $\lim_{z \to z_0} f(z)$가 존재할 때 z_0를 $f(z)$의 **없앨 수 있는 특이점(removable singularity)**이라 한다.

(2) 함수 $f(z)$는 $z \to z_0$일 때 ∞로 접근할 수 있다. 예를 들어, $f(z) = \dfrac{1}{z} \ (z \neq 0)$은 원점에서 고립 특이점을 가지며, $z \to 0$일 때 $f(z) \to \infty$이다. 이와 같이 $f(z)$가 z_0의 빠진 근방에서 해석적이고,

$$\lim_{z \to z_0} (z - z_0)^k f(z) = A \neq 0, \infty$$

이면 $f(z)$는 $z = z_0$에서 k**차 극점(pole of order k)**을 갖는다고 한다. 다시 말하면 $f(z) = \dfrac{g(z)}{(z - z_0)^k}$이고 g는 z_0의 근방에서 해석적이고 $g(z_0) \neq 0$이면 $f(z)$는 z_0에서 k차 극점(pole of order k)을 갖는다.

(3) $f(z)$는 (1)도 (2)도 만족하지 않을 수도 있다. 예를 들어,

$$f(z) = e^{1/z} = 1 + \sum_{n=1}^{\infty} \frac{1}{n!} \frac{1}{z^n} \ (0 < |z| < \infty)$$

이면 $z = x$에 대하여

$$\lim_{x\to 0+} e^{\frac{1}{x}} = \infty, \quad \lim_{x\to 0-} e^{\frac{1}{x}} = 0$$

이다. 따라서 $f(z)$는 원점의 근방에서 유계도 아니며 ∞로 접근하지도 않는다. 이와 같이 없앨 수 있는 특이점도 아니고 극점도 아닌 고립 특이점을 **진성 특이점**(또는 **본질적 특이점**, **essential singularity**)이라 한다.

고립 특이점이 없앨 수 있는 특이점이 될 충분조건으로서 다음의 리만의 정리가 있다.

정리 7.1.1 (리만(**Riemann**)의 정리) 만일 $f(z)$가 $z = z_0$에서 고립 특이점을 가지고, z_0의 어떤 빠진 근방에서 유계이면, $f(z)$가 z_0에서 해석적이 되도록 $f(z_0)$를 정의할 수 있다. 즉, 만약 함수 $f(z)$가 $0 < |z - z_0| < R$에서 해석적이고 유계이면 $z = z_0$는 $f(z)$의 없앨 수 있는 특이점이다.

증명 어떤 $R > 0$에 대해서 $f(z)$는 $0 < |z - z_0| < R$에서 해석적이다. 이 원판 안의 주어진 점 z_1에 대하여 $r < |z_1 - z_0| < R$이 되는 $r > 0$을 선택한다. 그림 7.1과 같이 두 원 $C : |z - z_0| = R$과 $C_1 : |z - z_0| = r$에 의하여 둘러싸인 원환에서 $f(z)$는 해석적이므로, 코시의 적분공식에 의하여

$$f(z_1) = \frac{1}{2\pi i} \int_C \frac{f(\zeta)}{\zeta - z_1} d\zeta - \frac{1}{2\pi i} \int_{C_1} \frac{f(\zeta)}{\zeta - z_1} d\zeta \tag{7.1}$$

이다. 식 (7.1)의 값이 r의 선택과 무관하므로, r을 충분히 작게 잡을 때 C_1 위에서 $f(z)$는 유계이므로 만일 $|f(z)| < M$이라 하면,

$$\left| \frac{1}{2\pi i} \int_{C_1} \frac{f(\zeta)}{\zeta - z_1} d\zeta \right| \le \frac{M}{2\pi} \int_{C_1} \frac{|d\zeta|}{|\zeta - z_1|} \le \frac{M}{2\pi} \frac{2\pi r}{|z_1 - z_0| - r} \tag{7.2}$$

이 된다.

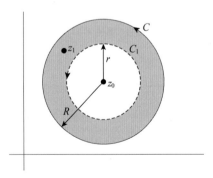

그림 7.1

$r \to 0$일 때 식 (7.2)는 0에 접근한다. 그러므로 식 (7.1)은

$$f(z_1) = \frac{1}{2\pi i} \int_C \frac{f(\zeta)}{\zeta - z_1} d\zeta \qquad (7.3)$$

가 된다. z_1은 $0 < |z - z_0| < R$의 임의의 점이므로 $0 < |z - z_0| < R$ 안의 모든 z에 대하여

$$f(z) = \frac{1}{2\pi i} \int_C \frac{f(\zeta)}{\zeta - z} d\zeta \qquad (7.4)$$

가 된다. 식 (7.4)의 우변 적분은 코시의 도함수 공식의 증명에 의하여 $0 < |z - z_0| < R$에서 해석함수를 나타낸다. 따라서

$$f(z_0) = \frac{1}{2\pi i} \int_C \frac{f(\zeta)}{\zeta - z_0} d\zeta$$

라고 정의하면 $f(z)$는 $|z - z_0| < R$에서 해석적이다. ■

$\lim\limits_{z \to z_0} |f(z)| = \infty$의 의미는 임의의 $N > 0$에 대하여 N에 의존하는 적당한 양수 $\delta = \delta(N)$이 존재해서

$$0 < |z - z_0| < \delta \text{일 때 } |f(z)| > N$$

이 됨을 뜻한다.

정리 7.1.2 $f(z)$가 $z = z_0$에서 고립 특이점을 갖는다고 하자. 이때 $f(z)$가 $z = z_0$에서 극점을 갖기 위한 필요충분조건은 $\lim\limits_{z \to z_0} |f(z)| = \infty$이다.

증명 $\lim\limits_{z \to z_0} |f(z)| = \infty$이라 하자. $F(z) = 1/f(z)$로 놓으면 F는 z_0에서 고립 특이점을 갖고 분명히 $F(z)$는 항등적으로 0이 아니다. 가정에 의하여 $z \to z_0$일 때 $F(z) \to 0$이다. 리만의 정리 7.1.1에 의하여 $F(z)$는 없앨 수 있는 특이점 z_0를 가진다. $\lim\limits_{z \to z_0} F(z) = 0$이므로 $F(z_0) = 0$으로 정의하면 $F(z)$는 z_0의 근방에서 해석적이다. 따라서

$$F(z) = \frac{1}{f(z)} = a_0 + a_1(z - z_0) + a_2(z - z_0)^2 + \cdots \qquad (7.5)$$

로 표현할 수 있고 $F(z_0) = 0$이므로

$$a_0 = \lim_{z \to z_0} F(z) = \lim_{z \to z_0} \frac{1}{f(z)} = 0$$

이다. 여기서 $F(z)$의 계수가 모두 0이 될 수는 없다. 왜냐하면 $F(z)$의 계수 a_k가 모두 0이라 하면 z_0의 어떤 빠진 근방에서 $f(z) \equiv \infty$가 되기 때문이다.

$F(z)$의 0이 아닌 첫 번째 계수를 a_k라 하면

$$\begin{aligned} F(z) &= \frac{1}{f(z)} = a_k(z-z_0)^k + a_{k+1}(z-z_0)^{k+1} + \cdots \\ &= (z-z_0)^k h(z) \quad (\text{단, } h(z_0) \neq 0) \end{aligned} \tag{7.6}$$

이다. $h(z_0) \neq 0$이므로 $g(z) = 1/h(z)$는 z_0의 근방에서 해석적이다. $f = 1/F$이므로

$$\lim_{z \to z_0}(z-z_0)^k f(z) = \lim_{z \to z_0} g(z) = g(z_0) = \frac{1}{a_k} \neq 0$$

또는

$$f(z) = \frac{1}{F(z)} = \frac{g(z)}{(z-z_0)^k} \quad (g(z_0) \neq 0)$$

이다. 그러므로 $f(z)$는 $z = z_0$에서 k차 극점을 갖는다.

역으로 $f(z)$가 z_0에서 극점을 가진다면 극점의 정의에 의하여

$$\lim_{z \to z_0}|f(z)| = \infty$$

이 성립한다. ■

따름정리 7.1.3 만일 $f(z)$가 z_0에서 k차 극점을 가지면

$$f(z) = \sum_{n=-k}^{\infty} b_n(z-z_0)^n = \frac{b_{-k}}{(z-z_0)^k} + \cdots + \frac{b_{-1}}{z-z_0} + b_0 + b_1(z-z_0) + \cdots$$

로 표시된다(단 $b_{-k} \neq 0$).

증명 정리 7.1.2의 증명에서 식 (7.6)에 의해서 함수

$$\frac{1}{f(z)(z-z_0)^k} = a_k + a_{k+1}(z-z_0) + \cdots \quad (a_k \neq 0)$$

은 $z = z_0$에서 해석적이다. $a_k \neq 0$이므로 연속성에 의하여

$$\frac{1}{f(z)(z-z_0)^k} \neq 0$$

을 만족하는 z_0의 근방이 존재한다. 따라서 $f(z)(z-z_0)^k$은 z_0에서 해석적이고, 전개식

$$f(z)(z - z_0)^k = \sum_{m=0}^{\infty} c_m (z - z_0)^m \quad \left(c_0 = \frac{1}{a_k} \neq 0\right)$$

은 z_0의 한 근방에서 성립한다. 즉, $f(z) = \sum_{m=0}^{\infty} c_m (z - z_0)^{m-k}$이다. 이 식에서 $n = m - k$, $b_n = c_{n+k}$라 두면

$$f(z) = \sum_{m=0}^{\infty} c_m (z - z_0)^{m-k} = \sum_{n=-k}^{\infty} b_n (z - z_0)^n$$

를 얻는다. ◼

보기 7.1.4 다음 함수들의 특이점을 분류하여라.

(1) $\dfrac{e^z}{z}$ (2) $\dfrac{e^z - 1}{z}$

(3) $\dfrac{(e^z - 1)^2}{z^2}$ (4) $\dfrac{\cos z}{z^2}$

(5) $e^{z + 1/z}$ (6) $e^z / (z + 1)$

풀이 (1) $\lim\limits_{z \to 0} z \cdot \dfrac{e^z}{z} = 1$이므로 $z = 0$은 1차 극점(단순 극점)이다.

(2) $z \to 0$일 때 $(e^z - 1)/z = 1 + \dfrac{z}{2} + \dfrac{z^2}{3!} + \cdots \to 1$이므로 $\lim\limits_{z \to 0}(e^z - 1)/z = 1$이다. 따라서 $z = 0$은 없앨 수 있는 특이점이다.

(3) $\lim\limits_{z \to 0} \dfrac{e^z - 1}{z} = 1$이므로 $z = 0$은 $(e^z - 1)/z$의 없앨 수 있는 특이점이다. 따라서 $(e^z - 1)^2/z^2$은 $z = 0$을 없앨 수 있는 특이점으로 갖는다.

(4) z^2은 2차 영점을 갖고 $\cos 0 = 1$이므로 $\cos z/z^2$은 2차 극점을 갖는다. 또는

$$\frac{\cos z}{z^2} = \frac{1}{z^2}\left(1 - \frac{z^2}{2!} + \frac{z^4}{4!} - \cdots\right) = \frac{1}{z^2} - \frac{1}{2!} + \frac{z^2}{4!} - \cdots$$

이므로 $z = 0$은 2차 극점이다.

(5) $z = 0$은 고립 진성특이점이다.

(6) $\lim\limits_{z \to -1}(z + 1)\dfrac{e^z}{z + 1} = e^{-1} \neq 0$이므로 $z = -1$에서 1차 극점을 갖는다. ◼

나중에 나오는 피카드(Picard)의 정리보다 약화된 다음 정리를 증명하고자 한다.

정리 7.1.5 (카소라티(Casorati)−바이어슈트라스의 정리) 만일 $f(z)$가 $z = z_0$에서 진성 특이점을 가지고 D는 z_0의 빠진 근방이면 $f(D) = \{f(z) : z \in D\}$는 $\mathbb{C}$에서

조밀하다. 즉, $\overline{f(D)} = \mathbb{C}$

증명 $\overline{f(D)} \neq \mathbb{C}$ 이라고 가정하면 $f(D)$와 공통 부분을 갖지 않는 중심이 a이고 반지름이 ϵ인 적당한 원판이 존재한다. 즉, $0 < |z - z_0| < \delta$ 안의 모든 z에 대하여

$$|f(z) - a| \geq \epsilon > 0$$

을 만족하는 적당한 복소수 a와 양수 ϵ, δ가 존재한다. 지금 $g(z) = 1/(f(z) - a)$로 놓으면 $0 < |z - z_0| < \delta$에서

$$|g(z)| = \left|\frac{1}{f(z) - a}\right| \leq \frac{1}{\epsilon} \quad (0 < |z - z_0| < \delta)$$

즉, z_0의 빠진 근방에서 g는 유계함수이다. 따라서 정리 7.1.1에 의하여 $g(z)$는 $z = z_0$에서 없앨 수 있는 특이점을 가지고

$$g(z) = \frac{1}{f(z) - a} = a_0 + a_1(z - z_0) + a_2(z - z_0)^2 + \cdots$$

로 표현할 수 있으므로 $\lim\limits_{z \to z_0} 1/(f(z) - a) = a_0$이다. 만약 $a_0 \neq 0$이면 $\lim\limits_{z \to z_0} f(z) = 1/a_0 + a$가 되므로 $f(z)$는 $z = z_0$에서 없앨 수 있는 특이점을 갖는다. 만약 $a_0 = 0$이면 a_k를 첫 번째로 0이 아닌 $g(z)$의 계수라고 할 때

$$\frac{1}{(f(z) - a)(z - z_0)^k} = a_k + a_{k+1}(z - z_0) + \cdots$$

이다. 이 경우에

$$\frac{1}{a_k} = \lim_{z \to z_0}(z - z_0)^k(f(z) - a) = \lim_{z \to z_0}(z - z_0)^k f(z)$$

이 되므로 $f(z)$는 $z = z_0$에서 k차 극점을 갖는다. 이는 $f(z)$가 진성 특이점 z_0를 갖는다는 가정에 모순이다. ∎

카소라티-바이어슈트라스의 정리는 다음과 같이 표현할 수 있다:

만약 $f(z)$가 $z = z_0$에서 진성 특이점을 가지고 $a \in \mathbb{C}$이 임의의 복소수이면 z_0의 모든 근방에서 $f(z)$는 a에 매우 가깝게 접근한다.

보다 엄밀하게 말하면

임의의 a와 임의의 양수 ϵ, δ에 대하여 $|z - z_0| < \delta$이고 $|f(z) - a| < \epsilon$를 만족하는 z가 존재한다.

따름정리 7.1.6 $f(z)$가 $z = z_0$에서 진성 특이점을 가지면, 임의의 복소수 a에 대하여 $z_n \rightarrow z_0$일 때 $f(z_n) \rightarrow a$이 되는 한 수열 $\{z_n\}$이 존재한다.

증명 모든 n에 대하여 $\delta_n > 0$이고 $\lim_{n \to \infty} \delta_n = 0$이 되는 한 수열 δ_n을 선택한다. 정리 7.1.5에 의하여 $0 < |z_n - z_0| < \delta_n$에 대하여 $|f(z_n) - a| < 1/n$이 되는 수열 $\{z_n\}$을 잡을 수 있다. 따라서 $z_n \rightarrow z_0$일 때 $f(z_n) \rightarrow a$이다. ■

정리 7.1.7 (피카드(**Picard**)의 정리) 한 고립 진성 특이점의 모든 근방에서 해석함수는 많아야 하나를 제외하고는 모든 값을 무한회 취한다.

이 정리의 증명은 생략한다.

보기 7.1.8 함수 $f(z) = e^{1/z}$는 $z = 0$에서 고립 진성 특이점을 갖는다. $z = 0$의 모든 근방에서 $e^{1/z} = i$를 만족하는 무한히 많은 z가 존재함을 보여라.

증명 $1/z = \frac{\pi}{2}i + 2k\pi i$ $(k = 0, \pm 1, \pm 2, \cdots)$일 때 $e^{1/z} = i = e^{i\pi/2}$이다. 따라서

$$z_k = 2/(1 + 4k)\pi i \quad (k = 0, \pm 1, \pm 2, \cdots)$$

은 $z = 0$에 수렴하고, $e^{1/z_k} = i$를 만족한다. 여기서 $z \neq 0$에 대하여 $e^{1/z} \neq 0$이므로 피카드의 정리에서 예외값은 0이다. ■

● 연습문제 7.1

01 다음 함수의 영점과 특이점의 차수를 구하여라.

(1) $\dfrac{z^2 - 3z + 2}{z^2 - 9}$

(2) $\cos z$

(3) $\dfrac{1}{1 - e^z}$

(4) $\tan z$

02 다음 함수의 특이점을 분류하여라.

(1) $\dfrac{1}{(2\sin z - 1)^2}$

(2) $\cos(z^2 + 1/z^2)$

(3) $\dfrac{z}{e^z - 1}$

(4) $\dfrac{1}{e^{1/z} + 1}$

03 함수 $f(z)$가 $z = z_0$에서 고립 특이점을 가지며 $\lim\limits_{z \to z_0} (z - z_0)^\alpha f(z) = M \neq 0, \infty$ 이라 가정할 때 α는 정수임을 보여라.

04 만일 함수 $f(z)$가 원점을 빠진 근방에서 해석적이고 $\lim\limits_{z \to 0} |zf(z)| = 0$ 이라면 원점은 $f(z)$의 없앨 수 있는 특이점임을 보여라.

05 만일 $f(z)$가 점열 $\{z_n\}$에서 극점을 가지며 $z_n \to z_0$일 때 $f(z)$는 $z = z_0$에서 극점을 갖지 않음을 보여라.

06 $g(z)$와 $f(z)$가 z_0에서 해석적이고, g는 l차의 영점, f는 $k(k \geq l)$차 영점을 갖는다면, $g(z)/f(z)$는 $(k - l)$차 극점을 가짐을 보여라.

07 함수 $f(z)$가 $z = z_0$에서 m차 극점을 가지며 $p(z)$는 n차 다항식이라고 가정하자. $p(f(z))$는 $z = z_0$에서 mn차 극점을 가짐을 보여라.

08 $f(z)$가 $z = a$에서 m차 극점을 가질 때 $f'(z)$는 a에서 $(m + 1)$차 극점으로 가짐을 보여라.

09 두 함수 $f(z)$, $g(z)$가 $z = a$에서 각각 m차, n차 극점을 가질 때 $f(z) \pm g(z)$, $f(z)g(z)$, $\dfrac{f(z)}{g(z)}$는 $z = a$에서 어떠한 상태가 되는가?

10 정함수 f에 관한 평면의 상 $f(\mathbb{R}^2)$은 평면에서 조밀함을 보여라(귀뜸 : 만약 f가 다항식이 아니면 $f(1/z)$를 생각하여라).

제7.2절 로랑 급수

만일 함수 $f(z)$가 한 점 z_0에서 해석적이면 z_0의 어떤 근방에서 $f(z)$는 멱급수 $f(z) = \sum_{n=0}^{\infty} a_n (z-z_0)^n$으로 표시된다. 만일 $f(z)$가 $z = z_0$에서 k차 극점을 가지면 따름정리 7.1.3에 의하여 z_0의 어떤 빠진 근방에서

$$\sum_{n=-k}^{\infty} a_n (z-z_0)^n, \qquad a_{-k} \neq 0$$

와 같이 표시된다. 이 절에서는 $\sum_{n=-\infty}^{\infty} a_n (z-z_0)^n$와 같이 표시되는 급수에 대하여 살펴보기로 한다.

급수 $\sum_{n=1}^{\infty} \dfrac{b_n}{(z-z_0)^n}$이 $\dfrac{1}{|z-z_0|} < R$에서 절대수렴하면, 즉 $|z-z_0| > R_1 = 1/R$에 대해서 절대수렴하면 급수 $\sum_{n=1}^{\infty} b_n (z-z_0)^{-n}$은 원 $|z-z_0| = R_1$ 밖에서 하나의 해석함수 $f_1(z)$를 나타낸다. 또한 $\sum_{n=0}^{\infty} a_n (z-z_0)^n$이 수렴 반지름 R_2를 가지면

$$f_2(z) = \sum_{n=0}^{\infty} a_n (z-z_0)^n$$

은 $|z-z_0| < R_2$에 대하여 해석적이다. 만일 $R_2 > R_1$이면 $f_1(z)$와 $f_2(z)$는 원환 $R_1 < |z-z_0| < R_2$에서 모두 해석적이다. 따라서 함수

$$f(z) = f_1(z) + f_2(z) = \sum_{n=1}^{\infty} b_n (z-z_0)^{-n} + \sum_{n=0}^{\infty} a_n (z-z_0)^n$$

은 $R_1 < |z-z_0| < R_2$의 모든 z에 대하여 해석적이다. 여기서 $a_{-n} = b_n$이라고 두면

$$f(z) = \sum_{n=-\infty}^{\infty} a_n (z-z_0)^n$$

을 얻는다. 이러한 형태의 급수를 $z - z_0$에 관한 **로랑 급수(Laurent series)**라 한다. 따라서 **원환**(고리, **annulus**)에서 해석함수는 로랑 급수로 전개됨을 증명하고자 한다.

정리 7.2.1 (로랑의 정리) 만일 $f(z)$가 원환 $R_1 < |z-z_0| < R_2$에서 해석적이면, 그 원환에서 $f(z)$는

$$f(z) = \sum_{n=-\infty}^{\infty} a_n (z-z_0)^n = \sum_{n=0}^{\infty} a_n (z-z_0)^n + \sum_{n=1}^{\infty} \frac{a_{-n}}{(z-z_0)^n}$$

으로 표시되고, 이때 계수 a_n은

$$a_n = \frac{1}{2\pi i} \int_C \frac{f(\zeta)}{(\zeta - z_0)^{n+1}} d\zeta \quad (n = 0, \pm 1, \pm 2, \cdots)$$

로 주어진다. 단 C는 그 원환 안에 포함되는 임의의 단순 닫힌 곡선이고 반시계 방향으로 회전한다.

증명) z를 주어진 원환 안의 한 점이라 하자.

$$R_1 < R_1{}' < |z - z_0| < R_2{}' < R_2$$

이 되도록 $R_1{}'$과 $R_2{}'$를 취하면 $f(z)$는 두 원

$$C_1 : |z - z_0| = R_1{}', \quad C_2 : |z - z_0| = R_2{}'$$

에 의하여 둘러싸인 닫힌 원환에서 해석적이다. C_2 위의 ζ와 원환 $R_1{}' < |z - z_0| < R_2{}'$ 의 점 z에 대하여 코시의 적분공식에 의하여 다음이 성립한다.

$$f(z) = \frac{1}{2\pi i} \int_{C_2} \frac{f(\zeta)}{\zeta - z} d\zeta - \frac{1}{2\pi i} \int_{C_1} \frac{f(\zeta)}{\zeta - z} d\zeta \tag{7.7}$$

위 식 (7.7)의 첫 번째 적분에서

$$\frac{1}{\zeta - z} = \frac{1}{\zeta - z_0 - (z - z_0)} = \frac{1}{(\zeta - z_0)[1 - (z - z_0)/(\zeta - z_0)]}$$

$$= \frac{1}{(\zeta - z_0)} \sum_{n=0}^{\infty} \left(\frac{z - z_0}{\zeta - z_0}\right)^n = \sum_{n=0}^{\infty} \frac{1}{(\zeta - z_0)^{n+1}} (z - z_0)^n$$

이고, 이 급수는 C_2 위에서 고른 수렴한다. 따라서 $f(\zeta)/2\pi i$를 곱하고 항별로 적분하면 식 (7.7)의 첫 번째 적분은

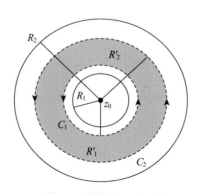

그림 7.2 원환과 로랑 급수

$$\frac{1}{2\pi i}\int_{C_2}\frac{f(\zeta)}{\zeta-z}d\zeta = \sum_{n=0}^{\infty}\left(\frac{1}{2\pi i}\int_{C_2}\frac{f(\zeta)}{(\zeta-z_0)^{n+1}}(z-z_0)^n d\zeta\right)$$

$$= \sum_{n=0}^{\infty}\left(\frac{1}{2\pi i}\int_{C_2}\frac{f(\zeta)}{(\zeta-z_0)^{n+1}}d\zeta\right)(z-z_0)^n \qquad (7.8)$$

$$= \sum_{n=0}^{\infty}a_n(z-z_0)^n$$

단

$$a_n = \frac{1}{2\pi i}\int_{C_2}\frac{f(\zeta)}{(\zeta-z_0)^{n+1}}d\zeta \quad (n=0,1,2\cdots)$$

이다. 여기서 $f(z)$는 C_2 내부의 모든 점에서 해석적이 아니기 때문에 일반적으로 a_n과 $f^{(n)}(z_0)/n!$은 같지 않다.

식 (7.7)의 두 번째 적분을 생각하면 C_1 위의 ζ에 대해서

$$-\frac{1}{\zeta-z} = \frac{1}{(z-z_0)[1-(\zeta-z_0)/(z-z_0)]} = \sum_{m=0}^{\infty}\frac{(\zeta-z_0)^m}{(z-z_0)^{m+1}}$$

이고, 이 급수는 C_1 위에서 고른 수렴한다. 따라서 정리 6.4.2에 의하여

$$-\frac{1}{2\pi i}\int_{C_1}\frac{f(\zeta)}{\zeta-z}d\zeta = \sum_{m=0}^{\infty}\left(\frac{1}{2\pi i}\int_{C_1}\frac{f(\zeta)(\zeta-z_0)^m}{(z-z_0)^{m+1}}d\zeta\right)$$

$$= \sum_{m=0}^{\infty}\left(\frac{1}{2\pi i}\int_{C_1}f(\zeta)(\zeta-z_0)^m d\zeta\right)\frac{1}{(z-z_0)^{m+1}}$$

이다. 만일 $n=m+1$로 두면

$$-\frac{1}{2\pi i}\int_{C_1}\frac{f(\zeta)}{\zeta-z}d\zeta = \sum_{n=1}^{\infty}a_{-n}(z-z_0)^{-n} \qquad (7.9)$$

이 된다. 단

$$a_{-n} = \frac{1}{2\pi i}\int_{C_1}\frac{f(\zeta)d\zeta}{(\zeta-z_0)^{-n+1}} \ (n=1,2,\cdots)$$

이다. 따라서 식 (7.8)과 (7.9)를 식 (7.7)에 대입하면

$$f(z) = \sum_{n=-\infty}^{\infty}a_n(z-z_0)^n$$

단

$$a_n = \frac{1}{2\pi i}\oint_{C_2}\frac{f(\zeta)}{(\zeta-z_0)^{n+1}}d\zeta \quad (n=0,1,2\cdots)$$

$$a_n = \frac{1}{2\pi i}\oint_{C_1}\frac{f(\zeta)}{(\zeta-z_0)^{n+1}}d\zeta \quad (n=-1,-2,\cdots) \qquad (7.10)$$

이제 원환 $R_1' < |z-z_0| < R_2'$ 안에 포함되는 임의의 단순 닫힌 곡선 C를 반시계 방향으로 취한다. 함수 $f(\zeta)/(\zeta-z_0)$는 닫힌 곡선 C_1과 $C(C_2$와 $C)$에 의하여 둘러싸인 영역에서 해석적이므로 코시의 적분공식에 의하여 C_1과 C_2를 C로 대치하여 계산할 수 있다. 따라서 식 (7.10)은

$$a_n = \frac{1}{2\pi i} \oint_C \frac{f(\zeta)}{(\zeta-z_0)^{n+1}} d\zeta \quad (n = 0, \pm 1, \pm 2, \cdots) \tag{7.11}$$

로 쓸 수 있다. 한편 R_1'과 R_2'는 임의로 R_1과 R_2에 가까이 선택할 수 있으므로 결국 식 (7.11)은 $R_1 < |z-z_0| < R_2$ 내부의 모든 점 z에 대해서 성립한다. ■

주의 7.2.2 (1) 로랑 정리에서 $(z-z_0)$의 양의 멱급수는 원 $|z-z_0| = R_2$ 내부의 모든 점에서 수렴하고, $(z-z_0)$의 음의 멱급수는 원 $|z-z_0| = R_1$ 외부의 모든 점에서 수렴한다. $(z-z_0)$의 음의 멱급수를 로랑 전개의 **주요 부분 (principal part)**이라 하고, 양의 멱급수를 **해석 부분(analytic part)**이라 한다.

(2) $R_1 = 0$인 경우 z_0는 $f(z)$의 고립 특이점이다. 로랑 전개의 주요 부분은 z_0가 없앨 수 있는 특이점일 때 한해서 0이다. 그리고 z_0에서 극점을 가질 때 한해서 유한개의 항을 갖는다. 만일 주요 부분이 무한히 많은 항을 가지면 z_0는 $f(z)$의 진성 특이점이다.

주의 7.2.3 해석함수에 대한 테일러 전개와 같이 로랑 전개는 유일하다.

증명 $f(z) = \sum_{n=-\infty}^{\infty} a_n (z-z_0)^n = \sum_{n=-\infty}^{\infty} b_n (z-z_0)^n \quad (R_1 < |z-z_0| < R_2)$이라고 가정하면 각 급수는 원환에 포함되고 z_0를 둘러싸는 원 C 위에서 고른 수렴한다. 임의의 정수 k에 대하여 $(z-z_0)^k$를 곱하고 곡선 C를 따라 적분하면 정리 6.4.2에 의하여

$$\sum_{n=-\infty}^{\infty} a_n \int_C (z-z_0)^{n+k} dz = \sum_{n=-\infty}^{\infty} b_n \int_C (z-z_0)^{n+k} dz$$

를 얻는다.

$$\int_C (z-z_0)^m dz = \begin{cases} 2\pi i, & m = -1 \\ 0, & m \neq -1 \end{cases}$$

이므로 위의 식에 의하여 $2\pi i a_{-(k+1)} = 2\pi i b_{-(k+1)}$를 얻는다. 따라서 모든 정수 k에 대하여 $a_k = b_k$이다. ■

이제 로랑 급수의 계수를 구하는 방법을 예를 들어 설명하기로 한다.

보기 7.2.4 함수 $f(z) = e^{1/z}$은 $|z| > 0$에서 해석적이고 $z = 0$에서 진성 특이점을 갖는다. 항등식

$$e^u = 1 + u + \frac{u^2}{2!} + \frac{u^3}{3!} + \cdots$$

로부터 $z = 0$에서 $f(z)$의 로랑 급수

$$f(z) = e^{1/z} = 1 + \frac{1}{z} + \frac{1}{2!z^2} + \frac{1}{3!z^3} + \cdots \quad (|z| > 0)$$

를 얻는다. ■

보기 7.2.5 $f(z) = \dfrac{1}{(z-1)(z-2)}$는 $z = 1$과 $z = 2$에서 단순 극점을 갖는다. 다음 각 영역에서 $f(z)$를 로랑 급수로 전개하여라.

(1) $0 < |z-1| < 1$ (2) $1 < |z| < 2$

(3) $|z| < 1$ (4) $|z| > 2$

풀이 (1) $0 < |z-1| < 1$에 대하여

$$f(z) = \frac{1}{(z-1)(z-2)} = -\frac{1}{(z-1)[1-(z-1)]}$$
$$= -\sum_{n=-1}^{\infty} (z-1)^n \quad (0 < |z-1| < 1)$$

(2) $1 < |z| < 2$에 대하여 $|z/2| < 1$이고 $|1/z| < 1$이므로

$$f(z) = \frac{1}{z-2} - \frac{1}{z-1} = -\frac{1}{2(1-z/2)} - \frac{1}{z(1-1/z)}$$
$$= -\frac{1}{2}\sum_{n=0}^{\infty}\left(\frac{z}{2}\right)^n - \frac{1}{z}\sum_{n=0}^{\infty}\left(\frac{1}{z}\right)^n$$

따라서

$$f(z) = -\sum_{n=-\infty}^{-1} z^n - \sum_{n=0}^{\infty} \frac{1}{2^{n+1}} z^n$$

(3) $|z| < 1$일 때 $|z/2| < 1/2 < 1$이므로

$$f(z) = \frac{1}{z-2} - \frac{1}{z-1} = -\frac{1}{2(1-z/2)} + \frac{1}{(1-z)}$$
$$= -\frac{1}{2}\sum_{n=0}^{\infty}\left(\frac{z}{2}\right)^n + \sum_{n=0}^{\infty} z^n = \sum_{n=0}^{\infty}\left(1 - \frac{1}{2^{n+1}}\right) z^n$$

이것은 $f(z)$에 대한 매클로린 급수이다.

(4) $|z| > 2$에 대하여 $|2/z| < 1$이므로

$$f(z) = \frac{1}{z-2} - \frac{1}{z-1} = \frac{1}{z(1-2/z)} - \frac{1}{z(1-1/z)}$$
$$= \frac{1}{z}\sum_{n=0}^{\infty}(\frac{2}{z})^n - \frac{1}{z}\sum_{n=0}^{\infty}(\frac{1}{z})^n = \sum_{n=-\infty}^{-1}(\frac{1}{2^{n+1}}-1)z^n \ \blacksquare$$

보기 7.2.6 $f(z) = 1/(z^2+1)$을 $0 < |z-i| < 2$에서 $z-i$에 관한 로랑 급수로 전개하여라.

풀이 $f(z) = 1/(z^2+1) = 1/(z+i)(z-i)$은 $z = \pm i$에서 극점을 갖는다.

$0 < |(z-i)/2i| = |z-i|/2 < 1$에 대하여

$$\frac{1}{z+i} = \frac{1}{2i[1+(z-i)/2i]} = \frac{1}{2i}\sum_{n=0}^{\infty}(-1)^n(\frac{z-i}{2i})^n$$

이므로

$$f(z) = \frac{1}{(z-i)(z+i)} = \frac{1}{2i(z-i)}\sum_{n=0}^{\infty}(\frac{-1}{2i})^n(z-i)^n$$
$$= -\sum_{n=-1}^{\infty}(\frac{-1}{2i})^{n+2}(z-i)^n$$
$$= -\sum_{n=-1}^{\infty}(\frac{i}{2})^{n+2}(z-i)^n \qquad (0 < |z-i| < 2) \ \blacksquare$$

보기 7.2.7 $f(z) = \pi\cot\pi z/z^4$의 $z=0$의 근방에서 로랑 전개의 주요 부분을 구하여라.

풀이 sine, cosine 함수의 급수 전개를 이용하면 정리 6.5.7에 의하여

$$f(z) = \frac{\pi\cot\pi z}{z^4} = \frac{\pi\cos\pi z}{z^4\sin\pi z} = \frac{\pi}{\pi z^5}\frac{1-(\pi z)^2/2!+(\pi z)^4/4!-\cdots}{1-(\pi z)^2/3!+(\pi z)^4/5!-\cdots}$$
$$= \frac{1}{z^5}(1 - \frac{\pi^2}{3}z^2 - \frac{\pi^4}{45}z^4 + \cdots)$$

이므로 주요 부분은

$$\frac{1}{z^5} - \frac{\pi^2}{3z^3} - \frac{\pi^4}{45z} - \cdots \ \blacksquare$$

연습문제 7.2

01 다음 함수를 $|z| > 0$에서 로랑 급수로 전개하여라.

(1) $f(z) = \dfrac{\sin z}{z^2}$

(2) $f(z) = e^{z^2} + e^{1/z^2}$

(3) $f(z) = z^2 \sin\left(\dfrac{1}{z^2}\right)$

02 다음 각 함수를 주어진 특이점을 중심으로 로랑 급수로 전개하여라.

(1) $\dfrac{e^{2z}}{(z-1)^3}$; $z = 1$

(2) $(z-3)\sin\dfrac{1}{z+2}$; $z = -2$

(3) $\dfrac{z - \sin z}{z^3}$; $z = 0$

(4) $\dfrac{1}{z^4 + z^2}$; $z = 0$

03 함수 $f(z) = \dfrac{1}{z-3}$을 다음 각 영역에서 로랑 급수로 전개하여라.

(1) $|z| < 3$

(2) $|z| > 3$

04 다음 함수의 괄호 ( ) 내의 점을 중심으로 하는 로랑 급수 전개식을 구하여라.

(1) $f(z) = \dfrac{1}{z(z+3)^2}$ $(z = 0)$

(2) $f(z) = \dfrac{1}{z(z+2)^2}$ $(z = -2)$

(3) $f(z) = \dfrac{\sin z}{z - \pi}$ $(z = \pi)$

(4) $f(z) = e^{2z + 1/z}$ $(z = 0)$

(5) $f(z) = \sin(1/z)$ $(z = 0)$

(6) $f(z) = \csc z$ $(z = 0)$

05 다음 함수의 로랑 급수에 대한 주요 부분을 구하여라.

(1) $\dfrac{z^2}{z^4 - 1}$ $(0 < |z - i| < \sqrt{2})$

(2) $\dfrac{\sin z}{z^4}$ $(|z| > 0)$

06 다음 함수를 로랑 급수로 전개하여라.

(1) $z^n e^{1/z}$ $(|z| > 0)$

(2) $1/e^{(z-1)}$ $(|z| > 1)$

07 다음 각 함수를 주어진 점 주위에서 로랑 급수로 전개하고 주요 부분을 구하여라.

(1) $f(z) = e^{z/(z-2)}$; $z = 2$ 　　　　(2) $f(z) = \dfrac{1}{z^4 + 1}$; 　$z = e^{\pi i/4}$

(3) $f(z) = \dfrac{z}{z^2 + 4}$; 　$z = 2i$

08 $f(z) = e^z/(z-1)(z+1)(z-2)(z-3)$을 $z = i$ 주위에서 테일러 급수로 전개할 때 수렴 반지름을 구하여라.

09 실수축 위의 구간 $[-1,1]$을 제외하고 해석적이 되도록 $\sqrt{z^2 - 1}$의 한 분지를 정의하고 $|z| > 1$에 대한 로랑 급수 전개를 구하여라.

10 $f(z)$는 $|z_0| = 1$인 점 z_0에서 단순 극점을 제외하고서 원판 $|z| < R\,(R > 1)$에서 해석적이라 하자. 전개식 $f(z) = a_0 + a_1 z + a_2 z^2 + \cdots$를 생각하여 $\displaystyle\lim_{n \to \infty}(a_n/a_{n+1}) = z_0$임을 보여라(귀띔 : $f(z) = A/(1 - z/z_0) + F(z)$. 여기서 A는 상수이고 $F(z)$는 $|z| < R$에 대해서 해석적이다).

11 로랑 급수 $\displaystyle\sum_{n=-\infty}^{\infty} a_n(z - z_0)^n$은 $0 < |z - z_0| < r$에서 수렴하고

$$\sum_{n=-\infty}^{\infty} a_n(z - z_0)^n = 0, \quad 0 < |z - z_0| < r$$

이라 하자. 그러면 $a_n = 0\ (n = 0, \pm 1, \pm 2, \cdots)$임을 보여라(귀띔 : 급수에 $(z - z_0)^{-m}$을 곱하고 원 $|z - z_0| = s$, $0 < s < r$ 위에서 z에 관하여 적분하여라. 결과는 0이 되어야 하지만 이는 또한 a_{m-1}이다).

12 $|z| < 1$에서 해석함수 $f(z) = \displaystyle\sum_{n=0}^{\infty} c_n z^n$에 대해서 $\operatorname{Re} f(z) \geq 0$이면 다음 부등식을 보여라.

$$|c_n| \leq 2\operatorname{Re} c_0 \qquad (n = 1, 2, \cdots)$$

13 $f(z) = e^{z + 1/z}$의 로랑 급수 전개에서 계수 c_0를 구한 것과 계수의 공식에서 구한 c_0를 비교함으로써 다음 식이 성립함을 보여라.

$$\frac{1}{2\pi} \int_0^{2\pi} e^{2\cos\theta} d\theta = 1 + (\frac{1}{1!})^2 + (\frac{1}{2!})^2 + (\frac{1}{3!})^2 + \cdots$$

제7.3절 유수 정리

만일 함수 $f(z)$가 z_0의 빠진 근방에서 해석적이면 로랑의 정리에 의하여

$$f(z) = \sum_{n=-\infty}^{\infty} a_n (z-z_0)^n, \quad a_n = \frac{1}{2\pi i}\oint_C \frac{f(\zeta)}{(\zeta-z_0)^{n+1}}d\zeta$$

이다. 여기서 C는 z_0를 둘러싸는 임의의 단순 닫힌 곡선이고 그 근방 안에 포함된다. 특히 $n=-1$이면

$$a_{-1} = \frac{1}{2\pi i}\oint_C f(z)dz \tag{7.12}$$

이다. 로랑급수에서 $(z-z_0)^{-1}$의 계수 a_{-1}을 z_0에서 $f(z)$의 **유수(residue)**라 하고 $a_{-1} = \text{Res}(f(z), z_0)$로 나타낸다. 식 (7.12)에 의하면 유수 a_{-1}만 알면 적분값이 결정됨을 알 수 있다.

만약 $f(z)$가 z_0에서 해석적이면 $\text{Res}(f(z), z_0) = 0$임은 정의로부터 명백하다.

보기 7.3.1 곡선 C가 반시계 방향의 단위원 $|z|=1$일 때 다음 적분값을 구하여라.

$$(1) \int_C e^{1/z}dz \qquad (2) \int_C e^{1/z^2}dz \qquad (3) \int_C z^2\sin(1/z)dz$$

풀이 (1) $e^{1/z} = 1 + 1/z + 1/2!z^2 + \cdots$이므로 유수 $a_{-1} = 1$이다. 따라서 식 (7.12)에 의하여

$$\oint_C e^{1/z}dz = 2\pi i a_{-1} = 2\pi i \times 1 = 2\pi i$$

이다.

(2) $e^{1/z^2} = 1 + 1/z^2 + 1/2!z^4 + \cdots$이므로 유수 $a_{-1} = 0$이다. 따라서 식 (7.12)에 의하여

$$\oint_C e^{1/z^2}dz = 2\pi i a_{-1} = 2\pi i \times 0 = 0$$

(3) 0이 아닌 z에 대하여

$$z^2\sin\frac{1}{z} = z^2\left(\frac{1}{z} - \frac{1}{3!z^3} + \frac{1}{5!z^5} + \cdots\right) = z - \frac{1}{6z} + \frac{1}{120z^3} + \cdots$$

이다. 따라서 $\text{Res}(z^2\sin\frac{1}{z}, 0) = -1/6$이고

$$\oint_C z^2\sin\frac{1}{z}dz = 2\pi i\left(-\frac{1}{6}\right) = -\frac{\pi i}{3}$$

이다. ∎

보기 7.3.2 곡선 C가 반시계 방향의 원 $|z| = 2$일 때 다음 적분값을 구하여라.

$$\oint_C \frac{e^{-z}}{(z-1)^2} dz$$

풀이 $z = 1$ 주위에서 e^{-z}의 테일러 전개를 이용하여 로랑 전개

$$f(z) = \frac{e^{-z}}{(z-1)^2} = \frac{e^{-1}}{(z-1)^2} - \frac{e^{-1}}{(z-1)} + e^{-1} \sum_{n=2}^{\infty} (-1)^n \frac{(z-1)^{n-2}}{n!}, \quad (|z-1| > 0)$$

를 얻는다. 따라서 $\mathrm{Res}(f(z), 1) = -e^{-1}$이고

$$\oint_C \frac{e^{-z}}{(z-1)^2} dz = -\frac{2\pi i}{e}$$

이다. ∎

[1] 우선 유수를 구하는 간단한 방법을 설명하고자 한다. 먼저 단순 극점의 경우에 유수를 구하는 간단한 방법을 알아보자.

<방법 1> 만일 $f(z)$가 단순 극점 $z = a$를 갖는다면 로랑 급수는

$$f(z) = \frac{b_{-1}}{z-a} + b_0 + b_1(z-a) + b_2(z-a)^2 + \cdots \quad (0 < |z-a| < R)$$

으로 표현할 수 있으며, $b_{-1} \neq 0$이다. 따라서

$$(z-a)f(z) = b_{-1} + (z-a)[b_0 + b_1(z-a) + \cdots]$$

이므로 단순 극점의 경우에 유수는

$$\mathrm{Res}(f(z), a) = b_{-1} = \lim_{z \to a} (z-a)f(z) \tag{7.13}$$

이다.

<방법 2> 만일 함수 $f(z)$가 단순 극점 $z = a$를 갖는다면 $f(z) = \dfrac{p(z)}{q(z)}$로 놓는다. 여기서 $p(z)$와 $q(z)$는 $z = a$에서 해석적이고 $p(a) \neq 0$이고, 또한 $q(z)$는 $z = a$를 단순영점으로 갖는다. 따라서 $q(z)$는

$$q(z) = (z-a)q'(a) + \frac{(z-a)^2}{2!} q''(a) + \cdots$$

와 같은 테일러 급수로 전개된다. 따라서 식 (7.13)에 의하여

$$\operatorname{Res}(f(z),a) = \lim_{z \to a}(z-a)\frac{p(z)}{q(z)} = \lim_{z \to a}\frac{(z-a)p(z)}{(z-a)[q'(a)+(z-a)q''(a)/2+\cdots]}$$

이므로, 단순 극점의 경우에

$$\operatorname{Res}(f(z),a) = \operatorname{Res}(\frac{p(z)}{q(z)},a) = \frac{p(a)}{q'(a)} \qquad (7.14)$$

와 같은 또 다른 유용한 공식을 얻는다.

보기 7.3.3 $f(z) = (4-3z)/(z^2-z)$의 단순 극점에서 유수를 구하여라.

풀이 $f(z)$는 단순 극점 $z=0$과 $z=1$을 가지므로 식 (7.14)에 의해서 유수는 각각 다음과 같다.

$$\operatorname{Res}(f(z),0) = [\frac{4-3z}{2z-1}]_{z=0} = -4, \quad \operatorname{Res}(f(z),1) = [\frac{4-3z}{2z-1}]_{z=1} = 1$$

보기 7.3.4 각 극점 $z_k = k\,(k=0,\pm1,\pm2,\cdots)$에서 $f(z) = \pi\cot\pi z$의 유수는 1임을 보여라.

증명 $f(z) = \pi\cot\pi z = \pi\cos\pi z/\sin\pi z$는 각 정수에서 단순 극점을 갖는다. 더구나

$$\operatorname{Res}(f,k) = \lim_{z \to k}(z-k)\frac{\pi\cos\pi z}{\sin\pi z} = \lim_{z \to k}(\cos\pi z)\frac{\pi}{\sin\pi z/(z-k)}$$

$$= \pi\frac{\cos\pi k}{(\sin\pi z)'(k)} = 1 \quad \blacksquare$$

[2] 고차 극점(poles of higher order)의 유수를 구하고자 한다. 만일 $f(z)$가 $m\,(m>1)$차 극점 $z=a$를 갖는다면, 이때 로랑 급수는

$$f(z) = \frac{c_m}{(z-a)^m} + \frac{c_{m-1}}{(z-a)^{m-1}} + \cdots + \frac{c_2}{(z-a)^2} + \frac{c_1}{z-a} + b_0 + b_1(z-a) + \cdots$$

와 같이 표현되며, 또한 $c_m \neq 0$이고 점 $z=a$를 제외한 a의 근방에서 수렴한다.

$$(z-a)^m f(z) = c_m + c_{m-1}(z-a) + \cdots + c_2(z-a)^{m-2} + c_1(z-a)^{m-1}$$
$$+ b_0(z-a)^m + b_1(z-a)^{m+1} + \cdots$$

로부터 $z=a$에서 $f(z)$의 유수 c_1은 중심이 $z=a$인 함수 $g(z) = (z-a)^m f(z)$의 테일러 전개식에서 $(z-a)^{m-1}$의 계수임을 알 수 있다. 따라서 테일러의 정리에 의하여

$c_1 = g^{(m-1)}(a)/(m-1)!$이므로 $f(z)$가 m차 극점 $z = a$를 가지면 그 유수는 다음과 같다.

$$\mathrm{Res}(f(z),a) = \frac{1}{(m-1)!}\lim_{z \to a}\left[\frac{d^{m-1}}{dz^{m-1}}(z-a)^m f(z)\right] \tag{7.15}$$

보기 7.3.5 $f(z) = 2z/(z+4)(z-1)^2$의 극점 $z = 1$에서 유수를 구하여라.

풀이 $f(z)$는 2차 극점 $z = 1$을 가지므로 식 (7.15)에 의해서 그 유수는

$$\mathrm{Res}(f(z),1) = \lim_{z \to 1}\left[\frac{d}{dz}(z-1)^2 f(z)\right] = \lim_{z \to 1}\frac{d}{dz}\left(\frac{2z}{z+4}\right) = \frac{8}{25}$$

이다. ■

주의 7.3.6 주어진 유리함수를 부분분수의 합으로 고친 후 다음과 같이 구할 수도 있다. 예를 들어,

$$f(z) = (7z^4 - 13z^3 + z^2 + 4z - 1)/(z^3 + z^2)(z-1)^2$$

은 $f(z) = \dfrac{3}{z} - \dfrac{1}{z^2} + \dfrac{4}{z+1} - \dfrac{1}{(z-1)^2}$
로 표현되므로 다음과 같다.

$$\mathrm{Res}(f(z),0) = 3, \qquad \mathrm{Res}(f(z),-1) = 4, \qquad \mathrm{Res}(f(z),1) = 0$$

보기 7.3.7 곡선 C가 a를 내부에 포함하는 반시계 방향의 단순 닫힌 곡선일 때 다음 적분값을 구하여라.

$$\oint_C \frac{dz}{(z-a)^m} \quad (m : \text{자연수})$$

풀이 $\mathrm{Res}\left(\dfrac{1}{(z-a)^m},a\right) = \begin{cases} 1 & (m = 1) \\ 0 & (m = 2,3,\cdots) \end{cases}$ 이므로

$$\oint_C \frac{dz}{(z-a)^m} = \begin{cases} 2\pi i & (m = 1) \\ 0 & (m = 2,3,\cdots) \end{cases}$$

정의 7.3.8 곡선 C는 닫힌 곡선이고 $a \notin C$일 때 다음 적분값을 a 주위로 C의 **회전수 (winding number)**라 한다.

$$n(C;a) = \frac{1}{2\pi i}\oint_C \frac{dz}{z-a}$$

<u>주의 7.3.9</u> (1) 만약 곡선 C가 반시계 방향의 원의 경계를 나타내면

$$n(C;a) = \begin{cases} 1 & (a가\ 원의\ 내부에\ 있을때) \\ 0 & (a가\ 원의\ 외부에\ 있을때) \end{cases}$$

(2) 만약 C가 a를 k번 회전하면

$$C: z(\theta) = a + re^{i\theta} \qquad (0 \le \theta \le 2k\pi)$$

이므로

$$n(C; a) = \frac{1}{2\pi i} \int_0^{2k\pi} id\theta = k.$$

<u>정리 7.3.10</u> 임의의 닫힌 곡선 C와 $a \not\in C$에 대하여 $n(C;a)$는 정수이다.

증명 $C: z = z(t),\ 0 \le t \le 1$이라 하고

$$F(s) = \int_0^s \frac{z'(t)}{z(t) - a} dt, \qquad (0 \le s \le 1)$$

로 두면 $F'(s) = \frac{z'(s)}{z(s) - a}$이다. 따라서 $(z(s) - a)e^{-F(s)}$는 상수이고 $s = 0$으로 두면 $(z(s) - a)e^{-F(s)} = z(0) - a$이다. 따라서 $e^{F(s)} = \frac{z(s) - a}{z(0) - a}$이고 C는 닫힌 곡선이므로

$$e^{F(1)} = \frac{z(1) - a}{z(0) - a} = 1$$

이다. 그러므로 적당한 정수 k에 대하여 $F(1) = 2\pi ki$이고

$$n(C; a) = \frac{1}{2\pi i} F(1) = k$$

이다. ■

<u>정리 7.3.11</u> (유수 정리) 함수 $f(z)$는 단순 닫힌 곡선 C의 내부에 있는 고립특이점 $z_1, z_2, \cdots, z_n$을 제외하고 C의 내부와 그 위에서 해석적이라고 하자. $z_1, z_2, \cdots, z_n$에서 유수를 각각 $\alpha_1, \alpha_2, \cdots, \alpha_n$이라 하면 다음과 같다.

$$\oint_C f(z)dz = 2\pi i \sum_{i=1}^n \alpha_i \tag{7.16}$$

증명 각각의 특이점 z_i를 중심으로 하고 C의 내부에 포함되는 원 C_i를 $i \ne j$일 때 $C_i \cap C_j = \varnothing$ 이 되도록 그린다. 코시의 적분공식에 의하여

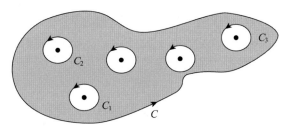

그림 7.3 유수 정리

$$\oint_C f(z)dz = \oint_{C_1} f(z)dz + \oint_{C_2} f(z)dz + \cdots + \oint_{C_n} f(z)dz$$

이다. 여기서 각 i에 대하여 $\oint_{C_i} f(z)dz = 2\pi i \alpha_i$이므로 식 (7.16)가 성립한다. ■

보기 7.3.12 곡선 C가 반시계 방향의 원 $|z| = 3$일 때 다음 적분값을 구하여라.

$$\oint_C \frac{1}{z(z-2)}dz$$

풀이 피적분함수 $f(z) = 1/z(z-2)$은 C의 내부에서 단순 극점 $z = 0$과 $z = 2$를 갖는다.

$$\mathrm{Res}(f(z),0) = \lim_{z \to 0}(z-0)f(z) = -\frac{1}{2}$$

$$\mathrm{Res}(f(z),2) = \lim_{z \to 2}(z-2)f(z) = \frac{1}{2}$$

이므로 유수 정리에 의하여

$$\oint_C \frac{1}{z(z-2)}dz = 2\pi i \left(-\frac{1}{2} + \frac{1}{2}\right) = 0$$

이다. ■

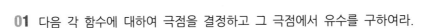

01 다음 각 함수에 대하여 극점을 결정하고 그 극점에서 유수를 구하여라.

(1) $\dfrac{2z+1}{z^2-z-2}$ (2) $(\dfrac{z+1}{z-1})^2$

(3) $\dfrac{z^2-2z}{(z+1)^2(z^2+4)}$ (4) $\dfrac{\sin z}{z^2}$

02 곡선 C가 반시계 방향의 단위원일 때 다음 적분값을 구하여라.

(1) $\displaystyle\oint_C \dfrac{z^2+1}{z^2-2z}dz$ (2) $\displaystyle\oint_C \dfrac{dz}{\cosh z}$

(3) $\displaystyle\oint_C \dfrac{dz}{1-e^z}$ (4) $\displaystyle\oint_C \dfrac{z+1}{4z^3-z}dz$

(5) $\displaystyle\oint_C \dfrac{\sinh z}{2z-i}dz$ (6) $\displaystyle\oint_C \dfrac{\cot z}{z}dz$

(7) $\displaystyle\oint_C \dfrac{z}{1+9z^2}dz$ (8) $\displaystyle\oint_C e^{-1/z}\sin(1/z)dz$

(9) $\displaystyle\oint_C z^3\cos\dfrac{1}{z}dz$ (1996년 임용고시)   (10) $\displaystyle\oint_{|z|=1} e^{\frac{1}{z^2}}dz$ (1994년 임용고시)

03 곡선 C가 시계방향의 원 $|z|=3/2$일 때 다음 적분값을 구하여라.

$$\oint_C \dfrac{z+1}{z(z-1)(z-2)}dz$$

04 곡선 C가 반시계 방향의 원 $|z|=2$라 할 때 다음 적분값을 구하여라.

(1) $\displaystyle\oint_C \dfrac{dz}{\sinh 2z}$ (2) $\displaystyle\oint_C \tan z\, dz$

05 곡선 C가 $z=1$을 내부에 포함하는 반시계 방향의 단순 닫힌 곡선일 때 다음 적분값을 구하여라.

$$\oint_C \dfrac{z^4-z^3-17z+2}{(z-1)^3}dz$$

06 곡선 C는 각 변이 직선 $x = \pm 2, y = 0, y = 1$ 위에 있는 사각형의 양의 방향의 경계일 때 다음을 보여라.

$$\oint_C \frac{dz}{(z^2 - 1)^2 + 3} = \frac{\pi}{2\sqrt{2}}$$

07 복소평면에서 곡선 C가 $C : z(t) = e^{it} \, (0 \le t \le 2\pi)$로 나타나는 단위원일 때, 다음 복소적분값 A, B에 대하여 $\dfrac{A}{B}$의 값을 구하여라(2011년 임용고시).

$$A = \int_C (e^{z^2} + z^2 e^{\frac{1}{z}}) dz, \quad B = \int_C \frac{1 - z}{\sin z} dz$$

08 F는 $0 < |z - z_0| < R$에서 해석적이고 $0 < |z - z_0| < R$에서 $G' = F$을 만족하는 함수 G가 존재한다면 $\operatorname{Res}(F : z_0) = 0$임을 보여라.

09 곡선 C는 꼭짓점이 $1 + i, -1 + i, -1 - i, 1 - i$인 정사각형의 경계일 때 다음 적분값을 구하여라.

(1) $\displaystyle\oint_C \frac{\cosh z}{z^3} dz$ $\qquad\qquad$ (2) $\displaystyle\oint_C \frac{e^{zt}}{z(z^2 + 1)} dz$ $\qquad (t > 0)$

10 곡선 C는 $C : z(t) = e^{it} \, (0 \le t \le 2\pi)$로 나타나는 단위원이고 자연수 n에 대하여 복소적분 $\displaystyle\int_C z^n (e^z + e^{\frac{1}{z}}) dz$의 값을 a_n이라 할 때 $\displaystyle\lim_{n \to \infty} \frac{a_{n+1}}{a_n}$의 값을 구하여라(2010년 임용고시).

제7.4절 정적분의 계산

유수 정리를 이용하여 정적분을 쉽게 계산할 수 있는 경우가 많다.

[1] 실유리함수의 이상적분 $\int_{-\infty}^{\infty} f(x)dx$

구간 $x \geq 0$ 위에서 연속함수 $f(x)$의 이상적분은 다음과 같이 정의한다.

$$\int_0^{\infty} f(x)dx = \lim_{R \to \infty} \int_0^R f(x)dx$$

우변의 극한값이 존재할 때 이 이상적분은 그 극한값에 수렴한다고 한다. 함수 $f(x)$가 $(-\infty, \infty)$에서 연속일 때 $(-\infty, \infty)$ 위에서 $f(x)$의 이상적분은 다음과 같이 정의한다.

$$\int_{-\infty}^{\infty} f(x)dx = \lim_{a \to -\infty} \int_a^0 f(x)dx + \lim_{b \to \infty} \int_0^b f(x)dx \tag{7.17}$$

여기서 두 극한이 모두 존재할 때 적분 (7.17)은 그 두 극한의 합에 수렴한다. 이상적분 (7.17)의 **코시 주요값(Cauchy principal value, P.V)**은 다음과 같이 단 하나의 극한값이 존재할 때의 값으로 정의한다.

$$\text{P.V.} \int_{-\infty}^{\infty} f(x)dx = \lim_{R \to \infty} \int_{-R}^R f(x)dx$$

보기 7.4.1 이상적분 $\int_{-\infty}^{\infty} x \, dx$에 대하여

$$\text{P.V.} \int_{-\infty}^{\infty} x \, dx = \lim_{R \to \infty} \int_{-R}^R x \, dx = \lim_{R \to \infty} [\frac{x^2}{2}]_{-R}^R = \lim_{R \to \infty} 0 = 0$$

이지만

$$\int_{-\infty}^{\infty} x \, dx = \lim_{a \to \infty} \int_{-a}^0 x \, dx + \lim_{b \to \infty} \int_0^b x \, dx$$
$$= \lim_{a \to \infty} [\frac{x^2}{2}]_{-a}^0 + \lim_{b \to \infty} [\frac{x^2}{2}]_0^b$$
$$= -\lim_{a \to \infty} \frac{a^2}{2} + \lim_{b \to \infty} \frac{b^2}{2}.$$

마지막 두 극한값이 존재하지 않으므로 주어진 이상적분은 존재하지 않는다. ∎

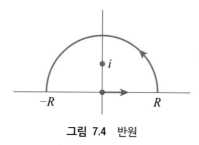

그림 7.4 반원

보조정리 7.4.2 만일 $z = Re^{i\theta}$에 대하여 $|f(z)| \leq M/R^k$(단 $k > 1$이고 M은 양인 상수)이고 곡선 Γ는 그림 7.4와 같이 반지름 R의 반원이면 다음이 성립한다.

$$\lim_{R \to \infty} \int_{\Gamma} f(z)dz = 0$$

증명 $|f(z)| \leq M/R^k$ $(|z| = R)$이고 반원 Γ의 길이는 πR이므로

$$\left| \int_{\Gamma} f(z)dz \right| \leq \frac{M}{R^k} \cdot \pi R = \frac{\pi M}{R^{k-1}}$$

이다. 따라서

$$\lim_{R \to \infty} \left| \int_{\Gamma} f(z)dz \right| = 0 \quad \text{즉,} \quad \lim_{R \to \infty} \int_{\Gamma} f(z)dz = 0$$

이다. ■

식 (7.17)의 피적분함수 $f(x) = \dfrac{p(x)}{g(x)}$가 실유리함수로서 그 분모의 차수 n이 분자의 차수 m보다 적어도 2만큼은 크고 모든 실수 x에 대하여 $g(x) \neq 0$이라 가정하고, 복소선적분 $\displaystyle\int_{C} f(z)dz$를 생각하자. 여기서 C는 그림 7.4와 같이 상반 평면에 있는 반지름 R인 반원 Γ와 $-R$에서 R까지의 실수축으로 구성되는 곡선이다. 이때 $f(x)$는 유리함수이므로 $f(z)$는 상반 평면에 유한개의 극점을 가지게 된다. 그리고 R을 크게 잡으면 C는 그 내부에 이 모든 극점을 갖게 되므로 유수 정리에 의해서

$$\int_{C} f(z)dz = \int_{\Gamma} f(z)dz + \int_{-R}^{R} f(x)dx = 2\pi i \sum \mathrm{Res}\, f(z)$$

즉,

$$\int_{-R}^{R} f(x)dx = 2\pi i \sum \mathrm{Res}\, f(z) - \int_{\Gamma} f(z)dz \tag{7.18}$$

이다. 위의 보조정리에 의하여 $R \to \infty$일 때 $\displaystyle\int_{\Gamma} f(z)dz \to 0$이다. 따라서 식 (7.18)에

의해서

$$\int_{-\infty}^{\infty} f(x)dx = 2\pi i \sum \operatorname{Res} f(z) \tag{7.19}$$

이다. 이때 합 $\sum$는 상반 평면에서 $f(z)$의 모든 극점에 대한 유수에 관한 합이다.

보기 7.4.3 $f(z) = \dfrac{1}{z^4+1}$ 일 때 $z = Re^{i\theta}$에 대하여 $|f(z)| \leq \dfrac{M}{R^k}$ $(k > 1)$임을 보여라.

증명 만약 $z = Re^{i\theta}$이고 R이 충분히 크면,

$$|f(z)| = \left| \frac{1}{R^4 e^{4i\theta} + 1} \right| \leq \frac{1}{|R^4 e^{4i\theta}| - |1|} = \frac{1}{R^4 - 1} \leq \frac{2}{R^4}$$

이므로 $M = 2, k = 4$이다. ■

보기 7.4.4 다음을 보여라.

$$(1) \int_0^{\infty} \frac{dx}{1+x^4} = \frac{\pi}{2\sqrt{2}} \qquad\qquad (2) \int_{-\infty}^{\infty} \frac{dx}{x^2+1} = \pi$$

증명 (1) $f(z) = 1/(1+z^4)$은

$$z_1 = e^{\pi i/4}, \ z_2 = e^{3\pi i/4}, \ z_3 = e^{-3\pi i/4}, \ z_4 = e^{-\pi i/4}$$

와 같은 네 개의 극점을 가지며, 극점 z_1, z_2는 상반 평면에 있다. 또한

$$\operatorname{Res}(f(z), z_1) = \left[\frac{1}{(1+z^4)'} \right]_{z=z_1} = \left[\frac{1}{4z^3} \right]_{z=z_1} = \frac{1}{4} e^{-3\pi i/4} = -\frac{1}{4} e^{\pi i/4}$$

$$\operatorname{Res}(f(z), z_2) = \left[\frac{1}{(1+z^4)'} \right]_{z=z_2} = \left[\frac{1}{4z^3} \right]_{z=z_2} = \frac{1}{4} e^{-9\pi i/4} = \frac{1}{4} e^{-\pi i/4}$$

이다. 한편 식 (7.19)과

$$\cos z = (e^{iz} + e^{-iz})/2, \ \sin z = (e^{iz} - e^{-iz})/2i$$

에 의해서

$$\int_{-\infty}^{\infty} \frac{dx}{1+x^4} = \frac{2\pi i}{4} (-e^{\pi i/4} + e^{-\pi i/4}) = \pi \sin\frac{\pi}{4} = \frac{\pi}{\sqrt{2}}$$

이며 $1/(1+x^4)$은 우함수이므로

$$\int_0^{\infty} \frac{dx}{1+x^4} = \frac{1}{2} \int_{-\infty}^{\infty} \frac{dx}{1+x^4} = \frac{\pi}{2\sqrt{2}}$$

이다.

(2) $f(z) = 1/(z^2+1)$은 $z = \pm i$에서 특이점을 가지며, 상반 평면에서 $f(z)$의 특
이점은 오직 $z = i$에 있고, 그 유수는

$$\text{Res}(f(z), i) = \lim_{z \to i}(z-i)f(z) = \frac{1}{2i}$$

이므로

$$\int_C \frac{dz}{z^2+1} = 2\pi i \frac{1}{2i} = \pi$$

이다. 또한

$$\int_C \frac{dz}{z^2+1} = \int_{-R}^{R} \frac{dx}{x^2+1} + \int_0^\pi \frac{iRe^{i\theta}}{R^2 e^{2i\theta}+1}d\theta$$

이다. $R \to \infty$일 때

$$\left| \int_0^\pi \frac{iRe^{i\theta}}{R^2 e^{2i\theta}+1}d\theta \right| \leq \int_0^\pi \frac{R}{R^2-1}d\theta = \frac{\pi R}{R^2-1} \to 0$$

이다. 따라서

$$\int_{-\infty}^{\infty} \frac{dx}{x^2+1} = \lim_{R \to \infty}\int_C \frac{dz}{z^2+1} = \pi \quad \blacksquare$$

[2] 삼각함수의 정적분

다음 형태의 삼각함수의 정적분을 계산하는 방법을 생각해 보자. 단 R은 유리함수를
나타낸다.

$$I = \int_0^{2\pi} R(\cos\theta, \sin\theta)d\theta \tag{7.20}$$

먼저 $z = e^{i\theta}$ $(0 \leq \theta \leq 2\pi)$로 놓을 때

$$\cos\theta = \frac{1}{2}(e^{i\theta} + e^{-i\theta}) = \frac{1}{2}\left(z + \frac{1}{z}\right),$$

$$\sin\theta = \frac{1}{2i}(e^{i\theta} - e^{-i\theta}) = \frac{1}{2i}\left(z - \frac{1}{z}\right),$$

$$d\theta = \frac{dz}{iz}$$

이므로 피적분함수 R은 z의 유리함수 $f(z)$가 된다. 그리고 변수 z는 단위원 위의 점
이고, 곡선 C는 반시계 방향의 단위원으로 잡는다. $dz/d\theta = ie^{i\theta}$, 즉 $d\theta = dz/iz$이므로
주어진 적분은

$$I = \oint_C R\left(\frac{z+z^{-1}}{2}, \frac{z-z^{-1}}{2i}\right)\frac{dz}{iz} = \oint_C f(z)\frac{dz}{iz}$$

와 같이 된다.

보기 7.4.5 a와 b인 실수 $a > |b|$에 대해서 다음을 보여라.

$$\int_0^{2\pi} \frac{d\theta}{a + b\cos\theta} = \frac{2\pi}{\sqrt{a^2 - b^2}}$$

증명 $z = e^{i\theta}$로 놓으면 $dz = ie^{i\theta}d\theta = izd\theta$이다. 따라서

$$\int_0^{2\pi} \frac{d\theta}{a + b\cos\theta} = \int_C \frac{dz/iz}{a + (b/2)(z + 1/z)} = \frac{2}{i}\int_C \frac{dz}{bz^2 + 2az + b}$$

$$= \frac{2}{bi}\int_C \frac{dz}{z^2 + (2a/b)z + 1}$$

이다(여기서 C는 단위원이다). 함수 $f(z) = \dfrac{1}{z^2 + (2a/b)z + 1}$는

$$z_1 = \frac{-a + \sqrt{a^2 - b^2}}{b}, \ z_2 = \frac{-a - \sqrt{a^2 - b^2}}{b}$$

에서 단순 극점을 가진다. z_1이 단위원의 내부에 있고 z_2가 외부에 있으므로 z_1에서 $f(z)$의 유수는

$$\operatorname{Res}(f(z), z_1) = \lim_{z \to z_1}(z - z_1)f(z) = \frac{b}{2\sqrt{a^2 - b^2}}$$

이다. 따라서 유수 정리를 적용하면

$$\int_0^{2\pi} \frac{d\theta}{a + b\cos\theta} = 2\pi i \frac{2}{bi}\frac{b}{2\sqrt{a^2 - b^2}} = \frac{2\pi}{\sqrt{a^2 - b^2}}$$

를 얻는다. ■

보기 7.4.6 p가 고정된 실수로서 $0 < p < 1$이고 C를 반시계 방향의 단위원이라 할 때 다음 적분값을 구하여라.

$$I = \int_0^{2\pi} \frac{d\theta}{1 - 2p\cos\theta + p^2}$$

풀이 $z = e^{i\theta}$로 놓으면 $dz = izd\theta$이고 $\cos\theta = \frac{1}{2}\left(z + \frac{1}{z}\right)$이므로

$$I = \int_C \frac{dz/iz}{1 - p(z + 1/z) + p^2} = \int_C \frac{dz}{i(1 - pz)(z - p)}$$

이고 피적분함수는 단순 극점 $z = 1/p > 1$과 $z = p < 1$를 가진다. 그런데 $z = p < 1$만이 단위원 C의 내부에 있으므로 유수는

$$\text{Res}\left(\frac{1}{i(1 - pz)(z - p)}, p\right) = \left[\frac{1}{i(1 - pz)}\right]_{z = p} = \frac{1}{i(1 - p^2)}$$

이다. 따라서 유수 정리에 의하여 다음과 같이 얻어진다.

$$\int_0^{2\pi} \frac{d\theta}{1 - 2p\cos\theta + p^2} = 2\pi i \frac{1}{i(1 - p^2)} = \frac{2\pi}{1 - p^2} \qquad (0 < p < 1) \quad \blacksquare$$

[3] 후리에 해석학의 이상적분

다음과 같은 실적분 형태의 적분은 **후리에 적분(Fourier integral)**과 관련되어 나타난다.

$$\int_{-\infty}^{\infty} f(x)\cos sx \, dx, \quad \int_{-\infty}^{\infty} f(x)\sin sx \, dx \ (s \text{는 양의 실수}) \tag{7.21}$$

보조정리 7.4.7 만일 $0 < \theta \leq \pi/2$이면 $\dfrac{\sin\theta}{\theta} \geq 2/\pi$이다.

증명 $f(\theta) = \sin\theta/\theta$로 두면 $f(\pi/2) = 2/\pi$이므로 $f(\theta)$가 구간 $[0, \pi/2]$에서 감소함수임을 밝히면 충분하다. 여기서 $f(0) = \lim_{\theta \to 0} f(\theta) = 1$로 정의한다. 함수 $\sin\theta$에 평균값 정리를 적용하면

$$\sin\theta - \sin 0 = (\theta - 0)\cos\xi \ (0 < \xi < \theta)$$

을 얻을 수 있다. 따라서

$$f'(\theta) = \frac{\theta\cos\theta - \sin\theta}{\theta^2} = \frac{\cos\theta - \sin\theta/\theta}{\theta} = \frac{\cos\theta - \cos\xi}{\theta} \quad (0 < \xi < \theta)$$

이 된다. 코사인 함수는 구간 $[0, \pi/2]$에서 감소함수이고, $f'(\theta) < 0$이므로 결과가 성립한다. $\blacksquare$

보조정리 7.4.8 만일 $z = Re^{i\theta}$에 대하여 $|f(z)| \leq M/R^k$(단 $k > 0$이고 M은 상수)이고 Γ는 그림 7.4와 같이 반지름 R의 반원이면

$$\lim_{R \to \infty} \int_\Gamma e^{imz} f(z) \, dz = 0$$

이다. 여기서 m은 양수이다.

증명) 만일 $z = Re^{i\theta}$이면

$$\int_\Gamma e^{imz} f(z)dz = \int_0^\pi e^{imRe^{i\theta}} f(Re^{i\theta}) i Re^{i\theta} d\theta$$

이다. 따라서

$$\left| \int_0^\pi e^{imRe^{i\theta}} f(Re^{i\theta}) i Re^{i\theta} d\theta \right| \leq \int_0^\pi |e^{imRe^{i\theta}} f(Re^{i\theta}) i Re^{i\theta}| d\theta$$

$$= \int_0^\pi |e^{imR\cos\theta - mR\sin\theta} f(Re^{i\theta}) i Re^{i\theta}| d\theta$$

$$= \int_0^\pi e^{-mR\sin\theta} |f(Re^{i\theta})| R d\theta$$

$$\leq \frac{M}{R^{k-1}} \int_0^\pi e^{-mR\sin\theta} d\theta$$

$$= \frac{2M}{R^{k-1}} \int_0^{\pi/2} e^{-mR\sin\theta} d\theta$$

이다. 위 보조정리 7.4.7에 의하여 위의 마지막 적분은

$$\frac{2M}{R^{k-1}} \int_0^{\pi/2} e^{-2mR\theta/\pi} d\theta = \frac{\pi M}{mR^k}(1 - e^{-mR})$$

보다 작거나 같다. m과 k는 양수이므로 $R \to \infty$일 때 이것은 0에 접근한다. 따라서 결과는 성립한다. ∎

[1]에서처럼 $f(x)$를 가정하면 [1]에서와 같은 방법으로 식 (7.21)을 계산할 수 있다. 사실 식 (7.21)에 대응하는 복소적분

$$\int_C f(z)e^{isz} dz \quad (s \text{는 양의 실수})$$

를 생각하면 C는 그림 7.4와 같다. [1]의 식 (7.19)처럼

$$\int_{-\infty}^\infty f(x)e^{isx} dx = 2\pi i \sum \text{Res}[f(z)e^{isz}] \qquad (s > 0) \tag{7.22}$$

와 같은 공식을 얻는다. 따라서 식 (7.22)의 양변의 실수 부분과 허수 부분은 같아야 하므로

$$\int_{-\infty}^\infty f(x)\cos sx\, dx = -2\pi \sum \text{Im Res}[f(z)e^{isz}] \qquad (s > 0) \tag{7.23}$$

$$\int_{-\infty}^\infty f(x)\sin sx\, dx = 2\pi \sum \text{Re Res}[f(z)e^{isz}] \qquad (s > 0)$$

이다. 이때에도 [1]에서처럼 $R \to \infty$ 일 때 $\displaystyle\int_\Gamma f(z)e^{isz}dz = 0$ 이므로 식 (7.22)가 증명된다.

보기 7.4.9 식 (7.23)을 이용하여 다음을 보여라.

$$\int_{-\infty}^{\infty}\frac{\cos sx}{k^2+x^2}dx = \frac{\pi}{k}e^{-ks}, \qquad \int_{-\infty}^{\infty}\frac{\sin sx}{k^2+x^2}dx = 0 \qquad (s > 0, k > 0)$$

증명 $e^{isz}/(k^2+z^2)$ 은 상반 평면에서 유일한 단순 극점 $z = ki$ 를 가지고 유수는

$$\mathrm{Res}(\frac{e^{isz}}{k^2+z^2}, ki) = \left[\frac{e^{isz}}{2z}\right]_{z=ki} = \frac{e^{-ks}}{2ik}$$

이다. 따라서 $|f(z)| = |\dfrac{1}{z^2+k^2}| \leq \dfrac{M}{k^2}$ 이므로

$$\int_{-\infty}^{\infty}\frac{e^{isx}}{k^2+x^2}dx = 2\pi i\frac{e^{-ks}}{2ki} = \frac{\pi}{k}e^{-ks}$$

이므로 원하는 결과를 얻는다. ∎

[4] 피적분함수의 극이 실수축 위에 있는 이상적분

보기 7.4.10 $\displaystyle\int_0^\infty \frac{\sin x}{x}dx = \frac{\pi}{2}$ 임을 보여라.

증명 $f(z) = e^{iz}/z$ 는 그림 7.5와 같은 닫힌 곡선 C 위와 그 내부에서 해석적이므로 코시의 적분 정리에 의하여

$$\oint_C \frac{e^{iz}}{z}dz = 0 \tag{7.24}$$

이다. 적분 경로를 따라 적분을 표현하면

$$\int_{-R}^{-\rho}\frac{e^{ix}}{x}dx + \int_{C_2}\frac{e^{iz}}{z}dz + \int_\rho^R\frac{e^{ix}}{x}dx + \int_{C_1}\frac{e^{iz}}{z}dz = 0.$$

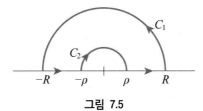

그림 7.5

첫 적분에서 x를 $-x$로 치환하고 세 번째 적분과 결합하면

$$\int_\rho^R \frac{e^{ix}-e^{-ix}}{x}dx + \int_{C_2}\frac{e^{iz}}{z}dz + \int_{C_1}\frac{e^{iz}}{z}dz = 0$$

또는

$$2i\int_\rho^R \frac{\sin x}{x}dx = -\int_{C_1}\frac{e^{iz}}{z}dz - \int_{C_2}\frac{e^{iz}}{z}dz$$

이다. $R \to \infty$일 때 보조정리 7.4.7에 의하여 $\int_{C_1}\frac{e^{iz}}{z}dz \to 0$이다. 우변의 두 번째 적분에서 $z = \rho e^{i\theta}$로 두고, $\rho \to 0$로 취하면

$$-\lim_{\rho \to 0}\int_\pi^0 \frac{e^{i\rho e^{i\theta}}}{\rho e^{i\theta}}i\rho e^{i\theta}d\theta = -\lim_{\rho \to 0}\int_\pi^0 ie^{i\rho e^{i\theta}}d\theta = \pi i$$

이다. 따라서 $\rho \to 0, R \to \infty$일 때 다음 식을 얻을 수 있다.

$$2i\int_\rho^R \frac{\sin x}{x}dx = \pi i \quad \text{또는} \quad \int_0^\infty \frac{\sin x}{x}dx = \frac{\pi}{2}.$$

보조정리 7.4.11 $\displaystyle\int_0^\infty e^{-x^2}dx = \frac{\sqrt{\pi}}{2}$

증명 $I = \displaystyle\int_0^R e^{-x^2}dx$로 놓으면

$$I^2 = \left(\int_0^R e^{-x^2}dx\right)\left(\int_0^R e^{-y^2}dy\right) = \int_0^R\int_0^R e^{-(x^2+y^2)}dxdy$$

이다. 여기서 변의 길이가 R인 제1사분면에 있는 정사각형 S를 따라서 적분한다. C_1과 C_2는 중심이 원점이고 반지름이 각각 R과 $R\sqrt{2}$인 제 1사분면에 있는 사분의 원이라 하자(그림 7.6 참조). 극좌표로 표현하여 이 원을 따라서 계산하면

$$\int_0^{\pi/2}\int_0^R e^{-r^2}rdrd\theta < \int_0^R\int_0^R e^{-(x^2+y^2)}dxdy < \int_0^{\pi/2}\int_0^{R\sqrt{2}}e^{-r^2}rdrd\theta$$

즉, $\dfrac{\pi}{4}(1-e^{-R^2}) < \left(\displaystyle\int_0^R e^{-x^2}dx\right)^2 < \dfrac{\pi}{4}(1-e^{-2R^2})$

이다. $R \to \infty$로 놓으면

$$\left(\int_0^\infty e^{-x^2}dx\right)^2 = \frac{\pi}{4}$$

임을 알 수 있고 주어진 결과가 성립한다. ∎

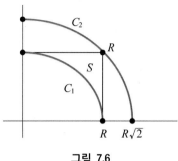

그림 7.6

<u>보기 7.4.12</u> $\displaystyle\int_0^\infty \sin x^2\,dx = \int_0^\infty \cos x^2\,dx = \frac{\sqrt{\pi}}{2\sqrt{2}}$ 임을 보여라.

풀이 이들 적분은 수렴하는지 조차도 분명하지 않음을 유의하여라. C를 R에서 $Re^{\pi i/4}$까지 호, 0에서 R까지 선분과 $Re^{\pi i/4}$에서 0까지 선분으로써 이루어진 연결선이라 하자(그림 7.7 참조). 코시의 적분정리에 의하여

$$0 = \int_C e^{iz^2}dz = \int_0^R e^{ix^2}dx + \int_0^{\pi/4} e^{iR^2e^{2i\theta}}iRe^{i\theta}d\theta + \int_R^0 e^{i(te^{\pi i/4})^2}e^{\pi i/4}dt$$

이고, 마지막의 적분은 $z = te^{\pi i/4}$에 의하여 매개변수가 붙여진다. 따라서

$$\int_0^R e^{ix^2}dx + \int_0^{\pi/4} e^{iR^2e^{2i\theta}}iRe^{i\theta}d\theta = e^{\pi i/4}\int_0^R e^{-t^2}dt \tag{7.25}$$

이다. 이제 식 (7.25)의 좌변의 둘째 적분은 R이 ∞로 접근할 때 0이 됨을 밝힌다. 보조정리 7.4.7에 의하여

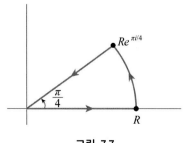

그림 7.7

$$\left| \int_0^{\pi/4} e^{iR^2 e^{2i\theta}} iRe^{i\theta} d\theta \right| \leq \int_0^{\pi/4} |e^{iR^2 e^{2i\theta}} iRe^{i\theta}| d\theta = \int_0^{\pi/4} e^{-R^2 \sin 2\theta} Rd\theta$$

$$= \frac{1}{2} \int_0^{\pi/2} e^{-R^2 \sin \theta} Rd\theta \leq \frac{1}{2} R \int_0^{\pi/2} e^{-(2R^2/\pi)\theta} d\theta \qquad (7.26)$$

$$= \frac{\pi}{4R}(1 - e^{-R^2})$$

임을 유의하여라. 식 (7.26)에 의하여 식 (7.25)에서 $R \to \infty$ 라 놓으면

$$\int_0^\infty e^{ix^2} dx = \int_0^\infty \cos x^2 dx + i \int_0^\infty \sin x^2 dx = e^{\pi i/4} \int_0^\infty e^{-t^2} dt$$

를 얻는다. 위의 보조정리를 적용하면

$$\int_0^\infty \cos x^2 dx + i \int_0^\infty \sin x^2 dx = e^{\pi i/4} \frac{\sqrt{\pi}}{2} = \frac{\pi}{2\sqrt{2}}(1 + i)$$

를 얻고, 결과는 실수 부분과 허수 부분을 같다고 놓음으로써 성립한다. ■

[5] 분지점 주위의 오목한 경로

보기 7.4.13 $\int_0^\infty \dfrac{\ln(x^2+1)}{x^2+1} dx = \pi \ln 2$ 임을 보여라.

증명 C를 상반 평면에 있는 반지름 R인 반원과 $-R$에서 $R(R>1)$까지 실수축으로 이루어진 연결선이라 하자(그림 7.4). C 내부에서 $f(z) = \dfrac{\ln(z+i)}{z^2+1}$의 유일한 특이점은 단순 극점 $z = i$이고 그 유수는

$$\text{Res}(f(z), i) = \lim_{z \to i}(z-i) \frac{\ln(z+i)}{(z-i)(z+i)} = \frac{\ln 2i}{2i}$$

이다. 로그함수의 주치를 이용하여 $\ln 2i = \ln 2 + \ln i = \ln 2 + \ln e^{\pi i/2} = \ln 2 + \pi i/2$ 이다. 따라서 유수 정리에 의하여

$$\oint_C \frac{\ln(z+i)}{z^2+1} dz = 2\pi i \frac{\ln 2i}{2i} = \pi \ln 2i = \pi \ln 2 + \frac{1}{2}\pi^2 i$$

이다. 이 결과는 다음과 같이 표현할 수 있다.

$$\int_{-R}^R \frac{\ln(x+i)}{x^2+1} dx + \int_\Gamma \frac{\ln(z+i)}{z^2+1} dz = \pi \ln 2 + \frac{1}{2}\pi^2 i$$

또는

$$\int_{-R}^{0} \frac{\ln(x+i)}{x^2+1} dx + \int_{0}^{R} \frac{\ln(x+i)}{x^2+1} dx + \int_{\Gamma} \frac{\ln(z+i)}{z^2+1} dz = \pi \ln 2 + \frac{1}{2}\pi^2 i$$

이다. 첫 번째 적분에서 x를 $-x$로 치환하면 이 적분은

$$\int_{0}^{R} \frac{\ln(i-x)}{x^2+1} dx + \int_{0}^{R} \frac{\ln(i+x)}{x^2+1} dx + \int_{\Gamma} \frac{\ln(z+i)}{z^2+1} dz = \pi \ln 2 + \frac{1}{2}\pi^2 i$$

이다.

$$\ln(i-x) + \ln(i+x) = \ln(i^2 - x^2) = \ln(x^2+1) + \pi i$$

이므로

$$\int_{0}^{R} \frac{\ln(x^2+1)}{x^2+1} dx + \int_{0}^{R} \frac{\pi i}{x^2+1} dx + \int_{\Gamma} \frac{\ln(z+i)}{z^2+1} dz = \pi \ln 2 + \frac{1}{2}\pi^2 i$$

이다.

$$\left| \int_{\Gamma} \frac{\ln(z+i)}{z^2+1} dz \right| \leq \int_{\Gamma} \frac{|\ln(z+i)|}{|z^2+1|} |dz| \leq \int_{\Gamma} \frac{|\ln(z+i)|}{R^2-1} |dz|$$

이므로 $R \to \infty$일 때 Γ 주위의 위 적분은 0에 접근함을 알 수 있다. 따라서 실수 부분을 취하면 다음을 얻을 수 있다.

$$\lim_{R \to \infty} \int_{0}^{R} \frac{\ln(x^2+1)}{x^2+1} dx = \int_{0}^{\infty} \frac{\ln(x^2+1)}{x^2+1} dx = \pi \ln 2 \quad \blacksquare$$

보기 7.4.14 $\int_{0}^{\pi/2} \ln \sin x \, dx = \int_{0}^{\pi/2} \ln \cos x \, dx = -\frac{1}{2}\pi \ln 2$ 임을 보여라.

증명 위의 보기에서 $x = \tan\theta$로 두면

$$\int_{0}^{\pi/2} \frac{\ln(\tan^2\theta + 1)}{\tan^2\theta + 1} \sec^2\theta d\theta = -2\int_{0}^{\pi/2} \ln \cos\theta d\theta = \pi \ln 2$$

이다. 따라서

$$\int_{0}^{\pi/2} \ln \cos\theta d\theta = -\frac{1}{2}\pi \ln 2 \tag{7.27}$$

이다. 또한 식 (7.27)에서 $\theta = \pi/2 - \phi$로 두면 $\int_{0}^{\pi/2} \ln \sin\phi d\phi = -\frac{1}{2}\pi \ln 2$ 이다. $\blacksquare$

[6] 유수 정리를 이용한 급수의 합

보조정리 7.4.15 곡선 C_N은 꼭짓점이

$$(N+\frac{1}{2})(1+i),\ (N+\frac{1}{2})(-1+i),\ (N+\frac{1}{2})(-1-i),\ (N+\frac{1}{2})(1-i)$$

인 정사각형이라 하자(그림 7.8). 이때 C_N 위에서 $|\cot \pi z| < A$임을 보여라. 여기서 A는 상수이고 N은 자연수이다.

증명 각 영역 $y > \frac{1}{2}, -\frac{1}{2} \leq y \leq \frac{1}{2}, y < -\frac{1}{2}$에 놓여있는 C_N의 부분들에서 생각한다.

<경우 1> $y > \frac{1}{2}$인 경우. 만약 $z = x + iy$이면 다음 식을 얻을 수 있다.

$$
\begin{aligned}
|\cot \pi z| &= \left| \frac{e^{\pi i z} + e^{-\pi i z}}{e^{\pi i z} - e^{-\pi i z}} \right| = \left| \frac{e^{\pi i x - \pi y} + e^{-\pi i x + \pi y}}{e^{\pi i x - \pi y} - e^{-\pi i x + \pi y}} \right| \\
&\leq \frac{|e^{\pi i x - \pi y}| + |e^{-\pi i x + \pi y}|}{|e^{-\pi i x + \pi y}| - |e^{\pi i x - \pi y}|} = \frac{e^{-\pi y} + e^{\pi y}}{e^{\pi y} - e^{-\pi y}} \\
&= \frac{1 + e^{-2\pi y}}{1 - e^{-2\pi y}} \leq \frac{1 + e^{-\pi}}{1 - e^{-\pi}} = A_1
\end{aligned}
$$

<경우 2> $y < -\frac{1}{2}$인 경우. <경우 1>과 마찬가지로 다음 식을 얻을 수 있다.

$$
\begin{aligned}
|\cot \pi z| &\leq \frac{|e^{\pi i x - \pi y}| + |e^{-\pi i x + \pi y}|}{|e^{\pi i x - \pi y}| - |e^{-\pi i x + \pi y}|} = \frac{e^{-\pi y} + e^{\pi y}}{e^{-\pi y} - e^{\pi y}} \\
&= \frac{1 + e^{2\pi y}}{1 - e^{2\pi y}} \leq \frac{1 + e^{-\pi}}{1 - e^{-\pi}} = A_1
\end{aligned}
$$

<경우 3> $-\frac{1}{2} \leq y \leq \frac{1}{2}$인 경우. 만약 $z = N + \frac{1}{2} + iy$이면

$$|\cot \pi z| = |\cot \pi (N + \frac{1}{2} + iy)| = |\cot (\pi/2 + \pi i y)| = |\tanh \pi y| \leq \tanh (\pi/2) = A_2$$

이다. 만약 $z = -N - \frac{1}{2} + iy$이면 위와 마찬가지로

$$|\cot \pi z| = |\cot \pi (-N - \frac{1}{2} + iy)| = |\tanh \pi y| \leq \tanh (\pi/2) = A_2$$

이다. 따라서 만약 $A = \max\{A_1, A_2\}$로 택하면 A는 N과 무관하고, C_N 위에서 $|\cot \pi z| < A$이다. 사실 $A_2 < A_1$이므로 $|\cot \pi z| \leq A_1 = \coth (\pi/2)$이다. ∎

정리 7.4.16 곡선 C_N은 위 보조정리 7.4.15에서와 같이 정사각형이고 M은 N과 무관

한 상수라 하자. 만약 $f(z)$가 곡선 C_N 위에서 $|f(z)| \leq M/|z|^k$(단 $k > 1$) 를 만족하는 함수일 때 다음 식이 성립한다.

$$\sum_{n=-\infty}^{\infty} f(n) = -(f(z)\text{의 극점에서 } \pi(\cot\pi z)f(z)\text{의 유수들의 총합})$$

증명 <경우 1> $f(z)$가 유한개의 극점을 가지는 경우. 이 경우에 정사각형 C_N이 $f(z)$의 모든 극점을 포함하도록 충분히 큰 N을 선택한다. $\cot\pi z$의 극점들은 단순 극점 $z = 0, \pm 1, \pm 2, \cdots$ 이다. $z = n (n = 0, \pm 1, \pm 2, \cdots)$에서 $\pi(\cot\pi z)f(z)$의 유수는 로피탈의 정리를 이용하여

$$\lim_{z \to n}(z-n)\pi(\cot\pi z)f(z) = \lim_{z \to n}\pi\left(\frac{z-n}{\sin\pi z}\right)(\cos\pi z)f(z) = f(n)$$

이다. 여기서 $f(z)$가 $z = n$에서 극점을 갖지 않는다고 가정하고 있다. 그렇지 않다면 주어진 급수는 발산하기 때문이다.

유수 정리에 의하여

$$\frac{1}{2\pi i}\oint_{C_N}\pi(\cot\pi z)f(z)dz = \sum_{n=-N}^{N}f(n) + S \tag{7.28}$$

이다. 여기서 S는 $f(z)$의 극점들에서 $\pi(\cot\pi z)f(z)$의 유수들의 총합이다. C_N 의 길이가 $8N+4$이므로 위 보조정리와 가정에 의하여

$$\left|\oint_{C_N}\pi(\cot\pi z)f(z)dz\right| \leq \frac{\pi A M}{N^k}(8N+4)$$

이다. $N \to \infty$를 취하면

$$\lim_{N \to \infty}\oint_{C_N}\pi(\cot\pi z)f(z)dz = 0 \tag{7.29}$$

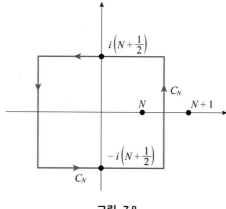

그림 7.8

이다. 따라서 식 (7.28)에 의하여 $\sum\limits_{n=-\infty}^{\infty} f(n) = -S$이다.

<경우 2> $f(z)$가 무한개의 극점을 가지는 경우. 만약 $f(z)$가 유한개의 극점을 가진다면 적절한 극한과정에 의하여 원하는 결과를 얻을 수 있다. ■

보기 7.4.17 $a > 0$일 때 다음을 보여라.

$$(1) \quad \sum_{n=-\infty}^{\infty} \frac{1}{n^2 + a^2} = \frac{\pi}{a} \coth \pi a$$

$$(2) \quad \sum_{n=1}^{\infty} \frac{1}{n^2 + a^2} = \frac{\pi}{2a} \coth \pi a - \frac{1}{2a^2}$$

증명 (1) $f(z) = \dfrac{1}{z^2 + a^2}$는 단순 극점 $z = \pm ai$를 가지므로 $z = ai$에서 $\dfrac{\pi \cot \pi z}{z^2 + a^2}$의 유수는

$$\lim_{z \to ai} (z - ai) \frac{\pi \cot \pi z}{(z - ai)(z + ai)} = \frac{\pi \cot \pi ai}{2ai} = -\frac{\pi}{2a} \coth \pi a$$

이다. 마찬가지로 $z = -ai$에서 유수는 $-\dfrac{\pi}{2a} \coth \pi a$이므로 유수들의 합은 $-\dfrac{\pi}{a} \coth \pi a$이다. 또한 $|f(z)| = \left| \dfrac{1}{z^2 + a^2} \right| \leq \dfrac{1}{|z|^2 - |a|^2} \leq \dfrac{2}{|z|^2}$이다. 따라서 위의 정리에 의하여

$$\sum_{n=-\infty}^{\infty} \frac{1}{n^2 + a^2} = -(\text{유수들의 합}) = \frac{\pi}{a} \coth \pi a$$

이다.

(2) 결과 (1)은

$$\sum_{n=-\infty}^{-1} \frac{1}{n^2 + a^2} + \frac{1}{a^2} + \sum_{n=1}^{\infty} \frac{1}{n^2 + a^2} = \frac{\pi}{a} \coth \pi a,$$

즉,

$$2 \sum_{n=1}^{\infty} \frac{1}{n^2 + a^2} + \frac{1}{a^2} = \frac{\pi}{a} \coth \pi a$$

이므로 주어진 등식이 성립한다. ■

보기 7.4.18 $\dfrac{1}{1^2} + \dfrac{1}{2^2} + \dfrac{1}{3^2} + \cdots = \dfrac{\pi^2}{6}$임을 보여라.

증명 <방법 1>

$$F(z) = \frac{\pi \cot \pi z}{z^2} = \frac{\pi \cos \pi z}{z^2 \sin \pi z} = \frac{1 - \dfrac{\pi^2 z^2}{2!} + \dfrac{\pi^4 z^4}{4!} - \cdots}{z^3\left(1 - \dfrac{\pi^2 z^2}{3!} + \dfrac{\pi^4 z^4}{5!} - \cdots\right)}$$

$$= \frac{1}{z^3}\left(1 - \frac{\pi^2 z^2}{2!} + \cdots\right)\left(1 + \frac{\pi^2 z^2}{3!} + \cdots\right) = \frac{1}{z^3}\left(1 - \frac{\pi^2 z^2}{3} + \cdots\right)$$

이므로 $z=0$에서 $F(z)$의 유수는 $\mathrm{Res}(F(z),0) = -\pi^2/3$이다. 위의 보기에서와 마찬가지로

$$\frac{1}{2\pi i}\oint_{C_N} \frac{\pi \cot \pi z}{z^2}\,dz = \sum_{n=-N}^{-1}\frac{1}{n^2} + \sum_{n=1}^{N}\frac{1}{n^2} - \frac{\pi^2}{3} = 2\sum_{n=1}^{N}\frac{1}{n^2} - \frac{\pi^2}{3}$$

이다. $N \to \infty$로 취하면 위의 좌변은 0에 수렴하므로 다음이 성립한다.

$$2\sum_{n=1}^{\infty}\frac{1}{n^2} - \frac{\pi^2}{3} = 0 \quad \text{또는} \quad \sum_{n=1}^{\infty}\frac{1}{n^2} = \frac{\pi^2}{6}$$

<방법 2> 위의 보기 7.4.17에서 $a \to 0$로 취하고 로피탈의 정리를 이용하면

$$\sum_{n=1}^{\infty}\frac{1}{n^2} = \lim_{a \to 0}\sum_{n=1}^{\infty}\frac{1}{n^2 + a^2} = \lim_{a \to 0}\frac{\pi a \coth \pi a - 1}{2 a^2} = \frac{\pi^2}{6}$$

를 얻는다. ∎

정리 7.4.19 $f(z)$는 위 정리 7.4.16에서와 마찬가지로 같은 조건을 만족하면 다음 식이 성립한다.

$$\sum_{n=-\infty}^{\infty}(-1)^n f(n) = -(f(z)\text{의 극점에서 } \pi(\csc \pi z)f(z)\text{의 유수의 총합})$$

증명 위 정리의 증명과 비슷하게 증명한다. $\csc \pi z$의 극점들은 단순 극점 $z = 0, \pm 1, \pm 2, \cdots$이므로 $z = n\,(n = 0, \pm 1, \pm 2, \cdots)$에서 $\pi(\csc \pi z)f(z)$의 유수는 로피탈의 정리를 이용하여

$$\lim_{z \to n}(z-n)\pi(\csc \pi z)f(z) = \lim_{z \to n}\pi\left(\frac{z-n}{\sin \pi z}\right)f(z) = (-1)^n f(n)$$

이다. 여기서 $f(z)$가 $z = n$에서 극점을 갖지 않는다고 가정하자. 유수 정리에 의하여

$$\frac{1}{2\pi i}\oint_{C_N}\pi(\csc \pi z)f(z)\,dz = \sum_{n=-N}^{N}(-1)^n f(n) + S \tag{7.30}$$

이다. 여기서 S는 $f(z)$의 극점들에서 $\pi(\csc \pi z)f(z)$의 유수들의 총합이다. C_N

의 길이가 $8N+4$이므로 $N \to \infty$를 취하면 식 (7.30)의 좌변의 적분은 0에 수렴하므로 식 (7.30)은 $\displaystyle\sum_{n=-\infty}^{\infty}(-1)^n f(n)=-S$이 된다.

보기 7.4.20 a는 $0, \pm 1, \pm 2, \cdots$와 다른 실수일 때 다음을 보여라.

$$\sum_{n=-\infty}^{\infty}\frac{(-1)^n}{(n+a)^2}=\frac{\pi^2\cos\pi a}{\sin^2\pi a}$$

증명 $f(z)=\dfrac{1}{(z+a)^2}$는 2차 극점 $z=-a$를 가지므로 $z=-a$에서 $\dfrac{\pi\csc\pi z}{(z+a)^2}$의 유수는

$$\lim_{z \to -a}\frac{d}{dz}\left\{(z+a)^2 \cdot \frac{\pi\csc\pi z}{(z+a)^2}\right\}=-\pi^2\csc\pi a\cot\pi a$$

이다. 위의 정리에 의하여 다음을 얻는다.

$$\sum_{n=-\infty}^{\infty}\frac{(-1)^n}{(n+a)^2}=-(\text{유수들의 총합})=\pi^2\csc\pi a\cot\pi a=\frac{\pi^2\cos\pi a}{\sin^2\pi a}$$

보기 7.4.21 $\dfrac{1}{1^3}-\dfrac{1}{3^3}+\dfrac{1}{5^3}-\dfrac{1}{7^3}+\cdots=\dfrac{\pi^3}{32}$임을 보여라.

증명

$$F(z)=\frac{\pi\sec\pi z}{z^3}=\frac{\pi}{z^3\cos\pi z}=\frac{\pi}{z^3(1-\pi^2 z^2/2!+\cdots)}$$
$$=\frac{\pi}{z^3}(1+\frac{\pi^2 z^2}{2}+\cdots)=\frac{\pi}{z^3}+\frac{\pi^3}{2z}+\cdots$$

이므로 $z=0$에서 유수는 $\mathrm{Res}(F(z),0)=\pi^3/2$이다. $z=n+\dfrac{1}{2}$, $n=0, \pm 1, \pm 2, \cdots$ (이들은 $\sec\pi z$의 단순 극점들)에서 $F(z)$에서 유수는

$$\lim_{z \to n+1/2}[z-(n+\frac{1}{2})]\frac{\pi}{z^3\cos\pi z}=\frac{\pi}{(n+1/2)^3}\lim_{z \to n+1/2}\frac{z-(n+\frac{1}{2})}{\cos\pi z}=\frac{-(-1)^n}{(n+\frac{1}{2})^3}$$

이다. C_N은 꼭짓점 $N(1+i), N(1-i), N(-1+i), N(-1-i)$을 갖는 정사각형이면

$$\frac{1}{2\pi i}\oint_{C_N}\frac{\pi\sec\pi z}{z^3}dz=-\sum_{n=-N}^{N}\frac{(-1)^n}{(n+1/2)^3}+\frac{\pi^3}{2}=-8\sum_{n=-N}^{N}\frac{(-1)^n}{(2n+1)^3}+\frac{\pi^3}{2}$$

이고 $N \to \infty$일 때 좌변의 적분은 0에 수렴하므로

$$\sum_{n=-\infty}^{\infty}\frac{(-1)^n}{(2n+1)^3}=2\left\{\frac{1}{1^3}-\frac{1}{3^3}+\frac{1}{5^3}-\frac{1}{7^3}+\cdots\right\}=\frac{\pi^3}{16} \quad\blacksquare$$

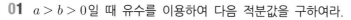
01 $a > b > 0$일 때 유수를 이용하여 다음 적분값을 구하여라.

(1) $\displaystyle\int_0^\infty \frac{dx}{x^2+1}$

(2) $\displaystyle\int_0^\infty \frac{x^2}{(x^2+1)(x^2+4)}dx$

(3) $\displaystyle\int_0^\infty \frac{dx}{x^6+1}$

(4) $\displaystyle\int_0^\infty \frac{x^2}{(x^2+9)(x^2+4)^2}dx$

(5) $\displaystyle\int_0^\infty \frac{\cos ax}{x^2+1}dx$

(6) $\displaystyle\int_0^\infty \frac{\cos ax}{(x^2+b^2)^2}dx$

(7) $\displaystyle\int_{-\infty}^\infty \frac{\cos x}{(x^2+a^2)(x^2+b^2)}dx$

(8) $\displaystyle\int_{-\infty}^\infty \frac{x}{(x^2+2x+2)^2}dx$

(9) $\displaystyle\int_{-\infty}^\infty \frac{x\sin ax}{x^2+1}dx$

(10) $\displaystyle\int_{-\infty}^\infty \frac{dx}{(x^2+4x+5)^2}$

02 다음 적분값을 구하여라.

(1) $\displaystyle\int_0^\pi \frac{d\theta}{k+\cos\theta}\quad (k>1)$

(2) $\displaystyle\int_0^{2\pi} \frac{\cos\theta}{3+\sin\theta}d\theta$

(3) $\displaystyle\int_0^{2\pi} \frac{\cos 3\theta}{5-4\cos\theta}d\theta$

(4) $\displaystyle\int_0^{2\pi} \frac{d\theta}{5+4\sin\theta}$

(5) $\displaystyle\int_0^\pi \frac{d\theta}{(a+\cos\theta)^2}\quad (a>1)$

(6) $\displaystyle\int_0^{2\pi} \frac{\cos 2\theta\, d\theta}{1-2a\cos\theta+a^2}\quad (-1<a<1)$

03 다음 수렴하는 적분의 코시의 주치를 구하여라.

(1) $\displaystyle\int_0^\infty \frac{dx}{x^4+x^2+1}$

(2) $\displaystyle\int_{-\infty}^\infty \frac{dx}{x^2+2x+2}$

(3) $\displaystyle\int_{-\infty}^\infty \frac{\sin x}{x^2+4x+5}dx$

(4) $\displaystyle\int_{-\infty}^\infty \frac{x\sin\pi x}{x^2+2x+5}dx$

04 왜 $\displaystyle\int_{-\infty}^\infty \frac{dx}{1+x^{2n-1}}$ 형태의 계산보다 $\displaystyle\int_{-\infty}^\infty \frac{dx}{1+x^{2n}}$ 형태의 적분계산이 더 쉬운가?

05 다음 적분을 계산하여라.

(1) n을 임의의 자연수일 때 $\displaystyle\int_{|z|=1/2} \frac{\sin z}{1+z+z^2+\cdots+z^n}dz$

(2) $\displaystyle\int_{z=5/2} e^{z^2}\pi\cot\pi z\,dz$

06 (1) 그림 7.5의 곡선을 따라 $(1-e^{iz})/z^2$을 적분함으로써 다음을 보여라.

$$\int_0^\infty \frac{\sin^2 x}{x^2}dx = \frac{\pi}{2}$$

(2) 그림 7.4의 곡선을 따라 $(1+2iz-e^{iz})/z^2$을 적분함으로써 다음을 보여라.

$$\int_0^\infty \frac{\sin^2 x}{x^2}dx = \frac{\pi}{2}$$

07 $-1 < \lambda < 1$에 대해서 다음 공식을 보여라.

(1) $\displaystyle\int_0^\infty \frac{x^\lambda}{(1+x)^2}dx = \frac{\pi\lambda}{\sin\pi\lambda}$ (2) $\displaystyle\int_0^\infty \frac{x^\lambda}{1+x^2}dx = \frac{\pi}{2\cos(\pi l\lambda/2)}$

08 $t \neq \pm 1$일 때 다음을 보여라.

$$\int \frac{d\theta}{1-2t\cos\theta+t^2} = \frac{2\pi}{|t^2-1|}$$

09 다음 등식을 보여라.

(1) $\displaystyle\int_0^\infty \frac{x^{\alpha-1}}{1+x^2}dx = \frac{\pi}{2}\sin\frac{\alpha\pi}{2},\ \ 0 < \alpha < 2$

(2) $\displaystyle\int_0^\infty \frac{\sin^3 x}{x^3}dx = \frac{3\pi}{8}$ (3) $\displaystyle\int_0^\infty \frac{\log x}{(x^2+1)^2}dx = -\frac{\pi}{4}$

(4) $\displaystyle\int_0^\infty \frac{\ln(x^2+1)}{x^2+1}dx = \pi\ln 2$ (5) $\displaystyle\int_0^\infty \frac{\log x}{x^2+a^2}dx = \frac{\pi\log a}{2a}$

10 $R\to\infty$일 때 $\displaystyle\int_{|z|=R} |\frac{\sin z}{z}|\|dz| \to \infty$임을 보여라.

11 다음 등식을 보여라.

(1) $\displaystyle\sum_{n=1}^\infty \frac{1}{n^4} = \frac{\pi^4}{90}$ (2) $\displaystyle\sum_{n=1}^\infty \frac{1}{n^6} = \frac{\pi^6}{945}$ (3) $\displaystyle\frac{1}{1^2}-\frac{1}{2^2}+\frac{1}{3^2}-\frac{1}{4^2}+\cdots = \frac{\pi^2}{12}$

등각사상과 조화함수

제8.1절 선형 분수 변환

정의 8.1.1 a, b, c, d는 복소수일 때 변환

$$\omega = T(z) = \frac{az+b}{cz+d}, \quad (ad - bc \neq 0) \tag{8.1}$$

를 **일차 분수 변환** 또는 **선형 분수 변환(linear fractional transformation)** 또는 **뫼비우스 변환(Mobius transformation)**이라고 한다.

식 (8.1)은 $z \neq -d/c$인 모든 z에 대하여 잘 정의된다. $c = 0 \ (d \neq 0)$일 때 ω는 일차식 $\frac{a}{d}z + \frac{b}{d}$이 되고, $a = d = 0$, $b = c$일 때는 ω는 역수 변환 $\frac{1}{z}$이 된다. 만약 $\frac{az_1 + b}{cz_1 + d} = \frac{az_2 + b}{cz_2 + d}$이면 $(ad - bc)(z_1 - z_2) = 0$이므로 $z_1 = z_2$이다. 따라서

$$\omega = T(z) = \frac{az+b}{cz+d}$$

는 단사함수이다. 또한

$$\frac{d\omega}{dz} = \frac{a(cz+d) - c(az+b)}{(cz+d)^2} = \frac{ad - bc}{(cz+d)^2}$$

이고 가정에서 $ad - bc \neq 0$이므로 $\frac{d\omega}{dz} \neq 0$이고 일차 분수변환 식 (8.1)은 상수함수가 아니다.

식 (8.1)은 복소수 a, b, c, d의 값에 따라

$\omega_1 = \alpha z$: **확대 변환** 또는 **축소 변환**과 **회전 변환**

$\omega_2 = z + \beta$: **평행이동**

$\omega_3 = 1/z$: **역수 변환** 또는 **반전(reciprocal transformation)**

등을 나타낸다.

식 (8.1)은 $c = 0$일 때는 일차 변환이고, $a = d = 0$, $b = c$일 때는 역수 변환이다. 또한 $c \neq 0$일 때는 식 (8.1)은

$$w = \frac{a}{c} + \frac{bc - ad}{c} \frac{1}{cz + d} \quad (c \neq 0)$$

의 형태로 고쳐쓸 수 있다. 이것은 세 개의 기본 변환

$$w = z + \alpha, \quad w = \beta z \quad (\beta \neq 0), \quad w = \frac{1}{z}$$

의 조합에 의해 나타낼 수 있다. 단 α, β는 임의의 복소상수이다. 즉, 이것은 일차 분수변환이 확대와 회전 변환을 실시한 다음에 평행이동 변환을 실시하고, 다음에 역수 변환을 실시한 다음에 다른 확대와 회전변환을 실시하여, 평행이동 변환을 실시한 것으로 볼 수 있음을 나타낸다.

[성질] 이와 같은 기본 변환의 성질은 다음과 같다.

(1) $w = z + \alpha$(평행이동 변환)

$w = u + iv$, $z = x + iy$에 대하여

$$u = x + \text{Re}\,\alpha, \quad v = y + \text{Im}\,\alpha$$

이므로 w는 z에 대하여 수평방향으로 $\text{Re}\,\alpha$만큼, 수직방향으로 $\text{Im}\,\alpha$만큼 각각 이동하는 **평행이동(translation)**을 나타낸다.

(2) $w = \beta z$(축소 또는 확대와 회전 변환)

복소수의 절댓값과 편각의 성질에 의해

$$|w| = |\beta||z|, \quad \arg w = \arg \beta + \arg z$$

이므로 w는 z와 원점 사이의 거리 $|z|$를 $|\beta|$배 확대 또는 축소시키고, $\arg \beta$만큼 양의 방향으로 회전시키는 변환이다.

(3) $w = \frac{1}{z}$ (역수 변환)

회전 변환과 같이

$$|w| = \frac{1}{|z|} = |z|^{-1}, \quad \arg w = \arg \bar{z} = -\arg z$$

이므로 w는 $|z|$의 역수를 반지름으로 하는 원주 위를 실수축으로부터 z의 편각만큼 음의 방향(시계방향)으로 회전시킨 변환이다. 또한 $w = \frac{1}{z}$은 $z\bar{z} = |z|^2$이므로 두 변환

$$Z = \frac{1}{|z|^2} z, \quad w = \overline{Z}$$

으로 볼 수 있다. 특히 $Z = \frac{1}{|z|^2} z$은 0이 아닌 점 z의 상에 대하여

$$|Z| = \frac{1}{|z|}, \quad \arg Z = \arg z$$

라는 성질을 가지는 변환이다. 그러므로 이 변환에 의해 단위원 밖의 점은 단위원 내부로, 또한 단위원 내부의 점은 원 밖으로, 단위원 위의 모든 점은 그 자체로 사상한다. 이 변환을 단위원 $|z| = 1$에 대한 반전이라 한다.

식 (8.1)을 변형하면

$$c\omega z - az + d\omega - b = 0 \tag{8.2}$$

이 된다. 식 (8.2)는 z와 ω에 관하여 겹선형 방정식의 형이다. 이와 같은 이유로 선형 분수 변환을 **겹선형 변환(bilinear transformation)**이라고도 한다. 다시 식 (8.2)는 $z(c\omega - a) = -d\omega + b$가 되고, 따라서 $\omega \neq a/c$인 ω에 대해서 **역변환(inverse transformation)**

$$z - T^{-1}(\omega) = \frac{-d\omega + b}{c\omega - a} \tag{8.3}$$

이 존재하며, 이 역변환도 선형 분수 변환이다.

겹선형 변환은 확장된 복소평면에서 그 자신으로 일대일의 연속사상을 나타내며, 무한원점 $z = \infty$를 $w = a/c$로 사상한다. 즉,

$$T(\infty) = \lim_{z \to \infty} T(z) = \lim_{z \to \infty} \frac{a + b/z}{c + d/z} = \frac{a}{c}$$

이므로 $T^{-1}(a/c) = \infty$이다. 마찬가지로 점 $z = -d/c$를 $w = \infty$로 사상한다. 즉,

$$T^{-1}(\infty) = \lim_{\omega \to \infty} T^{-1}(\omega) = \lim_{\omega \to \infty} \frac{-d + b/\omega}{c - a/\omega} = -\frac{d}{c}.$$

사실 $T(-d/c) = \infty$라 정의하면 변환 $w = T(z)$는 확장된 z평면에서 확장된 ω평면 위로의 일대일 사상이다.

보기 8.1.2 변환

$$w = (1 + i)z + (2 - i) \tag{8.4}$$

는 그림 8.1의 z평면의 사각형의 영역을 ω평면의 사각형의 영역으로 사상한다. 변환 (8.4)는 변환

$$\omega_1 = (1+i)z \text{와} \quad \omega = \omega_1 + (2-i) \tag{8.5}$$

의 합성변환으로 보면

$$1+i = \sqrt{2}(\cos\pi/4 + i\sin\pi/4) = \sqrt{2}\,e^{\pi i/4}$$

이므로 식 (8.5)의 처음 변환은 z를 $\sqrt{2}$ 배한 다음 원점을 중심으로 $\pi/4$만큼 회전한 것이다. 다음 식 (8.5)의 두 번째 변환은 ω_1을 오른쪽으로 2만큼, 아래로 1만큼 평행이동하면 된다.

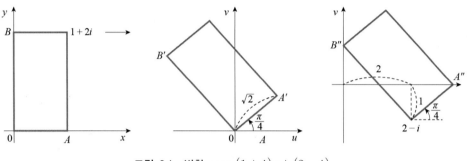

그림 8.1 변환 $\omega = (1+i)z + (2-i)$

보기 8.1.3 변환 $\omega = 1/z$은 반평면 $\operatorname{Re}z > 1/2$을 원판 $|\omega - 1| < 1$ 위로 사상함을 설명하여라.

풀이 역변환 $z = 1/\omega$은 $x + iy = z = 1/\omega = (u - iv)/(u^2 + v^2)$로 표현할 수 있다. 실수 부분과 허수 부분이 각각 같아야 하므로

$$x = \frac{u}{u^2 + v^2}, \quad y = \frac{-v}{u^2 + v^2}$$

이 된다. 조건 $x > 1/2$에 의하여 $u/(u^2 + v^2) > 1/2$이고, 이것을 변형하면

$$(u-1)^2 + v^2 < 1 \tag{8.6}$$

부등식 (8.6)의 영역은 중심 $\omega_0 = 1$이고 반지름 1인 ω평면에서의 원의 내부이다. 그림 8.2는 이 사상을 보여 주고 있다.

보기 8.1.4 변환 $\omega = T(z) = i(1-z)/(1+z)$는 단위원판 $|z| < 1$에서 상반평면 $\operatorname{Im}\omega > 0$ 위로의 일대일 사상임을 설명하여라.

풀이 먼저 단위원 $C : |z| = 1$의 ω평면에서의 상을 생각하자. $T(z) = \dfrac{-iz + i}{z + 1}$이므로 식 (8.1)에서 $a = -i,\ b = i,\ c = 1,\ d = 1$이다. 식 (8.1)을 이용하여 역변환을 구하면

$$z = T^{-1}(\omega) = \frac{-d\omega + b}{c\omega - a} = \frac{-\omega + i}{\omega + i} \tag{8.7}$$

$|z| = 1$일 때 식 (8.7)에 의하여 단위원 위의 점들의 상이

$$|\omega + i| = |-\omega + i| \tag{8.8}$$

을 만족하므로 식 (8.8)의 양변을 제곱하면

$$u^2 + (v + 1)^2 = u^2 + (v - 1)^2$$

이 되어 $v = 0$이 된다. 이것은 z평면에서 단위원 위의 점들이 ω평면에서의 u축 위로 사상됨을 말해준다.

원 C는 z평면을 두 부분으로 나누고 C 자신은 u축으로 사상되면서 ω평면을 두 부분으로 나눈다. $z = 0$의 상은 $\omega = T(0) = i$이다. 이제 $|z| < 1$의 상들을 생각해 보자. 식 (8.7)에 의하여 그 상들은 $|-\omega + i| < |\omega + i|$를 만족하므로

$$d_1 = |\omega - i| < |\omega - (-i)| = d_2$$

와 같이 쓸 수 있다. 여기서 d_1을 ω와 i 사이의 거리, d_2를 ω와 $-i$ 사이의 거리라 하면 기하학적으로 그림 8.3에서 보는 바와 같이 ω는 상반평면 $\mathrm{Im}\,\omega > 0$에 있다. 왜냐하면 T는 확장된 복소평면에서의 일대일 사상이기 때문이다. 따라서 T는 원판을 반평면 위로 사상한다. ■

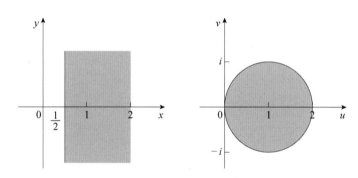

그림 8.2 변환 $\omega = 1/z$

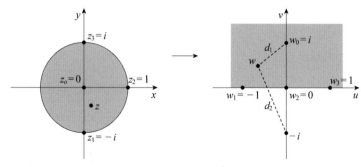

그림 8.3 변환 $\omega = T(z) = i(1 - z)/(1 + z)$

정리 8.1.5 만약 T가 선형 분수변환이고 L과 C를 각각 복소평면 위에 있는 직선과 원이라 하면 $T(L)$은 직선 또는 원, $T(C)$도 직선 또는 원이다.

증명 $c \neq 0$일 때 변환

$$T_1(z) = z + \frac{d}{c}, \quad T_2(z) = \frac{1}{z}, \quad T_3(z) = \frac{bc - ad}{c^2}z, \quad T_4(z) = z + \frac{a}{c}$$

의 합성변환 $T = T_4 \circ T_3 \circ T_2 \circ T_1$은 선형 분수 변환이다. 한편, $c = 0$일 때는 $T(z) = (a/d)z + b/d$이다. 기본 변환 T_1, T_3, T_4는 위의 성질과 보기들에서 본 바와 같이 직선은 직선으로, 원은 원으로 사상한다. 따라서 단위원에 관한 반사 변환 $T_2(z) = \frac{1}{z}$에 대하여 정리를 증명하면 된다. z평면 위의 원 또는 직선의 방정식은 a, b, c, d에 대하여

$$a(x^2 + y^2) + 2bx + 2cy + d = 0, \quad (b^2 + c^2 > ad) \tag{8.9}$$

로 표현된다. 이것은 $a \neq 0$이면 식 (8.9)는

$$(x + \frac{b}{a})^2 + (y + \frac{c}{a})^2 = \frac{b^2 + c^2 - ad}{a^2}$$

와 같이 변형될 수 있으므로 중심이 $(-\frac{b}{a}, -\frac{c}{a})$이고 반지름이 $\sqrt{\dfrac{b^2 + c^2 - ad}{a^2}}$ 인 원을 나타내고, 또한 $a = 0$이면 직선의 방정식을 나타낸다. z와 그 켤레복소수 $\bar{z}$의 관계식 $x = \dfrac{z + \bar{z}}{2}$, $y = \dfrac{z - \bar{z}}{2i}$에 의해 식 (8.9)은

$$az\bar{z} + b(z + \bar{z}) - ci(z - \bar{z}) + d = 0$$

과 z와 $\bar{z}$를 사용하여 표시할 수 있다. 그리고 반사 변환으로부터 $z = \dfrac{1}{w}$, $\bar{z} = \dfrac{1}{\bar{w}}$이므로 위 식은

$$a + b(w + \bar{w}) + ci(w - \bar{w}) + dw\bar{w} = 0$$

과 같이 나타낼 수 있다. $w = u + iv$라 하면

$$w\bar{w} = u^2 + v^2, \quad u = \frac{w + \bar{w}}{2}, \quad v = \frac{w - \bar{w}}{2i}$$

이므로 식 (8.9)은

$$d(u^2 + v^2) + 2bu - 2cv + a = 0, \quad (b^2 + c^2 > ad)$$

가 된다. 이 식은 w평면에 있어서 $d \neq 0$이면 원을, $d = 0$이면 직선의 방정식을 나타낸다. ∎

주의 8.1.6 위 정리에서 직선을 반지름의 길이가 무한인 원으로 본다면 T는 원을 원으로 사상하는 변환이라 할 수 있다.

정리 8.1.7 서로 다른 세 점을 서로 다른 세 점으로 각각 사상하는 일차 분수 변환은 단 하나 존재한다. 방정식

$$\frac{(\omega - \omega_1)(\omega_2 - \omega_3)}{(\omega - \omega_3)(\omega_2 - \omega_1)} = \frac{(z - z_1)(z_2 - z_3)}{(z - z_3)(z_2 - z_1)} \tag{8.10}$$

은 위의 변환을 정의한다.

증명 식 (8.1)에 의하여 z_i가 ω_i로 사상되면 $\omega_i = (az_i + b)/(cz_i + d)$이다. 마찬가지로 $\omega_j = (az_j + b)/(cz_j + d)$이다. 따라서

$$\omega_i - \omega_j = \frac{az_i + b}{cz_i + d} - \frac{az_j + b}{cz_j + d} = \frac{(ad - bc)(z_i - z_j)}{(cz_i + d)(cz_j + d)} \tag{8.11}$$

식 (8.11)에서 $i = 2$, $j = 1$일 때를 생각하면 $\omega_2 - \omega_1$은 $z_2 - z_1$으로 표시된다. 마찬가지로 $\omega_2 - \omega_3$는 $z_2 - z_3$로 표시된다. 따라서

$$\frac{(\omega - \omega_1)(\omega_2 - \omega_3)}{(\omega - \omega_3)(\omega_2 - \omega_1)} = \frac{(z - z_1)(z_2 - z_3)}{(z - z_3)(z_2 - z_1)} \tag{8.12}$$

을 얻는다. $z = z_1$, $\omega = \omega_1$이면 식 (8.12)는 0이 된다. 이것은 ω_1이 z_1의 상임을 말해준다. $z = z_2$, $\omega = \omega_2$이면 식 (8.12)는 1이 된다. 즉, ω_2가 z_2의 상이다. 식 (8.12)을 변형하면

$$\frac{(\omega - \omega_3)(\omega_2 - \omega_1)}{(\omega - \omega_1)(\omega_2 - \omega_3)} = \frac{(z - z_3)(z_2 - z_1)}{(z - z_1)(z_2 - z_3)} \tag{8.13}$$

이 되는데 $z = z_3$, $\omega = \omega_3$이면 식 (8.13)은 0이 된다. 역시 ω_3이 z_3의 상임을 말해준다. ■

보기 8.1.8 $z_1 = 1$, $z_2 = i$, $z_3 = 0$이 $\omega_1 = 0$, $\omega_2 = -1$, $\omega_3 = -i$로 사상되는 선형 분수 변환을 구하여라.

풀이 식 (8.10)에 위 6개의 값을 대입하면

$$\frac{(\omega - 0)(-1 + i)}{(\omega + i)(-1 - 0)} = \frac{(z - 1)(i - 0)}{(z - 0)(i - 1)}$$

이 된다. 따라서 구하는 선형 분수 변환은 $\omega = \dfrac{i(z - 1)}{z + 1}$이다.

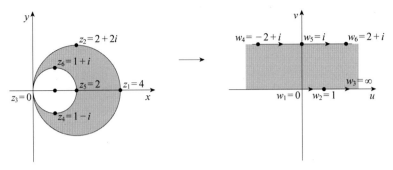

그림 8.4 선형 분수 변환

보기 8.1.9 원판 $|z-2| < 2$의 내부와 원 $|z-1| = 1$의 외부로 이루어진 초승달 모양의 영역을 **수평 무한띠**(horizontal infinite strip) 모양의 영역 위로 사상하는 선형 분수 변환을 구하여라.

풀이 $|z-2| = 2$ 위의 서로 다른 세 점 $z_1 = 4$, $z_2 = 2 + 2i$, $z_3 = 0$을 택하여 이들의 상을 각각 u축 위의 세 점 $\omega_1 = 0$, $\omega_2 = 1$, $\omega_3 = \infty$라 하면 $\omega_3 = \infty$이므로 식 (8.10)에서 $(\omega_2 - \omega_3)/(\omega - \omega_3) = 1$이고

$$\frac{\omega - 0}{1 - 0} = \frac{(z-4)(2+2i-0)}{(z-0)(2+2i-4)}$$

이다. 따라서

$$\omega = T(z) = \frac{-iz + 4i}{z} \tag{8.14}$$

를 얻는다. 식 (8.14)는 $z_4 = 1 - i$, $z_5 = 2$, $z_6 = 1 + i$를 각각

$$\omega_4 = T(1-i) = -2+i, \ \omega_5 = T(2) = i, \ \omega_6 = T(1+i) = 2+i$$

로 사상한다. 점 ω_4, ω_5, ω_6은 $\operatorname{Im} \omega = 1$ 위에 있다. 따라서 초승달 모양의 영역은 그림 8.4에서 보는 바와 같이 수평 무한띠 $0 < \operatorname{Im} \omega < 1$ 위로 사상된다. ▣

보기 8.1.10 T가 항등함수가 아닌 선형 분수 변환(뫼비우스 변환)이면 $T(z) = z$는 $\mathbb{C}$에서 많아야 두 개의 해를 가짐을 보여라.

증명 $T(z) = z \Leftrightarrow z$는 이차방정식

$$cz^2 + (d-a)z - b = 0$$

의 해이다. 해가 존재하지 않기 위한 필요충분조건은 $c = d - a = 0 \neq b$이다. 만약 $c = d - a = b = 0$이면 T는 항등함수이고 모든 z는 부동점이다. ▣

복소해석학

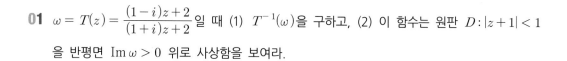

01 $\omega = T(z) = \dfrac{(1-i)z+2}{(1+i)z+2}$ 일 때 (1) $T^{-1}(\omega)$을 구하고, (2) 이 함수는 원판 $D : |z+1| < 1$ 을 반평면 $\operatorname{Im}\omega > 0$ 위로 사상함을 보여라.

02 변환 $\omega = i\dfrac{1-z}{1+z}$ 에 의한 반평면 $\operatorname{Re}z > 0$의 상을 구하여라.

03 변환 $\omega = iz$에 대하여 (1) ω는 z평면 위에서 $\pi/2$만큼의 회전 변환임을 증명하고, (2) 무한띠 $0 < x < 1$의 상을 구하여라.

04 변환 $\omega = i(z+1)$은 반평면 $x > 0$에서 반평면 $v > 1$ 위로의 사상임을 보여라.

05 변환 $\omega = 1/z$에 의한 다음 집합의 상을 구하여라.

(1) 무한띠 $0 < y < 1/2c \; (c \neq 0)$ (2) 사분면 $x > 1, \; y > 0$

(3) 원 $x^2 + y^2 = 8$ (4) $y = \sqrt{3}\,x$

(5) 직선 $x = 3$ (6) $(x-1)^2 + y^2 = 1 \; (y > 0)$

06 변환 $\omega = \dfrac{z-i}{z+i}$ 는 상반평면을 단위원 위로 일대일로 사상함을 보여라.

07 다음 점들을 사상하는 겹선형 변환을 구하여라.

(1) $z_1 = 0, \; z_2 = i, \; z_3 = -i$를 $\omega_1 = -1, \; \omega_2 = 1, \; \omega_3 = 0$으로

(2) $z_1 = -i, z_2 = 0, z_3 = i$를 $\omega_1 = -1, \; \omega_2 = i, \; \omega_3 = 1$로

(3) $z_1 = 1, \; z_2 = i, \; z_3 = 0$을 $\omega_1 = 0, \; \omega_2 = \infty, \; \omega_3 = -i$로

(4) $z_1 = 1, \; z_2 = i, \; z_3 = -i$을 $\omega_1 = 1, \; \omega_2 = 1+i, \; \omega_3 = 1-i$로

(5) $z_1 = 0, \; z_2 = -i, \; z_3 = -1$을 $\omega_1 = i, \; \omega_2 = 1, \; \omega_3 = 0$으로

(6) $z_1 = i, \; z_2 = -i, \; z_3 = 1$을 $\omega_1 = 0, \; \omega_2 = 1, \; \omega_3 = \infty$로

08 w를 실직선에서 단위원으로의 겹선형 변환이라 하자. 만일 z_1이 w_1으로 사상된다면 $\overline{z_1}$은 $1/\overline{w_1}$으로 사상됨을 보여라.

09 $z_1 = 1$, $z_2 = i$, $z_3 = 0$을 $\omega_1 = 0$, $\omega_2 = -1$, $\omega_3 = -i$로 사상하는 일차 분수 변환에 의하여 $z_1 = 1$, $z_2 = i$, $z_3 = 0$을 지나는 원의 내부의 상을 구하여라.

10 $T_1(z) = (z-2)/(z+1)$, $T_2(z) = z/(z+3)$일 때 $T_1(T_2(z))$와 $T_2(T_1(z))$를 구하여라.

11 $c \neq 0$이고, $T_1(z) = z + d/c$, $T_2(z) = 1/z$, $T_3(z) = [(bc-ad)/c^2]z$, $T_4(z) = z + a/c$일 때 $T = T_4 \circ T_3 \circ T_2 \circ T_1$은 선형 분수 변환임을 보여라.

12 $z_0 = f(z_0)$인 점 z_0를 변환 $\omega = f(z)$의 부동점(fixed point)이라 한다. $\omega = (z-1)/(z+1)$과 $\omega = (6z-9)/z$의 부동점을 각각 구하여라.

13 z_1과 z_2가 서로 다른 고정점일 때 변환은 다음과 같이 표현될 수 있음을 보여라.

$$\frac{w - z_1}{w - z_2} = K \frac{z - z_1}{z - z_2}$$

14 겹선형 변환

$$w = w(z) = \frac{(z_1 + z_2)z - 2z_2 z_2}{2z - (z_1 + z_2)} \quad (z_1 \neq z_2)$$

은 고정점 z_1과 z_2를 가짐을 증명하고 $w(w(z)) = z$임을 보여라.

15 모든 겹선형 변환 $w_1(z)$에 대해서 $w_1(w_2(z)) = w_2(w_1(z)) = z$, 항등사상을 만족하는 겹선형 변환 $w_2(z)$가 존재함을 보여라.

16 허축을 단위원으로 사상하는 모든 겹선형 변환을 구하여라.

17 겹선형 변환은 열린 집합을 열린 집합으로 사상함을 보여라.

18 만약 점 z_0가 z평면의 상반부에 놓여 있다면 겹선형 변환

$$w = e^{i\theta_0}\left(\frac{z - z_0}{z - \overline{z_0}}\right)$$

는 z평면의 상반부를 w평면의 단위원 내부 $|w| \leq 1$로 사상됨을 보여라.

19 선형 분수 변환들의 집합은 합성함수 연산에 관하여 군(group)이 됨을 보여라.

제8.2절 초등함수에 의한 사상

1. 지수함수

제2-3장에서 함수 $w = e^z$는 복소 평면 전체에서 해석적이고, 모든 점 $z \in \mathbb{C}$에서 $w = e^z \neq 0$이므로 이 변환은 모든 점에서 등각적이다. $z = x + iy$, $w = \rho e^{i\phi}$라고 놓으면 $\rho e^{i\phi} = e^{x+iy} = e^x e^{iy}$이므로 $\rho = e^x$이고 $\phi = y + 2n\pi$이다(여기서 n은 정수이다). 따라서 함수 $w = e^z$는 다음과 같은 꼴로 나타낼 수 있다.

$$\rho = |e^z| = e^x \, (= e^{\mathrm{Re}\, z}), \quad \phi = \arg e^z = y \, (= \mathrm{Im}\, z) \tag{8.15}$$

직선 $x = c$(상수) 위의 점 $z = c + iy = (c, y)$의 상은 극좌표로 $\rho = e^c$, $\phi = y$이므로 $|w| = |\rho e^{i\phi}| = e^c$이다. 따라서 직선 $x = c$는 중심이 원점이고 반지름이 e^c인 원 위로 사상된다. 점 z가 직선 $x = c$을 따라 위쪽으로 움직이면 그 상은 그림 8.5에 나타낸 원 위를 반시계 방향으로 움직인다. 그 원 위의 각 점은 수직선 $x = c$ 위에서 2π만큼씩 떨어져 있는 무수히 많은 점의 상이다. 또한 $x > 0$일 때 $|e^z| = e^x > 1$이므로 반무한대의 띠 $\mathrm{Re}\, z > 0$, $-\pi < \mathrm{Im}\, z \leq \pi$는 단위원의 외부로 1대1로 사상된다.

수평선 $y = d$(상수) 위의 점 $z = x + id = (x, d)$의 상은 극좌표로 $\rho = e^x$, $\phi = d$이므로 반직선 $\phi = d$, 즉 $\{\rho e^d : 0 < \rho < \infty\}$ 위로 일대일 방식으로 사상된다. 그러므로 점 $z = (x, d)$가 수평선을 따라 왼쪽에서 오른쪽으로 움직일 때 그 상은 반직선 $\phi = d$를 따라 바깥쪽으로 움직인다. 위의 관찰에 의하여 수직 선분과 수평 선분은 각각 원과 반직선의 일부로 사상됨을 알 수 있다.

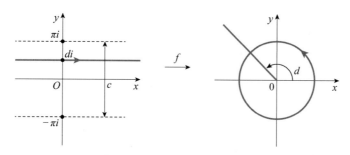

그림 8.5 지수함수에 의한 직선의 상

보기 8.2.1 변환 $w = e^z$에 의하여 직사각형인 도형 $a \leq x \leq b$, $c \leq y \leq d$가 도형

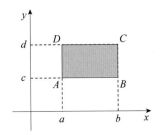 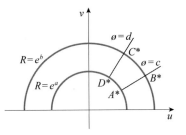

그림 8.6 지수함수에 의한 직사각형의 상

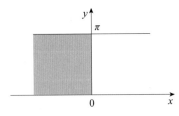 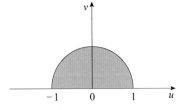

그림 8.7 지수함수에 의한 무한 수평띠의 상

$$e^a \leq \rho \leq e^b, \quad c \leq \phi \leq d$$

전체 위로 사상됨을 보이자. 두 도형과 그 경계선의 대응하는 부분을 그림 8.6에 나타내면 수직 선분 AD는 호 $\rho = e^a$, $c \leq \phi \leq d$ 위로 사상된다. 이때 이 호를 A^*D^*로 나타낸다. AD의 오른쪽에 있고 경계의 수평 부분을 연결하는 수직 선분 BC의 상은 보다 더 큰 호

$$B^*C^* : \rho = e^b, \ c \leq \phi \leq d$$

이다. 이 사상은 $d - c < 2\pi$일 때 일대일 사상이다. ▣

보기 8.2.2 변환 $w = e^z$에 의한 수평 무한띠 $-\pi < y \leq \pi$(음의 실수축에 따라 자른)는 w평면 전체 위로 사상된다. 일반적으로 두 직선 $y = c$와 $y = c + 2\pi$로 경계지워지는 수평띠는 w평면 위로 사상된다. 이것은 e^z가 주기 $2\pi i$를 가지는 주기함수라는 사실을 설명하여 준다.

변환 $w = e^z$에 의한 무한 수평띠 $0 \leq y \leq \pi$의 상은 w평면의 상반평면 전체로 사상된다. 경계 $y = 0$은 u축의 양인 부분 전체로 사상되고, 직선 $y = \pi$는 u축의 음인 부분 전체로 사상됨을 알 수 있다. 0과 πi를 잇는 선분은 반원 $|w| = 1$, $v \geq 1$ 전체 위로 사상된다. 이 띠의 좌반 부분 $(x \leq 0)$은 구역 $|w| \leq 1$, $v \geq 0$ 전체로 사상되며, 이 띠의 우반 부분 $(x \geq 0)$은 w평면 상반부에 놓이는 반원 $|w| = 1$의 밖 전체 부분으로 사상

된다(그림 8.7). ■

자연대수 함수 $w = u + iv = \ln z$는 지수함수의 역함수이므로, 위 고찰의 z와 w의 역할을 바꿈으로써 그의 등각사상이 얻어진다. 따라서 주치 $w = \text{Log}\, z$는 (음실수축에 따라 자른) z평면을 w평면의 수평띠 $-\pi < v \leq \pi$ 전체 위로 사상한다.

2. 변환 $w = \sin z$

변환 $w = \sin z$는 다음과 같이 나타낼 수 있다.

$$w = u + iv = \sin z = \sin x \cosh y + i \cos x \sinh y$$

$$u = \sin x \cosh y, \quad v = \cos x \sinh y \tag{8.16}$$

$w = \sin z$는 주기함수이므로 이 변환은 z평면에서는 일대일이 아니다.

변환 $w = \sin z$에 의한 무한 수직띠

$$S: -\frac{\pi}{2} \leq x \leq \frac{\pi}{2}$$

의 상을 살펴보자. $f'(z) = \cos z$는 $z = \pm\pi/2$에서 0이므로, 이 두 점에서 이 사상은 등각적이 아니다. 식 (8.16)에서 S의 경계는 u축의 일부에 사상됨을 안다. x축 위의 선분 $-\pi/2 \leq x \leq \pi/2$는 u축 위의 선분 $-1 \leq u \leq 1$ 전체로 사상되고, 직선 $x = -\pi/2$는 $u \leq -1$, $v = 0$ 전체 위로 사상되며, 직선 $x = \pi/2$는 $u \geq 1$, $v = 0$ 전체 위로 사상된다.

(1) 수직선 $x = c \; (0 < c < \pi/2)$ 위의 점은 다음 곡선 위의 점으로 사상된다.

$$u = \sin c \cosh y, \quad v = \cos c \sinh y \; (-\infty < y < \infty)$$

이 식으로부터 쌍곡선

$$\frac{u^2}{\sin^2 c} - \frac{v^2}{\cos^2 c} = 1$$

을 얻을 수 있고 이 쌍곡선의 초점은

$$w = \pm\sqrt{\sin^2 c + \cos^2 c} = \pm 1$$

이다. 위 식은 점 (c, y)가 수직선 전체를 따라 위로 움직일 때 그 상은 쌍곡선의 가지 전체를 따라 위로 움직인다는 사실을 보여 주고 있다. 특히 수직선의 위쪽 반$(y > 0)$이 쌍곡선 가지의 위쪽 반$(v > 0)$ 위로 일대일 사상된다.

(2) 선분 $y = c > 0$, $-\pi/2 \leq x \leq \pi/2$는 타원

$$u = \cosh c \sin x, \quad v = \sinh c \cos x \quad \text{즉,} \quad \frac{u^2}{\cosh^2 c} + \frac{v^2}{\sinh^2 c} = 1 \tag{8.17}$$

의 w평면 상반부에 놓이는 부분 전체로 사상된다.

선분

$$y = -c, \quad -\pi/2 \leq x \leq \pi/2 \quad (c > 0)$$

는 타원 (8.17)의 하반부 전체에 사상된다. 이 타원의 초점은 $w = \pm 1$에 있으며, 이것은 c에 무관하다는 것을 알 수 있다. 따라서 c를 변화시킴으로써 초점이 같은 타원군을 얻는다. 따라서 $-\pi/2 < x < \pi/2$, $-c < y < c$로 정의되는 직사각형 구역은 타원 (8.17)의 내부 전체로 사상된다. 그러나 그림 8.8($c = 1$)에서 보는 바와 같이 경계의 상은 이 타원과 x축의 두 선분으로 이루어진다. 경계의 수직부분의 점들의 상은 두 개씩 쌍으로 일치한다. 특히 $B^* = F^*$이고 $C^* = E^*$이다.

직사각형

$$-\pi < x < \pi, \quad c < y < d \quad (c > 0)$$

는 y축의 음인 부분에 따라서 잘린 타원환 위로 사상된다(그림 8.9). 직선 $x = $상수 $(-\frac{\pi}{2} < x < \frac{\pi}{2})$는 위 타원들과 직교하는 초점이 같은 쌍곡선 위로 사상되며, y축은 v

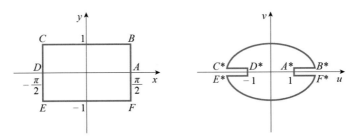

그림 8.8 변환 $w = \sin z$에 의한 직사각형의 상 1

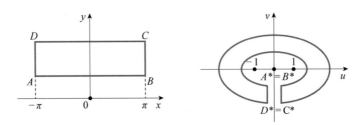

그림 8.9 변환 $w = \sin z$에 의한 직사각형의 상 2

축 전체로 사상된다.

3. 변환 $w = \cos z$

변환 $w = \cos z = \sin(z + \pi/2)$는 $Z = z + \dfrac{\pi}{2}$, $w = \sin Z$이므로 이 코사인 변환은 오른쪽으로 $\pi/2$만큼 평행 이동한 뒤에 $\sin z$ 변환을 시행하는 것과 같다. 쌍곡선 함수

$$w = \sinh z = -i \sin(iz)$$

가 정의하는 변환은 회전 $t = iz$ 다음에 사상 $p = \sin t$에 이어 또 한 개의 회전 $w = -ip$로 얻어진다.

마찬가지로 변환 $w = \cosh z = \cos(iz)$는 회전 $t = iz$에 이어 사상 $w = \cos t$로 이루어진다.

<u>보기 8.2.3</u> 함수 $w = \cos z$는 선분 $-\pi < x \leq \pi$, $y = 1$을 타원

$$\frac{u^2}{\frac{1}{4}(e + 1/e)^2} + \frac{v^2}{\frac{1}{4}(e - 1/e)^2} = 1$$

로 사상한다. 함수 $w = \sin z$는 선분 $-\dfrac{\pi}{2} < x \leq \dfrac{3\pi}{2}$, $y = 1$을 같은 타원으로 사상한다.

01 사상 $w = e^z$에 의한 다음 구역의 상을 찾고 그의 그래프를 그려라.

(1) $-1 < x < 1, \ \pi/2 < y < \pi/2$

(2) $0 < x < 1, \ 0 < y < 1$

(3) $-2 \leq x \leq 2, \ -\pi \leq y \leq -\pi/2$

02 사상 $w = \sin z$에 의한 다음 구역의 상을 찾고 그의 그래프를 그려라.

(1) $-\pi/2 < x < \pi/2, \ 1 < y < 2$

(2) $0 < x < 2\pi, \ 1 < y < 2$

03 c가 복소상수일 때 변환 $w = e^{cz}$에 대한 직선의 상을 구하여라.

04 변환 $w = e^z$에 의한 원판 $|z| \leq 1$의 상은 원환 $1/e \leq |w| \leq e$에 포함됨을 보여라.

05 변환 $w = \cos z$와 $w = \sin z$에 의한 원판 $|z| \leq 1$의 상은 원환 $|z| \leq (e^2 + 1)/2e$에 포함됨을 보여라.

06 변환 $w = \cos z$에 의한 다음 집합의 상을 구하여라.

(1) $x = \dfrac{\pi}{2}, \ y \geq 0$ (2) $-\dfrac{\pi}{4} < x < \dfrac{\pi}{4}, \ y = -5$

(3) $0 \leq x < \pi, \ -2 < y < 2$ (4) $-\dfrac{\pi}{2} < x < \dfrac{\pi}{4}, \ y > 0$

07 변환 $w = z^2$에 의하여 영역 $A = \{z : (\mathrm{Re}\, z)(\mathrm{Im}\, z) > 1, \ \mathrm{Re}\, z > 0, \ \mathrm{Im}\, z > 0\}$의 상을 구하여라.

08 변환 $w = z^3$에 의한 제1 사분면의 상을 구하여라.

09 변환 $w = z^{\frac{1}{2}}$은 두 직선 $x = a, \ y = b \ (a, b > 0)$를 직교하는 두 곡선으로 사상함을 보여라.

10 변환 $w = \log z$는 양의 x축과 직선 $x = 1$을 직교하는 두 곡선으로 사상함을 보여라.

11 0이 아닌 점 $z_0 = r_0 e^{i\theta_0}$에서의 변환 $w = z^n$ (n은 자연수)에 의한

(1) 회전각은 $(n-1)\theta_0$임을 보여라.

(2) 선분비를 구하여라.

12 사상 $f(z) = z^2$에 의한 다음 영역의 상을 구하여라.

(1) $x > 0,\ y > 0$ (2) $0 \le \arg z \le \dfrac{\pi}{4}$

13 사상 $f(z) = \sqrt{z}$는 상반평면을 제 1사분면으로 사상함을 보여라.

제8.3절 등각사상

변환 $\omega = f(z)$에 의해 사상되는 여러 곡선이 한 점 z_0에 있어서 어떻게 방향을 바꾸는가를 생각해 보자. 지금 함수 $f(z)$는 점 z_0를 포함하는 영역 D에서 해석적이고 곡선 C는 z_0를 지나는 **매끄러운 곡선(smooth curve)**이라 하자. 만약

$$z(t) = x(t) + iy(t), \ (a \leq t \leq b)$$

는 곡선 C의 매개변수 표현이면 변환 $\omega = f(z)$에 의한 C의 상 S에 관한 매개변수 표현은 $S: \omega = f(z(t)) \ (a \leq t \leq b)$로 주어진다. 합성함수의 미분공식에 의하여

$$\omega'(t) = f'(z(t))z'(t) \tag{8.18}$$

이다. 따라서 만약 $f'(z_0) \neq 0$이면 곡선 C의 상 S도 또한 매끄러운 곡선이 된다. 더구나 식 (8.18)에 의하여

$$\arg \omega'(t) = \arg f'(z(t)) + \arg z'(t) \tag{8.19}$$

을 얻을 수 있다.

[기하학적 의미]

그림 8.10에서 보는 바와 같이 곡선 C를 따라 움직이는 한 양의 방향이 주어진다면 S를 따라 이것에 대응하는 양의 방향은 함수 $f(z)$에 의하여 결정된다. $z_0 + \Delta z$가 $z_0 = z(t_0) \ (a \leq t_0 \leq b)$에서 양의 방향으로 C 위에 있는 한 점이라 하면, Δz가 0에 가까워질 때 Δz의 편각의 극한 $\displaystyle\lim_{\Delta z \to 0} \arg \Delta z$은 z_0에서 접선의 경사각 α, 즉 $\arg z'(t_0)$의 하나의 값이다. 만약 $w_0 = f(z_0)$이고 ψ_0가 $\arg f'(z_0)$의 하나의 값이면 식 (8.19)에 의하여 $\beta = \psi_0 + \alpha$이고

$$\beta - \alpha = \lim_{\Delta z \to 0} \arg \Delta \omega - \lim_{\Delta z \to 0} \arg \Delta z = \psi_0 \tag{8.20}$$

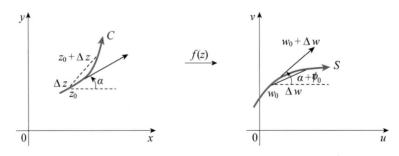

그림 8.10 z_0에서 도함수의 기하학적 의미

따라서 $f(z)$가 z_0에서 해석적이고, $f'(z_0) \neq 0$이면 z_0에서의 곡선 C의 유향접선은 변환 $\omega = f(z)$에 의해서 $\psi_0 = \arg f'(z_0)$의 각만큼 회전하게 된다. 이 각 ψ_0를 **회전각(angle of rotation)**이라 한다.

회전각 ψ_0는 z_0를 지나는 모든 곡선에 대하여 동일하다. 즉, 이 각은 함수 $f(z)$와 점 z_0로써 결정된다. 따라서 그림 8.11에서 보는 바와 같이 z_0를 지나는 임의의 두 곡선 C_1과 C_2는 그 변환 $\omega = f(z)$에 의하여 같은 각만큼 회전하게 된다. 즉, C_1과 C_2의 각은 곡선 $S_1 = f(C_1)$과 $S_2 = f(C_2)$의 각과 같다.

이와 같이 한 점을 지나는 모든 쌍의 곡선 사이에서 각의 크기와 방향을 보존하는 사상 또는 변환을 **등각사상**(또는 **한꼴사상, conformal mapping**)이라 한다.

위의 언급한 바와 같이 $f(z)$가 z_0에서 해석적이고 $f'(z_0) \neq 0$이면 f는 z_0에서 등각사상이다.

각의 크기는 보존하되 방향은 보존하지 않는 함수는 **공형사상(isogonal mapping)**이라 한다. 이와 같은 함수의 예로써는 $f(z) = \bar{z}$는 양의 실수축과 양의 허수축을 각각 양의 실수축과 음의 허수축으로 사상한다. 두 곡선은 각 평면에서 직각으로 만나지만 "반시계 방향"인 각은 "시계 방향"인 각으로 사상된다.

보기 8.3.1 $f(z) = -iz$이고 C_1은 $z = 0$에서 $z = 2$까지의 선분, C_2는 $z = 0$에서 $z = 2 + 2i$까지의 선분이라 하자. 이때 $f(C_1)$은 $w = 0$에서 $w = -2i$까지의 선분이고, $f(C_2)$는 $w = 0$에서 $w = 2 - 2i$까지의 선분이다. 따라서 0에서 C_1과 C_2 사이의 각은 $\pi/4$이고 $f(C_1)$과 $f(C_2)$ 사이의 각은

$$\arg(2 - 2i) - \arg(-2i) = 7\pi/4 - 3\pi/2 = \pi/4$$

이다. $f'(0) = -i \neq 0$이므로 $w = -iz$는 0에서 등각사상이다.

$$\arg f(z) = \arg(-i) + \arg z = 3\pi/2 + \arg z$$

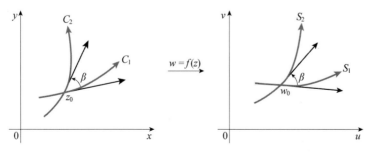

그림 8.11 z_0에서 등각사상

과 $|f(z)| = |z|$임을 알 수 있다. 따라서 f는 모든 점을 원점에 관하여 $270°$ 회전시킨다. ■

보기 8.3.2 $x = y$, $x \geq 0$인 곡선 C_1과 $x = 1$, $y \geq 1$인 곡선 C_2에 대하여 이들 두 곡선의 교점 $P(1,1)$에서 변환 $\omega = 1/z$은 등각사상임을 설명하여라.

풀이 $\omega = 1/z$, $u + iv = 1/(x+iy) = x/(x^2+y^2) - iy/(x^2+y^2)$이므로

$$u = \frac{x}{x^2 + y^2}, \quad v = \frac{-y}{x^2 + y^2} \tag{8.21}$$

$y = x$이므로 식 (8.21)에서

$$u = \frac{1}{2x} = -v \quad (x \geq 0이므로 \ u \geq 0, \ v \leq 0) \tag{8.22}$$

그림 8.12에서 보는 바와 같이 식 (8.22)에 의하여 정의된 직선은 S_1이다. C_1의 방향을 양의 방향이라 하면 대응하는 S_1의 방향은 원점을 향하게 될 것이다. 이것은 식 (8.22)에서 x가 증가하면 u와 v는 0에 가까워지기 때문이다. 다음 C_2를 생각하면 $x = 1$이므로 식 (8.21)에서

$$u = \frac{1}{1 + y^2}, \quad v = \frac{-y}{1 + y^2} \tag{8.23}$$

가 된다. 따라서 $v = -uy$이다. 식 (8.23)에서 $y = \sqrt{1/u - 1}$이므로 위 식에 대입하면 $v = -\sqrt{u - u^2}$이 된다. 따라서

$$(u - 1/2)^2 + v^2 = (1/2)^2, \quad (v \leq 0)$$

을 얻는다. C_2 위의 점들은 ω평면 위에서 중심이 $(1/2, 0)$이고 반지름이 $1/2$인 하반원 S_2 위로 사상된다. y가 C_2를 따라 1에서 ∞로 증가하면 식 (8.23)에 의하여 그 상은 원 S_2를 따라 $1/2$에서 0에 가까워진다.

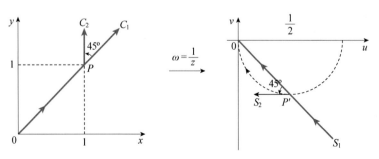

그림 8.12 점 $P(1,1)$에서 등각사상 $\omega = 1/z$

곡선 C_1과 C_2의 P에서의 교각은 45^o이다. P의 상이 P'이고 P'에서 S_1과 S_2의 교각도 45^o이다. 방향도 역시 보존되므로 $\omega = 1/z$은 점 P에서 등각적이다. ■

보기 8.3.3 변환 $\omega = f(z) = \cos z$는 점 $z_1 = i$, $z_2 = 1$, $z_3 = \pi + i$에서 등각적임을 설명하고, 위의 점들에서 회전각 $\psi_0 = \arg f'(z)$를 구하여라.

풀이 $f'(z) = -\sin z$이므로 $z = n\pi$, (n은 정수)에서 $f'(z) = 0$이다. 따라서 $\omega = \cos z$는 $z = n\pi$를 제외한 모든 점에서 등각적이다. 또한

$$f'(i) = -i\sinh 1, \ f'(1) = -\sin 1, \ f'(\pi + i) = i\sinh 1$$

이므로 회전각은 각각

$$\psi_0 = \arg f'(i) = -\pi/2, \ \psi_0 = \arg f'(1) = \pi, \ \psi_0 = \arg f'(\pi + i) = \pi/2$$

이다. ■

정리 8.3.4 만일 $f(z)$가 z_0에서 해석적이고 $f'(z_0) \neq 0$이면 $f(z)$는 z_0에서 등각사상이고 z_0의 어떤 근방에서 일대일이다.

증명 $f(z_0) = \alpha$이고 $f(z) - \alpha$는 점 z_0의 근방 $N_{\delta'}(z_0)$에서 다른 근을 갖지 않도록 양수 δ'를 항상 택할 수 있다. 왜냐하면 그렇지 않다면 해석함수의 항등정리에 의하여 $f'(z_0) = 0$을 만족하기 때문이다.

만약 $C: |z - z_0| = \delta'$이고 $\Gamma = f(C)$이면 편각정리에 의하여 충분히 작은 원판 $N_\epsilon(\alpha) = \{w : |w - \alpha| < \epsilon\}$에 속하는 모든 β에 대하여

$$1 = \frac{1}{2\pi i}\int_C \frac{f'(z)}{f(z) - \alpha}dz = \frac{1}{2\pi i}\int_\Gamma \frac{dw}{w - \alpha} = \frac{1}{2\pi i}\int_\Gamma \frac{dw}{w - \beta}$$

이 된다. 만약 $N_\delta(z_0) \subset f^{-1}(N_\epsilon(\alpha))$이 되도록 $\delta \leq \delta'$를 선택하면 임의의 $z_1, z_2 \in N_\delta(z_0)$에 대하여

$$1 = \frac{1}{2\pi i}\int_\Gamma \frac{dw}{w - f(z_1)}dz = \frac{1}{2\pi i}\int_\Gamma \frac{dw}{w - f(z_2)}$$
$$= \frac{1}{2\pi i}\int_C \frac{f'(z)}{f(z) - f(z_1)}dz = \frac{1}{2\pi i}\int_C \frac{f'(z)}{f(z) - f(z_2)}dz$$

즉, $z_1 \neq z_2$이면 $f(z_1) \neq f(z_2)$이 되도록 $f(z_1), f(z_2)$는 모두 곡선 C 내에서 단 한 번만 값을 갖게 된다. ■

주의 8.3.5 z평면의 영역 D에서 해석함수 $f(z)$가 $f'(z) \neq 0$이면 $z(\in D)$를 중심으로 D에 포함되는 적당한 열린 원판에서 $f(z)$는 단사함수이지만, D 전체에서 단사함수라고 단정할 수 없다. 그 반례로 z평면 위의 영역 $D : 0 < |z| < 1$에서 $f(z) = z^2$을 생각하면 $f'(z) = 2z \neq 0 \ (z \in D)$이지만 D의 두 점 $z_1 = r, \ z_2 = re^{\pi i} \ (0 < r < 1)$에서

$$f(z_1) = f(z_2) = r^2$$

이므로 $f(z) = z^2$은 D 전체에서 단사함수가 아니다. ◼

보기 8.3.6 변환 $w = f(z) = z^2$은 정사각형의 영역

$$S = \{\, x + iy : \ 0 < x < 1, \ 0 < y < 1 \,\}$$

를 다음 두 포물선의 내부에 있는 상반평면 $\text{Im}\, w > 0$의 영역으로 사상함을 설명하여라.

$$u = 1 - \frac{1}{4}v^2, \quad u = -1 + \frac{1}{4}v^2$$

풀이 $f'(z) = 2z$이므로 변환 $w = z^2$은 $z \neq 0$인 모든 점에서 등각사상이다. S의 꼭짓점 $z_1 = 1, \ z_2 = 1 + i, \ z_3 = i$로 이루어진 직각은 $w_1 = 1, \ w_2 = 2i, \ w_3 = -1$로 이루어진 직각으로 사상된다. 점 $z_0 = 0$에서는 $f'(0) = 0, \ f''(0) \neq 0$이다. 따라서 $z_0 = 0$에서의 각은 두 배로 사상된다. 즉, $z_0 = 0$에서 직각은 $w_0 = 0$에서 평각 (180°)으로 사상된다. ◼

01 다음 변환은 어느 점에서 등각적인가?

(1) $w = \sin z$ (2) $w = \exp(z^2 + 1)$

(3) $w = (z+1)/(z-1)$

02 다음 지시된 점에서의 변환 $w = f(z)$의 회전각 $\alpha = \arg f'(z)$와 선분비(scale factor) $|f'(z)|$를 구하여라.

(1) $w = \dfrac{1}{z}$, $z = 1$, $z = 1+i$, $z = i$

(2) $w = z^2$, $z = 2+i$

(3) $w = \sin z$, $z = \dfrac{\pi}{2} + i$, $z = 0$, $z = -\dfrac{\pi}{2} + i$

03 두 사선 $y = ax \ (x \geq 0)$, $y = bx \ (x \geq 0)$이 변환 $w = z^2$에 의하여 사상되는 곡선을 $v = g(u)$의 꼴로 나타내고, z평면에서의 교각이 α라면 z평면에서 교각의 크기는?

04 변환 $w = \dfrac{1}{z}$에 대하여

(1) 직선 $y = x-1$, $y = 0$의 상을 구하여라.
(2) (1)의 직선과 상을 그려서 대응하는 방향을 결정하여라.
(3) 점 $z = 1$에서 이 변환의 등각성을 확인하여라.

05 만일 $f(z)$가 영역 D에서 해석적이고 일대일이라면 D에서 $f'(z) \neq 0$임을 보여라.

06 주어진 복소수 z_0와 $\epsilon > 0$에 대해서 $f'(z_0) \neq 0$를 만족하는 z_0에서 해석함수 $f(z)$가 존재하고, $|z - z_0| < \epsilon$에 대해서 일대일이 아닌 함수 $f(z)$가 존재함을 보여라. 이것은 정리 8.3.4에 모순이 되는가?

07 $f(z) = z^2$이 영역 D에서 일대일이 되기 위한 필요충분조건은 D는 원점이 경계에 포함되는 반평면에 포함됨을 보여라.

08 두 개의 매끄러운 곡선은 입체사영(제1장 6절 참조)에 의한 이들 상이 북극에서 각 α로 만날 때 한해서 ∞에서 각 α로 만남을 보여라.

09 만일 두 직선이 겹선형 변환에 의하여 서로 접하는 원으로 사상되었다면 두 직선은 평행함을 보여라. 이 역은 참인가?

10 $w = e^z$가 일대일로 되는 원점에 중심을 둔 최대원판의 반지름을 구하여라. 만일 원판이 임의의 점 z_0에 중심을 두었다면 반지름은 다른가?

11 $f(z) = e^z$에 대해서 $\arg f'(z)$를 구하여라. 이것을 사용하여 y축과 x축에 나란한 직선은 각각 원과 반직선으로 사상됨을 보여라.

12 함수 $w = z^n$은 반직선 $\arg z = \theta \ (0 \leq \theta < 2\pi/n)$를 반직선 $\arg z = n\theta$로 사상함을 보여라.

13 만일 $f(z)$가 영역 D에서 상수가 아니고 해석적이라면 D의 가산개의 점에 대해서만이 $f'(z) = 0$임을 보여라. 따라서 $f(z)$는 D의 가산개의 점을 제외하고서 모든 점에서 국소적으로 1대1이고 등각임을 종결지어라.

14 $f(z) = z + 1/z$는 $z = \pm 1$을 제외하고 등각사상임을 보여라.

제8.4절　조화함수

영역 D에서 정의된 연속인 실함수 $u(x,y)$가 연속인 $1,2$계 편도함수를 갖고, **라플라스 방정식(Laplace equation)**

$$\frac{\partial^2 u}{\partial x^2} + \frac{\partial^2 u}{\partial y^2} = 0 \ \text{ 또는 } \ \Delta^2 u = 0$$

을 만족하면, $u(x,y)$는 D에서 **조화함수(harmonic function)**라 한다. 또한 $f(z) = u(x,y) + iv(x,y)$가 D에서 해석적이 되도록 u의 조화공액함수 $v(x,y)$를 구할 때는 코시-리만 방정식

$$\frac{\partial u}{\partial x} = \frac{\partial v}{\partial y}, \quad \frac{\partial u}{\partial y} = -\frac{\partial v}{\partial x}$$

를 이용하여 적분 $\int v_y dy$의 값을 분명히 구체적으로 구하는 것이 요구된다.

이제 실수 부분이 주어진 조화함수인 해석함수의 존재에 관한 일반적 조건을 구하고자 한다. 우선 코시-리만 방정식에 의하여 해석함수 $f(z) = u(x, y) + iv(x, y)$의 도함수는

$$f'(z) = \frac{\partial u(z)}{\partial x} - i\,\frac{\partial u(z)}{\partial y}$$

로 표시될 수 있음에 유의하자.

정리 8.4.1 단일연결 영역 D에서 조화함수 $u(z)$가 주어지면 D에서 $\mathrm{Re}\,f(z) = u(z)$를 만족하는 해석함수 $f(z)$가 존재한다.

증명 $g(z) = \dfrac{\partial u(z)}{\partial x} - i\,\dfrac{\partial u(z)}{\partial y}$로 두면 라플라스 방정식에 의하여

$$\frac{\partial}{\partial x}(\mathrm{Re}\,g) - \frac{\partial}{\partial y}(\mathrm{Im}\,g) = \frac{\partial^2 u}{\partial x^2} - (-\frac{\partial^2 u}{\partial y^2}) = 0 \tag{8.24}$$

이고, 또한 $u(z)$는 연속인 2계 편도함수를 가지므로

$$\frac{\partial}{\partial y}(\mathrm{Re}\,g) + \frac{\partial}{\partial x}(\mathrm{Im}\,g) = \frac{\partial^2 u}{\partial y \partial x} + (-\frac{\partial^2 u}{\partial x \partial y}) = 0 \tag{8.25}$$

이다. 그러나 식 (8.24)과 식 (8.25)는 $g(z)$에 대한 코시-리만 방정식이다. 또한

$$\frac{\partial}{\partial x}(\mathrm{Re}\,g), \ \frac{\partial}{\partial y}(\mathrm{Re}\,g), \ \frac{\partial}{\partial x}(\mathrm{Im}\,g), \ \frac{\partial}{\partial y}(\mathrm{Im}\,g)$$

가 모두 연속이다. 따라서 정리 2.4.5에 의하여 $g(z)$는 D에서 해석적이다.

다음으로 D의 임의의 점 z_0를 취하고

$$F(z) = \int_{z_0}^{z} g(\zeta)d\zeta \ (\text{단} \ g(z) = \frac{\partial u}{\partial x} - i\frac{\partial u}{\partial y})$$

라 두면 모레라의 정리에 관한 따름정리에 의하여 $F(z)$는 D에서 해석적이고

$$F'(z) = g(z) = \frac{\partial u(z)}{\partial x} - i\frac{\partial u(z)}{\partial y}$$

를 갖는다. $F(z)$의 도함수도

$$F'(z) = \frac{\partial}{\partial x}\text{Re} \ F(z) - i\frac{\partial}{\partial y}\text{Re} \ F(z)$$

로 표시되므로

$$\text{Re} \ F(z) = u(z) + C \ (C\text{는 실수})$$

이다. 따라서 함수

$$f(z) = F(z) - C = \int_{z_0}^{z}\left\{\frac{\partial u(\zeta)}{\partial x} - i\frac{\partial u(\zeta)}{\partial y}\right\}d\zeta - C$$

는 $\text{Re} \ f(z) = u(z)$이고 D에서 해석적이다. ■

따름정리 8.4.2 단일연결 영역 D에서 조화함수 $u(z)$가 주어지면

$$\text{Im} \ f(z) = u(z) \ (z \in D)$$

를 만족하는 해석함수 $f(z)$가 존재한다.

증명 정리 8.4.1에 의하여 $\text{Re} \ h(z) = u(z)$을 만족하는 해석함수 $h(z)$가 존재한다. 그런데 $f(z) = ih(z)$는 해석적이고 $\text{Im} \ f(z) = \text{Re} \ h(z) = u(z)$이다. ■

정리 8.4.1을 이용하여 해석함수에 관한 정리들과 비슷한 정리들을 증명하고자 한다. 다음 정리는 **리우빌(Liouville)**의 정리와 비슷하다.

정리 8.4.3 평면 전체에서 조화이고 유계인 함수는 상수함수이다.

증명 $u(z)$를 복소평면 전체에서 유계인 조화함수라 하면 정리 8.4.1에 의하여 $u(z)$를 실수 부분으로 갖는 해석함수 $f(z)$가 존재한다. 함수 $g(z) = e^{f(z)}$는 정함수이고, $|g(z)| = e^{u(z)}$이므로 유계함수이다. 따라서 리우빌의 정리에 의하여 $g(z)$는 상수함수이므로 $u(z) = \log|g(z)|$는 상수함수이다. ■

다음 정리는 해석함수에 대한 가우스의 평균값 정리와 비슷하다.

정리 8.4.4 만약 $u(z)$가 원판 $|z-z_0| \leq r$을 포함하는 한 영역 D에서 조화함수이면 다음 식이 성립한다.

$$u(z_0) = \frac{1}{2\pi} \int_0^{2\pi} u(z_0 + re^{i\theta})d\theta$$

증명 만약 $f(z)$가 $|z-z_0| \leq r$에서 해석함수이고 $\operatorname{Re} f(z) = u(z)$이면, 가우스의 평균값 정리에 의하여

$$f(z_0) = \frac{1}{2\pi} \int_0^{2\pi} f(z_0 + re^{i\theta})d\theta$$

이다. 양변의 실수 부분을 취하면 다음과 같이 결과를 얻을 수 있다.

$$u(z_0) = \operatorname{Re} f(z_0) = \operatorname{Re} \frac{1}{2\pi} \int_0^{2\pi} f(z_0 + re^{i\theta})d\theta = \frac{1}{2\pi} \int_0^{2\pi} u(z_0 + re^{i\theta})d\theta \quad ∎$$

다음 정리는 해석함수에 관한 최대 절댓값 정리와 최소 절댓값 정리와 비슷하다.

정리 8.4.5 상수가 아닌 조화함수는 영역 내부에서는 최댓값이나 최솟값을 취하지 않는다.

증명 조화함수 $u(z)$가 한 점 z_0에서 최댓값을 취하면 조화함수 $-u(z)$는 z_0에서 최솟값을 취하고, 그 역도 성립하므로 최댓값의 경우만 증명하면 된다.

상수가 아닌 조화함수 $u(z)$가 영역 D 안의 점 z_0에서 최댓값을 취한다고 가정하자. 그러면 z_0의 근방에서 해석함수 $f(z) = u(z) + iv(z)$가 존재하고, $g(z) = e^{f(z)}$라고 두면 $|g(z)| = e^{u(z)}$는 z_0에서 최댓값을 취한다. 이것은 해석함수의 최대 절댓값 정리에 모순된다. 따라서 $u(z)$는 D 내부에서 최댓값을 취하지 못한다. ∎

보기 8.4.6 (1) 평면 위의 단위 열린 원판 $|z| < 1$에서 조화함수 $u(z) = xy$는 닫힌 원판 $|z| \leq 1$에서 최댓값 $\frac{1}{2}$을 단위원 위의 점 $e^{\pi i/4}$, $e^{5\pi i/4}$에서 가진다. 또한 최솟값 $-\frac{1}{2}$을 점 $e^{3\pi i/4}$, $e^{7\pi i/4}$에서 가진다.

(2) 평면 위의 닫힌 원판 $|z| \leq 1$에서 함수 $\operatorname{Re} z^2$의 최댓값은 1이고, 최솟값은 -1이다.

따름정리 8.4.7 $u(z)$가 닫힌 곡선 C를 경계로 갖는 유계인 영역 D에서 조화함수이고 $C \cup D$에서 연속인 실함수라 하자. 만약 곡선 C 위에서 $u(z) \equiv k$(상수)

이면 D의 모든 점에서 $u(z) \equiv k$이다.

증명 $C \cup D$는 컴팩트 집합이고 $u(z)$는 $C \cup D$에서 연속이므로 $u(z)$는 $C \cup D$ 위에서 최댓값과 최솟값을 갖는다. 정리 8.4.5에 의하여 D의 내부에서는 최댓값과 최솟값을 취할 수 없으므로 $u(z)$의 최댓값이나 최솟값은 C 위에서 일어난다. 그러나 이것은 $\max u(z) = \min u(z) = k$임을 의미하므로 D의 모든 점에서 $u(z) \equiv k$이다. ∎

주의 8.4.8 앞의 따름정리에서 유계라는 조건은 필수적인 조건이다. 영역 $\operatorname{Re} z > 0$은 $\operatorname{Re} z = 0$인 경계를 갖는다. 함수 $u(z) = x$는 $\operatorname{Re} z \geq 0$에서 연속이고 경계 위에서 $u(z) \equiv 0$이지만, $\operatorname{Re} z > 0$에서 $u(z) \neq 0$이다.

따름정리 8.4.9 $u_1(z)$와 $u_2(z)$가 닫힌 곡선 C를 경계로 갖는 유계인 영역 D에서 조화함수이고, $D \cup C$에서 연속인 실함수라 하자. 만일 C 위에서 $u_1(z) \equiv u_2(z)$라 하면, D에서 $u_1(z) \equiv u_2(z)$이다.

증명 $u(z) = u_1(z) - u_2(z)$로 두고 따름정리 8.4.7을 적용하면 된다. ∎

해석함수의 경우와는 다르게 비록 $u(z)$가 영역 D에서 조화함수이고 D에서 $u(z_n) = 0$이며, $z_n \to z_0$이라 해도 $u(z) \equiv 0$이라고 말할 수는 없다. 한 예로 $u(z) = x$는 평면 전체에서 조화함수이고 허수축 위에서 $u(z) \equiv 0$이지만 평면 전체에서 $u(z) \equiv 0$이 되지는 않는다.

01 다음 함수는 조화함수인가?

    (1) $x^2 - y^2 + 2y$ (2) $\sin x \cosh y$

    (3) $2xy + y^3 - 3x^2 y$ (4) $e^{-x} \sin y$

02 함수 $u(z)$가 영역 D에서 조화함수이고 D의 경계 C 위에서 연속함수이면 $u(z)$는 $D \cup C$ 에서 연속인가?

03 $[0,1] \times [0,1]$ 위에서 $u(x,y) = \sin x \cosh y$의 최댓값을 구하여라.

04 함수 $f : A \to C$가 해석함수이고, $w : B \to \mathbb{R}$은 조화함수이고, $f(A) \subset B$이면 합성함수 $w \circ f : A \to \mathbb{R}$는 조화함수임을 보여라.

05 단위원판 $|z| \leq 1$에서 $|e^{z^2}|$의 최댓값을 구하여라.

06 함수 $u(z)$와 $v(z)$가 조화함수일 때 다음 각 함수는 조화함수인가?

    (1) $u(v(z))$ (2) $u(z)v(z)$

    (3) $u(z) + v(z)$ (4) $ku(z)$ (k는 상수)

07 함수 $w = e^z$는 무한수평대 $0 < y < \pi$를 상반평면 $v > 0$ 위로 사상한다. 함수 $f(u,v)$ $= \operatorname{Re}(w^2) = u^2 - v^2$은 상반평면 $v > 0$에서 조화함수이다. 함수 $F(x,y) = e^{2x}\cos 2y$가 주어진 무한수평대에서 조화함수임을 보여라.

08 한 영역에서 조화함수는 모든 계수의 편도함수를 가짐을 보여라.

09 조화함수에 관한 최솟값 정리를 최댓값 정리를 사용하지 않고 직접 보여라.

10 단일연결 영역 D에서 $u_1(z)$와 $u_2(z)$가 조화함수이고 $u_1(z)u_2(z) \equiv 0$이면, $u_1(z) \equiv 0$이 거나 $u_2(z) \equiv 0$임을 보여라.

11 단위원 $|z| = 1$ 위에서 $u(z) = u(x,y) = 0$이고, $u(0) = 1$이 되는 $|z| \leq 1$ 위의 조화함수가

존재하는가?

12 함수 $u(x,y) = x + e^{-x}\cos y$가 조화함수임을 보이고 조화공액함수를 구하여라.

13 함수 $w = f(z)$가 해석적이고, $f'(z) \neq 0$일 때 함수 $\Phi(x,y)$에 대하여 다음을 보여라.

$$\frac{\partial^2 \Phi}{\partial x^2} + \frac{\partial^2 \Phi}{\partial y^2} = |f'(z)|^2 \left(\frac{\partial^2 \Phi}{\partial u^2} + \frac{\partial^2 \Phi}{\partial v^2} \right)$$

14 함수 $w = f(z)$는 해석함수이고, $f'(z) \neq 0$이라고 가정할 때 조화함수 $\phi(x,y)$는 변환 $w = f(z)$에 의하여 변환해도 역시 조화임을 보여라.

15 함수 $f(z)$가 $|z - z_0| = R$의 내부와 그 위에서 해석적이고 $f(z) \neq 0$이면 다음이 성립함을 보여라.

$$\log |f(z)| = \frac{1}{2\pi} \int_0^{2\pi} \log |f(z_0 + Re^{i\theta})| d\theta$$

16 함수 u가 조화함수이면 극좌표로 나타내어 다음이 성립함을 보여라.

$$r^2 \frac{\partial^2 u}{\partial r^2} + r \frac{\partial u}{\partial r} + \frac{\partial^2 u}{\partial \theta^2} = 0$$

17 만일 평면에서 $u(z)$가 상수가 아니고 조화함수라면 $u(z)$는 모든 실숫값으로 임의로 접근함을 보여라.

18 함수 $f(z)$와 $g(z)$는 단순 닫힌 곡선 C 내부와 그 위에서 해석적이고 C 위에서 $\operatorname{Re} f(z) = \operatorname{Re} g(z)$라 가정하자. β가 실수일 때 C 내부에서 $f(z) = g(z) + i\beta$임을 보여라.

19 평균값 원리를 $|z| \leq r < 1$에 대해 $\log|1 + z|$에 적용한 다음 $r \to 1$이라 놓음으로써 다음을 보여라.

$$\int_0^{\pi} \log \sin \theta \, d\theta = -\pi \log 2$$

20 만일 함수 $u(z)$가 구멍뚫린 원판 $0 < |z - z_0| < R$에서 조화이고, 유계이면 $\lim_{z \to z_0} u(z)$가 존재함을 보여라.

21 만일 함수 $u(z) = u(x,y)$는 평면에서 조화함수이고 모든 z에 대해서 $u(z) \leq |z|^n$을 만족

하면 $u(z)$는 두 변수 x와 y의 다항식임을 보여라.

22 만일 함수 $u(z)$가 영역 D에서 조화함수이고, D의 어떤 점의 근방에서 상수이면 $u(z)$는 D 전체에서 상수임을 보여라.

23 (보렐-카라테오리의 부등식) 함수 $f(z)$는 원판 $|z| \leq R$에서 해석적이라고 가정하고, $M(r) = \max_{|z|=r}|f(z)|$이고 $A(r) = \max_{|z|=r}\text{Re }f(z)$라 하자. $0 < r < R$에 대해서 다음을 보여라.

$$M(r) \leq \frac{2r}{R-r}A(R) + \frac{R+r}{R-r}|f(0)|$$

24 함수 $f(z)$는 정함수이고 어떤 음이 아닌 실수 λ에 대해서 $\text{Re }f(z) \leq Mr^{\lambda}$ $(|z|=r \geq r_0)$라 가정하면 $f(z)$는 많아야 λ차수인 다항식임을 보여라.

25 함수 $f(z)$는 원판 $|z| \leq R$에서 해석적이라 가정하고 $A(r) = \max_{|z|=r}\text{Re }f(z)$라 하자. $r < R$에 대해서 다음을 보여라(귀띔 : 위 문제의 보렐-카라테오리의 부등식과 함께 코시의 적분공식을 사용하여라).

$$\max_{|z|=r}\frac{|f^{(n)}(z)|}{n!} \leq \frac{2^{n+2}R}{(R-r)^{n+1}}\left[A(R) + |f(0)|\right]$$

26 u는 $\mathbb{C}$에서 조화이고 실함수라 하자. 만약 모든 $z \in \mathbb{C}$에 대하여 $u(z) \geq 0$이면 u는 상수임을 보여라.

제8.5절 푸아송 적분공식

코시의 적분공식에 의하여 해석함수의 경우에 경계에서의 함숫값으로부터 전체 함숫값을 알아낼 수 있다. 조화함수는 어떤 해석함수의 실수 부분이므로(정리 8.4.1) 이런 조화함수에 대해서도 코시의 적분공식과 비슷한 공식이 존재할 것이라는 예상은 자연스러운 일이며, 실제로 이에 대응되는 공식이 **푸아송 적분(Poisson integral)**이라는 적분 표현식이다.

지금 $\zeta = Re^{i\phi},\ z = re^{i\theta}\ (r < R)$이라 두면

$$\frac{\zeta+z}{\zeta-z} = \frac{(\zeta+z)(\overline{\zeta-z})}{(\zeta-z)(\overline{\zeta-z})} = \frac{(\zeta+z)(\bar{\zeta}-\bar{z})}{|\zeta-z|^2} \tag{8.26}$$

$$= \frac{R^2-r^2+2irR\sin(\theta-\phi)}{|\zeta-z|^2}$$

이고,

$$|\zeta-z|^2 = (Re^{i\phi}-re^{i\theta})(Re^{-i\phi}-re^{-i\theta})$$
$$= R^2-rR(e^{i(\theta-\phi)}+e^{-i(\theta-\phi)})+r^2 = R^2-2rR\cos(\theta-\phi)+r^2$$

이므로

$$\mathrm{Re}\left(\frac{\zeta+z}{\zeta-z}\right) = \frac{R^2-r^2}{|\zeta-z|^2} = \frac{R^2-r^2}{R^2-2rR\cos(\theta-\phi)+r^2} \tag{8.27}$$

을 얻는다.

정리 8.5.1 (**푸아송의 적분공식**) 만약 $u(z)$가 원판 $|z| \le R$을 포함하는 한 영역에서 조화함수라고 하면 $z = re^{i\theta}, r < R$에 대하여 다음 식이 성립한다.

$$u(re^{i\theta}) = \frac{1}{2\pi}\int_0^{2\pi} \frac{R^2-r^2}{R^2-2rR\cos(\theta-\phi)+r^2}u(Re^{i\phi})d\phi \tag{8.28}$$

증명 정리 8.4.1에 의하여 원판 $|z| \le R$에서 $\mathrm{Re}\,f(z) = u(z)$를 만족하는 해석함수 $f(z)$가 존재한다. 코시의 적분공식에 의하여

$$f(z) = \frac{1}{2\pi i}\int_{|\zeta|=R} \frac{f(\zeta)}{\zeta-z}d\zeta \quad (|z| < R) \tag{8.29}$$

이다. 만약 $z = 0$이면 이 결과는 가우스의 평균값 정리로부터 유도된다. 따라서 $z = re^{i\theta} \ne 0$이라고 가정하고 $z_1 = R^2/\bar{z} = R^2 e^{i\theta}/r$로 두면 점 z_1은 원점에서 z

에 이르는 반직선 위에 있고, 원 $|\zeta| = R$의 외부에 있다. 따라서 코시의 적분정리에 의하여

$$0 = \frac{1}{2\pi i} \int_{|\zeta| = R} \frac{f(\zeta)}{\zeta - z_1} d\zeta = \frac{1}{2\pi i} \int_{|\zeta| = R} \frac{\bar{z} f(\zeta)}{\zeta \bar{z} - R^2} d\zeta \tag{8.30}$$

이다. 식 (8.29)에서 식 (8.30)을 빼면

$$\begin{aligned}
f(z) &= \frac{1}{2\pi i} \int_{|\zeta| = R} \left[\frac{1}{\zeta - z} + \frac{\bar{z}}{R^2 - \zeta \bar{z}} \right] f(\zeta) d\zeta \\
&= \frac{1}{2\pi i} \int_{|\zeta| = R} \frac{R^2 - r^2}{(\zeta - z)(R^2 - \zeta \bar{z})} f(\zeta) d\zeta
\end{aligned} \tag{8.31}$$

를 얻는다. $\zeta = Re^{i\phi}$와 $z = re^{i\theta}$에 대하여

$$\begin{aligned}
\frac{d\zeta}{(\zeta - z)(R^2 - \zeta \bar{z})} &= \frac{iRe^{i\phi} d\phi}{(Re^{i\phi} - re^{i\theta})(R^2 - rRe^{i(\phi - \theta)})} \\
&= \frac{id\phi}{(Re^{i\phi} - re^{i\theta})(Re^{-i\phi} - re^{-i\theta})} \\
&= \frac{i}{R^2 - 2rR\cos(\theta - \phi) + r^2} d\phi
\end{aligned}$$

이므로, 이것을 식 (8.31)에 대입하여

$$f(z) = f(re^{i\theta}) = \frac{1}{2\pi} \int_0^{2\pi} \frac{R^2 - r^2}{R^2 - 2rR\cos(\theta - \phi) + r^2} f(Re^{i\phi}) d\phi \tag{8.32}$$

를 얻는다. 식 (8.32)의 양변에 실수 부분을 취하면 식 (8.28)을 얻는다. ■

따름정리 8.5.2 $r < R$과 임의의 θ에 대하여

$$\frac{1}{2\pi} \int_0^{2\pi} \frac{R^2 - r^2}{R^2 - 2rR\cos(\theta - \phi) + r^2} d\phi = 1 \tag{8.33}$$

증명 위의 정리에서 $u(z) \equiv 1$이라고 두면 된다. ■

따름정리 8.5.3 만약 $f(z) = u(z) + iv(z)$가 $|z| \le R$에서 해석적이면 $z = re^{i\theta}$ ($r < R$)에 대하여 다음 식이 성립한다.

$$u(re^{i\theta}) = \frac{1}{2\pi} \int_0^{2\pi} \frac{R^2 - r^2}{R^2 - 2rR\cos(\theta - \phi) + r^2} u(Re^{i\phi}) d\phi \tag{8.34}$$

$$v(re^{i\theta}) = \frac{1}{2\pi} \int_0^{2\pi} \frac{R^2 - r^2}{R^2 - 2rR\cos(\theta - \phi) + r^2} v(Re^{i\phi}) d\phi$$

증명 결과는 정리 8.5.1의 식 (8.32)의 실수 부분과 허수 부분을 취하면 나온다. ◼

　이 결과는 원 내부에서 조화함수의 값이 경계 위의 함숫값에 의하여 표현될 수 있음을 의미하고 있다.

따름정리 8.5.4　만약 $f(z) = u(z) + iv(z)$가 $|z| \leq R$에서 해석적이면, $z = re^{i\theta} (r < R)$에 대하여 $v(z)$는 또한 다음과 같이 표현된다.

$$v(re^{i\theta}) = \frac{1}{2\pi}\int_0^{2\pi} \frac{2rR\sin(\theta - \phi)}{R^2 - 2rR\cos(\theta - \phi) + r^2} u(Re^{i\phi})d\phi + v(0) \tag{8.35}$$

증명　$\zeta = Re^{i\phi}$, $z = re^{i\theta} (r < R)$에 대하여

$$g(z) = \frac{1}{2\pi}\int_0^{2\pi} \frac{\zeta + z}{\zeta - z} u(\zeta)d\phi$$

라 두고, $\operatorname{Re} f(z) = \operatorname{Re} g(z)$임을 증명하고자 한다.

$$\frac{g(z+h) - g(z)}{h} = \frac{1}{2\pi}\int_0^{2\pi} \frac{2\zeta}{(\zeta - z)(\zeta - (z+h))} u(\zeta)d\phi$$

이므로 코시의 적분공식 증명에서와 같이 $g(z)$는 해석함수이고

$$g'(z) = \lim_{h \to 0} \frac{g(z+h) - g(z)}{h} = \frac{1}{2\pi}\int_0^{2\pi} \frac{2\zeta}{(\zeta - z)^2} u(\zeta)d\phi$$

임을 보일 수 있다.

$$\operatorname{Re} g(z) = \operatorname{Re}\left\{\frac{1}{2\pi}\int_0^{2\pi} \frac{\zeta + z}{\zeta - z} u(\zeta)d\phi\right\} = \frac{1}{2\pi}\int_0^{2\pi} \operatorname{Re}\frac{\zeta + z}{\zeta - z} u(\zeta)d\phi$$

이므로 식 (8.27)에 의하여

$$\operatorname{Re} f(z) = \operatorname{Re} g(z) = \frac{1}{2\pi}\int_0^{2\pi} \frac{R^2 - r^2}{R^2 - 2rR\cos(\theta - \phi) + r^2} u(Re^{i\phi})d\phi$$

이다. 따라서 코시-리만 방정식을 사용하면

$$v(re^{i\theta}) = \operatorname{Im} f(z) = \operatorname{Im} g(z) + C$$

을 얻고, 식 (8.26)에 의하여

$$v(re^{i\theta}) = \frac{1}{2\pi}\int_0^{2\pi} \frac{2rR\sin(\theta - \phi)}{R^2 - 2rR\cos(\theta - \phi) + r^2} u(Re^{i\phi})d\phi + C$$

가 된다. $r = 0$이라 두면 $C = v(0)$가 되므로 식 (8.35)을 얻는다. ◼

일반적으로 해석함수는 그 실수 부분에 의하여 허수인 상수 차이로 결정됨을 안다. 함수 $f(z) = u(z) + iv(z)$가 원판 $|z| \leq R$에서 해석적일 때 따름정리 8.5.3과 따름정리 8.5.4는 이 관계를 분명히 보여 준다. 즉,

$$f(z) = \frac{1}{2\pi} \int_0^{2\pi} \frac{R^2 - r^2 + 2irR\sin(\theta - \phi)}{R^2 - 2rR\cos(\theta - \phi) + r^2} u(Re^{i\phi}) d\phi + iv(0) \qquad (8.36)$$

$$= \frac{1}{2\pi} \int_0^{2\pi} \frac{Re^{i\phi} + re^{i\theta}}{Re^{i\phi} - re^{i\theta}} u(Re^{i\phi}) d\phi + iv(0) \quad \blacksquare$$

주의 8.5.6 식

$$P(\phi) = \frac{R^2 - r^2}{R^2 - 2rR\cos(\theta - \phi) + r^2}$$

을 **푸아송 핵(Poisson kernel)**이라 하고, 이 핵은

$$\frac{R^2 - r^2}{R^2 + 2rR + r^2} = \frac{R - r}{R + r} \leq P(\phi) \leq \frac{R^2 - r^2}{R^2 - 2rR + r^2} = \frac{R + r}{R - r}$$

이 되므로 유계이다. 정리 8.5.1의 결론은 덜 엄격한 조건 밑에서도 성립한다. 이것은 원 $|z| = R$ 위에서 조화라고 가정할 필요가 없다.

정리 8.5.7 만약 $u(z)$가 $|z| < R$에서 조화함수이고, $|z| \leq R$ 위에서 연속이면 $z = re^{i\theta}$ $(r < R)$에 대하여 다음 식이 성립한다.

$$u(re^{i\theta}) = \frac{1}{2\pi} \int_0^{2\pi} \frac{R^2 - r^2}{R^2 - 2rR\cos(\theta - \phi) + r^2} u(Re^{i\phi}) d\phi$$

증명 수열 $\{t_n\}$을 1에 수렴하고 $0 < t_n < 1$인 증가수열이라 하자. 이때 가정에 의하여 임의의 자연수 n에 대하여 함수 $u(t_n z)$는 $|z| \leq R$에서 조화함수이다. $u_n(z) = u(t_n z)$라고 두면 정리 8.5.1로부터

$$u_n(re^{i\theta}) = \frac{1}{2\pi} \int_0^{2\pi} \frac{R^2 - r^2}{R^2 - 2rR\cos(\theta - \phi) + r^2} u_n(Re^{i\phi}) d\phi$$

을 얻는다. $u_n(z)$는 $z = re^{i\theta}$에서 연속이므로

$$\lim_{n \to \infty} u_n(re^{i\theta}) = \lim_{n \to \infty} u(t_n re^{i\theta}) = u(re^{\theta})$$

이고, $u(z)$는 컴팩트 집합 $|z| \leq R$ 위에서 연속이므로 고른 연속이다. 따라서 임의로 주어진 $\epsilon > 0$에 대하여 자연수 N이 존재하여 $n > N$일 때

$$\frac{1}{2\pi}\int_0^{2\pi}\frac{R+r}{R-r}|u_n(Re^{i\phi})-u(Re^{i\phi})|d\phi$$

$$=\frac{1}{2\pi}\int_0^{2\pi}\frac{R+r}{R-r}|u(t_nRe^{i\phi})-u(Re^{i\phi})|d\phi\le\epsilon\frac{R+r}{R-r}$$

이 된다. ϵ은 임의로 작게 취할 수 있으므로

$$\left|\frac{1}{2\pi}\int_0^{2\pi}\frac{R^2-r^2}{R^2-2rR\cos(\theta-\phi)+r^2}(u_n(Re^{i\phi})-u(Re^{i\phi}))d\phi\right|$$

$$\le\frac{1}{2\pi}\int_0^{2\pi}\frac{R+r}{R-r}|u_n(Re^{i\phi})-u(Re^{i\phi})|d\phi\to0$$

이다. 따라서 $u_n(z)=u(t_nz)$는 $|z|\le R$에서 $u(z)$에 고른 수렴하므로 6.4.1에 의하여

$$\frac{1}{2\pi}\int_0^{2\pi}\frac{R^2-r^2}{R^2-2rR\cos(\theta-\phi)+r^2}u_n(Re^{i\phi})d\phi$$

$$\to\frac{1}{2\pi}\int_0^{2\pi}\frac{R^2-r^2}{R^2-2rR\cos(\theta-\phi)+r^2}u(Re^{i\phi})d\phi$$

이 되므로 증명이 끝난다. ∎

위의 증명에 의하면 $|z|<R$에서 조화함수이고, $|z|\le R$에서 연속인 함수는 원판 내부에서의 함숫값이 경계선 위의 값에 의하여 결정된다. 이 대신에 $|z|=R$ 위에서 연속인 실함수 $F(\theta)$를 가지고 시작한다고 할 때, 각 θ에 대하여

$$\lim_{r\to R}u(re^{i\theta})=F(\theta)\ \ (r<R)$$

인 성질을 갖는 원판 $|z|<R$에서 조화함수 $u(z)$가 존재하는가? 더욱 일반적으로 **디리클레 문제**(Dirichlet problem)는 다음 문제를 다루고 있다.

주어진 영역 D에 대하여 D의 경계 위에서 주어진 값과 같으면서 D 안에서 조화함수인 함수가 존재하는가?

정리 8.5.8 (반평면에 관한 푸아송의 적분공식) 함수 $f(z)=u(x,y)+iv(x,y)$는 상반평면 $y\ge0$에서 해석적이라 하자. 이때 상반평면의 임의의 점 $\zeta=\xi+i\eta,\ \eta>0$에 대해서

$$f(\zeta)=\frac{1}{\pi}\int_{-\infty}^{\infty}\frac{\eta f(x)}{(x-\xi)^2+\eta^2}dx$$

이고, $f(\zeta)$의 실수 부분과 허수 부분에 의하여 다음이 성립한다.

$$u(\zeta) = u(\xi,\eta) = \frac{1}{\pi}\int_{-\infty}^{\infty}\frac{\eta u(x,0)}{(x-\xi)^2+\eta^2}dx$$
$$v(\zeta) = v(\xi,\eta) = \frac{1}{\pi}\int_{-\infty}^{\infty}\frac{\eta v(x,0)}{(x-\xi)^2+\eta^2}dx$$

증명) C는 그림 8.13와 같이 반지름 R의 반원의 경계이고, $\zeta = \xi + i\eta$는 C 안의 내점이라 하자. C는 ζ를 둘러싸지만 $\bar{\zeta}$를 둘러싸지 않으므로 코시의 적분공식에 의하여

$$f(\zeta) = \frac{1}{2\pi i}\oint_{C}\frac{f(z)}{z-\zeta}dz, \quad 0 = \frac{1}{2\pi i}\oint_{C}\frac{f(z)}{z-\bar{\zeta}}dz$$

이다. 이 식에서 변변끼리 빼면 다음 식을 얻는다.

$$f(\zeta) = \frac{1}{2\pi i}\oint_{C}f(z)\left\{\frac{1}{z-\zeta}-\frac{1}{z-\bar{\zeta}}\right\}dz = \frac{1}{2\pi i}\oint_{C}\frac{(\zeta-\bar{\zeta})f(z)}{(z-\zeta)(z-\bar{\zeta})}dz$$

$\zeta = \xi + i\eta,\ \bar{\zeta} = \xi - i\eta$로 두면 위 식은 다음과 같이 표현할 수 있다.

$$f(\zeta) = \frac{1}{\pi}\int_{-R}^{R}\frac{\eta f(x)}{(x-\xi)^2+\eta^2}dx + \frac{1}{\pi}\int_{\Gamma}\frac{\eta f(z)}{(z-\zeta)(z-\bar{\zeta})}dz$$

여기서 Γ는 C의 반원호이다. $R\to\infty$일 때 이 마지막 적분은 0에 수렴하므로(왜?)

$$f(\zeta) = \frac{1}{\pi}\int_{-\infty}^{\infty}\frac{\eta f(x)}{(x-\xi)^2+\eta^2}dx$$

이다. $f(\zeta) = f(\xi+i\eta) = u(\xi,\eta)+iv(\xi,\eta),\ f(x) = u(x,0)+iv(x,0)$로 두면

$$u(\zeta) = u(\xi,\eta) = \frac{1}{\pi}\int_{-\infty}^{\infty}\frac{\eta u(x,0)}{(x-\xi)^2+\eta^2}dx,$$
$$v(\zeta) = v(\xi,\eta) = \frac{1}{\pi}\int_{-\infty}^{\infty}\frac{\eta v(x,0)}{(x-\xi)^2+\eta^2}dx \quad \blacksquare$$

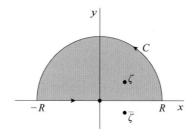

그림 8.13 반평면에 관한 푸아송의 적분공식

위 결과는 상반평면 안에서 조화함수의 값이 상반평면의 경계인 x축 위에서의 함숫값에 의하여 표현될 수 있음을 의미하고 있다.

보기 8.5.9 단위원 내부 $|z| < 1$에서 조화함수이고 단위원 위에서

$$F(\phi) = \begin{cases} 1 & (0 < \phi < \pi) \\ 0 & (\pi < \phi < 2\pi) \end{cases}$$

를 만족하는 조화함수 $u(z)$를 구하여라.

풀이 원에 대한 푸아송의 적분공식에 관한 정리 8.5.1을 이용하면 $\zeta = e^{i\phi}, z = re^{i\theta}$에 대하여 함수

$$\begin{aligned} u(z) &= \frac{1}{2\pi} \int_0^{2\pi} \frac{(1-r^2)F(\phi)}{1 - 2r\cos(\phi-\theta) + r^2} d\phi \\ &= \frac{1}{2\pi} \int_0^{\pi} \frac{1-r^2}{1 - 2r\cos(\phi-\theta) + r^2} d\phi \end{aligned}$$

는 $|z| < 1$에서 조화함수이다. $\dfrac{1-r^2}{1 - 2r\cos(\phi-\theta) + r^2}$ 의 원시함수는

$$\int \frac{1-r^2}{1 - 2r\cos(\phi-\theta) + r^2} d\phi = 2\tan^{-1}\left(\frac{1+r}{1-r}\tan\frac{\phi-\theta}{2}\right)$$

이다. 따라서

$$\begin{aligned} u(z) &= \frac{1}{\pi}\tan^{-1}\left(\frac{1+r}{1-r}\tan\frac{\phi-\theta}{2}\right)\Big|_0^{\pi} \\ &= \frac{1}{\pi}\left[\tan^{-1}\left(\frac{1+r}{1-r}\tan\frac{\pi-\theta}{2}\right) - \tan^{-1}\left(\frac{1+r}{1-r}\tan\frac{-\theta}{2}\right)\right] \end{aligned}$$

이 된다. 삼각함수의 항등식

$$\tan(\alpha-\beta) = \frac{\tan\alpha - \tan\beta}{1 + \tan\alpha\tan\beta}$$

$$\tan\left(\frac{\pi-\theta}{2}\right) = \cot\frac{\theta}{2}, \quad \tan\frac{\theta}{2} + \cot\frac{\theta}{2} = \frac{2}{\sin\theta}$$

를 이용하여

$$\tan\pi u(z) = \frac{\dfrac{1+r}{1-r}\left[\tan\dfrac{\pi-\theta}{2} - \tan\dfrac{-\theta}{2}\right]}{1 + \left(\dfrac{1+r}{1-r}\right)^2\tan\dfrac{\pi-\theta}{2}\tan\dfrac{-\theta}{2}} = \frac{\dfrac{1+r}{1-r}\left(\cot\dfrac{\theta}{2} + \tan\dfrac{\theta}{2}\right)}{1 - \left(\dfrac{1+r}{1-r}\right)^2} = \frac{1-r^2}{-2r\sin\theta}$$

을 얻는다. $[0,\pi]$에 값이 있도록 $\tan^{-1}$의 값을 선택하면 조화함수 $u(z)$는 다음과 같다.

$$u(re^{i\theta}) = \frac{1}{\pi}\tan^{-1}\left(\frac{1-r^2}{-2r\sin\theta}\right) \ \blacksquare$$

보기 8.5.10 z평면의 상반평면 $\mathrm{Im}\, z > 0$에서 조화함수이고 x축 위에서 다음과 같이 주어진 값을 갖는 함수를 구하여라.

$$F(x) = \begin{cases} 1, & x > 0 \\ 0, & x < 0 \end{cases}$$

풀이 **<방법 1>** 상반평면에 대한 푸아송의 적분공식에 관한 정리 8.5.8에 의하여

$$\begin{aligned} \Phi(x,y) &= \frac{1}{\pi}\int_{-\infty}^{\infty}\frac{yF(\eta)d\eta}{y^2+(x-\eta)^2} \\ &= \frac{1}{\pi}\int_{-\infty}^{0}\frac{y[0]d\eta}{y^2+(x-\eta)^2} + \frac{1}{\pi}\int_{0}^{\infty}\frac{y[1]d\eta}{y^2+(x-\eta)^2} \\ &= \frac{1}{\pi}\tan^{-1}\left(\frac{\eta-x}{y}\right)\Big|_{0}^{\infty} = \frac{1}{2}+\frac{1}{\pi}\tan^{-1}\left(\frac{x}{y}\right) = 1 - \frac{1}{\pi}\tan^{-1}\left(\frac{y}{x}\right) \end{aligned}$$

<방법 2> 상반평면에 대한 다음 디리클레 문제로 $\Phi(x,y)$에 대하여

$$\frac{\partial^2\Phi}{\partial x^2}+\frac{\partial^2\Phi}{\partial y^2}=0,\ y>0;\ \lim_{y\to 0+}\Phi(x,y)=F(x)=\begin{cases}1,&x>0\\0,&x<0\end{cases}$$

을 만족하는 함수 ϕ를 구하면 된다.

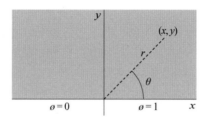

그림 8.14 상반평면에 대한 디리클레 문제

A와 B를 실수라 할 때 함수 $\Phi = A\theta + B$는 $A\log z + iB$의 허수 부분이므로 조화함수이다. 경계조건으로 $x > 0$(즉, $\theta = 0$)일 때 $\Phi = 1$이고, $x < 0$(즉, $\theta = \pi$)일 때 $\Phi = 0$이다. 따라서

$$1 = A\cdot 0 + B,\ \ 0 = A\cdot\pi + B$$

이고 이것을 풀면 $A = -1/\pi$, $B = 1$을 얻는다. 따라서 구하는 해는

$$\Phi = A\theta + B = 1 - \frac{\theta}{\pi} = 1 - \frac{1}{\pi}\tan^{-1}\left(\frac{y}{x}\right)$$

를 얻는다. $\blacksquare$

보기 8.5.11 T_0, T_1, T_2는 상수일 때 다음 경곗값 문제를 풀어라.

$$\frac{\partial^2 \Phi}{\partial x^2} + \frac{\partial^2 \Phi}{\partial y^2} = 0, \ y > 0 \ ;$$

$$\lim_{y \to 0+} \Phi(x,y) = G(x) = \begin{cases} T_0 & (x < -1) \\ T_1 & (-1 < x < 1) \\ T_2 & (x > 1) \end{cases}$$

풀이 <방법 1> 상반평면에 관한 푸아송 공식에 의하여

$$\begin{aligned}
\Phi(x,y) &= \frac{1}{\pi} \int_{-\infty}^{\infty} \frac{y G(\eta) d\eta}{y^2 + (x - \eta)^2} \\
&= \frac{1}{\pi} \int_{-\infty}^{-1} \frac{y T_0 d\eta}{y^2 + (x-\eta)^2} + \frac{1}{\pi} \int_{-1}^{1} \frac{y T_1 d\eta}{y^2 + (x-\eta)^2} + \frac{1}{\pi} \int_{1}^{\infty} \frac{y T_2 d\eta}{y^2 + (x-\eta)^2} \\
&= \frac{T_0}{\pi} \tan^{-1}\left(\frac{\eta - x}{y}\right)\Big|_{-\infty}^{-1} + \frac{T_1}{\pi} \tan^{-1}\left(\frac{\eta - x}{y}\right)\Big|_{-1}^{1} + \frac{T_2}{\pi} \tan^{-1}\left(\frac{\eta - x}{y}\right)\Big|_{1}^{\infty} \\
&= \frac{T_0 - T_1}{\pi} \tan^{-1}\left(\frac{y}{x+1}\right) + \frac{T_1 - T_2}{\pi} \tan^{-1}\left(\frac{y}{x-1}\right) + T_2
\end{aligned}$$

<방법 2> A, B, C를 실수라 하면 함수 $\Phi = A\theta_1 + B\theta_2 + C$는

$$A \log(z+1) + B \log(z-1) + C$$

의 허수 부분이므로 조화함수이다.

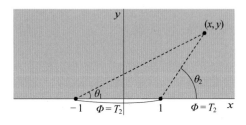

그림 8.15 경곗값 문제

A, B, C를 결정하기 위하여 경계조건은 다음과 같다.

$x > 1$(즉, $\theta_1 = \theta_2 = 0$)일 때 $\Phi = T_2$이고,

$-1 < x < 1$(즉, $\theta_1 = 0, \theta_2 = \pi$)일 때, $\Phi = T_1$이며,

$x < -1$(즉, $\theta_1 = \theta_2 = \pi$)일 때, $\Phi = T_0$이다.

위 조건에 유의하면

$$T_2 = A \cdot 0 + B \cdot 0 + C, \quad T_1 = A \cdot 0 + B \cdot \pi + C,$$
$$T_0 = A \cdot \pi + B \cdot \pi + C$$

이다. 따라서 위 관계식으로부터

$$C = T_2, \quad B = (T_1 - T_2)/\pi, \quad A = (T_0 - T_1)/\pi$$

을 얻을 수 있으므로 구하는 해는

$$\Phi = A\theta_1 + B\theta_2 + C$$
$$= \frac{T_0 - T_1}{\pi}\tan^{-1}\left(\frac{y}{x+1}\right) + \frac{T_1 - T_2}{\pi}\tan^{-1}\left(\frac{y}{x-1}\right) + T_2 \ \blacksquare$$

01 $\rho = Re^{i\phi}$, $z = re^{i\theta}$ $(r < R)$에 대하여

$$\frac{\rho + z}{\rho - z} = 1 + 2\sum_{n=1}^{\infty} \left(\frac{r}{R}\right)^n e^{in(\theta - \phi)}$$

임을 보여라. 또한 다음 등식이 성립함을 보여라.

$$\frac{R^2 - r^2}{R^2 - 2rR\cos\alpha + r^2} = 1 + 2\sum_{n=1}^{\infty} \left(\frac{r}{R}\right)^n \cos n\alpha \, (\alpha는 \ 실수)$$

02 함수

$$u(re^{i\theta}) = \frac{2}{\pi}\tan^{-1}\left(\frac{2r\sin\theta}{1 - r^2}\right) \ (0 < r < 1, \ 0 \le \theta < 2\pi)$$

은 $|z| < 1$에서 조화함수이고, 다음 경계조건을 만족함을 보여라.

$$\lim_{r \to 1} u(re^{i\theta}) = \begin{cases} 1, & 0 < \theta < \pi \\ -1, & \pi < \theta < 2\pi \end{cases}$$

03 단위원 내부 $|z| < 1$에서 조화함수이고 다음을 만족하는 함수 $u(z)$를 구하여라.

$$\lim_{r \to R} u(re^{i\theta}) = \begin{cases} 0, & 0 < \theta < \pi \\ 1, & \pi < \theta < 2\pi \end{cases}$$

04 $|z| \le 1$에서

$$P_u(z) = \frac{1}{2\pi}\int_0^{2\pi} Re\frac{e^{i\theta} + z}{e^{i\theta} - z} u(\theta)d\theta$$

라고 할 때 다음을 보여라.

(1) $P_{u+v} = P_u + P_v$ (2) $P_{cu} = cP_u$ (c는 상수)

(3) $u \ge 0$이면 $P_u(z) \ge 0$ (4) $P_c = c$ (c는 상수)

(5) $m \le u \le M$ 이면 $m \le P_u \le M$

05 상반평면 $\mathrm{Im}\, z > 0$에서 조화함수이고 x축 위에서 다음과 같이 주어진 값을 갖는 함수 $u(z)$를 구하여라.

$$F(x) = \begin{cases} 1, & x > 0 \\ -1, & x < 0 \end{cases}$$

06 다음을 보여라.

$$\int_0^{2\pi} \frac{\sin(\theta-\phi)}{R^2 - 2rR\cos(\theta-\phi) + r^2}d\phi = 0$$

07 만약 $f(z)$가 원 $C : |z| = R$의 내부와 그 위에서 해석함수이고 $z = re^{i\theta}$는 C 내부의 임의의 점이면 다음 식이 성립함을 보여라.

$$f'(re^{i\theta}) = \frac{1}{2\pi i}\int_0^{2\pi} \frac{R(R^2-r^2)f(Re^{i\phi})\sin(\theta-\phi)}{[R^2 - 2rR\cos(\theta-\phi) + r^2]^2}d\phi$$

08 만일 $u(z)$는 $|z| > R$에 대해서 조화이고 $|z| \geq R$에 대해서 연속이라면 $\rho = Re^{i\phi}$, $z = re^{i\theta}$ $(r > R)$에 대해서 다음을 보여라.

$$u(z) = -\frac{1}{2\pi}\int_0^{2\pi} \mathrm{Re}\,\frac{\rho+z}{\rho-z}u(Re^{i\phi})d\phi$$

제8.6절 하낙의 원리

푸아송 적분공식의 응용으로 다음 정리를 증명한다.

정리 8.6.1 (하낙(Harnack)의 부등식) 만약 $u(z)$가 $|z - z_0| < R$에서 조화함수이고, 모든 z에 대하여 $u(z) \geq 0$이면, $z - z_0 = re^{i\theta}$라고 놓을 때 다음 부등식이 성립한다.

$$u(z_0)\frac{R-r}{R+r} \leq u(re^{i\theta}) \leq u(z_0)\frac{R+r}{R-r} \quad (r < R) \tag{8.37}$$

증명 더 작은 원판 $|z - z_0| \leq R' < R$에 대하여 식 (8.37)을 증명하고 $R' \to R$이 되도록 하면 된다. 그런 이유로 $u(z)$가 닫힌 원판 $|z - z_0| \leq R$에서 조화함수라고 가정할 수 있다. 그러면 정리 8.5.7에 의하여

$$u(re^{i\theta}) = \frac{1}{2\pi}\int_0^{2\pi}\frac{R^2 - r^2}{R^2 - 2rR\cos(\theta - \phi) + r^2}u(Re^{i\phi})d\phi$$

이다. 모든 z에 대하여 $u(z) \geq 0$라는 가정과 부등식

$$\frac{R-r}{R+r} \leq \frac{R^2 - r^2}{R^2 - 2rR\cos(\theta - \phi) + r^2} \leq \frac{R+r}{R-r}$$

을 이용하여

$$\frac{R-r}{R+r}\frac{1}{2\pi}\int_0^{2\pi}u(Re^{i\phi})d\phi \leq u(re^{i\theta}) \leq \frac{R+r}{R-r}\frac{1}{2\pi}\int_0^{2\pi}u(Re^{i\phi})d\phi$$

를 얻는다. 평균값 성질에 의하여

$$\frac{1}{2\pi}\int_0^{2\pi}u(Re^{i\phi})d\phi = u(z_0)$$

이므로 식 (8.37)이 증명된다. ∎

정리 8.4.4에서 모든 조화함수는 평균값 성질을 만족함을 보였는데 연속함수에 대해서는 그 역도 성립한다.

정리 8.6.2 $u(z)$가 영역 D에서 연속인 실함수이고, D의 각 점 z_0에 대하여 원판 $|z - z_0| \leq r$이 D에 포함될 때마다

$$u(z_0) = \frac{1}{2\pi} \int_0^{2\pi} u(z_0 + re^{i\theta})d\theta$$

가 성립하면 $u(z)$는 D에서 조화함수이다.

증명 D 안의 한 점 z_0와 $|z - z_0| \le r$이 D에 포함되도록 $r > 0$을 선택한다. 이때 $|z - z_0| < r$에서 조화이고, $|z - z_0| \le r$에 대해서 연속이며, 원 $|z - z_0| = r$ 위에서는 $u(z)$와 같은 함수 $u_1(z)$가 존재한다(왜? 연습문제 3 참조). $u_1(z) - u(z)$는 평균값 성질을 만족하는 연속함수이므로 조화함수의 최대 절댓값 정리에 의하여 $u_1(z) - u(z)$는 경계 위에서 최솟값과 최댓값을 갖는다.

$|z - z_0| = r$ 위에서 $u_1(z) - u(z) \equiv 0$이므로 $|z - z_0| < r$에 대해서 $u_1(z) \equiv u(z)$이다. 따라서 $u(z)$는 z_0의 한 근방에서 조화함수이다. 따라서 z_0는 임의의 점이므로 $u(z)$은 D에서 조화함수이다. ■

정리 8.4.4와 정리 8.6.2에 의하여 연속함수가 한 영역에서 조화함수가 되기 위한 필요충분조건은 그 함수가 그 영역의 각 점에서 평균값 성질을 만족하는 것이다.

정리 8.6.3 함수열 $\{u_n(z)\}$가 영역 D의 모든 컴팩트 부분집합 위에서 함수 $u(z)$로 고른 수렴하는 조화함수열이면 $u(z)$는 D 전체에서 조화함수이다.

증명 모든 함수 $u_n(z)$는 연속이고 함수열 $\{u_n(z)\}$는 모든 컴팩트 집합 위에서 $u(z)$로 고른 수렴하므로 $u(z)$도 연속함수이다. 임의로 주어진 점 $z_0 \in D$와 D에 포함되는 원판 $|z - z_0| \le r$에 대하여

$$u_n(z_0) = \frac{1}{2\pi} \int_0^{2\pi} u_n(z_0 + re^{i\theta})d\theta$$

이므로, 정리 6.4.1에 의하여

$$u(z_0) = \lim_{n \to \infty} u_n(z_0) = \lim_{n \to \infty} \frac{1}{2\pi} \int_0^{2\pi} u_n(z_0 + re^{i\theta})d\theta$$
$$= \frac{1}{2\pi} \int_0^{2\pi} u(z_0 + re^{i\theta})d\theta$$

이다. 따라서 정리 8.6.2에 의하여 $u(z)$는 $z = z_0$에서 조화함수이고, z_0는 D의 임의의 점이므로 $u(z)$는 D에서 조화함수이다. ■

이제 원판 $|z| < 1$에서 양의 실수 부분을 갖는 해석함수 연구에 조화함수에 관한 지

식을 활용한다. 만일 $u(z)$가 $|z| < 1$에서 조화함수이고, 양이고 $u(0) = 1$이면 하낙의 부등식에 의하여

$$u(z) \leq \frac{1+|z|}{1-|z|} \quad (|z| < 1)$$

이다. 이를 해석함수에 대하여 일반화하여 보자.

정리 8.6.4 $f(z)$가 $|z| < 1$에서 해석적이고 $f(0) = 1$이라고 가정하자. 만일 $|z| < 1$에 대하여 $\operatorname{Re} f(z) > 0$이면 다음 부등식이 성립한다.

$$|f(z)| \leq \frac{1+|z|}{1-|z|} \quad (|z| < 1)$$

증명 <방법 1> $\operatorname{Re} f(z) = u(z)$라고 두자. 등식 (8.36)에 의하여

$$f(z) = \frac{1}{2\pi} \int_0^{2\pi} \frac{Re^{i\phi} + z}{Re^{i\phi} - z} u(Re^{i\phi}) d\phi \quad (|z| < R < 1)$$

로 쓸 수 있다. 따라서

$$|f(z)| \leq \frac{R+|z|}{R-|z|} \frac{1}{2\pi} \int_0^{2\pi} u(Re^{i\phi}) d\phi = \frac{R+|z|}{R-|z|} u(0) = \frac{R+|z|}{R-|z|}$$

이다. $R \to 1-$로 취하면 구하는 결과를 얻는다.

<방법 2> 슈바르츠의 부등식을 이용하여 더 쉽게 증명할 수도 있다. $\operatorname{Re} f(z) > 0$이라 하면 함수

$$g(z) = \frac{f(z) - 1}{f(z) + 1}$$

는 $|z| < 1$에 대하여 $|g(z)| < 1$이다. $g(0) = 0$이므로 슈바르츠의 부등식에 의하여 $|g(z)| \leq |z|$ $(|z| < 1)$이다. 이것을 $f(z)$에 관해서 풀면

$$f(z) = \frac{1 + g(z)}{1 - g(z)}$$

이므로,

$$|f(z)| \leq \frac{1 + |g(z)|}{1 - |g(z)|} \leq \frac{1+|z|}{1-|z|}$$

를 얻는다. ■

주의 8.6.5 $\operatorname{Re} f(z) \leq |f(z)|$이므로 이 정리는 하낙 부등식의 일반화이다.

주의 8.6.6 가정 $f(0) = 1$은 부등식의 일반화를 제한하지 않는다. 왜냐하면 $\operatorname{Re} f(z) > 0$ 이면 이 정리를 함수

$$h(z) = \frac{f(z) - i\operatorname{Im} f(0)}{\operatorname{Re} f(0)}$$

에 적용할 수 있고, 이것은 조건 $\operatorname{Re} h(z) > 0$, $h(0) = 1$을 만족한다.

정리 8.6.7 만일 함수 $f(z) = 1 + \displaystyle\sum_{n=1}^{\infty} a_n z^n$가 $|z| < 1$에서 해석적이고 $\operatorname{Re} f(z) > 0$이면, 모든 n에 대하여 $|a_n| \leq 2$이다.

증명 $f(z) = u(re^{i\theta}) + iv(re^{i\theta})$, $a_n = \alpha_n + i\beta_n$이라 두면

$$u(re^{i\theta}) = 1 + \operatorname{Re} \sum_{m=1}^{\infty} a_m z^m = 1 + \sum_{m=1}^{\infty} (\alpha_m \cos m\theta - \beta_m \sin m\theta) r^m$$

이고, 이 급수는 $|z| = r\ (r < 1)$ 위에서 고른 수렴한다. $\cos n\theta$나 $\sin m\theta$를 곱한 후 항별로 적분할 수 있다. $n \neq m$이면

$$\int_0^{2\pi} \cos n\theta \cos m\theta\, d\theta = \int_0^{2\pi} \sin n\theta \sin m\theta\, d\theta = 0$$

이고, 모든 n과 m에 대하여 $\displaystyle\int_0^{2\pi} \cos n\theta \sin m\theta\, d\theta = 0$이므로

$$\frac{1}{\pi} \int_0^{2\pi} u(re^{i\theta}) \cos n\theta\, d\theta = \frac{1}{\pi} \int_0^{2\pi} \alpha_n r^n \cos^2 n\theta\, d\theta = \alpha_n r^n \tag{8.38}$$

$$\frac{1}{\pi} \int_0^{2\pi} u(re^{i\theta}) \sin n\theta\, d\theta = \frac{1}{\pi} \int_0^{2\pi} -\beta_n r^n \sin^2 n\theta\, d\theta = -\beta_n r^n \tag{8.39}$$

을 얻는다. 식 (8.39)에 $-i$를 곱하여 식 (8.38)에 더하면

$$a_n r^n = (\alpha_n + i\beta_n) r^n = \frac{1}{\pi} \int_0^{2\pi} u(re^{i\theta}) e^{-in\theta}\, d\theta$$

를 얻을 수 있으므로

$$|a_n| r^n \leq \frac{1}{\pi} \int_0^{2\pi} u(re^{i\theta}) |e^{-in\theta}|\, d\theta = \frac{1}{\pi} \int_0^{2\pi} u(re^{i\theta})\, d\theta$$

이다. 평균값 성질에 의하여

$$\frac{1}{\pi} \int_0^{2\pi} u(re^{i\theta})\, d\theta = 2u(0) = 2$$

이다. 따라서 $|a_n| r^n \leq 2$이므로 $r \to 1-$이 되게 하면 구하는 결과를 얻는다. ■

01 정리 8.6.4를 어떻게 일반화할 수 있는가?

02 함수 $f(z)$가 $|z| < 1$에서 해석적이고 $\mathrm{Re}\,f(z) > 0$이라 하자. 만일 $f(0) = 1$이면 정리 8.6.4를 적용하여 다음을 보여라.
$$|f(z)| \geq \frac{1 - |z|}{1 + |z|}$$

03 $D = \{z : |z| < R\}$이고, 함수 $f : \partial D \to R$은 연속함수라 하면 다음 조건을 만족하는 연속함수 $u : \overline{D} \to R$가 존재함을 보여라.
  (1) 모든 $z \in \partial D$에 대하여 $u(z) = f(z)$이다.
  (2) u는 D에서 조화함수이다.

04 영역 D에 포함되는 모든 원판 $|z - z_0| \leq r$에 대하여
$$u(z_0) \leq \frac{1}{2\pi} \int_0^{2\pi} u(z_0 + re^{i\theta})d\theta$$
되면 연속인 실함수 $u(z)$는 D에서 열조화(subharmonic)라 한다. 상수가 아닌 열조화 함수는 영역 D 내에서 최댓값을 취할 수 없음을 보여라.

05 함수 $f(z)$가 $|z| < 1$에서 해석적이고 $f(0) = 1$이라고 가정하자. 만일 $\mathrm{Re}\,f(z) > \alpha$이면 다음 부등식을 보여라.
$$|f(z)| \leq \frac{1 + (1 - 2\alpha)|z|}{1 - |z|} \quad (|z| < 1)$$
(귀띔: $\mathrm{Re}\,g(z) > 0$일 때 $f(z) = (1 - \alpha)g(z) + \alpha$로 놓고 정리 8.6.4를 적용하여라. 왜 1을 초과하지 못하는가?)

06 위 문제의 가정에 의하여 다음 부등식을 보여라.
$$|f(z)| \geq \frac{1 - (1 - 2\alpha)|z|}{1 + |z|} \quad (|z| < 1)$$

07 함수 $g(z) = 1 + \sum_{n=1}^{\infty} a_n z^n$가 $|z| < 1$에서 해석적이고, $\mathrm{Re}\,g(z) > \alpha$라 하면 모든 n에 대하여 $|a_n| \leq 2(1 - \alpha)$임을 보여라(귀띔 : $f(z) = (g(z) - \alpha)/(1 - \alpha)$라 놓고 정리 8.6.7을 적용하여라).

08 함수 $f(z)$가

$$f(z) = \frac{1 + e^{i\theta_0}z}{1 - e^{i\theta_0}z} \qquad (\theta_0 는 실수)$$

형태가 되기 위한 필요충분조건은 정리 8.6.4와 정리 8.6.7에서 등호가 성립함을 보여라.

09 영역 D에서 $f(z)$가 해석적이면 $|f(z)|^\alpha$ $(\alpha > 0$은 실수)는 D에서 열조화함수임을 보여라.

10 $f_n(z)$가 영역 D에서 해석적이고 $\overline{D}$ 위에서 연속인 함수들의 함수열이라 하자. $a_1, a_2, \cdots, a_n$을 양의 상수라 하면

$$g(z) = |f_1(z)|^{a_1} + |f_2(z)|^{a_2} + \cdots + |f_n(z)|^{a_n}$$

은 반드시 D의 경계 위에서 최댓값을 취하며, D의 내점에서 최댓값을 취하는 것은 모든 $f_k(z)\,(k = 1, 2, \cdots, n)$가 상수인 경우에 한함을 보여라.

11 함수 $f(z)$가 D에서 해석적이면 $\log(1 + |f(z)|^2)$은 열조화함수임을 보여라.

12 u는 $\mathbb{C}$에서 조화이고 실함수라 할 때 다음을 보여라.
  (1) 만약 모든 $z \in \mathbb{C}$에 대하여 $u(z) \geq 0$이면 u는 상수함수이다.
  (2) 만약 임의의 $|z| = 1$에 대하여 $u(z) = 0$이면 $\mathbb{C}$에서 $u = 0$이다.

연습문제 1.1

01 (2) $\dfrac{1+3i}{10}$ (3) $-32i$ (4) i

02 (1) 실수부 : $\dfrac{3}{10}$, 허수부 : $\dfrac{11}{10}$

03 만약 $z_1 z_2 = 0$이면 $0 = |z_1 z_2| = |z_1||z_2|$이다. 따라서 $|z_1| = 0$ 또는 $|z_2| = 0$이다.

05 (1) $|z| = 1 \Leftrightarrow |z|^2 = 1 \Leftrightarrow z\bar{z} = 1 \Leftrightarrow \bar{z} = 1/2$

07 $|z| = 1$이므로 $|z|^2 = z\bar{z} = 1$이다. 따라서 $\bar{z} = 1/z$이므로

$$|\frac{az+b}{\bar{b}z+\bar{a}}| = |\frac{az+b}{z(\frac{1}{z}\bar{a}+\bar{b})}| = |\frac{1}{z}\frac{az+b}{\overline{az+b}}| = |\frac{1}{z}| \cdot |\frac{az+b}{\overline{az+b}}| = 1$$

08 (1) 중심이 $(1, -2)$이고 반지름이 1인 원

(2) 중심이 $(0, -3)$이고 반지름이 2인 열린 원의 내부

(4) 초점이 $(0,1)$, $(-1,0)$이고 장축이 3인 타원의 방정식

12 $i^4 = 1$이므로 $i^{n+4k} = i^n (i^4)^k = i^n$

15 (1) $z = x+iy$이므로 $\bar{z} = x-iy$, $x = \dfrac{z+\bar{z}}{2}$, $y = \dfrac{z-\bar{z}}{2i}$이다. 따라서 $2x+y = 5$는

$$2(\frac{z+\bar{z}}{2}) + \frac{z-\bar{z}}{2i} = 5 \text{ 또는 } (2i+1)z + (2i-1)\bar{z} = 10i$$가 된다.

(2) $(x+iy)(x-iy) = 9$ 또는 $z\bar{z} = 9$

17 (1) $0 < |\alpha| < 1$이므로

$$|z-\alpha| < |1-\overline{\alpha}z| \Leftrightarrow |z-\alpha|^2 < |1-\bar{a}z|^2$$
$$\Leftrightarrow |z|^2 + |\alpha|^2 < 1 + |\alpha|^2|z|^2$$
$$\Leftrightarrow |\alpha|^2(1-|z|^2) < 1-|z|^2$$
$$\Leftrightarrow 1-|z|^2 > 0$$

(2), (3): 식 (1)의 증명에서 $<$를 각각 $=$, $>$로 치환하면 된다.

18 $C = \{z : |z-c| = r\} = \{c + re^{i\theta} : 0 \leq \theta < 2\pi\}$이므로

$$|\frac{1}{z} - \frac{c}{c^2-r^2}| = |\frac{1}{c+re^{i\theta}} - \frac{c}{c^2-r^2}|$$
$$= |\frac{c^2-r^2-c(c+re^{i\theta})}{(c^2-r^2)(c+re^{i\theta})}| = |\frac{r}{c^2-r^2}|$$

19 이차방정식 $az^2 + bz + c = 0$, $(a,b,c \in \mathbb{C}, a \neq 0)$은 $(z + \dfrac{b}{2a})^2 = \dfrac{b^2-4ac}{4a^2}$로 변형되므로

이차방정식은 두 개의 복소수 해 $z = \dfrac{-b \pm \sqrt{b^2 - 4ac}}{2a}$ 를 가지게 된다.

20 xy평면에서 원의 방정식은

$$A(x^2 + y^2) + Bx + Cy + D = 0$$

로 표현될 수 있다. $\bar{z} = x - iy$, $x = \dfrac{z + \bar{z}}{2}$, $y = \dfrac{z - \bar{z}}{2i}$, $x^2 + y^2 = z\bar{z}$이므로

$$Az\bar{z} + B\left(\frac{z + \bar{z}}{2}\right) + C\left(\frac{z - \bar{z}}{2i}\right) + D = 0$$

또는 $Az\bar{z} + \left(\dfrac{B}{2} + \dfrac{C}{2i}\right)z + \left(\dfrac{B}{2} - \dfrac{C}{2i}\right)\bar{z} + D = 0$이 된다. $A = \alpha$, $\dfrac{B}{2} + \dfrac{C}{2i} = \beta$, $D = \gamma$로 두면 주어진 결과가 나온다. 특히 $A = \alpha = 0$인 경우는 원의 방정식은 직선의 방정식이 된다.

21 원의 중심은 $\dfrac{1}{2}(a+b)$, 반지름은 $\dfrac{1}{2}|a-b|$이므로 원의 방정식은 $\left|z - \dfrac{a+b}{2}\right|^2 = \left|\dfrac{a-b}{2}\right|^2$이다. 그러므로

$$\left(z - \frac{a+b}{2}\right)\left(\bar{z} - \frac{\bar{a} + \bar{b}}{2}\right) - \frac{a-b}{2}\frac{\bar{a} - \bar{b}}{2}$$

$$= z\bar{z} - \frac{\bar{a} + \bar{b}}{2}z - \frac{a+b}{2}\bar{z} + \frac{1}{2}(a\bar{b} + \bar{a}b)$$

$$= (z-a)(\bar{z} - \bar{a}) - \frac{1}{2}\left\{(b-a)(\bar{z} - \bar{a}) + (\bar{b} - \bar{a})(z-a)\right\}$$

$$= (z-a)(\bar{z} - \bar{a}) - \operatorname{Re}\left\{(b-a)(\bar{z} - \bar{a})\right\} = 0$$

따라서

$$\frac{\operatorname{Re}\left\{(b-a)(\bar{z} - \bar{a})\right\}}{(z-a)(\bar{z} - \bar{a})} = 1, \ \ 즉 \ \operatorname{Re}\left(\frac{b-a}{z-a}\right) = 1$$

이 원의 내부와 외부는 각각 $\left|z - \dfrac{a+b}{2}\right|^2 < \left|\dfrac{a-b}{2}\right|^2$, $\left|z - \dfrac{a+b}{2}\right|^2 > \left|\dfrac{a-b}{2}\right|^2$이고, 이는 곧 $\operatorname{Re}\left(\dfrac{b-a}{z-a}\right) < 1$, $\operatorname{Re}\left(\dfrac{b-a}{z-a}\right) > 1$로 표시된다.

22 $z_2\bar{z_2} = |z_2|^2 > 0$이므로 $\dfrac{\operatorname{Re}(z_1\bar{z_2})}{z_2\bar{z_2}} = \operatorname{Re}\left(\dfrac{z_1\bar{z_2}}{z_2\bar{z_2}}\right) = \operatorname{Re}\left(\dfrac{z_1}{z_2}\right)$

24 (1) $|\operatorname{Im}(i - \bar{\alpha} + \alpha^2)| \le |i - \bar{\alpha} + \alpha^2| \le 1 + |\bar{\alpha}| + |\alpha|^2 < 3$

(2) $|\alpha^4 - 4\alpha^2 + 3| = |\alpha^2 - 1||\alpha^2 - 3| \ge ||\alpha|^2 - 1||\alpha|^2 - 3| = 3$

▌ 연습문제 1.2

01 (1) $\dfrac{4}{3}\pi$ (2) π

04 $z^n - 1 = (z-1)(z^{n-1} + \cdots + z^2 + z + 1)$에서 나온다.

07 (1) $6(-1 + \sqrt{3}\,i)$ (2) $\dfrac{-1 + \sqrt{3}\,i}{2}$

08 1

12 가정에 의하여 $z_2 - z_1 = e^{\pi i/3}(z_3 - z_1)$, $z_1 - z_3 = e^{\pi i/3}(z_2 - z_3)$이다. 따라서 양변을 각각 나누면

$$\frac{z_2 - z_1}{z_1 - z_3} = \frac{z_3 - z_1}{z_2 - z_3} \quad \text{또는} \quad z_1^2 + z_2^2 + z_3^2 = z_1 z_2 + z_2 z_3 + z_3 z_1$$

을 얻는다.

14 a, b, c가 한 직선 위에 있을 때에는

$$\arg\left(\frac{a-c}{b-c}\right) = \arg(a-c) - \arg(b-c) = \pi \text{ 또는 } 0$$

이다. 따라서 $\dfrac{a-c}{b-c}$는 양 또는 음의 실수이다.

▌ 연습문제 **1.3**

01 (1) $-1 + i = \sqrt{2}\{\cos(3\pi/4 + 2k\pi) + i\sin(3\pi/4 + 2k\pi)\}$이므로

$$(-1+i)^{1/3} = 2^{1/6}\left\{\cos\left(\frac{3\pi/4 + 2k\pi}{3}\right) + i\sin\left(\frac{3\pi/4 + 2k\pi}{3}\right)\right\} \ (k = 0, 1, 2)$$

(2) $-32 = 32\{\cos(\pi + 2k\pi) + i\sin(\pi + 2k\pi)\}$이고, $z = r(\cos\theta + i\sin\theta)$로 놓으면 드 무아브르 정리에 의하여

$$z^5 = r^5(\cos 5\theta + i\sin 5\theta) = 32\{\cos(\pi + 2k\pi) + i\sin(\pi + 2k\pi)\}$$

이다. 따라서 $r^5 = 32$, $5\theta = \pi + 2k\pi$이므로 $r = 2$, $\theta = (\pi + 2k\pi)/5$이다. 그러므로 $k = 0, 1, 2, 3, 4$에 대하여

$$z = 2\left\{\cos\left(\frac{\pi + 2k\pi}{5}\right) + i\sin\left(\frac{\pi + 2k\pi}{5}\right)\right\}$$

(4) $\sqrt[4]{2}\,e^{\pi i/4}$, $\sqrt[4]{2}\,e^{3\pi i/4}$, $\sqrt[4]{2}\,e^{5\pi i/4}$, $\sqrt[4]{2}\,e^{7\pi i/4}$

(6) $\dfrac{1}{2}(1 \pm \sqrt{3}\,i)$, $\dfrac{1}{2}(-1 \pm \sqrt{3}\,i)$

03 $z = e^{i\theta}$ $(0 < \theta < 2\pi)$로 두면 $z \neq 1$이고, $\displaystyle\sum_{k=0}^{n} z^k = \frac{1 - z^{n+1}}{1 - z}$ $(z \neq 1)$에 대입하면

$$\sum_{k=0}^{n} \cos k\theta = \mathrm{Re}\left(\sum_{k=0}^{n} e^{ki\theta}\right) = \mathrm{Re}\left(\frac{1 - e^{(n+1)i\theta}}{1 - e^{i\theta}}\right) = \mathrm{Re}\left(\frac{e^{(n+1/2)i\theta} - e^{-i\theta}}{e^{i\theta} - e^{-i\theta}}\right)$$

$$= \frac{\mathrm{Re}\left[\dfrac{1}{2i}(e^{(n+1/2)i\theta} - e^{-i\theta})\right]}{\sin(\theta/2)} = \frac{\dfrac{1}{2}\left[\sin(n+1/2)\theta + \sin\dfrac{\theta}{2}\right]}{\sin(\theta/2)}$$

$$= \frac{\cos\dfrac{n\theta}{2}\sin\dfrac{(n+1)\theta}{2}}{\sin(\theta/2)}$$

04 $2 \pm 2i$

05 방정식 $z^n - 1 = 0$의 근들은 $1, e^{2\pi i/n}, e^{4\pi i/n}, e^{6\pi/n}, \cdots, e^{2(n-1)\pi i/n}$이고, 이들 근들의 합은 0 이다. 따라서 $1 + e^{2\pi i/n} + e^{4\pi i/n} + e^{6\pi/n} + \cdots + e^{2(n-1)\pi i/n} = 0$, 즉

$$1 + \cos\frac{2\pi}{n} + \cos\frac{4\pi}{n} + \cos\frac{6\pi}{n} + \cdots + \cos\frac{2(n-1)\pi}{n}$$
$$+ i\left\{\sin\frac{2\pi}{n} + \sin\frac{4\pi}{n} + \sin\frac{6\pi}{n} + \cdots + \sin\frac{2(n-1)\pi}{n}\right\} = 0$$

이다. 따라서 식 (1)과 (2)가 성립한다.

06 방정식 $z^n - 1 = 0$의 근들은 $1, e^{2\pi i/n}, e^{4\pi i/n}, e^{6\pi/n}, \cdots, e^{2(n-1)\pi i/n}$이므로

$$z^n - 1 = (z-1)(z - e^{2\pi i/n})(z - e^{4\pi i/n}) \cdots (z - e^{2(n-1)\pi i/n}).$$

양변을 $z - 1$로 나누고 $z = 1$로 두면

$$n = (1 - e^{2\pi i/n})(1 - e^{4\pi i/n}) \cdots (1 - e^{2(n-1)\pi i/n}). \qquad (1)$$

(1)의 양변에 켤레복소수를 취하면

$$n = (1 - e^{-2\pi i/n})(1 - e^{-4\pi i/n}) \cdots (1 - e^{-2(n-1)\pi i/n}). \qquad (2)$$

(1)과 (2)를 곱하고 $(1 - e^{2k\pi i/n})(1 - e^{-2k\pi i/n}) = 2 - 2\cos(2k\pi/n)$를 이용하면

$$n^2 = 2^{n-1}(1 - \cos\frac{2\pi}{n})(1 - \cos\frac{4\pi}{n}) \cdots (1 - \cos\frac{2(n-1)\pi}{n})$$

를 얻는다. $1 - \cos(2k\pi/n) = 2\sin^2(k\pi/n)$이므로 위 식은

$$n^2 = 2^{2n-2}\sin^2\frac{\pi}{n}\sin^2\frac{2\pi}{n}\sin^2\frac{3\pi}{n} \cdots \sin^2\frac{(n-1)\pi}{n}$$

이 된다. 양변에 제곱근을 취하면 구하는 결과를 얻는다.

07 방정식 $z^n = 1$의 n개의 근은 $z_k = e^{i(2k\pi/n)}$ $(k = 0, 1, 2, \cdots, n-1)$이므로 되고 편각은 $\theta = \frac{2k\pi}{n}$ $(k = 0, 1, 2, \cdots, n-1)$이 된다. 따라서

$$S_n = \sum_{k=0}^{n-1} \frac{2k\pi}{n} = \frac{2\pi}{n}\sum_{k=0}^{n-1} k = \frac{2\pi}{n}\frac{n(n-1)}{2} = \pi(n-1)$$

이므로 $\lim_{n \to \infty} \frac{S_n}{n} = \lim_{n \to \infty} \frac{\pi(n-1)}{n} = \pi$이다.

08 $n = 4k$ $(k \in \mathbb{Z})$

▌ 연습문제 1.4

01 영역 : (2), (3), (5), (6) 유계집합 : (1), (5), (6)

03 (1) 없다.   (2) 0   (3) $\pm(1 - i)$

05 (1) 만약 $w_0 \in D$이면 $\delta = \text{Re } w_0$이다. $\epsilon = \delta/2$이고 $|z - w_0| < \epsilon$이라 하자. 이때
$$-\epsilon < \text{Re}(z - w_0) < \epsilon$$이므로

$$\text{Re } z = \text{Re}(z - w_0) + \text{Re } w_0 > -\epsilon + \delta = \frac{1}{2}\delta > 0.$$

따라서 $z \in D$이므로 D의 임의의 점 w_0은 내점이므로 D는 열린 집합이다.

(2) $z_0 = x_0 + iy_0$는 G의 임의의 점이라 하면 $x_0^2 + \delta < y_0$이 되는 적당한 양수 δ가 존재한다. 그리고 δ는 $2x_0\delta + \delta^3 < 1 + \delta$가 되도록 작은 값이라 가정하자. 지금 $z = x + iy$는 $|z - z_0| < \delta^2$을 만족한다고 하면 $\delta^2 > |x - x_0|$이고 $\delta^2 > |y - y_0|$이다. 따라서

$$x^2 < (x_0 + \delta^2)^2 = x_0^2 + 2x_0\delta^2 + \delta^4 < y_0 - \delta + 2x_0\delta^2 + \delta^4$$
$$< y - \delta^2 - \delta + 2x_0\delta^2 + \delta^4.$$

그러나 δ의 선택에 의하여 $-\delta^2 - \delta + 2x_0\delta^2 + \delta^4 < 0$이다. 따라서 $|z - z_0| < \delta^2$일 때 $x^2 < y$이다.

(3) 만약 $z = (x, y) \notin S$이면 $N_{|y|}(z)$는 S의 어떠한 점도 포함하지 않으므로 z는 S의 쌓인 점이 아니다. 즉, S의 임의의 쌓인 점은 S 내에 있어야 함을 의미한다. 따라서 S는 닫힌 집합이다. 분명히 S는 유계가 아니다. 마지막으로 S는 어떠한 원판도 포함하지 않으므로 S는 열린 집합이 아니다.

08 (1) 유계, 열린, 연결집합 (2) 열린 집합도, 닫힌 집합, 연결집합도 아님

(3) 닫힌 집합이지만 연결집합과 유계집합이 아님 (4) 열린 집합도 닫힌 집합도 아니다. 유계인 연결집합임.

09 만일 (a, b)가 연결집합이 아니라고 가정하면

$$S = O_1 \cup O_2 \quad O_1 \cap O_2 = \varnothing \quad (O_i \neq \varnothing, \ i = 1, 2)$$

이 되게 할 수 있다. 임의의 $x \in O_1$을 택하면 O_1은 열린 집합이므로 $(x, x + \delta) \subset O_1$을 만족하는 양수 δ가 존재한다. 이와 같은 δ의 상한을 α라 하면 $y = x + \alpha \notin O_1$이다. 따라서 $y \in O_2$이다.

한편 O_2도 열린 집합이므로 y의 적당한 근방 $N_r(y)$ (단 $r > 0$)가 존재해서 $N_r(y) \subset O_2$되게 할 수 있다. 또한 y를 택하는 방법에 의하여 $O_1 \cap N_r(y) \neq \varnothing$이다. 이는 $O_1 \cap O_2 = \varnothing$에 모순이다.

▌ 연습문제 **1.5**

02 (1) 발산 (2) $|z^n| = |z|^n$이고 $|z| < 1$이므로 수렴 (3) 발산

(4) 수렴 (5) i에 수렴 (6) 수렴

03 $z_n = \log n$으로 두면 $z_{n+1} - z_n \to 0$이지만 $\{z_n\}$은 코시수열이 아니다.

04 수열 $1, \dfrac{1}{2}, 2, \dfrac{1}{3}, 3, \dfrac{1}{4}, 4 \cdots$은 유계수열이 아니지만 오직 하나의 쌓인 점 0을 갖는다.

05 문제 4에 해당하는 수열

06 $\left| n\left(\dfrac{1+i}{2}\right)^n \right| = \dfrac{n}{(\sqrt{2})^n} \to 0$

08 (1) $\displaystyle\lim_{n\to\infty}\left(1+\dfrac{1}{n}\right)^n = \lim_{n\to\infty}\left(1-\dfrac{1}{n}\right)^{-n} = e$ 이므로 구하는 극한값은 $e(1+i)$ 이다.

10 z_0 가 S 의 한 극한점이라 하면 모든 자연수 n 에 대하여 $z_n \in N_{\frac{1}{n}}(z_0)$ 이 되는 $z_n \in S$ 이 존재한 다. z_0 의 모든 근방은 무한히 많은 서로 다른 점을 포함하므로 수열 $\{z_n\}$ 의 점들은 서로 다르 다고 가정할 수 있다. 주어진 $\epsilon > 0$ 에 대해서 $1/N < \epsilon$ 이 되는 자연수 N 을 선택하면 $n > N$ 에 대해서 $z_n \in N_\epsilon(z_0)$ 이다. 따라서 수열 $\{z_n\}$ 은 z_0 에 수렴한다.

역으로, S 의 서로 다른 점들의 수열 $\{z_n\}$ 이 z_0 에 수렴한다고 하면, z_0 의 모든 근방들은 $\{z_n\}$ 의 유한개를 제외한 모든 점을 포함한다. 따라서 z_0 는 S 의 한 극한점이다.

▮ 연습문제 1.6

03 식 (1.19)과 1.6절 그림에 의하여

$$\overline{NQ} = \sqrt{\overline{ON^2} + \overline{OQ^2}} = \sqrt{1 + |z|^2}$$

$$\dfrac{\overline{NP}}{\overline{NQ}} = \dfrac{1-\zeta}{1} = \dfrac{1 - \dfrac{|z|^2}{1+|z|^2}}{1} = \dfrac{1}{1+|z|^2}$$

한편, $\overline{NQ} = \sqrt{\overline{ON^2} + \overline{OP^2}} = \sqrt{1+|z|^2}$ 이므로

$$\overline{NP_1} \cdot \overline{NQ_1} = \overline{NP_2} \cdot \overline{NQ_2} = 1 \quad \text{즉,} \quad \overline{NP_1} : \overline{NP_2} = \overline{NQ_2} : \overline{NQ_1}$$

이다. 따라서 $\triangle NQ_1Q_2 \backsim \triangle NP_1P_2$ 에 의하여 $\overline{P_1P_2}/\overline{Q_1Q_2} = \overline{NP_1}/\overline{NQ_2}$ 가 성립한다.

$\overline{Q_1Q_2} = |z_1 - z_2|$ 이므로, $d(P_1, P_2) = \overline{P_1P_2} = |z_1 - z_2|\dfrac{\overline{NP_1}}{\overline{NQ_2}}$

$$|z_1 - z_2|\dfrac{\overline{NP_1}}{\overline{NQ_2}} = |z_1 - z_2|\dfrac{\overline{NP_1}}{\sqrt{1+|z_2|^2}} = |z_1 - z_2|\dfrac{\dfrac{1}{\sqrt{1+|z_1|^2}}}{\sqrt{1+|z_2|^2}}$$

$$= \dfrac{|z_1 - z_2|}{\sqrt{1+|z_1|^2}\,\sqrt{1+|z_2|^2}}$$

2장

▮ 연습문제 2.1

01 (1) $z \neq -3$ (2) $z \neq 0$ (3) $z \neq \pm\sqrt{3i}$ (4) $\operatorname{Re} z \neq 0$

04 (1) $9+i$ (4) ∞ (5) $2/\pi$ (6) 0

05 (1) $|1 - \overline{\alpha}z|^2 - |\alpha - z|^2 = (1 - |\alpha|^2)(1 - |z|^2) > 0$이므로 $|w| < 1$이다.

    (2) $|\alpha| = 1$ 또는 $|z| = 1$이면 위의 증명에서 $|w| = 1$이다.

06 (1) $6z_0 + 2$ (2) $\dfrac{5}{(z_0 + 2)^2}$

07 f가 z_0에서 극한 w_0, w_1을 갖는다고 하고 $w_0 \neq w_1$이라 하자. $\epsilon = |w_0 - w_1|/2$로 택하면 가정에 의하여 적당한 양수 δ_1이 존재해서

$$0 < |z - z_0| < \delta_1 \text{이면} \ |f(z) - w_0| < \epsilon$$

이 된다. 또한 $0 < |z - z_0| < \delta_2$이면 $|f(z) - w_1| < \epsilon$이 된다. $\delta = \min\{\delta_1, \delta_2\}$로 놓으면 $0 < |z - z_0| < \delta$일 때

$$
\begin{aligned}
|w_0 - w_1| &= |w_0 - f(z) + f(z) - w_1| \\
&\leq |w_0 - f(z)| + |f(z) - w_1| \\
&< 2\epsilon = |w_0 - w_1|.
\end{aligned}
$$

따라서 이는 가정에 모순이므로 z_0에서 f의 극한은 유일하다.

10 (1) $z \neq \dfrac{-1 \pm \sqrt{3}\,i}{2}$ (2) $z \neq \pm 2, \pm 2i$ (3) $z \neq \pm i$ (4) $z \neq 0$ (5) $z \neq 0$

13 $\displaystyle\lim_{z \to \infty} f(z) = L \Leftrightarrow |z| \geq M > 0$이면 $|f(z) - L| < \epsilon$

$$\Leftrightarrow |z| \leq \frac{1}{M} \text{이면} \ |\overline{f}(z) - L| < \epsilon \ \Leftrightarrow \ \lim_{z \to 0} \overline{f}(z) = L$$

15 우선 $\displaystyle\lim_{z \to z_0} f(z) = w_0$이라고 가정하자. 그러면 임의로 주어진 $\epsilon > 0$에 대하여 $\delta > 0$가 존재해서 $0 < |z - z_0| < \delta$이면 $|f(z) - w_0| < \epsilon$이 된다. 수열 $\{z_n\}, (z_n \neq z_0)$이 z_0에 수렴한다면 임의로 주어진 ϵ에 대하여 자연수 N이 존재하여 $n \geq N$일 때 $|z_n - z_0| < \delta$가 된다. 또한 $z_n \neq z_0 \ (n \in \mathbb{N})$이므로 $0 < |z_n - z_0|$이다. 따라서 $n \geq N$이면 $0 < |z_n - z_0| < \delta$가 되어 $|f(z_n) - w_0| < \epsilon$가 된다. 따라서 $\displaystyle\lim_{n \to \infty} f(z_n) = w_0$이다.

    역으로 z_0에 수렴하는 모든 수열 $\{z_n\}(z_n \neq z_0)$에 대하여 $\displaystyle\lim_{n \to \infty} f(z_n) = w_0$이라고 가정하자. 이때 $\displaystyle\lim_{z \to z_0} f(z) \neq w_0$이라고 가정하여 모순됨을 보이고자 한다. $\displaystyle\lim_{z \to z_0} f(z) \neq w_0$이면 어떤 $\epsilon > 0$이 존재하여 모든 $\delta > 0$에 대하여 $0 < |z - z_0| < \delta, \ z \in D$가 되는 $z \in D$가 존재해서 $|f(z) - w_0| \geq \epsilon$이 된다. 지금 $\delta = 1/n \ (n \in \mathbb{N})$이라고 두면 $0 < |z_n - z_0| < \dfrac{1}{n}$이고 $|f(z_n) - w_0| \geq \epsilon$이 되는 $z_n \in D$이 존재한다. D의 수열 $\{z_n\}$은 $\displaystyle\lim_{n \to \infty} z_n = z_0$이고 $z_n \neq z_0 (n \in \mathbb{N})$를 만족한다. 모든 자연수 n에 대하여 $|f(z_n) - w_0| \geq \epsilon$이므로 $\displaystyle\lim_{n \to \infty} f(z_n) \neq w_0$이다. 이것은 가정에 모순된다.

▌ 연습문제 2.2

01 임의의 $n \in \mathbb{N}$ 에 대하여 $U_n = N_{r_n}(1/n)$(단 $r_n = 1/2n(n+1)$)로 두고 $\mathcal{E} = \{U_n : n \in \mathbb{N}\}$ 라 하자. 이때 $|1/n - 1/(n+1)| = 1/n(n+1) > r_n$ 이므로 $1/(n+1) \notin U_n$ 이다. 사실 U_k 는 $1/k$ 를 포함하는 $\mathcal{E}$ 의 유일한 원소이므로 $\mathcal{E}$ 는 F의 유한 부분피복을 갖지 않는 F의 개피 복이다.

02 $\{I_n\}$ 와 $\{J_n\}$ 를 각각 실축과 허축 위로의 $\{K_n\}$ 의 사영이라 하자. $\{I_n\}$ 과 $\{J_n\}$ 는 따름정리 2.2.4의 조건을 만족한다. 만일 $\{x_0\} = \cap_{n=1}^{\infty} I_n$ 이고 $\{y_0\} = \cap_{n=1}^{\infty} J_n$ 이면

$$\{z_0\} = \{(x_0, y_0)\} = \cap_{n=1}^{\infty} K_n$$

이다.

03 f는 연속이고 $\{0\}$는 닫힌 집합이므로 정리 2.1.16에 의하여 $A = f^{-1}(\{0\})$는 닫힌 집합이다.

04 $\epsilon = \dfrac{1}{10}, 0 < \delta < 1$로 두고 $z_1 = \delta$, $z_2 = \dfrac{9}{10}\delta$로 택하면

$$|z_1 - z_2| = \frac{1}{10}\delta < \delta \text{ 이지만 } |f(z_1) - f(z_2)| = \frac{1}{9\delta} > \frac{1}{10} = \epsilon$$

이다. 따라서 f는 D에서 고른 연속이 아니다.

05 z, z_0을 영역 $|z| \leq 10$의 임의의 두 점이라 하면 $|(3z-2) - (3z_0-2)| = 3|z-z_0|$이 된다. 따라서 임의의 양수 ϵ에 대하여 $\delta = \epsilon/3$이라고 두면 $|z - z_0| < \delta$일 때 $|(3z-2)-(3z_0-2)| < \epsilon$ 이 된다. 따라서 $f(z) = 3z-2$은 영역 $|z| \leq 10$에서 고른 연속이다.

10 임의의 정수 n에 대하여 $D_n = \{z \in D : f(z) = n\}$로 두면 분명히 집합 D_n들은 서로소이고 $\cup D_n = D$ 이다. 모든 D_n이 열린 집합을 보인다. z_0가 D_n의 임의의 점이면 $f(z_0) = n$이다. f는 z_0에서 연속이므로 $z \in B_r(z_0)$일 때 $|f(z) - n| < \dfrac{1}{2}$ 을 만족하는 열린 구 $B_r(z_0)$가 존재한다. $f(z)$는 정수이므로 임의의 $z \in B_r(z_0)$에 대하여 $f(z) = n$ 이다. 따라서 $B_r(z_0) \subseteq D_n$이므로 D_n은 열린 집합이다. 열린 집합은 서로소인 열린 집합들의 합집합으로 표현될 수 없으므로 D_n들 중 오직 하나 S_{n_0}는 공집합이 아니다. 따라서 모든 $z \in D$에 대하여 $f(z) = n_0$이므로 f는 D에서 상수함수이다.

▌ 연습문제 2.3

02 (1) $u = 2x, v = 0$이고 $u_x = 2 \neq 0 = v_y$이므로 모든 점에서 미분불가능

   (2) $z = 0$ (3) $z = 0$

03 (1) $-40z(2 - 4z^2)^4$ (2) $-1/z^2$ (3) $\dfrac{1}{(1-z)^2}$

04 (1) $u = x, v = -y$이고 $u_x = 1 \neq -1 = v_y$이므로 모든 점에서 미분불가능

05 지수함수의 성질에 의하여 $e^{z+h} - e^z = e^z(e^h - 1)$이다. 더구나 $h = \sigma + i\delta$이면

$$e^h - 1 - h = (e^\sigma \cos\delta - 1 - \sigma) + i(e^\sigma \sin\delta - \delta)$$
$$= \{e^\sigma(\cos\delta - 1) + e^\sigma - 1 - \sigma\} + i[e^\sigma(\sin\delta - \delta) + \delta(e^\sigma - 1)].$$

따라서 삼각부등식과 $1/|h| \le 1/|\delta|, 1/|h| \le 1/|\sigma|$을 이용하여

$$|\frac{e^h - 1}{h} - 1| = |\frac{e^h - 1 - h}{h}|$$
$$\le e^\sigma|\frac{1 - \cos\delta}{\delta}| + |\frac{e^\sigma - 1 - \sigma}{\sigma}| + e^\sigma|\frac{\sin\delta - \delta}{\delta}| + |e^\sigma - 1|$$

σ, δ가 독립적으로 0에 접근함에 따라 우변에 있는 4개의 각 항은 0에 수렴한다. 따라서 $\lim\limits_{h \to 0} \dfrac{e^h - 1}{h} = 1$이다. 끝으로

$$\lim_{h \to 0} \frac{e^{z+h} - e^z}{h} = e^z \lim_{h \to 0} \frac{e^h - 1}{h} = e^z$$

이므로 e^z는 모든 점 z에서 미분가능하고 $(e^z)' = e^z$이다.

06 (1) 1 (2) 0 (4) 2

07 (6) z_0는 집합 A의 임의의 점이고 $w_0 = f(z_0)$이라 하자. 임의의 점 $w \in B$에 대하여

$$h(w) = \begin{cases} \dfrac{g(w) - g(w_0)}{w - w_0} - g'(w_0) & (w \ne w_0) \\ 0 & (w = w_0) \end{cases}$$

이라고 정의하면 $g'(w_0)$이 존재하므로 h는 연속함수이다. 연속함수들의 합성함수는 연속이므로 $\lim\limits_{z \to z_0} h[f(z)] = h(w_0) = 0$이다. $w = f(z)$라 두면 h의 정의로부터

$$(g \circ f)(z) - g(w_0) = [h(f(z)) + g'(w_0)](f(z) - w_0)$$

된다. 그러므로 $z \ne z_0$에 대해서

$$\frac{(g \circ f)(z) - (g \circ f)(z_0)}{z - z_0} = [h(f(z)) + g'(w_0)]\frac{f(z) - f(z_0)}{z - z_0}$$

이므로 $z \to z_0$일 때,

$$\frac{d}{dz}(g \circ f)(z_0) = [0 + g'(w_0)]f'(z_0) = g'[f(z_0)]f'(z_0)$$

이 된다.

▌ 연습문제 2.4

01 (1) $z = x + iy \ne 0$일 때

$$f(z) = \frac{(x - iy)^2}{x + iy} = \frac{(x - iy)^3}{(x + iy)(x - iy)} = \frac{x^3 - 3xy^2}{x^2 + y^2} + i\frac{y^3 - 3x^2y}{x^2 + y^2}$$

이므로 $u = \dfrac{x^3 - 3xy^2}{x^2 + y^2}$, $v = \dfrac{y^3 - 3x^2y}{x^2 + y^2}$ 이다.

$$u_x(0,0) = \lim_{h \to 0} \frac{u(h,0) - u(0,0)}{h} = \lim_{h \to 0} \frac{h}{h} = 1$$

$$v_y(0,0) = \lim_{k \to 0} \frac{v(0,k) - v(0,0)}{k} = \lim_{k \to 0} \frac{k}{k} = 1$$

이므로 $u_x(0,0) = v_y(0,0)$이다. 또한

$$u_y(0,0) = \lim_{k \to 0} \frac{u(0,k) - u(0,0)}{k} = 0$$

$$v_x(0,0) = \lim_{h \to 0} \frac{v(h,0) - v(0,0)}{h} = 0$$

이므로 $u_y(0,0) = -v_x(0,0)$이다. 따라서 $f(z)$는 $z = 0$에서 코시-리만 방정식을 만족한다. 그러나

$$\lim_{h \to 0} \frac{f(h) - f(0)}{h} = \lim_{h \to 0} \frac{(\overline{h})^2/h}{h} = \lim_{h \to 0} (\frac{\overline{h}}{h})^2 = \lim_{(x,y) \to (0,0)} (\frac{x - iy}{x + iy})^2$$

직선 $y = mx$ 위에서

$$\frac{f(h) - f(0)}{h} = (\frac{h - imh}{h + imh})^2 = (\frac{1 - im}{1 + im})^2$$

은 m의 값에 따라서 $h \to 0$일 때 극한값이 달라지므로 $f'(0)$이 존재하지 않는다.

(2) 함수 $f(z) = \sqrt{|z^2 - \overline{z}^2|}$는 실수축과 허수축 위에서 함숫값이 0이므로 코시-리만 방정식을 만족한다. 직선 $y = 0$과 직선 $y = x$ 위에서 극한값 $\lim_{z \to 0} \frac{f(z)}{z}$의 극한이 다르므로 $f(z)$는 원점에서 미분가능하지 않다.

02 (1) $u = x^2$, $v = xy$이고 $u_x = 2x, u_y = 0, v_x = y, v_y = x$이므로 원점에서만 코시-리만 조건을 만족하므로 f는 원점에서만 미분가능하다.

(2) $z = 0$ (3) 모든 점

03 (1) $a = 1$ (2) $a = b, c = -1$ (3) $a = 1, b = 2n\pi$ (n은 정수)

(4) $f(z)$는 해석적이고 $u = 2x - y, v = ax + by$이므로 $u_x = v_y, u_y = -v_x$이 성립해야 한다. 따라서 $2 = u_x = v_y = b, -1 = u_y = -v_x = -a$ 즉, $a = 1, b = 2$이다.

05 함수

$$f(z) = f(x + iy) = \begin{cases} \dfrac{xy(x + iy)}{x^2 + y^2} & (z \neq 0) \\ 0 & (z = 0) \end{cases}$$

이라 하자. x축 및 y축 위에서 $f = 0$이므로 $f_x(0,0) = f_y(0,0) = 0$이다. 그러나 직선 $y = mx$ 위에서 $\dfrac{f(z) - f(0)}{z} = \dfrac{m}{1 + m^2}$ $(z \neq 0)$이므로 극한값은 m의 값에 달라지므로

$$\lim_{z \to 0} \frac{f(z) - f(0)}{z} = \lim_{(x,y) \to (0,0)} \frac{xy}{x^2 + y^2}$$

는 존재하지 않는다.

06 실함수의 편도함수의 정의에 의하여`

$$u_x(0,0) = \lim_{h \to 0} \frac{u(h,0) - u(0,0)}{h} = 1, \quad u_y(0,0) = \lim_{h \to 0} \frac{u(0,h) - u(0,0)}{h} = -1.$$

마찬가지로 $v_x(0,0) = v_y(0,0) = 1$이다. 따라서 $(0,0)$에서 $u_x = v_y, u_y = -v_x$이다. 지금 $f'(0)$이 존재하지 않음을 증명하고자 한다. 우선 직선 $y = x$를 따라 z가 0에 접근한다고 하자. 이때 $z = x + iy = x(1+i)$이고

$$\lim_{x \to 0} \frac{f(x) - f(0)}{z - 0} = \lim_{x \to 0} \frac{\dfrac{a-b}{a+b} + i}{1 + i} = \frac{a}{a+b} + i\frac{b}{a+b}$$

이다. 직선 $y = 0$을 따라 $z \to 0$이라 하면 $z = x$이고

$$\lim_{x \to 0} \frac{f(z) - f(0)}{z - 0} = \lim_{x \to 0} \frac{x + ix}{x} = 1 + i$$

이다. 따라서 $f'(0)$는 존재하지 않는다.

07 $f(w) = w^4, w = i, z = 1$로 두면 $f(w) - f(z) = i^4 - 1^4 = 0$이고, $f'(t) = 4t^3 = 0$은 $t = 0$일 때만 성립하고 0은 z와 w 사이에 있지 않다. 따라서 $f(w) - f(z) = f'(t)(w - z)$를 만족하는 t가 z와 w 사이에 존재하지 않는다.

08 (1) $f(z) = u(x,y) + iv(x,y)$, $\overline{z} = x - iy$로 두면 $f(\overline{z}) = u(x,-y) + iv(x,-y)$이고

$$g(z) = \overline{f(\overline{z})} = u(x,-y) - iv(x,-y) = U(x,y) + iV(x,y)$$

이 된다. 한편 $f(z)$는 D의 모든 점에서 해석적이므로 D의 모든 점에서 $u_x = v_y$와 $v_x = -u_y$가 성립한다. 또한 $U_x = u_x$, $V_y = v_y$, $U_y = -u_y$, $V_x = -v_x$이므로 $U_x = V_y$와 $U_y = -V_x$을 만족한다. 따라서 $\overline{f(\overline{z})}$는 D의 모든 점에서 해석적이다.

(2) $f(z) = u + iv$, $\overline{f(z)} = U + iV$로 두면 $U = u$, $V = -v$이다. f가 D에서 해석적이므로 $u_x = v_y$, $u_y = -v_x$이다. $\overline{f}$가 D에서 해석적이므로 $U_x = V_y$, $U_y = -V_x$이다. 앞의 첫 식에 의해 $u_x = -v_y$, $u_y = v_x$이다. 위의 식들에서 첫째 식을 각 변끼리 더하면 D에서 $u_x = 0$이다. 마찬가지로 위의 식들에서 둘째 식을 각 변끼리 빼면 $v_x = 0$이다. 따라서 $f'(z) = u_x + iv_x = 0$이므로 $f(z)$는 D에서 상수이다.

09 $f = 0$이거나 $f' = 0$이면 $(f^2)' = 2ff' = 0$이므로 f^2는 D에서 상수함수이다. 따라서 f^2는 D에서 상수함수이다.

12 (1) $f(z) = u + iv$는 D에서 해석적이므로 코시-리만 방정식 $u_x = v_y$, $v_x = -u_y$를 만족한다. 모든 $z \in D$에서 $f(z)$는 실수이므로 $f(z) = u(x,y)$이고 $v(x,y) = 0$이다. 따라서 $u_x = v_y = 0$, $u_y = -v_x = 0$이 되어 $f'(z) = u_x + iv_x = 0$이다. 그러므로 f는 D에서 상수함수이다.

(2) $u = 0$으로 놓고 (1)과 비슷하게 증명하면 된다.

13 정리 2.4.1의 증명 과정에서 $f'(z) = f_x = -if_y$임을 보였다. 실제로 $f = u + iv$라 두면 $f_x = u_x + iv_x$, $-if_y = -i(u_y + iv_y) = v_y - iu_y$이다. 따라서 $f_x = -if_y$는 $u_x = v_y$, $v_x = -u_y$와 동치이다.

14 $f = u + iv$라 두면 $\dfrac{\partial f}{\partial \bar{z}} = \dfrac{1}{2}\left(\dfrac{\partial f}{\partial x} + i\dfrac{\partial f}{\partial y}\right) = 0$이다. 따라서 $\dfrac{\partial f}{\partial x} = -i\dfrac{\partial f}{\partial y}$이고 정리 2.4.1에 의하여 이것은 코시-리만 방정식과 동치이다.

15 $u(x, y) = \alpha$를 x에 관하여 미분하면 $\dfrac{\partial u}{\partial x} + \dfrac{\partial u}{\partial y}\dfrac{dy}{dx} = 0$이다. 곡선 $u(x, y) = \alpha$의 기울기는

$\dfrac{dy}{dx} = -\dfrac{\partial u}{\partial x} / \dfrac{\partial u}{\partial y}$이다. 마찬가지로 곡선 $v(x, y) = \beta$의 기울기는 $\dfrac{dy}{dx} = -\dfrac{\partial v}{\partial x} / \dfrac{\partial v}{\partial y}$이다. 코시-리만 방정식을 이용하면 기울기의 곱은

$$\frac{\partial u}{\partial x}\frac{\partial v}{\partial x} / \frac{\partial u}{\partial y}\frac{\partial v}{\partial y} = -\frac{\partial v}{\partial y}\frac{\partial u}{\partial y} / \frac{\partial u}{\partial y}\frac{\partial v}{\partial y} = -1$$

이다. 따라서 두 곡선은 수직이다.

16 $H(z) = F(z) - G(z) = u + iv$로 두면 D에서 $H'(z) = 0$이므로 코시-리만 방정식에 의하여 $u_x = u_y = v_x = v_y = 0$이다. 정리 2.2.18에 의하여 u, v는 상수함수이므로 $H = u + iv$는 D에서 상수함수이다.

17 $f(z) = \sqrt{z}$로 두면 $f^2(z) = z$는 단위원판 D에서 해석적이지만 f는 $z = 0$에서 해석적이 아니다.

18 13

▌ 연습문제 **2.5**

01 (1) $v = 2x^2 - 2y^2 + 4y + c$ (2) $v = -\cosh x \cos y + c$ (4) $v = -e^x \cos y + c$

(6) $u_x = e^{-x}\sin y - xe^{-x}\sin y + ye^{-x}\cos y$

$u_{xx} = -2e^{-x}\sin y + xe^{-x}\sin y - ye^{-x}\cos y$

$u_{yy} = -xe^{-x}\sin y + 2e^{-x}\sin y + ye^{-x}\cos y$

이므로 $u_{xx} + u_{yy} = 0$ 즉, u는 조화함수이다. 코시-리만 방정식에 의하여

$$v_y = u_x = e^{-x}\sin y - xe^{-x}\sin y + ye^{-x}\cos y$$
$$v_x = -u_y = e^{-x}\cos y - xe^{-x}\cos y - ye^{-x}\sin y$$

x를 고정하여 y에 관하여 적분하면 $v = ye^{-x}\sin y + xe^{-x}\cos y + F(x)$(단, $F(x)$는 임의의 x의 실함수)이다. 마지막의 두 식으로부터

$$-ye^{-x}\sin y - xe^{-x}\cos y + e^{-x}\cos y + F'(x)$$
$$= -ye^{-x}\sin y - xe^{-x}\cos y + e^{-x}\cos y$$

이므로 $F'(x) = 0$이다. 따라서 $F(x) = C$ (상수)이므로 구하는 함수 v는 $v = e^{-x}(y\sin y + x\cos y) + c$이다.

02 $U_x = u_x(x, -y)$, $U_y = -u_y(x, -y)$이고 $U_{xx} = u_{xx}(x, -y)$, $U_{yy} = u_{yy}(x, -y)$이므로 $U_{xx} + U_{yy} = 0$이다.

04 v가 u의 조화공액함수이므로 $f = u + iv$는 D에서 해석적이다. 따라서 $f^2 = (u^2 - v^2) + 2uvi$

도 D에서 해석적이므로 정리 2.5.2에 의하여 $h = u^2 - v^2$은 D에서 조화함수이다.

05 $c = -a$

06 $f = u + iv$가 해석적이므로 $u_x = v_y$, $u_y = -v_x$이고, $g = v + iu$가 해석적이므로 $v_x = u_y$, $v_y = -u_x$이다. 따라서 $u_x = u_y = v_x = v_y = 0$이므로 u와 v는 상수이다.

11 $w = u + vi = F(z, \bar{z})$, $z = x + iy$, $\bar{z} = x - iy$로 놓으면

$$\frac{\partial w}{\partial x} = \frac{\partial u}{\partial x} + i \frac{\partial v}{\partial x} = \frac{\partial F}{\partial z} \frac{\partial z}{\partial x} + \frac{\partial F}{\partial \bar{z}} \frac{\partial \bar{z}}{\partial x} = \frac{\partial F}{\partial z} + \frac{\partial F}{\partial \bar{z}} \qquad ㉠$$

$$\frac{\partial^2 w}{\partial x^2} = \frac{\partial^2 u}{\partial x^2} + i \frac{\partial^2 v}{\partial x^2} = \frac{\partial^2 F}{\partial z^2} + 2 \frac{\partial^2 F}{\partial z \partial \bar{z}} + \frac{\partial^2 F}{\partial \bar{z}^2}$$

$$\frac{\partial w}{\partial y} = \frac{\partial u}{\partial y} + i \frac{\partial v}{\partial y} = \frac{\partial F}{\partial z} \frac{\partial z}{\partial y} + \frac{\partial F}{\partial \bar{z}} \frac{\partial \bar{z}}{\partial y} = \frac{\partial F}{\partial z} i - i \frac{\partial F}{\partial \bar{z}} \qquad ㉡$$

$$\frac{\partial^2 w}{\partial y^2} = \frac{\partial^2 u}{\partial y^2} + i \frac{\partial^2 v}{\partial y^2} = -\frac{\partial^2 F}{\partial z^2} + 2 \frac{\partial^2 F}{\partial z \partial \bar{z}} - \frac{\partial^2 F}{\partial \bar{z}^2}$$

식 ㉠과 식 ㉡을 더하면

$$\frac{\partial^2 w}{\partial x^2} + \frac{\partial^2 w}{\partial y^2} = \left(\frac{\partial^2 u}{\partial x^2} + \frac{\partial^2 u}{\partial y^2} \right) + i \left(\frac{\partial^2 v}{\partial x^2} + \frac{\partial^2 v}{\partial y^2} \right) = 4 \frac{\partial^2 F}{\partial z \partial \bar{z}}$$

이다. 여기서

$$\Delta^2 u = \frac{\partial^2 u}{\partial x^2} + \frac{\partial^2 u}{\partial y^2} = 0, \quad \Delta^2 v = \frac{\partial^2 v}{\partial x^2} + \frac{\partial^2 v}{\partial y^2} = 0$$

이다. 따라서 $\dfrac{\partial^2 w}{\partial x^2} + \dfrac{\partial^2 w}{\partial y^2} = \dfrac{\partial^2 F}{\partial z \partial \bar{z}} = 0$이므로 $\Delta^2 u = \Delta^2 v = 0$과 $\dfrac{\partial^2 F}{\partial z \partial \bar{z}} = 0$은 동치이다.

3장

▌연습문제 **3.1**

01 $e^t = \displaystyle\sum_{n=0}^{\infty} \frac{t^n}{n!}$에 $t = iy$를 대입하고 다음을 유의하여라.

$$\sin y = \sum_{n=0}^{\infty} (-1)^n \frac{y^{2n+1}}{(2n+1)!}, \quad \cos y = \sum_{n=0}^{\infty} (-1)^n \frac{y^{2n}}{(2n)!}$$

03 (1) $\log 2 + i(1 + 2n)\pi$ (n은 정수)   (2) $\log 2 + i\left(\frac{1}{6} + 2n\right)\pi$ (3) $5 + in\pi$

04 $\operatorname{Re} z > 0$

06 (1) 1   (2) $e^{\pi i} = -1$

07 e^{z^2}은 해석적이고 $\operatorname{Re} e^{z^2} = e^{x^2 - y^2} \sin 2xy$

11 $e^{\bar{z}} = e^x e^{-iy} = e^x (\cos y - i \sin y)$이고 $\overline{e^z} = \overline{e^x (\cos y + i \sin y)} = e^x (\cos y - i \sin y)$이므로 $e^{\bar{z}} = \overline{e^z}$이다. $u + iv = e^{\bar{z}}$일 때 $u = e^x \cos y$, $v = -e^x \sin y$이고 $u_x \neq v_x$, $u_y \neq -v_x$이다.

코시-리만 방정식이 어느 곳에서도 만족되지 않으므로 $e^{\bar{z}}$는 어떠한 영역 D에서도 해석적이 아닙니다.

12 $\alpha = re^{i\theta}, r > 0$로 놓으면 $e^z = e^x e^{iy}$이므로

$$e^z = \alpha \iff x = \log r, \ e^{iy} = e^{i\theta} \iff x = \log r, \ y = \arg \alpha = \theta + 2k\pi \ (k = 0, 1, 2, \cdots)$$

13 분명히 f'/f은 정함수이므로 이의 부정적분 h를 가진다. 정함수 $c(z) = f(z)e^{-h(z)}$에 대하여

$$c'(z) = f'(z)e^{-h(z)} - f(z)e^{-h(z)}h'(z) = e^{-h(z)}(f'(z) - f(z)h'(z)) = 0$$

이므로 $c(z)$는 상수함수, 즉 $c(z) \equiv c$이다. 모든 $z \in \mathbb{C}$에 대하여 $f(z) \neq 0$이므로 $c \neq 0$이다. 따라서 $c = e^a$인 수 $a \in \mathbb{C}$가 존재한다. 따라서 $g(z) = a + h(z)$로 두면

$$f(z) = ce^{h(z)} = e^a e^{h(z)} = e^{a+h(z)} = e^{g(z)}.$$

14 $0 = (e^{f(z)})' = f'(z)e^f$이고 임의의 z에 대하여 $e^f \neq 0$이므로 $f'(z) = 0$이다. 따라서 $f(z)$는 상수함수이다.

▌연습문제 **3.2**

02 (1) $|\sin z|^2 = \sin^2 x + \sinh^2 y$로부터 나온다.

04 (1) $(\frac{1}{2} + 2n)\pi \pm 4i$

07 (1) $(2n + \frac{1}{2})\pi i$ (2) $(2n \pm \frac{1}{3})\pi i$

10 만약 임의의 z에 대하여 $\cos(z + \alpha) = \cos z$이면

$$e^{iz}e^{i\alpha} + e^{-iz}e^{-i\alpha} = e^{iz} + e^{-iz}$$

이다. 따라서 $e^{iz}(e^{i\alpha} - 1) = e^{-iz}(1 - e^{-i\alpha}) = e^{-i\alpha}e^{-iz}(e^{i\alpha} - 1)$이다. 만약 $e^{i\alpha} - 1 \neq 0$이면 위의 식으로부터 모든 z에 대하여 $e^{iz} = e^{-i\alpha}e^{-iz}$이다. $z = 0$으로 두면 $1 = e^{-i\alpha}$가 되어 이는 가정에 모순이 된다. 따라서 $e^{i\alpha} = 1$이 되므로 적당한 정수 k에 대하여 $\alpha = 2\pi k$이다. 결과적으로 2π는 $\cos z$의 기본적 주기이다.

13 $y \geq 1$이므로 $|\sin z| \geq \frac{1}{2}|e^y - e^{-y}| \geq \frac{1}{2}(e - \frac{1}{e})$.

따라서 $|\csc z| \leq \dfrac{2e}{e^2 - 1}$이다.

14 $v(x, y) = \sinh x \sin y + C$ (단, C는 상수)

15 (1) 식 (2)의 증명과 비슷하므로 식 (2)만을 증명한다.

(2) 〈방법 1〉 $\cos z = 0$ 즉, $0 = \cos x \cosh y - i \sin x \sinh y$이면

$$\cos x \cosh y = 0, \ \sin x \sinh y = 0$$

이다. $\cosh y \neq 0$ (모든 y)이므로 $\cos x = 0$이 되어 $x = (n + \frac{1}{2})\pi$(n은 정수)이다. 이 값을 $\sin x \sinh y = 0$에 대입하면 $\sinh y = 0$이다. 따라서 $y = 0$이다.

그러므로 $z = x + iy = (n + \frac{1}{2})\pi + i0 = (n + \frac{1}{2})\pi$이다.

〈방법 2〉 $0 = \cos x \cosh y - i \sin x \sinh y$

$\Leftrightarrow 0 = \cos x \cosh y, 0 = \sin x \sinh y$

$\Leftrightarrow 0 = \cos x, 0 = \sin x \sinh y$

$\Leftrightarrow x = \frac{\pi}{2} + n\pi \, (n = 0, \pm 1, \cdots), \sinh y = 0$

$\Leftrightarrow x = \frac{\pi}{2} + n\pi \, (n = 0, \pm 1, \cdots), y = 0$

$\Leftrightarrow z = x + iy = (n + \frac{1}{2})\pi, \, (n = 0, \pm 1, \cdots).$

▌ 연습문제 3.3

01 (1) $1 + \frac{\pi}{2}i$ (2) $\frac{1}{2}\text{Log}2 - \frac{\pi}{4}i$ (3) $\text{Log}2 + i\frac{3}{4}\pi$ (4) $\text{Log}5 + i(1 + 2n)\pi$

   (5) $(2n + 1)\pi i$ (6) $(n + \frac{1}{4})\pi i$

02 (1) i (2) $\frac{\sqrt{2}}{2}e(1 - i)$ (3) $\text{Log}3 + (2n + 1)\pi i$

03 $z_1 = -1 + i, z_2 = i$이라고 두면 $-1 - i = z_1 z_2$이므로

$$\text{Log}(z_1 z_2) = \text{Log}(-1 - i) = \text{Log}\sqrt{2} - i\frac{3\pi}{4}$$

이고

$$\begin{aligned}
\text{Log}\,z_1 + \text{Log}\,z_2 &= \text{Log}(-1 + i) + \text{Log}\,i \\
&= \text{Log}\sqrt{2} + i\frac{3\pi}{4} + \text{Log}\,1 + \frac{\pi}{2}i = \text{Log}\sqrt{2} + \frac{5\pi}{4}i
\end{aligned}$$

이므로 $\text{Log}(z_1 z_2) \neq \text{Log}\,z_1 + \text{Log}\,z_2$이다.

07 (1) $f(z) = \log|z + 2| + i \arg(z + 2)$(단 $0 < \arg(z + 2) < 2\pi$)

   (2) $g(z) = \log|z + 2| + i \arg(z + 2)$(단 $-\frac{\pi}{2} < \arg(z + 2) < \frac{3}{2}\pi$)

11 $\log z$의 주분지는 $\sqrt{z}$의 경우와 마찬가지로 $A = \mathbb{C} \setminus \{x + iy : y = 0, x \leq 0\}$에서 해석적이므로 정리 3.3.8의 결과를 그대로 적용할 수 있다. 즉, w는 A 위에서 해석적이다. 또한 연쇄법칙을 이용하면 $\dfrac{dw}{dz} = \dfrac{e^z}{e^z + 1}$이다.

▌연습문제 **3.4**

01 (1) $e^{-\pi/4+2n\pi}e^{i\mathrm{Log}2/2}$ (2) $e^{\sqrt{2}(1+2n)\pi i}$ (3) $e^{(1+4n)i}$

02 (1) $e^{i\mathrm{Log}4}=\cos(\mathrm{Log}4)+i\sin(\mathrm{Log}4)$ (3) $e^{i}=\cos 1+i\sin 1$ (4) $-e^{2\pi^2}$

04 $b^z=e^{z\log b}$를 미분한다.

05 (1) $\dfrac{\pi}{2}+2n\pi-i\mathrm{Log}(\sqrt{2}\pm 1)$ (2) $-(\dfrac{1}{2}+n)\pi+i\mathrm{Log}\sqrt{3}$ (3) $2n\pi\pm i\mathrm{Log}3$

    (4) $n\pi i$ (5) $(\dfrac{1}{2}+2n)\pi i$

    (7) $\tanh^{-1}(1+2i)=\dfrac{1}{2}\log\dfrac{1+1+2i}{1-1-2i}=\dfrac{1}{2}\log(-1+i)$

                $=\dfrac{1}{4}\mathrm{Log}\,2+i(\dfrac{3}{8}+n)\pi$ (n은 정수)

06 $(2n+\dfrac{1}{2})\pi\pm i\mathrm{Log}(2+\sqrt{3})$

10 (1) $2\sin^{-1}(2z-1)/(z-z^2)^{1/2}$ (3) $\dfrac{-1}{z(1-\log^2 z)^{1/2}}$ (4) $2z^{\log z-1}\log z$

4장

▌연습문제 **4.1**

01 (1) 0 (2) 0 (3) $(2+11i)/3$

02 $|e^z/z|=|e^{\cos t+i\sin t}/e^{it}|=e^{\cos t}\le e$ 이므로 $|\int_C e^z/z\,dz|\le e\int_C |dz|=\pi e$ 이다.

03 $n=-1$일 때 $I=2\pi i$ 이고 $n\ne -1$일 때 $I=0$ 이다.

04 (1) $2\pi i$ (2) 0 (3) 0 (4) 2π (5) 8

05 (2) 0

06 (1) 원 $C:|z|=1$ 위에서 $|3+5z^2|\ge 5|z|^2-|3|=5-3=2$ 이므로 주어진 부등식이 성립한다.

▌연습문제 **4.2**

01 (1) $\dfrac{1}{2}$ (2) -8π

02 (1) πab (2) $x=a\cos^3\theta,\ y=a\sin^3\theta\ (0\le\theta<2\pi)$로 치환하여 풀면 $3\pi a^2/8$를 얻는다.

04 $f(z,\overline{z})=P(x,y)+iQ(x,y)$라고 두면

$$\oint_C f(z,\overline{z})dz=\oint_C (P+iQ)(dx+idy)$$
$$=\oint_C (Pdx-Qdy)+i\oint_C (Qdx+Pdy)$$

이다. 그린의 정리와 $\dfrac{\partial}{\partial x}+i\dfrac{\partial}{\partial y}=2\dfrac{\partial}{\partial \bar{z}}$ 에 의하여

$$\oint_C f(z,\bar{z})dz = -\iint_D (\frac{\partial Q}{\partial x}+\frac{\partial P}{\partial y})dxdy+i\iint_D(\frac{\partial P}{\partial x}-\frac{\partial Q}{\partial y})dxdy$$

$$= i\iint_D [(\frac{\partial P}{\partial x}-\frac{\partial Q}{\partial y})+i(\frac{\partial Q}{\partial x}+\frac{\partial P}{\partial y})]dxdy$$

$$= 2i\iint_D \frac{\partial f}{\partial \bar{z}}dxdy.$$

05 (1) 0   (2) 0   (3) 0   (4) $\dfrac{1}{3}z^3\big|^2_{1+i}=\dfrac{10-2i}{3}$

06 (1) $z\neq -3$ (2) 모든 점   (3) $z\neq -1\pm i$ (4) $z\neq \pm 2i$

(5) $\tan z=\sin z/\cos z$는 $\cos z=0$이 되는 점, 즉 $z=\pm\dfrac{\pi}{2}+n\pi$를 제외한 점에서 해석적 이다. 이 점들은 단위원 위나 내부에 있지 않으므로 $\tan z$는 단위원 위와 내부에서 해석적 이다. 따라서 코시의 정리에 의하여 $\displaystyle\oint_C \tan z dz=0$이다.

08 i는 C 내부에 있으므로 $\displaystyle\int_C \dfrac{dz}{z-i}=2\pi i$이고 $-i$는 C 외부에 있으므로 $\displaystyle\int_C \dfrac{dz}{z+i}=2\pi i$이다. 따라서 $\displaystyle\int_C \dfrac{dz}{z^2+1}=\int_C \dfrac{dz}{z+i}+\int_C \dfrac{dz}{z-i}=2\pi i$이다.

10 (1) 0   (2) $e+e^{-1}$ (3) $(1+i)/\pi$

11 $4(e^\pi -1)$

13 함수 $f(z)=1/z$은 영역 $\mathrm{Re}\,z>0$에서 해석적이며, $F(z)=\mathrm{Log}\,z\;(r>0, -\pi<\theta\le\pi)$는 원점을 제외한 구역 $\mathrm{Re}z\ge 0$에서 해석적이다. 따라서

$$\int_{-2i}^{2i}\frac{dz}{z}=\mathrm{Log}z\big]^{z=2i}_{z=-2i}=[\mathrm{Log}|2i|+\frac{\pi}{2}i]-[\mathrm{Log}|-2i|-\frac{\pi}{2}i]=\pi i$$

14 우선 적분경로가 상반평면에 있는 경우를 생각해 보자. 주어진 분지 $z^{1/2}=\sqrt{r}\,e^{i\theta/2}$, $0<\theta<2\pi$는 양의 x축 $\theta=0$ 위의 점, 특히 $z=1$에서는 해석적이 아니다. 그러나 다른 분지

$$f_1(z)=\sqrt{r}\,e^{i\theta/2}\;(-\frac{\pi}{2}<\theta<\frac{3\pi}{2})$$

는 반직선 $\theta=-\pi/2$를 제외한 모든 점에서 해석적이다. $z-$평면의 상반평면 $(0\le\theta\le\pi)$에 서는 $f_1(z)$의 값과 주어진 분지의 값이 일치하므로 피적분 함수를 $f_1(z)$로 대치할 수 있다. $f_1(z)$의 한 부정적분은

$$\frac{2}{3}z^{3/2}=\frac{2}{3}r^{3/2}e^{3i\theta/2}\;(-\frac{\pi}{2}<\theta<\frac{\pi}{2})$$

이므로

$$\int_{-1}^1 z^{\frac{1}{2}}dz=\frac{2}{3}r^{3/2}e^{3i\theta/2}\big|^{z=1=e^0}_{z=-1=e^\pi}=\frac{2}{3}(e^0-e^{3\pi i/2})=\frac{2}{3}(1+i).$$

다음은 적분 경로가 하반평면 안에 있는 경우를 생각해 보자. 분지

$$f_2(z) = \sqrt{r}\, e^{i\theta/2} \ \left(\frac{\pi}{2} < \theta < \frac{5\pi}{2}\right)$$

는 주어진 분지와 $z-$평면의 하반평면 $(\pi \leq \theta < 2\pi)$에서 일치하고 $f_2(z)$의 부정적분은

$$\frac{2}{3}z^{3/2} = \frac{2}{3}r^{3/2}e^{3i\theta/2} \ \left(\frac{\pi}{2} < \theta < \frac{5\pi}{2}\right)$$

이므로 피적분함수를 $f_2(z)$로 대치하면

$$\int_{-1}^{1} z^{1/2}dz = \frac{2}{3}r^{3/2}e^{3i\theta/2}\Big|_{z=-1=e^{\pi i}}^{z=1=e^{2\pi i}} = \frac{2}{3}(e^{3\pi i} - e^{3\pi i/2}) = \frac{2}{3}(-1+i).$$

15 $\dfrac{1}{2}e^{-2}(1 - e^{-2})$

16 $F(z) = \dfrac{1}{n+1}z^{n+1}$로 두어 계산한다.

17 $2\pi i$

18 $4\pi i$

19 $(-2-2i)/3$

20 $f(z) = 1/(1-e^z)$는 $z = 2n\pi i$를 제외한 모든 점에서 해석적이므로 코시의 정리에 의하여 적분값은 0이다.

25 D의 넓이 : $\dfrac{4}{5}$, 그린 정리에 의하여 선적분의 값 : $\dfrac{8}{5}$

5장

▌연습문제 5.1

01 (1) $\displaystyle\oint_C \frac{z^2+4}{z}dz = 2\pi i[0^2+4] = 8\pi i$　　(2) $\displaystyle\oint_C \frac{\sin z}{z}dz = 2\pi i \times \sin 0 = 0$

(3) $f(z) = e^z$로 놓으면 $f^{(4)}(0) = e^0 = 1$이다. 따라서 $\displaystyle\oint_C \frac{e^z}{z^5}dz = \frac{2\pi i}{4!} \times 1 = \frac{\pi}{12}i$이다.

(4) $f(z) = \sin z$로 놓으면 $f'(z) = \cos z$, $f'\left(\dfrac{\pi}{2}\right) = 0$이다. 따라서

$$\oint_C \frac{\sin z}{\left(z-\frac{\pi}{2}\right)^2}dz = 2\pi i \times 0 = 0$$

(5) $\displaystyle\oint_C \frac{1}{z^2-1}dz = \frac{1}{2}\left[\oint_C \frac{dz}{z-1} - \oint_C \frac{dz}{z+1}\right] = \frac{1}{2}(2\pi i - 2\pi i) = 0$

(6) $\displaystyle\oint_C \frac{1}{(z^2+1)(z^2+4)}dz = \frac{1}{3}\left[\oint_C \frac{dz}{z^2+1} - \oint_C \frac{dz}{z^2+4}\right]$에서 $\displaystyle\oint_C \frac{dz}{z^2+4} = 0$이다. 따라서

$$\oint_C \frac{dz}{(z^2+1)(z^2+4)} = \frac{1}{3}\oint_C \frac{dz}{z^2+1} = \frac{1}{3}\frac{1}{2i}\left[\oint_C \frac{dz}{z-i} - \oint_C \frac{dz}{z+i}\right]$$
$$= \frac{1}{6i} \times 0 = 0$$

02 z_0가 C의 외부에 있으면 두 적분은 모두 0이다. z_0가 C의 내부에 있으면 코시의 적분공식에 의하여 좌변은 $2\pi i f'(z_0)$이고 우변은 도함수 공식에 의하여 $2\pi i f'(z_0)$이다.

03 (1) $2\pi/17$　(2) $(\pi-4\pi i)/17$　(3) 0

05 $P^{(n+1)}(z) = 0$이므로 도함수 공식에 의하여 $\dfrac{2\pi i}{(n+1)!}P^{(n+1)}(1) = 0$

06 D의 모든 점에서 $f'(z)$와 $g'(z)$가 존재하고 $[f(z)g(z)]' = f(z)g'(z) + f'(z)g(z)$이므로

$$\int_{z_0}^{z_1} f(z)g'(z)dz = f(z)g(z)\Big|_{z_0}^{z_1} - \int_{z_0}^{z_1} f'(z)g(z)dz$$

07 $f(z)$와 $g(z)$의 테일러 급수를 이용하여라.

08 (1) $1/2$　(2) 1　(3) 1　(4) 0

09 아니다. $\displaystyle\int_{|z|=1} |z|^2 dz = 0$이지만 $f(z) = |z|^2$은 해석적이 아니다.

11 코시의 적분정리에 의하여 D내의 모든 닫힌 곡선 C에 대하여 $\displaystyle\oint_C f(z) = 0$이다. 따라서 모레라의 정리의 가정을 만족하므로 그것의 증명에서와 같이 $F(z)$는 D에서 해석적이다.

12 코시의 적분공식에 의하여

$$f(a) = \frac{1}{2\pi}\int_0^{2\pi} f(a+se^{it})dt$$

이다. 따라서 $\displaystyle\int_0^r f(a)s\,ds = r^2 f(a)/2$이다. 즉,

$$\int_0^r \Big[\frac{1}{2\pi}\int_0^{2\pi} f(a+se^{it})dt\Big]s\,ds = \frac{1}{2\pi}\int_0^{2\pi}\Big[\int_0^r f(a+se^{it})s\,ds\Big]dt = r^2 f(a)/2.$$

13 $z = e^{i\theta}$일 때 $dz = ie^{i\theta}d\theta = iz\,d\theta$ 또는 $d\theta = dz/iz$이고
$\cos\theta = (e^{i\theta}+e^{-i\theta})/2 = (z+1/z)/2$이다. 따라서 만약 C가 단위원 $|z|=1$이면

$$\int_0^{2\pi}\cos^{2n}\theta\,d\theta = \oint_C \frac{1}{2}\Big(1+\frac{1}{z}\Big)^{2n}\frac{dz}{iz}$$

$$= \frac{1}{2^{2n}i}\oint_C \frac{1}{z}\Big\{z^{2n}+\binom{2n}{1}z^{2n-1}\Big(\frac{1}{z}\Big)+\cdots+\binom{2n}{k}(z^{2n-k})\Big(\frac{1}{z}\Big)^k+\cdots+\Big(\frac{1}{z}\Big)^{2n}\Big\}dz$$

$$= \frac{1}{2^{2n}i}\oint_C\Big\{z^{2n-1}+\binom{2n}{1}z^{2n-3}+\cdots+\binom{2n}{k}(z^{2n-2k-1})+\cdots+z^{-2n-1}\Big\}dz$$

$$= \frac{1}{2^{2n}i}\cdot 2\pi i\binom{2n}{n} = \frac{1}{2^{2n}}\binom{2n}{n}2\pi = \frac{1}{2^{2n}}\frac{(2n!)}{n!n!}2\pi$$

$$= \frac{(2n)(2n-1)(2n-2)\cdots(n)(n-1)\cdots 1}{2^{2n}n!n!}2\pi$$

$$= \frac{1\cdot 3\cdot 5\cdots(2n-1)}{2\cdot 4\cdot 6\cdots(2n)}2\pi$$

14 만약 $D : \operatorname{Re} z = x < 0$이면

$$\int_0^\infty \frac{|e^{zt}|}{t+1}dt < \int_0^\infty e^{xt}dt = -\frac{1}{x}$$

이므로 적분은 절대수렴하고 $|f(z)| \leq \dfrac{1}{|x|}$ 이다. f가 D에서 해석적임을 보이기 위하여 C는 D의 어떤 닫힌 직사각형의 경계일 때 적분

$$\int_C f(z)dz = \int_C (\int_0^\infty \frac{e^{zt}}{t+1}dt)dz$$

를 생각한다. $\displaystyle\int_C\int_0^\infty \frac{e^{zt}}{t+1}dtdz$는 수렴하므로 적분 순서를 바꿀 수 있고 $\dfrac{e^{zt}}{t+1}$는 z의 해석함수이므로

$$\int_C f(z)dz = \int_0^\infty \int_C \frac{e^{zt}}{t+1}dzdt = \int_0^\infty 0dt = 0$$

이다. 따라서 모레라의 정리에 의하여 f는 $D : \operatorname{Re} z < 0$에서 해석적이다.

16 $|z| < R$이면 코시의 적분공식에 의하여

$$f(z) = \frac{1}{2\pi i}\int_{|\zeta|=R} \frac{f(\zeta)}{\zeta-z}\,d\zeta - \frac{1}{2\pi i}\int_{|\zeta|=2} \frac{f(\zeta)}{\zeta-z}\,d\zeta.$$

이 등식은 영역 $2 < |z| < R$에서 성립한다. 양수 ϵ을 고정한다. R_ϵ은 $|\zeta| = R_\epsilon$에서 $|f(\zeta)| < \epsilon/2$이고 $R_\epsilon > 2|z|$인 상수라 하자. 그러면 $|\zeta| = R_\epsilon$에서 $|\zeta - z| > R_\epsilon/2$이므로

$$\frac{1}{2\pi}\int_{|\zeta|=R_\epsilon} \frac{|f(\zeta)|}{|\zeta-z|}\,|d\zeta| < \frac{(\epsilon/2)2\pi R_\epsilon}{2\pi R_\epsilon/2} = \epsilon.$$

따라서 위 식에 의하여

$$\left| \frac{1}{2\pi i}\int_{|\zeta|=2} \frac{f(\zeta)}{\zeta-z}\,d\zeta + f(z) \right| < \epsilon.$$

ϵ은 임의의 양수이므로 주어진 등식이 성립한다.

17 $-\dfrac{8\pi}{e^2}i$

18 $\ker T$의 기저 : $\{z, e^z\}$

▌ 연습문제 5.2

01 (1) $1/f(z)$는 정함수이고 가정에 의하여 $|1/f(z)| \leq 1$이므로 리우빌의 정리에 의하여 $1/f(z)$는 상수함수이다.

(2) $g(z) = e^{f(z)}$로 두면 함수 f가 정함수이므로 함수 g도 정함수이다. 또한
$$|g(z)| = |e^{f(z)}| = |e^{u+iv}| = |e^{u(x,y)}| \leq |e^c|$$
이므로 g는 유계함수이다. 따라서 리우빌의 정리에 의하여 g는 상수함수이므로 f는 상수함수이다.

(3) $g(z) = e^{if(z)}$로 두면 f가 정함수이므로 g도 정함수이다. 또한
$$|g(z)| = |e^{if(z)}| = |e^{iu-v}| = |e^{-v}| = e^{-v} \leq e^{-c}$$
이므로 g는 유계함수이다. 따라서 리우빌의 정리에 의하여 g는 상수함수이다. 고로 f는 상수함수이다.

04 $f(z)/e^z$는 정함수이고 가정에 의하여 $|f(z)/e^z| \leq 1$이므로 리우빌의 정리에 의하여 $f(z)/e^z$는 상수함수이다.

06 $z_n \to z_0 \in D$인 수열 $\{z_n\}$을 선택하여 항등정리를 적용한다.

07 (1) $C : |z| = 1$에서 $|f(z)| \leq 1$이므로 코시의 부등식에 의하여 $|a_n| = \left| \dfrac{f^n(0)}{n!} \right| \leq 1$을 이용한다.

08 $f(z) = \sin z$가 유계함수이면 f는 정함수이므로 리우빌의 정리에 의하여 f는 상수함수여야 한다. 이는 모순이다. 따라서 $f(z) = \sin z$는 유계함수가 아니다.

09 $|f^{(3)}(1)| \leq \dfrac{3!10}{3^3} = \dfrac{20}{9}$

10 $z_n = \dfrac{1}{n} \to 0$이고 모든 자연수 n에 대하여 $f(z_n) = 0$이므로 항등정리에 의하여 $f \equiv 0$이다.

11 $f(z) = \displaystyle\sum_{n=0}^{\infty} a_n z^n$으로 전개하면 코시의 부등식에 의하여 $|a_n| \leq \dfrac{3r^{1/2}}{r^n}$이 된다. $r \to \infty$이 되게 하면 $a_n = 0 \ (n \geq 1)$을 얻는다. 따라서 $f(z) = a_0$이다.

12 $g(z) = \dfrac{f(z)}{e^z}$로 두면 $g(z)$는 정함수이고 $|g(z)| \leq 2|z|$을 만족한다. 보기 5.2.4에 의하여 $g(z) = a_1 z$로 나타낼 수 있으므로 $f(z) = a_1 z e^z$이다. 미분하면 $f'(z) = a_1 z e^z + a_1 e^z$이고 가정에 의하여 $f'(1) = 2a_1 e = 1$이 된다. 따라서 $a_1 = \dfrac{1}{2e}$이므로 $f(z) = \dfrac{1}{2e} z e^z$가 되고 $f(1) = \dfrac{1}{2}$이다.

14 〈방법 1〉 $r > 0$을 고정하고 $|z| \leq r$에 대하여 $|f(z)| \leq A + B|r|^k$이다. $|z| < r$에서 코시의 부등식을 적용하면 모든 자연수 n에 대하여

$$|f^{(n)}(0)| \leq \frac{(A + B r^k) n!}{r^n}$$

이다. $r \to \infty$로 하면 $n > k$인 자연수 n에 대하여 $f^{(n)}(0) = 0$이다. f는 매클로린 급수로 표현되므로 f는 많아야 k차 다항식이다.

〈방법 2〉 $k = 0$인 경우 이 정리는 리우빌의 정리이다. 따라서 일반적인 경우를 수학적 귀납법에 의하여 증명하고자 한다.

$$g(z) = \begin{cases} \dfrac{f(z) - f(0)}{z - 0}, & z \neq 0 \\ f'(0), & z = 0 \end{cases}$$

이면 위의 보조정리에 의하여 g는 정함수이다. 또한 가정에 의하여

$$|g(z)| \leq C + D|z|^{k-1}$$

이다. 따라서 g는 많아야 $(k-1)$차의 다항식이므로 f는 많아야 k차 다항식이다.

15 $g(z) = [f(z) - f(0)]/z$는 정함수이고 $|g(z)|$는 유계함수이므로 리우빌의 정리에 의하여 g는 상수함수이다. 따라서 $\displaystyle\lim_{|z| \to \infty} g(z) = 0$이므로 $f(z) \equiv f(0)$이다.

16 가정에 의하여 적당한 양수 $M > 0$이 존재해서 $|z| > M$이면 $|f(z)| > 1$이다. 따라서 f는 많아야 유한개의 영점 $\alpha_1, \alpha_2, \cdots, \alpha_N$을 갖는다. 즉,

$$f(z) = (z - \alpha_1)(z - \alpha_2) \cdots (z - \alpha_N)g(z) \quad (단 \ g(\alpha_i) \neq 0, i = 1, 2, \cdots, N).$$

그렇지 않으면 영점들의 집합은 $|z| < M$에서 쌓인 점을 갖는다. 항등정리에 의하여 $f \equiv 0$이다. 이는 가정에 모순이 된다.

$$g(z) = \frac{f(z)}{(z - \alpha_1)(z - \alpha_2) \cdots (z - \alpha_N)}$$

으로 놓으면 g도 정함수이고 $g(z) \neq 0$이다. 따라서

$$h(z) = \frac{1}{g(z)} = (z - \alpha_1)(z - \alpha_2) \cdots (z - \alpha_N)/f(z)$$

는 정함수이다. $z \to \infty$ 일 때 $f \to \infty$이므로 $|h(z)| \leq A + |z|^N$이다. 리우빌의 정리의 일반화에 의하여 h는 다항식이다. $h = 1/g \neq 0$이므로 대수학의 기본정리에 의하여 h는 상수 k이다. 따라서 다음 식을 얻는다.

$$f(z) = \frac{1}{k}(z - \alpha_1)(z - \alpha_2) \cdots (z - \alpha_N)$$

17 $f(z) = e^z$는 반평면 $\operatorname{Re} z \leq 0$에서 유계이다.

18 코시의 부등식에서 M을 $K|z|$로 생각하면

$$|f''(z)| \leq \frac{2!K|z|}{|z|^2} = \frac{2K}{r} \quad (z \in \mathbb{C})$$

이다. $r \to \infty$ 되게 하면 $f''(z) = 0$임을 알 수 있다. 따라서 $f(z) = az + b (a, b$는 복소상수)이다. 가정 $|f(z)| \leq K|z|$로부터 $f(0) = 0$이므로 $b = 0$이고, $f(z) = az$이다.

20 복소평면 전체에서 $f(z)$가 유계임을 보여 리우빌 정리를 적용하고자 한다. 4개의 점 $2 + 2i$, $-2 + 2i$, $-2 - 2i$, $2 - 2i$을 지나는 정사각형의 내부와 그 경계를 D라고 하자. f는 컴팩트 집합 D에서 해석적이므로 f는 연속함수가 되고 따라서 유계함수가 된다. 즉, 어떤 $M > 0$가 존재해서 모든 $z \in D$에 대하여 $|f(z)| \leq M$이다. $z \in \mathbb{C}$는 임의의 점이라 하자. 조건 $f(z) = f(z + 2)$에 의하여 $f(z - 2) = f(z)$, $f(z - 4) = f(z - 2)$, $\cdots$이다. 또한 조건 $f(z) = f(z + i)$에 의하여 $f(z - i) = f(z)$, $f(z - 2i) = f(z - i)$, $\cdots$을 만족한다. 이는 $f(z)$가 어떤 $\tilde{z} \in D$에 대하여 $f(z) = f(\tilde{z})$임을 의미한다. 따라서 $|f(z)| \leq M$이다. z는 임의의 복소수이므로 모든 복소수 z에 대하여 $f(z)$는 유계라고 할 수 있다. 리우빌의 정리에 의하여 f는 상수함수가 된다. 따라서 $f(0) = i$이므로 모든 $z \in \mathbb{C}$에 대하여 $f(z) = i$가 되므로 $f(1 + i) = i$이다.

21 $f(\mathbb{C})$는 $\mathbb{C}$의 조밀한 부분집합이 아니라고 가정하자. 그러면 $N_\epsilon(z_0) \cap f(\mathbb{C}) = \varnothing$을 만족하는 점 $z_0 \in \mathbb{C}$과 양수 ϵ이 존재한다. 즉, 모든 $z \in \mathbb{C}$에 대하여 $|f(z) - z_0| \geq \epsilon$이다. 따라서 $g(z) = \frac{1}{f(z) - z_0}$은 정함수이고 유계함수이다. 리우빌의 정리에 의하여 g는 상수함수이므로 f는 상수함수이다. 이것은 가정에 모순이다.

22 f는 상수함수가 아니라고 가정하자. 그러면 문제 21에 의하여 $f(\mathbb{C})$는 $\mathbb{C}$의 조밀한 부분집합이다.

$$K = \{z \in \mathbb{C} : |z| \leq M\}, \ \Omega = \{z \in \mathbb{C} : |\operatorname{Re}(f(z))| \geq |\operatorname{Im}(f(z))|\}$$

로 두면 가정에 의하여 $f(\mathbb{C} - K) \subseteq \Omega$이다. Ω는 닫힌 집합이므로 $\overline{f(\mathbb{C} - K)} \subseteq \Omega$이다. f는 연속함수이고 K는 컴팩트 집합이므로 $f(K)$는 컴팩트 집합이다.

$$\mathbb{C} = \overline{f(\mathbb{C})} = \overline{f(K) \cup f(\mathbb{C} - K)} = \overline{f(K)} \cup \overline{f(\mathbb{C} - K)} \subseteq f(K) \cup \Omega$$

이므로 $\mathbb{C} - \Omega \subseteq f(K)$이다. $f(K)$는 유계집합이고 $\mathbb{C} - \Omega$는 유계집합이 아니므로 이것은 모순이다. 따라서 f는 상수함수이다.

23 $g(z) = \dfrac{f(z)}{\cos z}$로 두면 가정에 의하여 $|g(z)| \le 1$이므로 g는 유계함수이다.

$$\widehat{g(z)} = \begin{cases} g(z) & (\cos z \neq 0) \\ \displaystyle\lim_{z \to w} g(z) & (\cos w = 0) \end{cases}$$

로 정의하면 $\hat{g}$는 유계이고 정함수이다. 따라서 리우빌의 정리에 의하여 $\hat{g} = c$는 상수함수이다. g의 정의에 의하여 $f(z) = c\cos z$이다.

24 $|z| = 1$에서 $|f(0)| = 5 \ge |f(z)|$이다. 만약 $f(z)$가 상수가 아니면 최대 절댓값 정리에 모순이다.

▌ 연습문제 5.3

01 $\dfrac{1}{4}$

02 $f(z) = \ln(1 + z)$로 놓고 평균값 정리를 적용하여라.

04 모든 $z \in D$에 대하여 $f(z) \neq 0$이면 최솟값, 최댓값 정리에 의하여 $m \le |f(z)| \le M$이다. C 위에서 상수이므로 $|f(z)|$는 상수이다. 따라서 $f(z)$는 상수가 되어 모순이다.

05 (1) $z = r$에서 $M(r, f) = e^r$, $z = -r$에서 $m(r, f) = e^{-r}$

(2) $|z| = r$의 모든 점에서 $M(r, f) = m(r, f) = r^n$

(3) $z = r$에서 $M(r, f) = r^2 + 1$, $z = ir$에서 $m(r, f) = -r^2 + 1$

(4) $z = r$에서 $m(r, f) = r^2 - r + 1$, $z = -r$에서 $M(r, f) = r^2 + r + 1$

09 $|\text{Im}\, z| > 1$이면 가정에 의하여 $|f(z)| < 1$이지만, f는 실수축 근방에서는 유계함수가 아니다. 원 $|z| = R$에서 $|f|$의 값을 추정하기 위하여 보조함수 $g(z) = (z^2 - R^2)f(z)$를 생각한다. $|z| = R$와 $\text{Re}\, z \ge 0$인 모든 z에 대하여 적당한 θ $(0 \le \theta \le \pi/4)$가 존재해서

$$|(z - R)f(z)| \le |z - R| / |\text{Im}\, z| = \sec\theta$$

이다. 따라서 $\dfrac{1}{\sqrt{2}} \le \cos\theta \le 1$이므로 $|(z - R)f(z)| \le \sqrt{2}$이다. 마찬가지로 $|z| = R$이고 $\text{Re}\, z \le 0$이면 $|(z + R)f(z)| \le \sqrt{2}$이다. 따라서 $|z| = R$인 모든 z에 대하여

$$|g(z)| \le |z + R| |z - R| |f(z)| \le 3R$$

이다. 최대 절댓값의 정리에 의하여 $|g(z)| \le 3R$ $(|z| < R)$이다. 따라서 $|z| \le R$이면 $|g(z)| = |z^2 - R^2| |f(z)| \le 3R$이고 $|f(z)| \le \dfrac{3R}{|z^2 - R^2|}$이다. $R \to \infty$로 두면 $f(z) = 0$이다. 이는 모든 z에 대하여 성립하므로 $f \equiv 0$이다.

10 슈바르츠의 보조정리를 이용하여 $|F(z)| \le r + r^2 + r^3 + \cdots = \dfrac{r}{1 - r}$

11 $P(z) = a_0 + a_{1z} + \cdots + a_n z^n$ $(a_n \neq 0)$가 영점을 갖지 않는다고 가정하면 $1/P(z)$는 영점을 갖지 않고, 복소평면 전체에서 해석적이다. 위의 최대 절댓값 정리에 의하여 $\lim\limits_{z \to \infty} \dfrac{1}{P(z)} = 0$이 된다. $|z| = r$인 r을 충분히 크게 잡으면 $\left| \dfrac{1}{P(z)} \right| < \left| \dfrac{1}{P(0)} \right| = \dfrac{1}{|a_0|}$이므로 연속함수 $|1/P(z)|$은 컴팩트 집합 $|z| \leq r$의 경계 위에서 최댓값을 갖지 못한다. 따라서 $|1/P(z)|$은 $|z| \leq r$의 내점에서 최댓값을 갖게 되어 최대 절댓값 정리에 모순된다. 따라서 $P(z)$는 $|z| \leq r$에서 한 영점을 가져야 한다.

12 (1) 6   (3) 2   (4) $\dfrac{8\sqrt{3}}{3}$

13 함수 $f(z)$는 상수함수가 아니라고 가정하자. $f(z)$는 $\overline{D} = \{z : |z| \leq 2\}$에서 연속이고 D에서 해석적이므로 최대 절댓값 정리에 의하여 $\overline{D} = \{z : |z| \leq 2\}$의 경계에서만 최댓값을 갖는다. 그런데 $|f(0)| = |2 + i| = \sqrt{5}$이므로 $f(z)$는 $z = 0$에서 최댓값을 가진다. 이는 모순이므로 함수 $f(z)$는 상수함수, 즉 $f(z) = C$이다. 가정에 의하여 $f(0) = 2 + i$이므로 $C = 2 + i$이다. 따라서 $f(z) = 2 + i$ 이고 $f'(z) = 0$이므로 구하는 값은 $f(1) + f'(i) = 2 + i$이다.

14 주어진 $0 \leq r_0 < R$인 임의의 r_0에 대해서 임의의 양수 ϵ에

$$|r_1 - r_0| \leq \delta \quad \text{일 때} \quad |M(r_1) - M(r_0)| < \epsilon$$

를 만족하는 적당한 $\delta > 0$가 존재함을 밝히고자 한다. $f(z)$는 $|z| < R$의 컴팩트 부분집합 위에서 고른 연속이므로 $|r_1 - r_0| \leq \delta (0 \leq \theta < 2\pi)$일 때 $||f(r_1 e^{i\theta})| - |f(re^{i\theta})|| < \epsilon$이다. 첫째로 $r_0 \leq r_1 \leq r_0 + \delta$이고 더욱이 $|f(r_1 e^{i\theta_1})| = M(r_1)$이라 가정하자. 만일 $|f(re^{i\theta})|$가 하나의 θ 값보다 많은 값에 대해서 원 $|z| = r$ 위에서 최댓값을 갖는다고 할 때 θ_1을 그와 같은 임의의 값이라 하자. 최대 절댓값 정리에 의하면 $M(r_1) \geq M(r_0)$이다. 따라서 $r_0 \leq r_1 \leq r_0 + \delta$일 때

$$0 \leq M(r_1) - M(r_0) \leq |f(r_1 e^{i\theta_1})| - |f(r_0 e^{i\theta_0})| < \epsilon$$

이다.

한편 $r_0 - \delta \leq r_1 \leq r_0$이면 $M(r_0) = |f(r_0 e^{i\theta_0})|$로 놓는다. 따라서

$$0 \leq M(r_0) - M(r_1) \leq |f(r_0 e^{i\theta_0})| - |f(r_1 e^{i\theta_1})| < \epsilon$$

이다. 따라서 $M(r)$는 r_0에서 연속이므로 증명은 끝난다.

15 $\phi(z) = \Pi_{i=1}^n \dfrac{R(z - z_i)}{R^2 - \bar{z_i} z}$라 두면 $\dfrac{f(z)}{\phi(z)}$는 $|z| < R$에서 해석적이고 최대 절댓값 정리에 의하여

$$|f(z)/\phi(z)| \leq \max_{|\xi| = \rho} M/|\phi(\xi)| \quad (|z| \leq \rho < R)$$

이다. $\rho \to R$이라 하면 $|\phi(z)| = 1$ $(|z| = R)$이므로 $|f(z)| \leq M|\phi(z)|$이다. 나머지 부분은 최대 절댓값 정리로부터 명백하다.

16 $|f(z)| + |g(z)|$는 ∂D에서 최댓값을 갖지 않는다고 하자. $\mu = \max_{z \in \overline{D}} (|f(z)| + |g(z)|)$이고 z_0는 $|f(z_0)| + |g(z_0)| = \mu$인 D의 점이라 하자. θ_1, θ_2는 $|f(z_0)| = f(z_0) e^{i\theta_1}$이고 $|g(z_0)| = g(z_0) e^{i\theta_2}$인 상수라 하자. $h(z) = f(z) e^{i\theta_1} + g(z) e^{i\theta_2}$로 두면 f, g는 D에서 해

석적이므로 h는 D에서 해석적이다. $|f(z)|+|g(z)|$는 ∂D에서 최댓값을 갖지 않으므로 임의의 $z \in \partial D$에 대하여

$$|h(z)| \leq |f(z)|+|g(z)| < \mu.$$

하지만 $z_0 \in D$에 대하여

$$h(z_0) = f(z_0)e^{i\theta_1} + g(z_0)e^{i\theta_2} = |f(z_0)|+|g(z_0)| = \mu.$$

이것은 최대 절댓값 정리에 모순이다. 따라서 $|f(z)|+|g(z)|$는 ∂D에서 최댓값을 취한다.

19 함수 g를 다음과 같이 정의하면 $|g(z)| \leq \dfrac{1}{r}$ $(|z| = r)$이다.

$$g(z) = \begin{cases} \dfrac{f(z)}{z}, & 0 < |z| < 1 \\ f'(0), & z = 0 \end{cases}$$

$r \rightarrow 1$로 두고 최대 절댓값 정리를 적용하면 단위원판에서 $|g(z)| \leq 1$이다. 따라서 (1)과 (2)가 성립한다.

만약 적당한 점 z_0 $(|z_0| < 1)$에 대하여 $|g(z_0)| = 1$이면 최대 절댓값 정리에 의하여 g는 상수이고 $|g(z)| = 1$이다. 따라서 $f(z) = e^{i\theta}z$이다.

21 최대 절댓값 정리에 의하여 $|f(z)|$의 최대 절댓값은 원환의 경계에서 갖는다. 이 원환의 경계 위의 점 $z = re^{i\theta}$에서 $|f(z)| = \dfrac{e^{r\cos\theta}}{r}$ $(r = 1/2, 1)$이므로 $\cos\theta = 1$ 또는 $\theta = 0$일 때 $|f(z)|$의 최대 절댓값은 나온다. 하지만

$$|f(z)| = \begin{cases} 2\sqrt{e} & (r = 1/2, \theta = 0) \\ e & (r = 1, \theta = 0) \end{cases}$$

이므로 $z = 1/2$에서 최대 절댓값은 $2\sqrt{e}$이다.

이 원환에서 $|f(z)|$의 최소 절댓값을 구하기 위해서는 $g(z) = 1/f(z) = ze^{-z}$인 경우에 $|g(z)|$의 최대 절댓값을 구하면 된다.

22 (1) f는 $D(0,1)$에서 영점을 갖지 않는다고 가정하면 최소 절댓값 정리에 의하여

$$M \leq \min_{z \in \partial D(0,1)} |f(z)| = \min_{z \in \overline{D(0,1)}} |f(z)| \leq |f(0)| < M$$

이므로 모순이다. 따라서 f는 $D(0,1)$에서 적어도 하나의 영점을 가진다.

(2) $0 < r < 1$이라 하자. $\partial D(0, r^2)$는 컴팩트 집합이므로 $|f(z_0)| = \max_{z \in \partial D(0, r^2)} |f(z)|$을 만족하는 점 $z_0 \in \partial D(0, r^2)$가 존재한다. 최대 절댓값 정리에 의하여

$$|f(z_0)| = \max_{z \in \overline{D(0, r^2)}} |f(z)|.$$

$|f(z^2)| \geq |f(z)|$이므로

$$|f(z_0)| = \max_{z \in \overline{D(0, r^2)}} |f(z)| = \max_{z \in \overline{D(0, r)}} |f(z^2)| \geq \max_{z \in \overline{D(0, r)}} |f(z)|.$$

$r^2 < r$이므로 $z_0 \in \partial D(0, r^2) \subseteq D(0, r)$임을 주목한다. 따라서

$$|f(z_0)| \leq \max_{z \in \overline{D(0, r)}} |f(z)|$$

이다. 위의 두 부등식에 의하여 $|f(z_0)| = \max_{z \in \overline{D(0, r)}} |f(z)|$.

하지만 $r^2 < r$이므로 $z_0 \in D(0, r^2) \subseteq D(0, r)$이다. 따라서 z_0는 $\max_{z \in \overline{D(0, r)}} |f(z)|$을

취하는 내점이다. 최대 절댓값 정리에 의하여 f는 $\overline{D(0,r)}$에서 상수이다. 유일성 정리에 의하여 f는 $D(0,1)$에서 상수함수이다.

23 $f(z) = e^{z^3}$는 정함수이므로 $|z| < 1$에서 해석적이고 $|z| \leq 1$에서 연속이다. 최대 절댓값 정리에 의하여 $|e^{z^3}|$는 $|z| = 1$에서 최댓값을 갖는다.
$$|e^{z^3}| = |e^{x^3 + 3ix^2y - 3xy^2 - iy^3}| = e^{x^3 - 3xy^2}$$
이고, $|z| = 1$이면 $x^2 + y^2 = 1$이므로 $|e^{z^3}| = e^{x^3 - 3xy^2} = e^{4x^3 - 3x}$ $(-1 \leq x \leq 1)$의 최댓값은 $x = -1/2$, $x = 1$에서 e이다. 따라서 $x = -1/2$, $y = \pm \sqrt{3}/2$과 $x = 1$, $y = 0$에서 $|e^{z^3}|$의 최댓값은 e이다.

24 함수 f가 D에서 해석적이므로 $f(z) = \sum_{n=0}^{\infty} a_n z^n$이 되고 가정에 의하여 $f(z) = z^2 g(z)$의 꼴이 된다(단, $g(z)$는 D에서 해석적이고 $g(0) \neq 0$이다). $0 < r < 2$인 r에 대하여 $|z| = r$일 때
$$|g(z)| = |\frac{f(z)}{z^2}| \leq \frac{3}{r^2}$$ 이 성립한다. 여기서 최대 절댓값 정리를 적용하면 $|z| \leq r$일 때
$$|g(z)| \leq \frac{3}{r^2}$$이다.

이 명제는 임의의 $r < 2$에 대하여 성립하므로 모든 $z \in D$에 대하여 $|g(z)| \leq \frac{3}{4}$이다.

위의 결과와 $f(\frac{1}{3}) = \frac{i}{12}$를 사용하여 $g(\frac{1}{3}) = \frac{3i}{4}$이고 g는 $G : |z - \frac{1}{3}| < \frac{5}{3}$에서 해석적이므로 최대 절댓값 정리에 의하여 g는 $G(\subseteq D)$에서 상수함수이다. 따라서 $g(\frac{1}{3}) = \frac{3i}{4}$이므로 G에서 $g(z) = \frac{3i}{4}$이다. 그러므로 $f(\frac{2i}{3}) = (\frac{2i}{3})^2 g(\frac{2i}{3}) = -\frac{4}{9} \cdot \frac{3i}{4} = -\frac{i}{3}$.

▎ 연습문제 5.4

02 (1) $14\pi i$ (2) $12\pi i$

03 $N - P = 4 - 6 = -2$

04 $f(z)$와 $g(z) = z$에 대하여 루셰의 정리를 이용하여라.

05 각 g_n은 정함수이고 e^z로 고른 수렴한다. 임의의 큰 자연수 n에 대하여 g_n이 $|z| < R$ 내부에 영점을 갖는다면 $n_k \to \infty$ 되는 점 z_k가 $|z| < R$ 내부에 존재하여 $g_{n_k}(z_k) = 0$이 된다. $|z| < R$은 유계이므로 $\{z_k\}$는 한 쌓인 점 z_0를 갖는다. 후위츠의 정리에 의하여 $e^{z_0} = 0$이 되어 모순된다.

06 $f(z) = \dfrac{(z - z_1) \cdots (z - z_n)}{(z - w_1) \cdots (z - w_m)} F(z)$(단 $F(z) \neq 0$이고 $F(z)$는 해석적이다)이므로
$$g \frac{f'}{f} = \frac{g}{z - z_1} + \cdots + \frac{g}{z - z_n} - \frac{g}{z - w_1} - \cdots - \frac{g}{z - w_m} + \frac{gF'}{F}$$
이다. 따라서

$$\frac{1}{2\pi i}\int_C g(z)\frac{f'(z)}{f(z)}dz = \sum_{i=1}^{n}\frac{1}{2\pi i}\int_C \frac{g(z)}{z-z_i}dz - \sum_{i=1}^{m}\frac{1}{2\pi i}\int_C \frac{g(z)}{z-w_i}dz$$
$$= \sum_{i=1}^{n}g(z_i) - \sum_{i=1}^{m}g(w_i)$$

07 문제 6에 의하여 $\dfrac{1}{2\pi i}\int_C \dfrac{f'(z)}{f(z)}dz = f(z)-w$의 영점에서 $z=f^{-1}(w)$

08 문제 7에 의하여 $P(z)=0$의 근을 $b_1, b_2, \cdots, b_n$이라 하면 $b_1 + b_2 + \cdots + b_n = -\dfrac{a_{n-1}}{a_n}$ 이다.

09 가우스 평균값 정리에 의하여 $\sin^2(\dfrac{\pi}{6}) = \dfrac{1}{4}$ 이다.

14 (1) 코시 적분공식에 의하여 분명하다.

(2) $\left|\displaystyle\int_C f(z)dz\right| \le ML$를 이용한다.

(3) $|f(z)| \le (\dfrac{L}{2\pi d})^{1/n}M$이고 $(\dfrac{L}{2\pi d})^{1/n}$은 1에 수렴하므로 $|f(z)| \le M$을 얻을 수 있다.

15 (1) $f(z)=-8$, $g(z)=3z^3 - 2z^2 + 2iz$로 두면 원 $|z|=1$위에서
$$|g(z)| \le 3+2+2 = 7 < 8 = |f(z)|$$
이므로 $p(z)=f(z)+g(z)$와 $f(z)=-8$은 원 $|z|=1$내에서 같은 수의 근을 갖는다. 따라서 $p(z)$는 원판 $|z| \le 1$에서 0이 되지 않는다.

더구나 $f(z)=3z^3$, $g(z)=-2z^2 + 2iz - 8$로 두면 원 $|z|=2$위에서
$$|g(z)| \le 2(4)+2(2)+8 = 20 < 24 = |3z^3| = |f(z)|$$
이므로 $p(z)=f(z)+g(z)$와 $f(z)=3z^3$은 원 $|z|=2$ 내에서 같은 수의 근을 갖는다. 즉, $p(z)$는 $|z|=2$ 내에서 세 개의 근을 갖는다. 결과적으로 $p(z)$의 모든 근은 $1 < |z| < 2$에 놓여있다.

(2) $f(z)=az^n$, $g(z)=-e^z$로 두고 $z=x+iy$는 원 $C: |z|=1$ 위의 임의의 점이라 하자. 이때 $|z|^n = 1$, $|x| \le 1$이므로
$$|f(z)| = |a||z|^n = |a| > e \text{ 이고 } |g(z)| = |e^z| = e^x \le e$$
이다. 따라서 원 C의 임의의 점 z에 대하여 $|g(z)| < |f(z)|$이다. 루셰의 정리에 의하여 C의 내부에서 $f(z)+g(z)=az^n - e^z$의 근들의 수는 C의 내부에서 $f(z)$의 근들의 수와 같다. 따라서 $f(z)$는 C의 내부에서 n개의 근을 가지므로 $az^n - e^z$는 C의 내부에서 n개의 근을 갖는다.

16 $P_n(z) = (z + z^2 + \cdots + z^n)' = (\dfrac{z(1-z^n)}{1-z})' = \dfrac{1+z-(1+n)z^n + z^{n+1}}{1-z}$

만약 $|z| \le r < 1$이면 충분히 큰 자연수 n에 대하여 $|(1+n)z^n - z^{n+1}| < \dfrac{1}{r}-1$이다. 따라서 충분히 큰 자연수 n에 대하여 $|P_n(z)| > 0$이다.

17 $f(z)$는 영역 D에서 해석적이고 z_0를 D의 한 점이라 하자. $f(z)$가 상수가 아니면 어떤 원판 $|z-z_0| < \delta$의 상은 ω-평면에서 한 원판 $|\omega - f(z_0)| < m$을 포함한다. 여기서 m은

$|z-z_0|=\delta$ 위에서 $|f(z)-\omega_0|$의 최솟값을 나타낸다. 만일 $f(z_0)=Re^{i\theta_0}$라 하면 임의의 $\epsilon\,(0<\epsilon<m)$에 대하여 $f(z')=(R+\epsilon)e^{i\theta_0}$로 되는 원판 $|z-z_0|<\delta$에 속하는 점 z'를 대응한다. 따라서 $|f(z')|=R+\epsilon>|f(z_0)|=R$이므로 $|f(z_0)|$는 $|f(z)|$의 최댓값이 아니다.

18 $z=re^{i\theta}$에 대하여

$$N=\frac{1}{2\pi i}\int_{|z|=r}\frac{f'(z)}{f(z)}dz=\frac{1}{2\pi}\int_0^{2\pi}\frac{zf'(z)}{f(z)}d\theta$$
$$=\frac{1}{2\pi}\int_0^{2\pi}\mathrm{Re}(\frac{zf'(z)}{f(z)})d\theta\leq\max_{|z|=r}\mathrm{Re}(\frac{zf'(z)}{f(z)})$$

19 (1) 0 (2) 1 (5) 3 (6) 5 (7) 3 (8) 2 (9) 2

20 분명히 $D\neq\varnothing$ 이다. $g=f^3$로 두면 g는 D에서 해석적이고 모든 $z\in D$에 대하여

$$g(z)=f(z)^2f(z)=\overline{f(z)}f(z)=|f(z)|\in\mathbb{R}\ \text{즉},\ g(D)\subseteq\mathbb{R}.$$

g가 상수함수가 아니라고 가정하면 열린 사상정리에 의하여 $g(D)\subseteq\mathrm{int}\,\mathbb{R}=\varnothing$ 이다. 이것은 모순이다. 따라서 모든 $z\in D$에 대하여 $f(z)^3=g(z)=a$인 점 $a\in\mathbb{C}$ 가 존재한다.

21 분명히 $z=0$은 근이다. $f(z)=2z$, $g(z)=\sin z$로 두고 $z\in N_1(0)$는 임의의 점이라 하자. e^z의 볼록성에 의하여

$$|g(z)|=\frac{|e^{iz}-e^{-iz}|}{2}\leq\frac{e^{|z|}+e^{-|z|}}{2}=\frac{e}{2}+\frac{1}{2e}<2.$$

따라서 임의의 $|z|=1$에 대하여 $|g(z)|<2=2|z|=|f(z)|$이므로 루세의 정리에 의하여 $f(z)$와 $f(z)+g(z)$는 $N_1(0)$에서 같은 수의 근을 가진다. $f(z)=2z$는 $N_1(0)$에서 하나의 근을 가지므로 주어진 방정식은 $N_1(0)$에서 하나의 근 $z=0$을 가진다.

22 $f(z)=2+z^2$, $g(z)=e^{iz}$, $C=[-R,R]\cup\{z:\mathrm{Im}\,z\geq0,|z|=R\}$, $R>\sqrt{3}$ 이라 하자. 분명히 모든 $z\in[-R,R]$에 대하여

$$|f(z)|\geq\ 2>1=|g(z)|$$

이고 임의의 $z=Re^{i\theta}\,(0\leq\theta\leq\pi)$,

$$|f(z)|\geq\ R^2-2>1\geq e^{-R\sin\theta}=|g(z)|.$$

루세의 정리에 의하여 $\phi(z)=f(z)+g(z)$는 $\{z:\mathrm{Im}\,z>0,|z|<R\}$에서 $2+z^2$와 같은 수의 영점을 갖는다. z^2+2는 상반평면에서 오직 하나의 근을 가지므로 $2+z^2+e^{iz}$ 는 열린 상반평면에서 오직 하나의 영점을 가진다.

6장

▌ 연습문제 6.1

01 $(9+3i)/10$

02 $|z|<1$일 때 $1+z+z^2+z^3+\cdots=\dfrac{1}{1-z}$ 이다. 만약 $z=ae^{i\theta}$이면 $|z|=|a|<1$이므로

$$1 + ae^{i\theta} + a^2 e^{2i\theta} + a^3 e^{3i\theta} + \cdots = \frac{1}{1 - ae^{i\theta}}$$

이다. 따라서

$$(1 + a\cos\theta + a^2\cos 2\theta + \cdots) + i(a\sin\theta + a^2\sin 2\theta + a^3\sin 3\theta + \cdots)$$
$$= \frac{1}{1 - ae^{i\theta}} \cdot \frac{1 - ae^{-i\theta}}{1 - ae^{-i\theta}} = \frac{1 - a\cos\theta + ia\sin\theta}{1 - 2a\cos\theta + a^2}$$

07 $\lim\limits_{n\to\infty}(\sqrt{n+1} - \sqrt{n}) = \lim\limits_{n\to\infty}\dfrac{1}{\sqrt{n+1} + \sqrt{n}} = 0$이다. $S_n = \sum\limits_{k=1}^{n}(\sqrt{k+1} - \sqrt{k})$로 두면

$S_n = \sqrt{n+1} - 1$이고 $\lim\limits_{n\to\infty}S_n = \infty$이므로 $\sum\limits_{n=1}^{\infty}(\sqrt{n+1} - \sqrt{n})$은 발산한다.

08 $S_n(z) = z - z^{n+1}$이고 $\lim\limits_{n\to\infty}z^n = 0$이므로 그 합은 $S(z) = \lim\limits_{n\to\infty}S_n(z) = z$이다.

09 (1) $L < 1$이므로 $L < B < 1$를 만족하는 임의의 B를 선택할 수 있다. 그러면 적당한 $\epsilon > 0$에 대하여 $B = L + \epsilon$이다. 따라서 수열의 극한의 정의에 의하여 $n \geq N$일 때 $\left|\dfrac{z_{n+1}}{z_n}\right| \leq B$를 만족하는 자연수 $N \in \mathbb{N}$가 존재한다. 따라서

$$|z_{N+1}/z_N| \leq B, |z_{N+2}/z_{N+1}| \leq B \cdots$$

가 성립하고

$$\left|\frac{z_{N+2}}{z_N}\right| = \left|\frac{z_{N+2}}{z_{N+1}}\right| \cdot \left|\frac{z_{N+1}}{z_N}\right| \leq B^2$$

가 된다. 마찬가지로 임의의 $k \geq 0$에 대하여

$$\left|\frac{z_{N+k}}{z_N}\right| = \left|\frac{z_{N+k}}{z_{N+k-1}}\right| \cdots \left|\frac{z_{N+1}}{z_N}\right| \leq B^k.$$

즉, $|z_{N+k}| \leq |z_N|B^k \ (k = 0, 1, 2, \cdots)$이다. 그런데 $0 < B < 1$이므로 $\sum\limits_{k=0}^{\infty}|z_N| \cdot B^k$은 수렴한다. 따라서 비교판정법에 의하여 $\sum\limits_{k=0}^{\infty}|z_{N+k}|$는 수렴한다. 즉, $|z_N| + |z_{N+1}| + |z_{N+2}| + \cdots$는 수렴한다. 따라서 $\sum\limits_{n=1}^{\infty}|z_n| < \infty$.

(2) $L > 1$이므로 수열의 극한의 정의에 의하여 $n \geq N$에 대하여 $|z_{n+1}/z_n| > 1$을 만족하는 자연수 $N \in \mathbb{N}$가 존재한다. 그런데 $|z_N| < |z_{N+1}| < \cdots$이고, $\{z_n\}_{n=1}^{\infty}$은 0에 수렴하지 않으므로 위 따름정리에 의하여 $\sum\limits_{n=1}^{\infty}z_n$은 발산한다.

10 가정에 의하여 임의의 자연수 n에 대하여 $a_n \geq 0$이다. $\{a_n\}$이 감소수열이므로 $a_{2n} \geq a_{2n+1}$이다. $S_1, S_3, S_5, \cdots, S_{2n-1}, S_{2n+1}$을 부분합의 수열이라 할 때 임의의 자연수 n에 대하여 $S_{2n+1} - S_{2n-1} = -a_{2n} + a_{2n+1} \leq 0$, 즉 수열 $\{S_{2n-1}\}_{n=1}^{\infty}$은 감소수열이다. 또한 임의의 자연수 n에 대하여

$$S_{2n-1} = (a_1 - a_2) + (a_3 - a_4) + \cdots + (a_{2n-3} - a_{2n-2}) + a_{2n-1} \geq 0$$

이다. 따라서 수열 $\{S_{2n-1}\}_{n=1}^{\infty}$은 단조감소이고 유계이므로 단조수렴 정리에 의하여 수열 $\{S_{2n-1}\}_{n=1}^{\infty}$은 수렴한다. $S_{2n} = S_{2n-1} - a_{2n}$이므로 수열 $\{S_{2n}\}$은 수렴한다. 지금 $M = \lim_{n \to \infty} S_{2n-1}$, $L = \lim_{n \to \infty} S_{2n}$이라 하자. 가정에 의하여

$$0 = \lim_{n \to \infty} a_{2n} = \lim_{n \to \infty} (S_{2n} - S_{2n-1}) = L - M$$

이 된다. $L = M$이므로 $\{S_{2n}\}_{n=1}^{\infty}$와 $\{S_{2n-1}\}_{n=1}^{\infty}$은 동시에 L에 수렴한다. 따라서 $\{S_n\}_{n=1}^{\infty}$은 L에 수렴한다. 그러므로 $\sum_{n=1}^{\infty} (-1)^{n+1} a_n$는 L에 수렴한다.

11 (1) 수렴 (2) 발산

12 $|e^{i\theta}/2| = 1/2 < 1$이므로

$$\sum_{n=0}^{\infty} \left(\frac{e^{i\theta}}{2}\right)^n = \frac{1}{1 - e^{i\theta}/2} = \frac{2}{2 - e^{i\theta}} \frac{2 - e^{-i\theta}}{2 - e^{-i\theta}} = \frac{4 - 2\cos\theta + 2i\sin\theta}{5 - 4\cos\theta}.$$

따라서 $\sum_{n=0}^{\infty} \frac{\cos n\theta}{2^n} = \operatorname{Re} \sum_{n=0}^{\infty} \left(\frac{e^{i\theta}}{2}\right)^n = \frac{4 - 2\cos\theta}{5 - 4\cos\theta}.$

▌ 연습문제 6.2

01 (1) $z \neq \pm ni$인 곳에서 고른 수렴

(2) $|z| \leq r < 1$에서 고른 수렴, $|z| < 1$에서 1로 점마다 수렴

(3) $|z| \leq R$에서 고른 수렴(바이어슈트라스 M-판정법)

02 (1) 모든 z에 대하여 수렴 (2) 모든 z에 대하여 수렴

(3) $z = -n^2$ $(n = 1, 2, \cdots)$를 제외한 모든 z에 대하여 수렴

03 (2) $|z^2 + 1| > 1$에서 절대수렴, $|z^2 + 1| \geq R > 1$에서 고른 수렴

(3) $|z| > 1$에서 절대수렴, $|z| \geq R > 1$에서 고른 수렴

(4) $|z| < 1$에서 절대수렴, $|z| \leq r < 1$에서 고른 수렴

05 $|z_0| < 1$이면 $|z_0| \leq r < 1$이 되는 r이 존재하므로 $\sum_{n=0}^{\infty} z^n$은 $|z| \leq r$에서 고른 수렴한다. 모든 항 z^n은 연속함수이므로 $\sum_{n=0}^{\infty} z^n$은 연속함수이다.

14 $|z| = r < 1$이면 $\lim_{n \to \infty} r^n = 0$이므로 $\{f_n(z)\}$가 E에서 함수 $f(z) \equiv 0$에 점마다 수렴하는 것은 분명하다. 한편 $r^n \to 0$므로 자연수 $N = N(\varepsilon)$이 존재하여 $n > N$이면 $r^n < \varepsilon$이 된다. $z \in F$이면 $n > N$일 때 $|z^n| \leq r^n < \varepsilon$이 되므로 $\{f_n\}$은 F 위에서 $f(z) \equiv 0$에 고른 수렴한다. 한편, $\{f_n\}$이 E 위에서 $f \equiv 0$에 고른수렴한다고 가정하면, A의 모든 z와 충분히 큰 자연수 n에 대해서 $|z^n| < \varepsilon$이어야 한다. 그러나 E의 점 $z = 1 - 1/n$을 택하면 $f_n(z) = \left(1 - \frac{1}{n}\right)^n$가

되어 $\lim\limits_{n\to\infty} f_n(z) = 1/e$이 된다. 따라서 $z = 1 - \dfrac{1}{n}$일 때 $n > N$이면 $|z^n| > 1/3$이 되어 $\{z^n\}$은 E에서 고른 수렴하지 않는다.

15 $|z| \le R$이면 $n > \sqrt{R/\varepsilon}$, 즉 $\dfrac{R}{n^2} < \epsilon$일 때 $|f_n(z)| \le R/n^2 < \varepsilon$이 되므로 $\{f_n\}$은 $f(z) \equiv 0$에 고른 수렴한다. 만일 $\{f_n\}$이 전평면에서 f에 고른 수렴한다면, 한 자연수 N과 모든 z에 대하여 $|z/N^2| < 1$이 되어야 한다. 그러나 $z = N^2$이라고 두면 $1 < 1$이 되어 모순된다. 따라서 고른 수렴하지는 않는다.

16 만약 $z = x + iy$이면
$$\frac{\cos nz}{n^3} = \frac{e^{inz} + e^{-inz}}{2n^3} = \frac{e^{inx-ny} + e^{-inx+ny}}{2n^3}$$
$$= \frac{e^{-ny}(\cos nx + i\sin nx)}{2n^3} + \frac{e^{ny}(\cos nx - i\sin nx)}{2n^3}$$

$\sum\limits_{n=1}^{\infty} \dfrac{e^{ny}(\cos nx - i\sin nx)}{2n^3}$와 $\sum\limits_{n=1}^{\infty} \dfrac{e^{-ny}(\cos nx + i\sin nx)}{2n^3}$의 제$n$항은 0에 수렴하지 않으므로 이들 급수는 각각 $y > 0$과 $y < 0$에서 발산한다. 따라서 주어진 급수는 $|z| \le 1$에서 발산하므로 이 영역에서 고른 수렴하지 않는다.

만약 z가 실수이면 $z = x$이고 이 급수는 $\sum\limits_{n=1}^{\infty} \cos nx/n^3$이다. $\left|\dfrac{\cos nx}{n^3}\right| \le \dfrac{1}{n^3}$이고 $\sum\limits_{n=1}^{\infty} 1/n^3$은 수렴하므로 바이어슈트라스 M-판정법에 의하여 주어진 급수는 실수축 위의 임의의 구간에서 고른 수렴한다.

17 평면의 임의의 점 z_0에 대하여 $\dfrac{2|z^2|}{n^2 + |z_0|} \le \dfrac{2|z_0^2|}{n^2}$이다. 평면에서 절대수렴은 $2|z_0|^2 \sum\limits_{n=1}^{\infty} 1/n^2$의 수렴에 대한 결과이고, 원판 $|z| \le R$ 위에서 고른 수렴은 $M_n = \dfrac{2R^2}{n^2}$일 때 M-판정법에 의하여 성립한다.

18 $z = x + iy$이라고 두면 $n^z = e^{z\log n} = e^{(x+iy)\log n}$이고 $\left|\dfrac{1}{n^z}\right| = \dfrac{1}{e^{x\log n}} = \dfrac{1}{n^x}$이다. 따라서 $x = \mathrm{Re}\, z > 1$에 대해서 $\sum\limits_{n=1}^{\infty} |1/n^z| = \sum\limits_{n=1}^{\infty} 1/n^x$은 수렴한다.

한편, $\sum\limits_{n=1}^{\infty} 1/n^{1+\varepsilon}$은 수렴하므로 모든 자연수 n에 대하여 $M_n = 1/n^{1+\varepsilon}$라고 두고 바이어슈트라스 M-판정법을 적용하면 $\mathrm{Re}\, z \ge 1 + \varepsilon$에 대해서 $\sum 1/n^z$은 고른 수렴한다.

▌연습문제 6.3

01 (1) e (2) 3   (3) $|a|$ (4) $1/e$ (5) 2   (6) 5/3   (7) ∞ (8) 1

(9) $R = \lim\limits_{n\to\infty} \left|\dfrac{a_n}{a_{n+1}}\right| = \lim\limits_{n\to\infty} \left(\dfrac{3^n}{n^2 + 5n} \Big/ \dfrac{3^{n+1}}{(n+1)^2 + 5(n+1)}\right) = \dfrac{1}{3}$

(10) $a_k = \begin{cases} 4^{k/3} & (k = 0, 3, 6, \cdots) \\ 0 & (\text{그렇지 않은 경우}) \end{cases}$

$w = z^3$일 때 주어진 급수는 $\displaystyle\sum_{n=0}^{\infty} 4^n w^n$이 되고 이 급수의 수렴 반지름은 1/4이다. 즉, 이 급수는 $1/4 > |w| = |z|^3$일 때 수렴하고 $1/4 < |w| = |z|^3$일 때 발산한다. 따라서 주어진 급수 $\displaystyle\sum_{n=0}^{\infty} 4^n z^{3n}$은 수렴 반지름 $R = 1/\sqrt[3]{4}$ 을 갖는다.

02 (1) R (2) R (3) R^k (4) ∞ (5) 0

03 만약 $|z| < R$이면 정리 6.3.4에 의하여 $\sum |a_n z^n| = \sum |a_n||z^n|$이 수렴한다. 그런데 $|(\operatorname{Re} a_n) z^n| \le |a_n||z^n|$이므로 $\sum |(\operatorname{Re} a_n) z^n|$이 수렴한다. 따라서 $\sum (\operatorname{Re} a_n) z^n$이 절대수렴한다. 그러므로 $\sum (\operatorname{Re} a_n) z^n$의 수렴 반지름은 R보다 작지 않다.

04 (1) $r \ge r_1 r_2$ (2) $r \le r_1 r_2$ (3) $r = \min\{r_1, r_2\}$

05 (1) $\sqrt[n]{a_n} = \sqrt[n]{\left\{(1+\frac{1}{n})^n\right\}^n} = (1+\frac{1}{n})^n \to e \ (n\to\infty)$이므로 $R = 1/e$ 이다.

(2) $|\dfrac{a_{n+1}}{a_n}| = |\dfrac{1/(n+1)^p}{1/n^p}| = |(\dfrac{n}{n+1})^p| \to 1 \ (n\to\infty)$이므로 $R = 1$이다.

(3) $|\dfrac{a_{n+1}}{a_n}| = \left| \dfrac{\sin\frac{n+1}{2}\pi}{(n+1)!} \middle/ \dfrac{\sin\frac{n}{2}\pi}{n!} \right| \le \dfrac{n!}{(n+1)!} = \dfrac{1}{n+1} \to 0 \ (n\to\infty)$이므로 $R = \infty$ 이다.

(4) $|\dfrac{a_{n+1}}{a_n}| \to \dfrac{1}{R} < \infty$ 이므로

$$|\frac{a_{n+1}}{a_n}| = |\frac{a_{n+1}(n+1)^p}{a_n n^p}| = |\frac{a_{n+1}}{a_n}|(1+\frac{1}{n})^p$$
$$= |\frac{a_{n+1}}{a_n}|\left\{(1+\frac{1}{n})^n\right\}^{p/n}| \to \frac{1}{R}e^0 = \frac{1}{R}$$

이다. 따라서 수렴 반지름은 $\dfrac{1}{R}$ 이다.

06 $P(z) = P(-2) + P'(-2)(z+2) + \dfrac{1}{2}P''(-2)(z+2)^2 + \dfrac{1}{3!}P'''(-2)(z+2)^3$
$\quad = 9 - 2(z+2) - 3(z+2)^2 + (z+2)^3$

07 (1) $f(z) = \dfrac{1}{z} = \dfrac{1}{1+(z-1)} = \displaystyle\sum_{n=0}^{\infty} (-1)^n (z-1)^n \ (|z| < 1)$

(2) $f(z) = \dfrac{\sqrt{2}}{2}\left\{1 + (z-\dfrac{\pi}{4}) - \dfrac{(z-\dfrac{\pi}{4})^2}{2!} - \cdots\right\}$

▌ 연습문제 6.4

01 $|z| < 1$에서 $f(z) = \sum_{n=0}^{\infty} z^n = \dfrac{1}{1-z}$ 이고, $f'(2) = 1 \neq \sum_{n=1}^{\infty} nz^{n-1}$ 이다. 따라서 $z = 2$에서

$\dfrac{1}{1-z}$ 는 $\sum_{n=0}^{\infty} z^n$ 로 정의되지 않는다.

03 정리 6.4.3에 의하여 f는 a에서 해석적이므로 a의 어떤 근방에서

$$f(z) = f(a) + f'(a)(z-a) + \frac{f''(a)}{2!}(z-a)^2 + \cdots$$

로 표현할 수 있다. 따라서 이 근방에서

$$g(z) = f'(a) + f''(a)(z-a) + \frac{f^{(3)}(a)}{2!}(z-a)^2 + \cdots \quad (z \neq a)$$

이고 g의 정의에 의하여 $g(a) = f'(a)$이 성립하므로 멱급수의 해석성에 관한 정리 4.3.10에 의하여 g는 a에서 해석적이다.

04 가정에 의하여 임의의 $\theta \in \mathbb{R}$ 에 대하여 $\operatorname{Im} f(e^{i\theta}) = 0$이다. f는 U의 어떤 근방 Ω에서 해석적이므로 급수 $f(z) = \sum_{n=0}^{\infty} a_n z^n$은 Ω의 임의의 컴팩트 부분집합에서 고른 수렴한다.

$C = \{z : |z| = 1\} = \{e^{i\theta} : \theta \in \mathbb{R}\}$ 는 Ω의 컴팩트 부분집합이므로 $f(e^{i\theta}) = \sum_{n=0}^{\infty} a_n e^{in\theta}$ 이다.

$a_n = c_n + ib_n \,(c_n, b_n \in \mathbb{R})$이면

$$a_n e^{in\theta} = (c_n + ib_n)[\cos(n\theta) + i\sin n\theta] = [c_n \cos(n\theta) - b_n \sin n\theta] + i[c_n \sin n\theta + b_n \cos(n\theta)].$$

가정에 의하여 급수 $\operatorname{Im} f(e^{i\theta}) = \sum_{n=0}^{\infty} [c_n \sin n\theta + b_n \cos(n\theta)]$는 모든 $\theta \in [0, 2\pi]$에 대하여 0에 고른 수렴하므로 c_0을 제외하고는 모든 자연수 n에 대하여 $c_n = b_n = 0$이므로 $f = c_0$이다.

▌ 연습문제 6.5

01 (1) ϵ은 임의의 양수라 하자. $\limsup \sqrt[n]{|a_n|} = 1/R_1$이므로 적당한 자연수 N_1이 존재하여 $n \geq N_1$이면 $\sqrt[n]{|a_n|} < 1/R_1 + \epsilon$이다. 마찬가지로 $\limsup \sqrt[n]{|b_n|} = 1/R_2$이므로 적당한 자연수 N_2이 존재하여 $n \geq N_2$이면 $\sqrt[n]{|b_n|} < 1/R_2 + \epsilon$이다. $N = \max\{N_1, N_2\}$로 두면 $n \geq N$일 때

$$\sqrt[n]{|a_n b_n|} < \frac{1}{R_1 R_2} + \frac{\epsilon}{R_1} + \frac{\epsilon}{R_2} + \epsilon^2$$

이다. 따라서 $\dfrac{1}{R} = \limsup \sqrt[n]{|a_n b_n|} \leq \dfrac{1}{R_1 R_2}$ 이다.

02 (1) 5/2 (2) 13/12

(4) $|z| < 1$일 때 $f(z) = 1/(1-z) = \sum_{n=0}^{\infty} z^n$이므로

$$f'(z) = \frac{1}{(1-z)^2} = \sum_{n=1}^{\infty} nz^{n-1}$$ 이다. 따라서 $z/(1-z)^2 = \sum_{n=1}^{\infty} nz^n$ 이다. $z = 1/2$ 이라고

두면 $\sum_{n=1}^{\infty} \dfrac{n}{2^n} = \dfrac{1/2}{(1-1/2)^2} = 2$.

03 $a_0 = 0$, $a_1 = 1$ 이므로

$$f(z) = z + \sum_{n=0}^{\infty} a_{n+2} z^{n+2} = z + \sum_{n=0}^{\infty} (a_{n+1} + a_n) z^{n+2} = z + \sum_{n=0}^{\infty} a_{n+1} z^{n+2} + \sum_{n=0}^{\infty} a_n z^{n+2}$$

$$= z + z \sum_{n=0}^{\infty} a_{n+1} z^{n+1} + z^2 \sum_{n=0}^{\infty} a_n z^n = z + zf(z) + z^2 f(z)$$

이다. 따라서 $f(z)$에 관하여 풀면 $f(z) = z/(1 - z - z^2)$ 이다.

04 $|(z-b)/(1-b)| < 1$ 이므로

$$f(z) = \frac{1}{1-z} = \frac{1}{1 - b - (z - b)} = \frac{1}{(1-b)(1 - (z-b)/(1-b))}$$

$$= \frac{1}{(1-b)} \sum_{n=0}^{\infty} \left(\frac{z-b}{1-b}\right)^n = \sum_{n=0}^{\infty} \frac{1}{(1-b)^{n+1}} (z-b)^n$$

06 $z = 0$에서 수렴하며 수렴 반지름 $R \geq 2$이다. $z = 3$은 수렴원 내에 있으므로 주어진 급수는 $z = 3$에서 수렴한다. 따라서 문제는 성립하지 않는다.

7장

▌ 연습문제 7.1

01 (1) $z = 1, 2$는 1차 영점, $z = 3, -3$은 1차 극점이다.

(2) $z = 2n\pi \pm \dfrac{\pi}{2}$는 1차 영점, $z = \infty$는 진성 특이점이다.

(3) $z = \infty$는 진성 특이점이고, $z = 2n\pi$ $(n = 0, \pm 1, \pm 2, \cdots)$는 1차 극점이다.

(4) $z = n\pi$ $(n = 0, \pm 1, \pm 2, \cdots)$는 1차 영점, $z = 2n\pi \pm \dfrac{\pi}{2}$ $(n = 0, \pm 1, \pm 2, \cdots)$는 1차 극점, $z = \infty$은 진성 특이점이다.

02 (1) $\dfrac{\pi}{6} + 2n\pi, (2n+1)\pi - \dfrac{\pi}{6}, n$은 정수 : 2차 극점

(2) $z = 0$ 진성 특이점 (3) $z = 2n\pi i, n$은 정수 : $z = 0$ 없앨 수 있는 특이점

08 $f(z)$는 $z = a$에서 m차 극점을 가지므로

$$f(z) = \frac{c_{-m}}{(z-a)^m} + \frac{c_{-(m-1)}}{(z-a)^{m-1}} + \cdots + \frac{c_{-1}}{(z-a)} + \sum_{n=0}^{\infty} c_n (z-a)^n$$

이다. 따라서

$$f'(z) = -\frac{mc_{-m}}{(z-a)^{m+1}} - \cdots - \frac{c_{-1}}{(z-a)^2} + \sum_{n=1}^{\infty} nc_n (z-a)^{n-1}$$

이므로 $f'(z)$는 $(m+1)$차 극점을 갖는다.

09 $f(z), g(z)$가 $z = a$에서 각각 m차, n차 극점을 가지므로 다음과 같이 표현될 수 있다.

$$f(z) = \frac{c_m}{(z-a)^m} + \frac{c_{m-1}}{(z-a)^{m-1}} + \cdots \quad (c_m \neq 0)$$

$$g(z) = \frac{b_n}{(z-a)^n} + \frac{b_{n-1}}{(z-a)^{n-1}} + \cdots \quad (b_n \neq 0)$$

따라서 $f(z) \pm g(z)$는 $z = a$에서 다음 경우에 따라 극점을 가진다.

(1) $m > n$인 경우에는 m차 극점,

(2) $m < n$인 경우는 n차 극점,

(3) $m = n$인 경우에는 (i) $c_m \pm b_m \neq 0$이면 $m(=n)$차 극점, (ii) $c_m \pm b_m = 0$이면 $m(n)$ 보다 낮은 차수의 극점이다.

다음에 $f(z)g(z)$는 항상 $(m+n)$차 극점을 갖는다.

끝으로 $\dfrac{f(z)}{g(z)}$도 $z = a$에서 다음 경우에 따라 극점을 가진다. (1) $m > n$인 경우에는 $m - n$차 극점, (2) $m < n$인 경우는 해석적이고 $n - m$차 영점, (3) $m = n$인 경우에는 해석적이고 $c_n/b_m \, (\neq 0)$인 값을 갖는다.

▌ 연습문제 7.2

01 (1) $\sin z$를 매클로린 급수로 전개하면

$$f(z) = \frac{\sin z}{z^2} = \frac{1}{z^2}\left(z - \frac{z^3}{3!} + \frac{z^5}{5!} - \cdots\right) = \frac{1}{z} - \frac{z}{3!} + \frac{z^3}{5!} - \cdots$$

가 된다. 따라서 $f(z)$는 원점에서 단순 극점(1차 극점)을 갖는다.

(3) $f(z) = z^2 \sin\left(\frac{1}{z^2}\right) = 1 + \sum_{n=1}^{\infty} \frac{(-1)^n}{(2n+1)!} \frac{1}{z^{4n}}$

02 (1) $z - 1 = t$로 두면 $z = 1 + t$이고

$$\frac{e^{2z}}{(z-1)^3} = \frac{e^2}{t^3} e^{2t} = \frac{e^2}{t^3}\left\{1 + 2t + \frac{(2t)^2}{2!} + \frac{(2t)^3}{3!} + \frac{(2t)^4}{4!} + \cdots\right\}$$

$$= \frac{e^2}{(z-1)^3} + \frac{2e^2}{(z-1)^2} + \frac{e^2}{(z-1)} + \frac{4e^2}{3} + \frac{2e^2}{3}(z-1) + \cdots$$

(2) $z + 2 = t$ 또는 $z = t - 2$로 두면

$$(z-3)\sin\frac{1}{z+2} = (t-5)\sin\frac{1}{t} = (t-5)\left\{\frac{1}{t} - \frac{1}{3!t^3} + \frac{1}{5!t^5} - \cdots\right\}$$

$$= 1 - \frac{5}{t} - \frac{1}{3!t^2} + \frac{5}{3!t^3} + \frac{1}{5!t^4} - \cdots$$

$$= 1 - \frac{5}{z+2} - \frac{1}{6(z+2)^2} + \frac{5}{6(z+2)^3} + \cdots$$

03 (1) $-\dfrac{1}{3} - \dfrac{1}{9}z - \dfrac{1}{27}z^2 - \dfrac{1}{81}z^3 - \cdots$

(2) $z^{-1} + 3z^{-2} + 9z^{-3} + 27z^{-4} + \cdots$

04 (1) $\dfrac{1}{z(z+3)^2} = \dfrac{1}{9z}\dfrac{1}{(1+\frac{z}{3})^2} = \dfrac{1}{9z}[1 - \dfrac{z}{3} + (\dfrac{z}{3})^2 - (\dfrac{z}{3})^2 + \cdots]^2$

$\qquad\qquad\quad = \dfrac{1}{9z}(1 - \dfrac{2}{3}z + \dfrac{1}{3}z^2 - \dfrac{4}{27}z^3 + \cdots)$

$\qquad\qquad\quad = \dfrac{1}{9z} - \dfrac{2}{27} + \dfrac{z}{27} - \dfrac{4}{243}z^2 + \cdots$

(2) $z + 2 = u$ 라 하면

$$\dfrac{1}{z(z+2)^2} = \dfrac{1}{u^2}\dfrac{1}{u-2} = -\dfrac{1}{2}\dfrac{1}{u^2}\dfrac{1}{1-\dfrac{u}{2}}$$

$$= -\dfrac{1}{2u^2}(1 + \dfrac{u}{2} + \dfrac{u^2}{4} + \dfrac{u^3}{8} + \cdots + \dfrac{u^n}{2^n} + \cdots)$$

$$= -\dfrac{1}{2u^2} - \dfrac{1}{4u} - \dfrac{1}{8} - \dfrac{u}{16} - \cdots - \dfrac{u^n}{2^{n+2}} - \cdots$$

$$= -\dfrac{1}{2(z+2)^2} - \dfrac{1}{4(z+2)} - \dfrac{1}{8} - \dfrac{z+2}{16} - \cdots$$

(3) $\dfrac{\sin z}{z-\pi} = \dfrac{\sin(z-\pi)}{z-\pi} = \dfrac{1}{z-\pi}[(z-\pi) - \dfrac{(z-\pi)^3}{3!} + \dfrac{(z-\pi)^5}{5!} + \cdots]$

$\qquad\quad = 1 - \dfrac{(z-\pi)^2}{3!} + \dfrac{(z-\pi)^4}{5!} + \cdots$

05 (1) $-\dfrac{i}{4(z-i)}$ (2) $\dfrac{1}{z^3} - \dfrac{1}{6z}$

06 (1) $\displaystyle\sum_{k=0}^{\infty} \dfrac{z^n}{k!z^k}$ (2) $\displaystyle\sum_{n=k}^{\infty}\left(\sum_{k=0}^{n}\dfrac{1}{k!}\binom{n-1}{k-1}\right)\dfrac{1}{z^n}$

07 (1) $f(z) = ee^{2/(z-2)} = e\left\{1 + 2(z-2)^{-1} + \dfrac{z^2(z-2)^{-2}}{2!} + \dfrac{z^3(z-2)^{-3}}{3!} + \cdots\right\}$ 이고, $z=2$

는 진성 특이점이다.

(3) $\displaystyle\lim_{z\to 2i}(z-2i)f(z) = \lim_{z\to 2i}\dfrac{(z-2i)z}{(z+2i)(z-2i)} = \dfrac{1}{2}$

이므로 $z=2i$에서 단순 극점을 갖고, 주요 부분은 $\dfrac{1}{2}\dfrac{1}{(z-2i)}$ 이다. 따라서

$$f(z) = \dfrac{1}{2}\dfrac{1}{(z-2i)} + g(z)$$

단 $g(z)$는 $z=2i$에서 해석적이다.

08 특이점은 $1, -1, 2, 3$이므로 i에 가장 가까운 ± 1까지의 거리는 $\sqrt{2}$ 이다.

09 $z \in [-1,1]$이면 $1 - \dfrac{1}{z^2} \in (-\infty, 0]$이다. 따라서

$$\sqrt{z^2-1} = z\sqrt{1-\frac{1}{z^2}} \qquad \text{근호의 오른쪽 분지를 택한다}$$

$$= z\sum_{n=0}^{\infty}\binom{\frac{1}{2}}{n}[-\frac{1}{z^2}]^n, \; |z|>1 \; (\because |\frac{1}{z^2}|<1)$$

$$= \sum_{n=0}^{\infty}\binom{\frac{1}{2}}{n}(-1)^n\frac{1}{z^{2n-1}}$$

11 C는 원 $|z-z_0|=s$, $0<s<r$이라 하자. 그러면 임의의 정수 m에 대하여

$$0 = \frac{1}{2\pi i}\int_C (z-z_0)^{-m}\left(\sum_{n=-\infty}^{\infty}a_n(z-z_0)^n\right)dz$$

$$= \frac{1}{2\pi}\int_0^{2\pi}s^{-m}e^{-im\theta}\left(\sum_{n=-\infty}^{\infty}a_n s^n e^{in\theta}\right)se^{i\theta}d\theta$$

$$= \sum_{n=-\infty}^{\infty}a_n s^{-m}s^{n+1}\frac{1}{2\pi}\int_0^{2\pi}e^{i(n+1-m)\theta}d\theta = a_{m-1}$$

12 곡선을 $C:|z|=r<1$로 두면 $\int_C f(z)z^{n-1}dz=0$이므로

$$\int_0^{2\pi}[u(re^{i\theta})-iv(re^{i\theta})]e^{-in\theta}d\theta = 0$$

이다. $\int_0^{2\pi}u(re^{i\theta})e^{-in\theta}d\theta = i\int_0^{2\pi}v(re^{i\theta})e^{-in\theta}d\theta \equiv I(r)$로 놓으면

$$c_n = \frac{1}{2\pi i}\int_C\frac{f(z)}{z^{n+1}}dz = \frac{1}{2\pi r^n}\int_o^{2\pi}(u(re^{i\theta})+iv(re^{i\theta}))e^{-in\theta}d\theta = \frac{I(r)}{\pi r^n}$$

이므로 $r-1$일 때

$$|c_n| = \frac{1}{\pi r^n}|\int_0^{2\pi}u(re^{i\theta})e^{-in\theta}d\theta| \le \frac{1}{\pi r^n}\int_0^{2\pi}u(re^{i\theta})d\theta = \frac{2}{r^n}\operatorname{Re}c_o \to \operatorname{Re}c_0$$

13 $f(z) = e^{z+1/z} = (1+\frac{z}{1!}+\frac{z^2}{2!}+\frac{z^3}{3!}+\cdots)(1+\frac{1}{1!z}+\frac{1}{2!z^2}+\frac{1}{3!z^3}+\cdots)$

이므로 $z=0$을 중심으로 하는 $f(z)$의 로랑 급수 전개에서 계수 c_0를 계산하면

$$c_0 = 1+(\frac{1}{1!})^2+(\frac{1}{2!})^2+(\frac{1}{3!})^2+\cdots$$

이다. 또한 계수의 공식에 의하여(적분 경로는 원점을 중심으로 하는 단위원으로 생각한다.)

$$c_0 = \frac{1}{2\pi i}\oint_{|z|=1}\frac{f(\xi)}{\xi}d\xi = \frac{1}{2\pi i}\int_0^{2\pi}\frac{e^{z+1/z}}{e^{i\theta}}re^{i\theta}d\theta$$

$$= \frac{1}{2\pi}\int_0^{2\pi}e^{(\cos\theta+i\sin\theta)+(\cos\theta-i\sin\theta)}d\theta = \frac{1}{2\pi}\int_0^{2\pi}e^{2\cos\theta}d\theta$$

이다. 따라서 $\frac{1}{2\pi}\int_0^{2\pi}e^{2\cos\theta}d\theta = 1+(\frac{1}{1!})^2+(\frac{1}{2!})^2+(\frac{1}{3!})^2+\cdots$

▌연습문제 7.3

01 (1) 극점 : $-1, 2$, 유수 : $1/3$, $5/3$ (2) 극점 : 1, 유수 : 4

(3) 극점 : -1, $\pm 2i$, -1에서 유수는 $-\dfrac{14}{25}$, $2i$에서 유수는 $\dfrac{7+i}{25}$, $-2i$에서 유수는 $\dfrac{7-i}{25}$

(4) 극점 : 0, 유수 : 1

02 (1) $-\pi i$ (2) 0 (3) $-2\pi i$ (4) 0 (5) $-\pi\sin\dfrac{1}{2}$ (6) 0 (7) $\dfrac{2\pi i}{9}$

(9) $f(z) = z^3\cos\dfrac{1}{z}$은 $z=0$에서 특이점을 가진다. $\cos z = 1 - \dfrac{1}{2!z^2} + \dfrac{1}{4!z^4} - \dfrac{1}{6!z^6} + \cdots$ 이

므로 $\cos\dfrac{1}{z} = 1 - \dfrac{1}{2!z^2} + \dfrac{1}{4!z^4} - \dfrac{1}{6!z^6} + \cdots$ 이다. 따라서

$$f(z) = z^3\cos\dfrac{1}{z} = z^3\left(1 - \dfrac{1}{2!z^2} + \dfrac{1}{4!z^4} - \dfrac{1}{6!z^6} + \cdots\right)$$
$$= z^3 - \dfrac{z}{2!} + \dfrac{1}{4!z} - \dfrac{1}{6!z^3} + \cdots$$

이고, $\operatorname{Res}(f(z), 0) = \dfrac{1}{4!} = \dfrac{1}{24}$ 이다. 그러므로

$$\oint_C z^3\cos\dfrac{1}{z}\,dz = 2\pi i\operatorname{Res}(f(z), 0) = 2\pi i \cdot \dfrac{1}{24} = \dfrac{\pi i}{12}.$$

03 $3\pi i$

04 (1) $-\pi i$

(2) $f(z) = \tan z = \sin z/\cos z$의 특이점은 $\cos z = 0$이 되는 점, 즉 $z = \pm\dfrac{\pi}{2}, \pm\dfrac{3\pi}{2}, \cdots$

이다. 이들 중 C 안에 있는 것은 $+\dfrac{\pi}{2}$와 $-\dfrac{\pi}{2}$ 뿐이다. 이들 점에서 유수는

$$\operatorname{Res}\left(f(z), z = \pm\dfrac{\pi}{2}\right) = \left[\dfrac{\sin z}{-\sin z}\right]_{z = \pm\pi/2} = -1$$

이므로, 유수 정리에 의하여 $\displaystyle\int_C \tan z\,dz = 2\pi i(-1-1) = -4\pi i$이다.

05 $\operatorname{Res}(f(z), 1) = \dfrac{1}{2!}\lim_{z \to 1}\dfrac{d^2}{dz^2}(z-1)^3 f(z) = 3$이므로 적분값은 $2\pi i \times 3 = 6\pi i$이다.

06 피적분함수는 2차 극점 $z = 1, e^{2\pi i/3}, e^{-2\pi i/3}$를 갖지만 $z=1$만이 C 안에 있으므로

$$\int_C \dfrac{dz}{(z^3-1)^2} = 2\pi i\operatorname{Res}\left(\dfrac{1}{(z^3-1)^2}, 1\right) = 2\pi i\left(-\dfrac{2}{9}\right) = -\dfrac{4\pi i}{9}$$

07 코시-구르사 정리에 의해서 $\displaystyle\int_C e^{z^2}\,dz = 0$이고

$$z^2 e^{\frac{1}{z}} = z^2\left(1 + \dfrac{1}{z} + \dfrac{1}{2!z^2} + \dfrac{1}{3!z^3} + \dfrac{1}{4!z^4} + \cdots\right)$$
$$= z^2 + z + \dfrac{1}{2} + \dfrac{1}{6z} + \dfrac{1}{24z^2} + \cdots$$

이므로 $z_0 = 0$에서 $z^2 e^{\frac{1}{z}}$의 유수는 $\dfrac{1}{6}$이다. 따라서 $A = \displaystyle\int_C (e^{z^2} + z^2 e^{\frac{1}{z}})dz = 2\pi i\dfrac{1}{6}$이다.

한편 $\dfrac{1-z}{\sin z} = \dfrac{1}{z} - 1 + \dfrac{z}{3!} - \dfrac{z^2}{3!} + \cdots$이므로 $z_0 = 0$는 또한 이 함수의 유일한 특이점이고, 이 점에서 유수는 1이 된다. $B = \displaystyle\int_C \dfrac{1-z}{\sin z}dz = 2\pi i$이므로 $\dfrac{A}{B}$의 값은 $\dfrac{1}{6}$이다.

08 유수의 정의에 의하여

$$\mathrm{Res}(F, z_0) = \frac{1}{2\pi i}\int_{|z-z_0|=r} F(z)dz = \frac{1}{2\pi i}\int_{|z-z_0|=r} G'(z)dz$$
$$= \frac{1}{2\pi i}\int_0^{2\pi} G'(z_0 + re^{i\theta})d\theta = \frac{1}{2\pi}[G(z_0 + re^{2\pi i}) - G(z_0 + re^{i0})] = 0$$

09 (1) πi (2) $2\pi i(1 - \cos t)$

10 코시–구르사 정리에 의해서 $\displaystyle\int_C z^n e^z dz = 0$이다.

$$z^n e^{\frac{1}{z}} = z^n\left(1 + \frac{1}{z} + \frac{1}{2!z^2} + \cdots + \frac{1}{(n+1)!z^{n+1}} + \cdots\right)$$
$$= z^n + z^{n-1} + \frac{1}{2}z^{n-2} + \cdots + \frac{1}{(n+1)!z} + \cdots$$

이므로 $z_0 = 0$에서 $z^n e^{\frac{1}{z}}$의 유수는 $\dfrac{1}{(n+1)!}$이다. 따라서

$$a_n = 2\pi i\frac{1}{(n+1)!}, \quad a_{n+1} = 2\pi i\frac{1}{(n+2)!}$$

이기 때문에 $\displaystyle\lim_{n\to\infty}\frac{a_{n+1}}{a_n} = \lim_{n\to\infty}\frac{1}{n+2} = 0$이다.

▍연습문제 7.4

01 (1) $\dfrac{\pi}{2}$ (2) $\dfrac{\pi}{6}$ (3) $\dfrac{\pi}{3}$ (4) $\dfrac{\pi}{200}$ (5) πe^{-a} (7) $\dfrac{\pi}{a^2 - b^2}\left(\dfrac{e^{-b}}{b} - \dfrac{e^{-a}}{a}\right)$ (8) $-\dfrac{\pi}{2}$

02 (1) $\dfrac{\pi}{\sqrt{k^2 - 1}}$ (2) 0 (3) $\dfrac{\pi}{12}$ (4) $\dfrac{2}{3}\pi$ (5) $\dfrac{\pi a}{(a^2 - 1)^{3/2}}$ (6) $\dfrac{2\pi a^2}{1 - a^2}$

03 (1) $\dfrac{\pi\sqrt{3}}{6}$ (2) π (3) $-\dfrac{\pi}{e}\sin 2$ (4) $-\pi e^{-2\pi}$

05 (1) 0 (2) $2\pi i(1 + 2e + 2e^4)$

8장

▍연습문제 8.1

01 $T^{-1}(w) = \dfrac{-2w + 2}{(1+i)w - 1 + i}$

02 $|w| < 1$

03 (2) $0 < v < 1$

05 (1) $0 < y = -\dfrac{v}{u^2 + v^2} < \dfrac{1}{2c}$ 로부터 $u^2 + (v+c)^2 > c^2$, $v < 0$

(2) $|w - \dfrac{1}{2}| < \dfrac{1}{2}$, $v < 0$

(3) $u^2 + v^2 = \dfrac{1}{8}$ (4) $v = -\sqrt{3}\, x$ (6) $u = \dfrac{1}{2}$

07 (1) $w = \dfrac{z+i}{3z-i}$ (2) $w = \dfrac{-iz+i}{z+1}$ (3) $w = \dfrac{1-z}{i-z}$

(4) $\dfrac{(w-(1-i))((1+i)-1)}{(w-1)((1+i)-(1-i))} = \dfrac{(z-(-i))(i-1)}{(z-i)(i-(-i))}$

이므로 이를 정리하면 $zw - 2z + w = 0$ 또는 $w = \dfrac{2z}{1+z}$ 이다.

(5) $w = -i\dfrac{z+1}{z-1}$ (6) $w = \dfrac{(1-i)(z-i)}{2(z-1)}$

10 $T_1(T_2(z)) = \dfrac{-z-6}{2z+3}$, $T_2(T_1(z)) = \dfrac{z-2}{4z+1}$

12 (1) $z_0 = \pm i$ (2) $z_0 = 3$

18 $|w| = |e^{i\theta_0}(\dfrac{z-z_0}{z-\overline{z_0}})| = |\dfrac{z-z_0}{z-\overline{z_0}}|$ 이므로 만약 z 가 z 평면의 상반부에 있다면 $|z-z_0| \le |z-\overline{z_0}|$

이다. 이 등식이 성립하기 위한 필요충분조건은 z 가 x 축 위에 놓여 있게 된다. 따라서 $|w| \le 1$ 이다.

▍ 연습문제 8.2

01 (1) $e^{-1} < |w|$, e , $|\arg w| < \dfrac{\pi}{2}$

(2) $1 = e^0 < |w| = |e^z| = e^x < e^1 = e$ 이고

$$0 < \arg w = \tan^{-1}(\dfrac{v}{u}) = \tan^{-1}(\dfrac{e^x \sin y}{e^x \cos y}) = y < 1$$

이므로 $1 < |w| < e$, $0 < \arg w < 1$

(3) $e^{-2} \le |w| \le e^2$, $-\pi \le \arg w \le -\dfrac{\pi}{2}$

07 $\{w : \operatorname{Im} w > 2\}$

08 제 1,3사분면

11 (2) nr_0^{n-1}

12 (1) 상반평면 $y > 0$ (2) $0 \le \theta \le \dfrac{\pi}{2}$ (제1사분면)

02 (1) $z=1$에서 $\alpha=\pi$이고 $|f'(1)|=|-1|=1$, $z=1+i$에서 $\alpha=\dfrac{\pi}{2}$이고,

$|f'(1+i)|=|2i|=2$, $z=i$에서 $\alpha=0$이고, $|f'(i)|=|1|=1$이다.

(2) $z=2+i$에서 $\alpha=\tan^{-1}(\dfrac{1}{2})$이고 $|f'(2+i)|=2\sqrt{5}$

(3) $z=\dfrac{\pi}{2}+i$에서 $\alpha=-\dfrac{\pi}{2}$이고 $|f'(\dfrac{\pi}{2}+i)|=|-i\sinh1|=\sinh1$, $z=0$에서 $\alpha=0$이

고, $|f'(0)|=|1|=1$, $z=-\dfrac{\pi}{2}+i$에서 $\alpha=\dfrac{\pi}{2}$이고 $|f'(-\dfrac{\pi}{2}+i)|=|i\sinh1|=\sinh1$

03 $y=ax$의 상, $v=2au/(1-a^2)$

04 각각 원 $u^2+v^2-u-v=0$, 직선 $v=0$

05 만일 D의 어떤 점에서 $f'(z)=0$이라면

$$f(z)-f(z_0)=\frac{f''(z_0)}{2!}(z-z_0^2)+\cdots$$

은 z_0에서 $k\geq 2$인 위수 k의 영점을 갖는다. 항등정리를 응용하면 $f(z)-f(z_0)$와 $f'(z)$가 구멍 뚫린 원판 $0<|z-z_0|\leq r$에서 영점을 갖지 않는 원 $|z-z_0|=r$이 존재한다. $m=\min_{|z-z_0|=r}|f(z)-f(z_0)|$이라 하고,

$$g(z)=f(z)-f(z_0)-a \quad (0<|a|<m)$$

로 놓자. $g(z)$는 $|z-z_0|\leq r$에서 적어도 두 개의 서로 다른 영점을 가짐이 밝혀질 것이다. $0<|z-z_0|\leq r$에 대해서 $g(z_0)=-a\neq 0$이고 더구나 $g'(z)=f'(z)\neq 0$임을 관찰하여라. 따라서 $|z-z_0|\leq r$에서 $g(z)$의 모든 영점은 단순 영점이다. $|z-z_0|=r$ 위에서 $|f(z)-f(z_0)|\geq m>|a|$이므로 이것은 $g(z)$가 $f(z)-f(z_0)$와 같은 갯수의 영점($k\geq 2$)을 갖는다는 루세의 정리로부터 성립한다. 그러나 이것은 $f(z)=f(z_0)+a$로 되는 $|z-z_0|\leq r$의 k개의 서로 다른 점이 존재해야 함을 뜻하고 우리들의 가정에 모순된다. 이것으로 증명은 끝난다.

01 모두 조화함수

02 그렇지 않다. $u(z)=\begin{cases} x+y & (|z|<1) \\ 1 & (|z|=1) \end{cases}$은 $|z|\leq 1$에서 연속이 아니다.

03 u는 상수가 아닌 조화함수이므로 정사각형의 경계 위에서 최댓값을 취한다. $\sin e$과 $\cosh$는 구간 $[0,1]$에서 증가하므로 $\sin x\cosh y$의 최댓값은 $\sin 1\cosh 1$이다.

04 B에서 국소적으로 $w=\mathrm{Re}\,g$가 되는 해석함수 g가 존재한다. 그러면 $w\circ f=\mathrm{Re}(g\circ f)$이고 $g\circ f$가 해석적이므로 $w\circ f$는 조화함수이다.

05 ± 1에서 최댓값 e를 갖는다.

06 (1) 아니다. $u(x,y)=x^2-y^2$, $v(x,y)=x$는 조화함수이지만, $u(v(x,y),0)=x^2$은 조화가

아니다.

(2) 아니다. $u(z) = v(z) = x$는 조화함수이지만 $u(z)v(z) = x^2$은 조화가 아니다.

(3), (4) : 조화함수

07 $w = e^z = e^x \cos y + i e^x \sin y$이고

$$F(x,y) = f(u(x,y), v(x,y)) = f(e^x \cos y, e^x \sin y)$$
$$= (e^x \cos y)^2 - (e^x \sin y)^2 = e^{2x} \cos 2y$$

08 코시의 도함수 공식을 이용하여라.

10 $u_1(z) \neq 0$이면 $\mathrm{Re}\, f(z) = u_1$이 되는 해석함수 f가 존재하고 $f_1(z) \neq 0$이므로 f의 영점은 고립되어 있다. 따라서 u_1의 영점도 고립점들이고 $u_1(z)$의 영점 이외의 점에서 $u_2(z) = 0$이다. $u_2(z)$의 연속성에 의하여 $u_2(z) = 0$이다.

11 존재하지 않는다. 최대 절댓값 정리에 모순된다.

12 $y = e^{-x} \sin y + C$

14 문제 13에서 $\dfrac{\partial^2 \Phi}{\partial x^2} + \dfrac{\partial^2 \Phi}{\partial y^2} = 0$이고 $f'(z) \neq 0$이므로 $\dfrac{\partial^2 \Phi}{\partial u^2} + \dfrac{\partial^2 \Phi}{\partial v^2} = 0$이다.

15 $\log f(z) = \log |f(z)| + i \arg f(z)$의 한 분지를 취하면 $\log |f(z)|$는 조화함수이다.

16 코시-리만 방정식의 극형식을 이용한다.

22 $u(z)$가 z_0의 어떤 근방에서 상수가 되는 D의 모든 점 z_0의 집합을 A라고 하자. 즉,

$$A = \{z_0 \in D : z_0 \text{의 어떤 근방에서 } u(z) \text{는 상수이다.}\}$$

그러면 A는 공집합이 아닌 열린 집합이다. $B = D - A$가 열린 집합임을 보이면 D가 연결집합이므로 B는 공집합이어야 한다. 따라서 $A = D$가 되어 $u(z)$는 D 전체에서 상수가 된다. 만약 B가 열린 집합이 아니라고 가정하면, B에 속하는 점 z_0와 $\epsilon > 0$에 대하여 $z_1 \in N_\epsilon(z_0) \subset D$ 되는 A의 점 z_1이 존재한다. A는 열린 집합이므로 $N_\delta(z_1) \subset N_\epsilon(z_0) \cap A$이 되도록 충분히 작은 양수 δ를 취할 수 있다. 이제 $N_\epsilon(z_0)$의 모든 z에 대하여 $\mathrm{Re}\, f(z) = u(z)$가 되는 해석함수 $f(z)$를 만든다. $u(z)$는 $N_\delta(z_1)$에서 상수이므로 이 근방의 모든 점에 대하여 $\dfrac{\partial u}{\partial x} = \dfrac{\partial u}{\partial y} = 0$이다. 따라서 $N_\delta(z_1)$의 모든 z에 대하여 $f'(z) = \dfrac{\partial u}{\partial x} - i\dfrac{\partial u}{\partial y} = 0$이다. 항등정리에 의하여 $N_\epsilon(z_0)$ 전체에서 $f'(z) \equiv 0$이다. 따라서 $f(z)$는 $N_\epsilon(z_0)$에서 상수이다. 그러므로 $u(z) = \mathrm{Re}\, f(z)$는 $N_\epsilon(z_0)$에서 상수가 되는데, 이것은 $z_0 \in B$라는 가정에 모순된다. 따라서 B는 열린 집합이어야 한다.

23 만일 $f(z)$가 상수(예컨대 $f(z) = K$)이면 우변은

$$-\frac{2r}{R-r}|K| + \frac{R+r}{R-r}|K| = |K| = M(r)$$

에 의하여 아래로 유계이고 결과는 성립한다. 따라서 $f(z)$는 상수가 아니라고 가정할 수 있다. 만일 $f(0) = 0$이면 정리 8.4.5에 의하여 $A(R) > A(0) = 0$이다. $|z| \leq R$에 대해서

$$\mathrm{Re}\{2A(R) - f(z)\} \geq A(R) > 0$$

이므로 함수

$$g(z) = \frac{f(z)}{2A(R) - f(z)}$$

는 $|z| \leq R$에 대해서 해석적이다. 더욱이 $f(z) = u + iv$로 놓으면

$$|g(z)| = \sqrt{\frac{u^2 + v^2}{(2A(R) - u)^2 + v^2}} \leq \sqrt{\frac{u^2 + v^2}{u^2 + v^2}} = 1 \quad (|z| \leq R)$$

이다. 다음에 슈바르츠의 보조정리에 의하여 $\max_{|z| = r}|g(z)| \leq \dfrac{r}{R}$이나

$$|f(z)| = \left|\frac{2A(R)g(z)}{1 + g(z)}\right| \leq \frac{2A(R)r/R}{1 - r/R} = \frac{2rA(R)}{R - r} \tag{1}$$

이고, $f(0) = 0$일 때 결과는 성립한다. 마지막으로 만일 $f(0) \neq 0$이면 식 (1)을 $f(z) - f(0)$에 적용한다. 이것은

$$|f(z) - f(0)| \leq \frac{2r}{R - r}\max_{|z| = r}\mathrm{Re}\{f(z) - f(0)\} \leq \frac{2r}{R - r}(A(R) + |f(0)|)$$

로 된다. 따라서

$$|f(z)| \leq \frac{2r}{R - r}(A(R) + |f(0)|) + |f(0)| = \frac{2r}{R - r}A(R) + \frac{R + r}{R - r}|f(0)|$$

이고 정리는 증명된다.

24 문제 23에서 $R = 2r$이라 놓으면 충분히 큰 M_1에 대해서

$$|f(z)| \leq \frac{2r}{2r - r}A(2r) + \frac{2r + r}{2r - r}|f(0)| \leq 2(2r)^\lambda M + 3|f(0)| \leq M_1 r^\lambda$$

이다. 이제 이 결과는 정리 5.2.5에서부터 성립한다.

26 $\mathbb{C}$ 는 단일 연결집합이므로 $f(z) = u(z) + iv(z)$가 전해석이 되는 조화실함수 $v(z)$가 존재한다. $u(z) \geq 0$이므로 $f(z)$는 복소평면을 우반평면 $\{\mathrm{Re}\, f(z) \geq 0\}$으로 사상한다. $g(z) = f(z) + 1$로 정의하면 g는 정함수이고 복소평면을 우반평면 $\{w : \mathrm{Re}\, w \geq 1\}$로 사상한다. 특히 $g(z) \neq 0$이고 $|g(z)| \geq 1$이다. 함수 $h(z) = 1/g(z)$은 유계이고 정함수이다. 리우빌의 정리에 의하여 h는 상수함수이므로 f는 상수함수이다. 따라서 u는 상수함수이다.

▌ 연습문제 8.5

01 $\left|\dfrac{z}{\rho}\right| < 1$이므로

$$\frac{\rho + z}{\rho - z} = \frac{1 + \dfrac{z}{\rho}}{1 - \dfrac{z}{\rho}} = \left(1 + \frac{z}{\rho}\right)\sum_{n=0}^{\infty}\left(\frac{z}{\rho}\right)^n = 1 + 2\sum_{n=1}^{\infty}\left(\frac{z}{\rho}\right)^n$$

$$= 1 + 2\sum_{n=1}^{\infty}\left(1 + \frac{r}{R}\right)^n e^{in(\theta - \phi)}$$

03 $u(re^{i\theta}) = \dfrac{1}{\pi}\tan^{-1}\left(\dfrac{1 - r^2}{2r\sin\theta}\right) \quad (0 \leq \tan^{-1}t \leq \pi)$

05 $u(z) = 1 - \dfrac{2}{\pi}\tan^{-1}\left(\dfrac{y}{x}\right)$

▌ 연습문제 8.6

01 $|z| < R$과 $\mathrm{Re}\, f(z) > \alpha$를 생각한다.

02 수열 $\{-u_n(z)\}$를 이용하여 같은 결론을 얻는다.

04 정리 8.6.4를 $1/f(z)$에 적용한다.

08 $f(z) = (g(z) - \alpha)/(1 - \alpha)$에 정리 8.6.7를 적용한다.

09 $|f(z)|^\alpha\ (\alpha > 0)$은 D에서 연속이다. $a \in D$이고 $f(a) = 0$이면 $|f(z)|^\alpha$에 대하여

$$|f(z)|^\alpha \le \frac{1}{2\pi}\int_0^{2\pi}|f(a + re^{i\theta})|^\alpha d\theta$$

가 된다. $a \in D$이고 $f(a) \ne 0$일 때 D에 포함되는 원판 $|z - a| < r(a)$에서 $f(a) \ne 0$이라 하면 $f(z)^\alpha = e^{\alpha \mathrm{Log}\, f(z)}$는 $|z - a| < r(a)$에서 해석적이다. 따라서 $|f(z)|^\alpha = e^{\alpha \mathrm{Log}\, |f(z)|}$는 $|z - a| < r(a)$에서 열조화이다.

10 위 문제 8에 의하여 $|f_k(z)|^{\alpha_i}$는 열조화함수의 합은 열조화이다. 문제 3에 의하여 $g(z)$는 경계 위에서 최댓값을 취한다.

11 $\Delta \log(1 + |f(z)|^2) = \dfrac{4|f'(z)|^2}{(1 + |f(z)|^2)^2} \ge 0$이므로 이 함수는 위 문제에 의하여 열조화이다.

12 (1) 모든 $z \in \mathbb{C}$에 대하여 $u(z) \ge 0$이라고 가정하자. 그러면 임의의 양수 R에 대하여 $N_R(0)$에서 $u(z) \ge 0$이다. 하낙의 부등식에 의하여

$$\frac{R - |z|}{R + |z|}u(0) \le u(z) \le \frac{R + |z|}{R - |z|}u(0) \quad (z \in N_R(0))$$

$R \to \infty$로 택하면 $u(0) \le u(z) \le u(0)$이므로 $u(z) = u(0)$는 상수함수이다.

(2) 임의의 $|z| = 1$에 대하여 $u = 0$이라 가정하자. 그러면 $N_1(0) = D(0,1)$에서 최대(최소) 절댓값 정리(정리 8.4.5)에 의하여

$$\max_{z \in \overline{D(0,1)}} u(z) = \max_{z \in D(0,1)} u(z) = \min_{z \in \overline{D(0,1)}} u(z) = 0$$

이므로 임의의 $z \in \overline{D(0,1)}$에 대하여 $u(z) = 0$이다. 정리 8.4.4에 의하여

$$0 = u(z) = \frac{1}{2\pi}\int_0^{2\pi} u(z + re^{i\theta})\, d\theta$$

이다. 이것은 $D(0, r)$에서 $u = 0$이므로 모든 $z \in \overline{D(0,1)}$에 대하여 $u = 0$이다. 따라서 임의의 양수 r에 대하여 $u = 0$이므로 $\mathbb{C}$에서 $u = 0$이다.

▌참 고 문 헌

[1] L. Alfors, *Complex Analysis*, 3/e, McGraw-Hill, Inc., 1979

[2] J. Bak and D. J. Newman, *Complex Analysis*, Springer-Verlag, 1982

[3] R. V. Churchill and J.W. Brown, *Complex Variables and Applications*, McGraw-Hill, Inc., 1984

[4] J. B. Conway, *Functions of one Complex Variable*, Springer-Verlag, 1973

[5] J. D. DePree & C.W. Swartz, *Introduction to Real Analysis*, John Wiley & Sons, Inc., 1988

[6] S. Lang, *Complex Analysis*, 3/e, Grad. Textx. Math. 103, Springer- Verlag, 1993

[7] N. Levinson and R. M. Redheffer, *Complex Variables*, Holden-Day Inc., 1970

[8] A. D. Osborne, *Complex Variables and their Applications,* Addison Wesley Longman Ltd., 1999

[9] L. L. Pennisi, L. I. Gordon and S. Lasher, Elements of *Complex Variables*, Holt, Rinehart and Winston Inc., 1967

[10] H. Silverman, *Complex Variables*, Houghton Mifflin, 1974

[11] M. R. Spiegel, *Theory and Problems of Complex Variables*, Si(metric) Edition, McGraw-Hill, Inc., 1981

[12] A.D. Wunsch, *Complex Variables with Applications*, 3/e, Addison-Wesley Publ. Co., 1994

[13] 계승혁 · 김영원, 기초복소해석, 서울대학교, 2003

[14] 대한수학회, 수학용어집, 대한수학회, 1996

[15] 양영오, 해석학의 이해, 교문사, 1995. 8

[16] 최운행, 복소해석학, 학문사, 1995

▌ 찾아보기

개정판

복소해석학

2017년 6월 10일 개정판 1쇄 펴냄 | 2021년 2월 1일 개정판 2쇄 펴냄
지은이 양영오
펴낸이 류원식 | **펴낸곳 교문사**

편집팀장 모은영 | **본문편집** 홍익m&b | **표지디자인** 유선영
제작 김선형 | **홍보** 김은주 | **영업** 함승형·박현수·이훈섭

주소 (10881) 경기도 파주시 문발로 116(문발동 536-2)
전화 031-955-6111~4 | **팩스** 031-955-0955
등록 1968. 10. 28. 제406-2006-000035호
홈페이지 www.gyomoon.com | E-mail genie@gyomoon.com
ISBN 978-89-6364-241-3 (93410) | **값** 18,000원